JIDIANBAOHU
ERCIHUILUJIAN
JISHU YU YINGY

继电保护二次回路检测技术与应用

许守东 陈勇 张丽 胡兵 韩钰 刘晓明 编著

中国电力出版社
CHINA ELECTRIC POWER PRESS

内 容 提 要

为了提高继电保护专业人员业务素质，更好地检测二次回路、解决二次回路故障，保障电力系统的安全稳定运行，特编写本书。

全书共分 6 章，主要内容包括：继电保护二次回路概述，继电保护二次回路故障类型及分析，继电保护二次回路基本要求及检测方法，智能站继电保护二次回路基本要求及检测方法，继电保护二次回路试验场景及应用，继电保护二次回路典型故障分析方法及处理。

本书内容理论联系实际，由浅入深、通俗易懂、文图并茂，可供从事电气设计的技术人员和可供发（供）电部门和电气设备生产单位从事电气设备运维的技术人员以及电力科学研究院技术人员使用，同时可供高等院校、中专有关专业师生参考。

图书在版编目（CIP）数据

继电保护二次回路检测技术与应用 / 许守东等编著 . —北京：中国电力出版社，2019.10

ISBN 978-7-5198-3802-7

Ⅰ. ①继… Ⅱ. ①许… Ⅲ. ①继电保护－检测②二次系统－检测 Ⅳ. ① TM77 ② TM645.2

中国版本图书馆 CIP 数据核字（2019）第 235095 号

出版发行：中国电力出版社
地　　址：北京市东城区北京站西街 19 号（邮政编码 100005）
网　　址：http://www.cepp.sgcc.com.cn
责任编辑：孙　芳
责任校对：黄　蓓　闫秀英
装帧设计：赵姗姗
责任印制：吴　迪

印　　刷：三河市航远印刷有限公司
版　　次：2019 年 10 月第一版
印　　次：2019 年 10 月北京第一次印刷
开　　本：787 毫米 ×1092 毫米　16 开本
印　　张：17.25
字　　数：374 千字
印　　数：0001—2000 册
定　　价：78.00 元

编 委 会

前 言

继电保护是电网安全运行的第一道防线。继电保护二次回路是继电保护系统的重要组成部分，就整个继电保护系统而言，二次回路虽只是个较小的方面，但它的故障不仅直接影响继电保护设备动作的正确性，而且关系到电力系统的安全稳定运行。因此，继电保护二次回路的试验工作作为继电保护设备投用过程中的一个重要环节，必须得到足够重视。在日常运行中，继电保护二次回路故障是一种比较常见的问题，如何做好二次回路的检修和维护工作是每个电力企业都要考虑的问题。

电力系统的迅速发展对继电保护不断提出新的要求。随着电子技术、计算机技术的快速发展，从 20 世纪 90 年代开始，我国继电保护技术进入微机时代。近年来，继电保护技术向计算机化、网络化、智能化、数据通信一体化方向不断发展，继电保护二次回路也相应发生一些变化。这对继电保护从业人员提出了更高的要求。为了及时总结经验教训，防止二次回路类似事故重复发生，编制本书，以便大家相互交流、借鉴、学习，更进一步做好二次回路安全运行工作。

本书的编制从理论和实际运行、检测两方面着手，侧重于二次回路的不同检测方法和维护、案例分析等，涵盖常规变电站和智能变电站二次回路的各个方面，可供设计、施工、检测企业交流和学习。

本书在编写过程中查阅了大量资料，参考了部分专家学者的专著（含论文）及相关单位的技术资料，得到了国内外设备制造厂商的大力支持，在此一并感谢。由于继电保护二次回路检测技术与运用涉及的理论和处理方法较为广泛，限于编者水平和经验，书中难免存在不足之处，恳请读者批评指正。

编者

2019.9

目 录

1 概　　述

1.1　继电保护二次回路概述

电力的生产、输送、分配和使用需要各种类型的电气设备，通常根据电气设备的作用将其分为一次设备和二次设备。一次设备构成电力系统的主体，包括发电机、变压器、母线、断路器、隔离开关、输电线、电力电缆、电流互感器、电压互感器和避雷器等。一次设备连接在一起构成的电路称为一次接线或主接线。二次设备对一次设备的工况进行监测、控制、调节和保护，包括测量仪表、继电保护和安全自动装置、自动化监视系统和通信设备等。二次设备按一定要求连接在一起构成的电路称为二次接线或二次回路。

二次回路虽然不是整个电力系统中的主体部分，但是在保证电力安全生产、经济运行和可靠供电等方面有极其重要的作用。二次回路的故障常会影响整个系统的安全稳定运行，电网事故案例分析表明，二次回路缺陷是引发继电保护系统事故的主要原因。如变压器差动保护的二次接线有误，当变压器负荷较大或发生穿越性相间短路时可能发生误跳闸；线路保护二次接线有误，系统发生故障时断路器可能误动或拒动，进而造成设备损坏乃至系统瓦解；测量回路有误则无法判断电能质量是否合格，并且影响电费计算。因此，二次回路的重要性毋庸置疑。

随着计算机、通信技术的发展，电力系统的自动化水平越来越高，各种设备的集成度越来越高，测量、保护、控制等功能甚至局部电网控制系统都连接为一个整体，二次回路也越来越简化。随着智能变电站的推广应用，传统变电站二次回路的概念也从大量二次电缆连接转变为光纤和虚端子连接，二次回路有新的实现方式，也衍生出智能变电站特有的二次回路逻辑。本章 1.7 节介绍智能变电站的二次回路。

1.2　二次回路功能与特点简介

电力系统的二次回路是非常复杂的系统，一般按照用途分为控制回路、测量回路、信号回路、保护和自动装置回路、操作电源系统回路等。

控制回路的组成部分有控制开关、断路器或隔离开关的传递机构及操动机构。其作用是对断路器或隔离开关进行分合操作。按照自动化程度可分为自动控制和手动控制，按照控制方式可分为分散控制和集中控制，按操作电压大小可分为强电控制和弱电控制。控制回路是所有二次回路中相对复杂、不易快速理解的回路，也是二次回路检测的重点内容。

测量回路由各种测量仪表及其相关接线组成。其作用是指示或记录一次设备的运行参数，以便分析电能质量、计算经济指标、了解系统潮流和一次设备运行工况。

信号回路由信号发送机构、信号传送机构和信号器具组成。其作用是反映一、二次设备的工作状态。按照信号性质可分为事故信号、预告信号、指挥信号和位置信号，按照显示方式可分为灯光信号和音响信号，按复归方式可分为手动复归和自动复归。

保护和自动装置回路由测量部分、逻辑判断部分和执行部分组成。其作用是自动判断一次设备的运行状态，在系统发生故障或异常运行时，自动跳开断路器，切除故障或发出异常信号；在故障消失后，快速合上断路器，恢复系统正常运行。保护和自动装置回路是二次回路检测的重要内容。

操作电源系统回路就是供电网络，其作用是给上述各回路提供工作电源。发电厂和变电站的操作电源一般采用直流电源。

1.3 二次回路识图

要检测二次回路，首先要掌握二次接线图的阅读方法，理解各种二次回路的动作原理、功能。二次接线图一般有三种：原理接线图，展开接线图，安装接线图。

原理接线图中，相关的一次设备及回路和二次回路一起画出，所有的电气元件都以整体形式表示。其优点是使阅图者对二次回路的原理有整体概念，缺点是不能表明继电器之间接线的实际位置，没有表示出各元件内部的接线情况，没有标注元件引出端子的编号和回路编号，直流正负极符号多而散，不易看图等。

二次接线原理如图 1-1 所示。

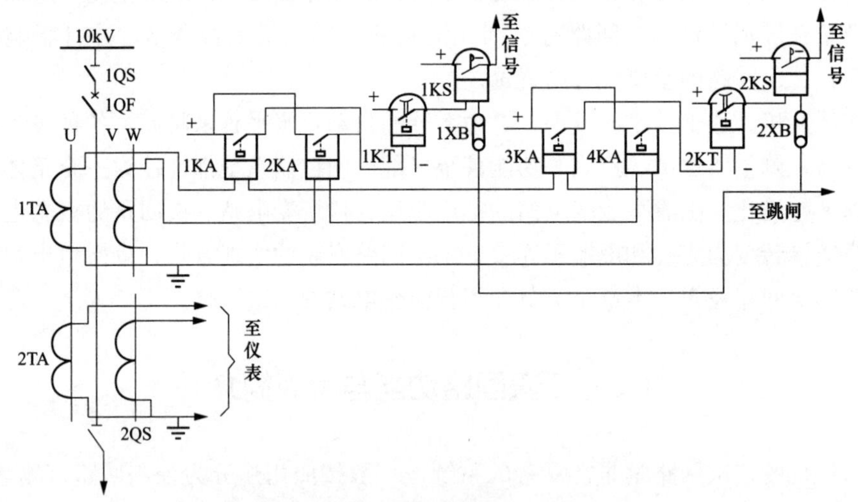

图 1-1 原理接线图示意

展开接线图 1-2 中，各元件被分解成若干部分，元件中的线圈、触点等部分均按照规定的文字符号注明，将回路中的电源、按钮、把手、触点、线圈等符号按照电流流过的方向由左至右由上到下顺序排列。图右侧有文字说明回路的作用，方便了解回路的动作过程。展开接线图条理清晰，易于阅读，便于跟踪回路的动作顺序，容易发现接线错误，在实际检测运用中使用最多。

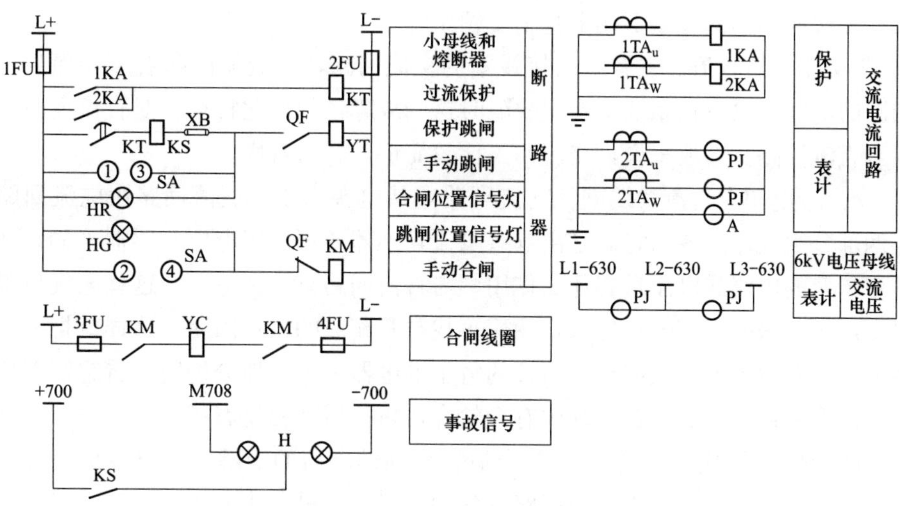

图 1-2　展开接线图示意

安装接线图如图 1-3 所示，一般包含屏面布置图、屏后接线图、端子排图和电缆联系图等。安装接线图中各元件均按照实际图形、实际位置和连接关系绘制的，主要用于现场施工安装，也是运行试验和检修的主要参考图纸。

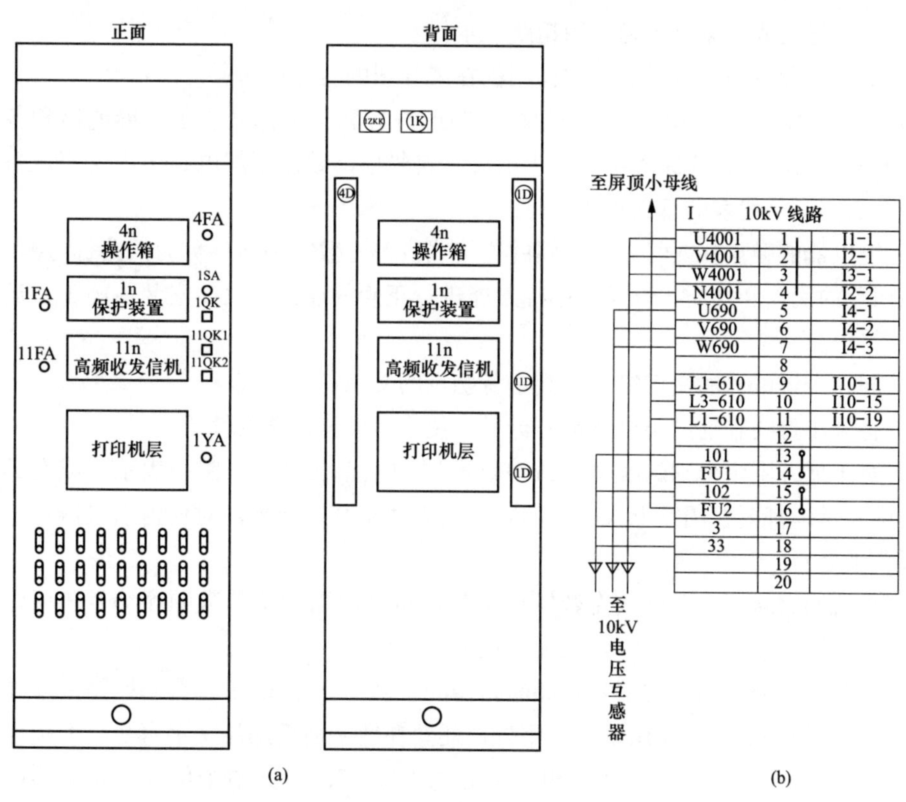

I	10kV 线路	
U4001	1	I1-1
V4001	2	I2-1
W4001	3	I3-1
N4001	4	I2-2
U690	5	I4-1
V690	6	I4-2
W690	7	I4-3
	8	
L1-610	9	I10-11
L3-610	10	I10-15
L1-610	11	I10-19
	12	
101	13	
FU1	14	
102	15	
FU2	16	
3	17	
33	18	
	19	
	20	

图 1-3　安装接线图示意

（a）保护柜布置图；（b）端子排图

（1）二次回路读图有以下几个基本要领：

1）先交流，后直流。先看二次接线图的交流回路，把交流回路看完弄懂后，根据交流回路的电气量以及在系统中发生故障时这些故障量的变化特点，对直流逻辑回路推断，再看直流回路。一般来说，交流回路比较简单，容易看懂。

2）交流看电源，直流找线圈。交流回路要从电源入手。交流回路由电流回路和电压回路两部分组成，先找出它们是由哪些电流互感器或哪一组电压互感器来的，在两种互感器中传变的电流或电压量起什么作用，与直流回路有什么关系，这些电气量是由哪些继电器反应出来的，符号是什么，然后再找与其相应的触点回路。这样就把每组电流互感器或电压互感器的二次回路中所接的每个继电器一个个地分析完，看它们都用在什么回路，跟哪些回路有关，在头脑中有个轮廓，再往后就容易看了。

3）抓住触点不放松，一个一个全查清。找到继电器的线圈后，再找出与之相应的触点，根据触点的闭合或开断引起回路变化的情况，再进一步分析，直至查清整个逻辑回路的动作过程。

4）先上后下，先左后右，屏外设备一个也不漏。这个要领主要是针对端子排图和屏背面安装图而言，看端子排图要配合展开图来看。

（2）二次回路的检测中最常使用展开接线图。那么如何阅读展开接线图？展开接线图有哪些特点？

1）直流母线或交流电压母线用粗线表示。

2）继电器和每一个逻辑回路的作用都在展开图的右侧注明。

3）展开图中各元件用国家统一的标准图形符号和文字标号表示，继电器和各种电气元件的文字符号与相应原理接线图中的文字符号应一致。了解电路图中所用设备的图形符号及文字标号代表的意义很重要。

4）继电器的触点和电气元件之间的连接线段都有数字编号（称为回路标号），便于了解该回路的用途和性质，以及根据标号能进行正确的连接，以便安装、施工、运行和检修。

5）同一个继电器的文字符号与其本身触点的文字符号相同。

6）各种小母线和辅助小母线都有标号，便于了解该回路的性质。

7）对于展开图中个别的继电器或该继电器的触点在另一张图中表示，或在其他安装单位中表示，都要在图纸上说明去向，并用虚线将其框起来，对任何引进触点或回路也要说明来处。

8）直流回路从正极开始按奇数顺序标号，负极回路则按偶数顺序编号。回路经过元件（如线圈、电阻、电容等），其标号也随之改变。

9）有些回路采用固定的编号，如断路器的跳闸回路是33等，合闸回路是3等。

10）交流回路的标号除用多位数字外，还要在数字前面加注文字符号，交流电流回路使用的数字范围是4001～5999，电压回路为600～799，其中个位数字表示不同的回路，十位数字表示互感器的组数（即电流互感器或电压互感器的组数）。回路使用的标号组要与互感器文字符号前的“数字序号”相对应。如，I(A）相电流互感器1TA的回路标号范围为 I411～I419；U(A) 相电压互感器 2TV 的回路标号范围为 U621～U629。

展开图中凡与屏外有联系的回路编号，均应在端子排图上占据一个位置。端子排图是表示屏上需要装设的端子数目、类型、排列次序以及它与屏内元件和屏外设备连接情况的图纸。单纯看端子排图看不出个究竟，它仅是系列的数字和符号的集合，把端子排图与展开图结合起来看，就知道连接回路了。端子排的主要作用是：

1）利用端子排可以迅速可靠的将电器元件连接起来。

2）端子排可以减少导线的交叉和便于分出支路。

3）可以在不断开二次回路的情况下，对某些元件进行试验或检修。

（3）那么如何阅读端子排图呢？应对照展开图，根据展开图阅读顺序，全图从上到下，每行从左到右。导线的连接采用“对面原则”来表示。“对面原则”是指每一条连接导线的任一端标以对侧所接设备的标号或代号，故同一导线两端的标号是不同的，并与展开图上的回路标号无关。这种方法很容易查找导线的去向，从已知的一端便可知另一端接至何处。阅读端子排图的步骤一般为：

1）对照展开图了解由哪些设备组成。

2）看交流回路。每相电流互感器二次输出通过电缆连接到端子排试验端子上，并分别接到电流继电器上，构成继电保护交流电流回路。

3）看直流回路。控制电源取自屏顶直流小母线 L＋、L－经熔断器后，分别引到端子排上，通过端子排与相应仪表连接，构成不同的直流回路。

4）看信号回路。从屏顶小母线＋700、－700 引到端子排上，通过端子排与信号继电器连接，构成不同的信号回路。

1.4 二次回路标号

二次回路有两种标号方法，按照线的性质和用途标号称为回路标号法，另一种根据线的走向按设备端子标号称为相对标号法。

1.4.1 回路标号法

（1）回路标号原则。

凡是各设备间要用控制电缆经端子排进行联系的，都要按回路原则进行标号。某些在屏顶上的设备与屏内设备的连接也要经过端子排，此时屏顶设备可看作是屏外设备，在其连接线上同样按回路标号原则给予相应的标号。换句话说，就是不在一起（一面屏或一个箱内）的二次设备之间的连接线就应使用回路标号。

（2）回路标号作用。

在展开式原理图中的回路标号和安装接线图端子排上电缆芯的标号是一一对应的，这样看到端子排上的一个标号就可以在展开图上找到对应这一标号的回路；同样，看到展开图上的某个回路，可以根据这一标号找到其连接在端子排上的各个点，从而为二次回路的检修、维护提供极大的方便。

（3）回路标号的基本方法。

1）用4位或4位以下的数字组成，需要标明回路的相别或某些主要特征时，可在数字标号的前面（或后面）增注文字或字母符号。

2）按等电位的原则标注，即在电气回路中，连于一点上的所有导线均标以相同的回路标号。

3）电气设备的接点、线圈、电阻、电容等元件所间隔的线段，视为不同的线段，一般给予不同的标号；当两段线路经过常闭触点相连，虽然平时都是等电位，但一旦触点断开，就变为不等电位，所以由常闭触点相连的两段线路也要给予不同标号。在接线图中不经过端子而在屏内直接连接的回路可不标号。

（4）直流回路标号原则。

1）不同用途的直流回路，使用不同的数字范围。

2）控制和保护回路使用的数字标号，按熔断器所属的回路进行分组，每一百个数分为一组，如101～199，201～299，301～399。其中每段里面先按正极性回路（编为奇数）由小到大，在编负极性回路（偶数）由大到小，如100，101，103，133，…，142，140，…。

3）信号回路的数字标号，按事故、位置、预告、指挥信号进行分组，按数字大小进行排列。

4）开关设备、控制回路的数字标号组，应按开关设备的数字序号进行选取。例如有3个控制开关，则1号控制回路对应的标号选101～199，2号控制回路对应的选201～299，3号控制回路所对应的选301～399。对分相操作的断路器，其不同相别的控制回路常用在数字组后加英文字母来区别，如107a、335B等。

5）正极回路的线段按奇数标号，负极回路的线段按偶数标号；每经过回路的主要压降元件或部件（如线圈、绕组、电阻等）后，即改变其极性，奇偶顺序即随之改变。对不能标明极性或其极性在工作中改变的线段，可任选奇数或偶数。

6）对于某些特定的主要回路通常给予专用的标号组。例如，正电源101、201，负电源102、202等。

（5）交流回路标号原则。

1）对于不同用途的交流回路，使用不同的数字组，在数字组前加大写的英文字母来区别其相别。例如电流回路用A111～A119，电压回路用B611～B619等。电流回路的数字标号，一般以十位数字为一组，几组相互并联的电流互感器的并联回路，应先取数字组中最小的一组数字标号。不同相的电流互感器并联时，并联回路应选任何一组电流互感器的数字组进行标号。

2）电流互感器和电压互感器的回路，均需在分配给他们的数字标号范围内，自互感器引出端开始，按顺序标号，例如1TA的回路标号用111～119，2TV的回路标号用621～629等。

3）某些特定的交流回路给予专用的标号组。如用A310标示10母线电流差动保护

A 相电流公共回路，B3201 标示 202 的 1 母线电流差动保护 B 相电流公共回路，C700 标示绝缘检查电压表的 C 相电压公共回路等。

1.4.2 相对标号法

相对标号常用于安装接线图中。当甲、乙两个设备需要互相连接时，在甲设备的接线柱上写上乙设备的标号及具体接线柱的标号，而在乙设备的接线柱上写上甲设备的标号及具体接线柱的标号，这种相互对应标号的方法称为相对标号法。

1. 相对标号的作用

回路标号可以将不同安装位置的二次设备通过标号连接起来，对于同屏内或同箱内的二次设备，相隔距离近，相互之间的连线多，回路多，采用回路标号很难避免重号，而且不便查线和施工，这时就只有使用相对标号。先把本屏或本箱内的所有设备顺序标号，再对每一设备的每一个接线柱进行标号，然后在需要接线的接线柱旁写上对端接线柱标号，以此来表达每一根连线。

2. 相对标号的组成

一个相对标号就代表一个接线桩头，一对相对标号就代表一根连接线，对于一面屏、一个箱子，接线柱数百个，每个接线柱都得标号，标号要不重复、好查找，就必须统一格式，常用的是“设备标号”—“接线桩头号”格式。

（1）设备标号一种是以罗马数字和阿拉伯数字组合的标号，多用于屏内设备数量较多的安装图，如中央信号继电器屏、高压开关柜、断路器机构箱等。罗马数字表示安装单位标号，阿拉伯数字表示设备顺序号，在该标号下边，通常还有该设备的文字符号和参数型号。例如一面屏上安装有两条线路保护，我们把用于第一条线路保护的二次设备按从上到下顺序编为Ⅰ1、Ⅰ2、Ⅰ3…端子排编为Ⅰ；把用于第二条线路保护的二次设备按从上到下顺序编为Ⅱ1、Ⅱ2…端子排编为Ⅱ。为对应展开图，在设备标号下方标注有与展开图相一致的设备文字符号，有时还注明设备型号。这种标号方式便于查找设备，但缺点是不够直观。

另一种是直接编设备文字符号（与展开图相一致的设备文字符号）。用于屏内设备数量较少的安装图，微机保护将大量的设备都集成在保护箱里了，整面微机保护屏上除保护箱外就只有空气开关、按钮、压板和端子排，所以现在的微机保护屏大都采用这种标号方式。例如保护装置就编为 1n、2n、11n，空气开关就编为 1K、2K、31K，连接片就标为 1LP、2LP、21LP 等；按钮就编为 1SA、2FA、11FA；属于 1n 装置的端子排就编为 1D，属于 11n 装置的端子排就编为 11D 等。

（2）设备接线柱标号。每个设备在出厂时对其接线柱都有明确标号，在绘制安装接线图时就应将这些标号按其排列关系、相对位置表达出来，以求得图纸和实物的对应。对于端子排，通常按从左到右从上到下的顺序用阿拉伯数字顺序标号。如Ⅰ1/YA 接线柱标号就是按照电压互感器出厂时的字母标号进行标号、“11n/PCS-931”接线柱从上到下的顺序标号、“11D”端子排从上到下的顺序标号。

把设备标号和接线柱标号加在一起，每个接线柱就有了唯一的相对标号如图 1-4 所示。每一对相对标号就唯一对应一根二次接线，如 11D9 和 11n10。

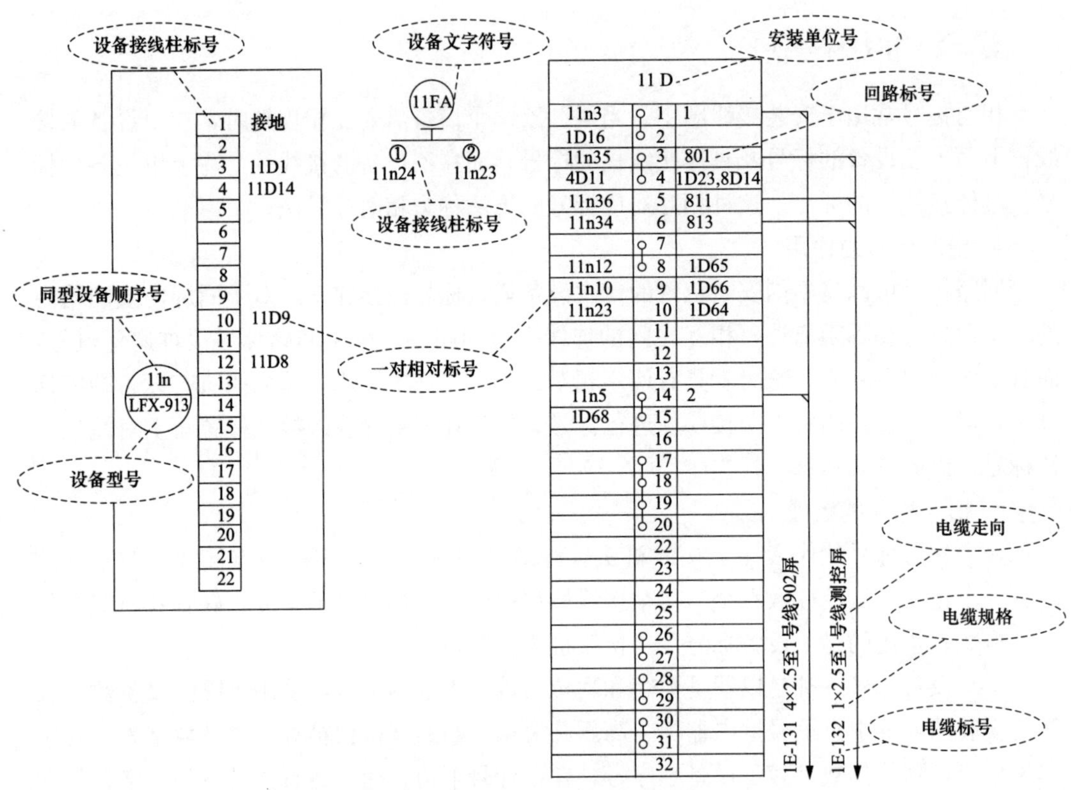

图 1-4 使用设备文字符号的安装接线图示意

1.4.3 控制电缆的标号

每一根电缆有唯一标号，悬挂于电缆根部。一般格式为□□□—□□□□。标号第一位表示安装单位设备的序号，超过 10 个可用两位数表示，第二、三位为所安装设备的拼音字头，横线后的前三位用阿拉伯数字表示电缆走向，根据不同的途径有不同的编号范围，最后一位用 A、B、C 表示相别，用 R 表示弱电。如 1Y-123、2SYH-112、3E-181。打头字母表示电缆的归属，如“Y”就表示该电缆归属于 110kV 线路间隔单元，若有几个线路间隔单元，就以 1Y、2Y、3Y 进行区分；“E”表示 220kV 线路间隔单元；“2UYH”表示该电缆归属于 35kVⅡ段电压互感器间隔。

1.4.4 小母线的标号

为方便取用交流电压和直流电源，部分保护的屏顶安装一排小母线。小母线的标号通常用英文字母表示，后面可以加上表示相别的字母，或用字母和阿拉伯数字进一步说明。常用小母线的文字符号和回路标号见表 1-1。

表 1-1　　常用小母线的文字符号和回路标号

小母线名称	文字符号	回路标号
控制回路电源	+KM、−KM	无
信号回路电源	+XM、−XM/700、700	7001/7002
事故音响信号（不发遥信时）	SYM	708
事故音响信号（用于直流屏）	1SYM	728
事故音响信号（用于配电装置）	2SYM	727
事故音响信号（发遥信时）	3SYM	808
预告音响（瞬时）	1YBM、2YBM	709、710
灯光信号	（−）XM	726
闪光信号	（+）SM	100
指挥装置音响	ZYM	715
隔离开关操作闭锁	GBM	880
旁路闭锁	1PBM、2PBM	880、900
信号未复归光字牌	FM、PM	703、716
自动调整频率脉冲	1TZM、2TZM	717、718
自动调整电压脉冲	1TYM、2TYM	7171、7181
同步装置越前时间整定	1TQM、2TQM	719、720
同步装置发送合闸脉冲	1THM、2THM、3THM	721、722、723
第一组母线段交流电压	L1-630、L2-630、L3-630	A630、B630、C630、L630、Sc630、N630
第二组母线段交流电压	L1-640、L2-640、L4-640	A640、B640、C640、L640、Sc640、N640
低电压保护	1DYM、2DYM、3DYM	011、013、02
旁路电压切换	L3−712	C712

1.5　二次回路连接导线截面的选择

二次回路中各连接导线的机械强度及电气性能应满足安全经济运行的要求。而导线的机械强度及电气性能与其材料及截面有关。

（1）按机械强度要求。若按导线的机械强度满足要求选择其截面，首先应知道导线所接的端子排端子。连接强电端子铜导线的截面，应不小于 1.5mm^2，而连接弱电端子铜导线的截面，应不小于 0.5mm^2。

（2）按电气性能要求。在保护和测量仪表中，交流电流回路导线应采用铜导线，其截面应大于或等于 2.5mm^2。此外，电流回路的导线截面还应满足电流互感器误差不大于 10%的要求。

交流电压回路导线截面的选择，还应按照允许压降考虑。对于电能计量仪表（电能表），运行时由电压互感器至表计输入端的电压降不得超过电压互感器二次额定电压的 0.5%；对于其他测量仪表，在正常负荷下上述压降不能超过 3%；当全部测量仪表及保护装置均投入运行时，上述压降也不得超过 3%。

在操作回路中，导线截面的选择，应满足正常最大负荷下由操作母线至各被操作设备端的导线，压降不能超过额定母线电压的 10%。

1.6　二次回路的接地问题

电流互感器的二次回路必须分别且只能有一点接地。电流互感器二次绕组接地是保证二次绕组及其所接回路上的保护装置、测量仪表等设备和人员安全的重要措施。接在电流互感器一次绕组的系统电压会通过一、二次绕组间耦合电容引入到二次设备上，当人员与这些设备接触时，会造成触电危险，二次回路直接接地可以避免高电压引入。此外，接地点越接近电流互感器本体，受到一次感应电压的侵袭就越少。因此独立的、与其他互感器二次回路没有电的联系的电流互感器二次回路，宜在开关场实现一点接地。

“独立的、与其他互感器二次回路没有电的联系的电流互感器二次回路”指的是与其他互感器二次回路不构成电气联系的，不会相互影响的电流互感器二次回路。例如，某微机母线保护，若每一组电流回路均独立采样不受其他电流回路的影响，保护装置的小 TA 的一次侧也相互独立，则该母线保护的每组电流互感器宜分别在开关场实现一点接地。符合上述要求的变压器、电抗器、线路等保护的每组电流互感器均宜分别在开关场实现一点接地。

由几组电流互感器绕组组合且有电路直接联系的回路，电流互感器二次回路宜在第一级和电流处一点接地，接地线选择接入点要适当，当任意一组电流回路断开时，都不能使运行中的电流回路失去接地点。在和电流接地处以专用接地线单独接地，专用接地线以独立端子可靠接入端子排，不应与其他的电缆线并接（见图 1-5）。现场施工调试人员往往没有考虑在维护状态下的情况，接地线接入点不适当，导致在维护中不经意失去接地点或在工作中临时调整接入点，影响安全运行和人身安全。

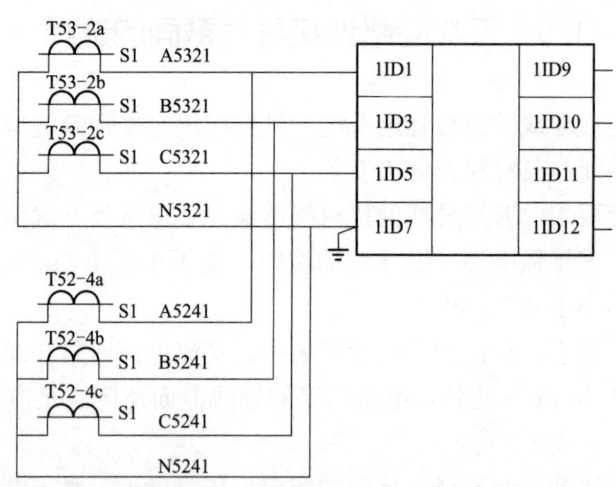

图 1-5　和电流接地线正确接入位置图

同一电流回路存在两个或多个接地点时，可能出现：①部分电流经大地分流；②因地电位差的影响，回路中出现额外的电流；③加剧电流互感器的负荷，导致互感器误差增大甚至饱和。上述情况可能造成保护误动或拒动。因此电流互感器的二次回路必须有并且只能有一点接地。

此外，备用电流互感器二次绕组应在开关场短接并一点接地。

电压互感器二次回路必须且只能在一点接地。接地的目的主要是防止一次绕组的系统电压会通过一、二次绕组间耦合电容引入到二次设备上，对人身及设备造成威胁。有两点接地时，如 N600 分别在开关场地接地和控制室接地，当系统发生故障，变电站地网将流过大故障电流，这时 N600 两端会出现电位差，造成中性点的电压相位偏移，影响相电压与零序电压的幅值与相位，可能导致距离保护、零序方向保护拒动或误动。

此外，来自开关场的电压互感器二次回路的 4 根引入线和互感器开口三角绕组的 2 根引入线均应使用各自独立的电缆，不得公用。以往传统电压互感器的传统接线是将二次绕组的中性线与开口三角绕组的 N 线合用一芯电缆并接地。这样，当线路出口发生单相短路接地时，二次绕组电压 U 应为 0V，但实际不为 0，如当开口三角绕组负荷阻抗较小时，加上 $3U_0$ 的电压较高，那么在开口三角绕组中流过电流也大，则 N 线上会产生电压降，使 U_0 不为零，直接影响保护的正确测量。另外，二次绕组的中性线与开口三角绕组的 N 线合用一电缆芯，在现场的保护接线时也容易把二次绕组的中性线和开口三角绕组的中性线错接，造成保护不正确动作。所以二次绕组的中性线与开口三角绕组接地线必须分开，并把二次绕组的 4 根线与开口三角绕组 2 根线使用各自独立的电缆，使开口三角绕组的接线不影响二次绕组电压回路。

1.7 智能变电站二次回路检测概述

智能变电站使用了电子式互感器、合并单元和智能终端设备等传统变电站没有的设备，使用光纤和虚端子连接代替大量二次电缆连接，因此智能变电站二次回路的检测有很多新情况。如光纤端口均应进行发送/接收功率、光衰检查，GOOSE 接口应进行分辨率检查，保护装置应进行 MMS 通信检查等。

智能变电站由于使用较多光纤连接，因此光纤二次回路尤为重要。下面简要介绍光纤的相关知识。

光纤的典型结果是由一种细长多层同轴圆柱形实体复合纤维分层构成的。一般分为三层，中心是高折射率玻璃芯，芯径一般为 50μm 或 62.5μm；中间为低折射率硅玻璃包层，直径一般为 125μm；最外层是树脂涂层。

光纤根据传输模式分为单模光纤和多模光纤。单模光纤是在工作波长中只能传输一个传播模式的光纤。中心玻璃芯较细，芯径一般为 9μm 或 10μm，模间色散很小，适用于远程通信。单模光纤对光源的谱宽和稳定性有较高的要求，谱宽要窄，稳定性要好。在智能变电站中，单模光纤主要应用于光纤差动保护装置的光纤纵联通道。

多模光纤在工作波长中可以传输多个模式的光，中心玻璃芯较粗，一般为 50μm 或 62.5μm。模间色散较大，限制了传输数字信号的频率，而且随着距离的增加会更严重。多模光纤由于与 LED 等光源结合容易，所以在短距离通信中发挥较大作用。在智能变电站，多模光纤主要用于站内过程层组网。

引起光纤衰减的因素较多，主要有以下几方面：

（1）本征。光纤的固有损耗，包括瑞利散射和固有吸收等。

（2）弯曲。光纤弯曲时部分光纤内的光因散射而产生损失。

（3）挤压。光纤受到挤压时产生微小的弯曲而产生损耗。

（4）杂质。光纤内杂质吸收和散射在光纤中传播的光。

（5）对接。光纤对接时可能不同轴、端面与轴心不垂直、端面不平、对接芯径不匹配、熔接质量差等，都会产生损耗。

（6）不均匀。光纤材料的折射率不均匀产生损耗。

智能变电站中主要利用绕线盒等设备避免整理光纤时产生挤压、弯曲。而且每根光缆宜备用2～3芯，便于发现光纤熔接质量有问题时迅速更换光芯。

除了使用较多光纤外，智能变电站还有一些特有的情况，如通信链路断链、检修不一致、报文无效、采样通道双AD不一致等。

（1）断链。准确表达应为装置通信中断，即装置接收不到相应的报文，判断为链路中断，具体包括两层含义：①物理链路断链，造成通信中断；②物理链路完好，二次通信配置信息有误，造成通信中断。在智能变电站中，大量信息是通过GOOSE来传输的。GOOSE（Generic Object Oriented Substation Event）是一种面向对象的变电站事件，主要用于实现在多个智能电子设备之间信息传递。SV（Sampled Value）即采样值，基于发布/订阅机制，交换采样数据集中的采样值的相关模型对象和服务。前述两种通信中断都会导致装置报SV或GOOSE链路断链，目前工程应用中俗称“断链”。

（2）检修不一致。检修不一致是指通信两端的二次装置检修压板所处的状态不一致，即未同时投入或退出。

（3）无效。数据传输时，数据本身自带描述的内容之一，表示数据本身品质属性为无效。对于SV报文来说，无效表现形式报文低品质位为“0001”。

（4）双A/D不一致。双A/D采样为合并单元通过两个A/D同时采样两路数据，如一路为电流A、B、C，另一路电流为A1、B1、C1，两路A/D电路输出的结果完全独立。双A/D采用的作用是避免在任一A/D采样环节出现异常时造成保护误出口，双A/D不一致即为两路采样不相同，包括幅值、相角、品质位等。

此外还有SV丢帧、错序、畸变以及GOOSE虚变等异常情况。以上情况都会对保护动作行为造成一定影响，需要特定的保护逻辑来处理，防止保护误动或拒动，一般称为“特有逻辑”。针对智能变电站的特有逻辑，需要进行GOOSE检修逻辑校验、GOOSE断链逻辑校验、SV检修逻辑校验、SV无效逻辑校验等。此外还应进行网络交换机的检测。

电子式互感器的检测，除常规的测量误差和极性校验之外，还应进行唤醒时间测试。合并单元的检测，采样方面除精度之外，还需测试双A/D一致性；应重点关注时间特性测试，如守时精度、时间离散度、输出绝对延时等。

传统变电站按照二次回路设计图纸验证电缆连接正确性，而智能变电站与之对应的是检测SCD（全站系统配置文件）的虚回路与CCD（智能电子设备回路实例配置描述文件）的一致性。智能变电站的保护设备二次回路实现方式与传统变电站也有区别，需格外注意：

（1）失灵回路的实现：采用保护来启动失灵，从跳闸的保护设备直接将启动失灵信号拉至失灵保护中。

（2）主变压器失灵及失灵联跳：3/2断路器接线时，采用主变压器保护启动失灵信号（经软压板），拉至断路器失灵保护；双（单）母线接线时，变压器保护直接输出启动失灵和解除复压闭锁GOOSE信号；失灵保护输出单独GOOSE信号连接至变压器保护来实现联跳变压器各侧，信号与失灵跳闸信号分开，并经软压板控制。

（3）本侧远跳对侧回路（远传、远跳）：利用线路保护中远跳功能实现远跳对侧；母线保护中失灵保护动作、线变组接线时变压器电量、非电量保护动作等需远跳对侧的保护设备直接出跳闸GOOSE信号，至线路保护远跳GOOSE输入，与配置到智能终端的跳闸分开，并经软压板控制。

（4）重合闸启动与闭锁回路：双套线路保护各自启动自身对应的那套重合闸功能，两套保护（重合闸）之间不互相启动；断路器保护（重合闸）独立配置时，线路保护分相动作GOOSE信号拉线至重合闸装置（与启动失灵共用）；双重化网络互相独立时，双套线路保护之间闭重或母线保护动作、手跳遥跳闭重时，通过两套智能终端的硬接点方式实现互接闭锁；由智能终端输出闭锁重合闸GOOSE信号拉线至重合闸装置闭重开入虚端子，以实现母线保护动作、高抗保护动作、过压保护动作、遥跳、手跳等闭重功能；机构压力低闭锁重合闸接点直接由智能终端硬件开入采集，并由智能终端输出重合闸压力低GOOSE信号，至重合闸装置压力低闭重开入虚端子；闭重信号输出宜经软压板控制，不宜与重合闸出口软压板共用。

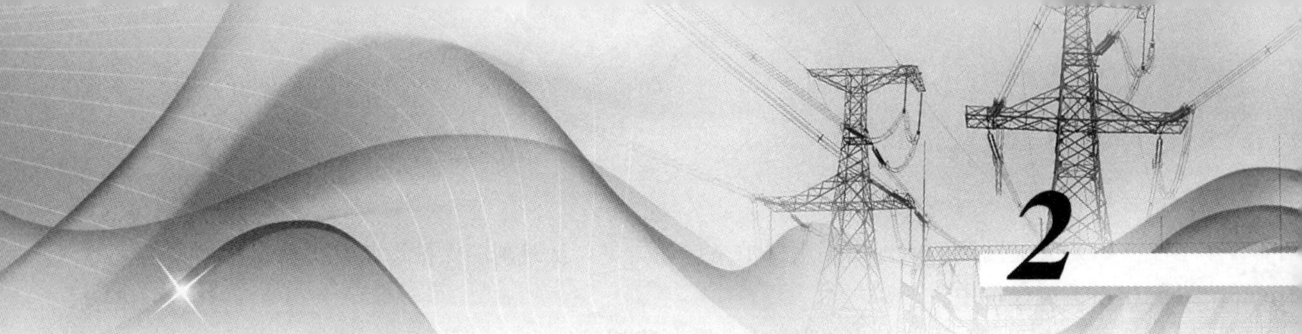

继电保护二次回路故障类型及分析

2.1 站用交直流电源系统故障

因站用交直流系统配置不合理、维护不到位等问题导致的继电保护拒动、全站失压等，给电网的安全运行带来较大威胁。某供电局 220kV 变电站 110kV 线路单相接地后，导致站用变电压降低，充电模块闭锁退出运行，此时站用直流电源完全依赖于蓄电池组供电，由于站内直流系统蓄电池故障，导致直流母线电压波动并降低，接于相应直流系统上部分装置因电压波动造成了异常或重启，该 220kV 变电站 110kV 线路保护未正确动作隔离故障。

电力蓄电池是直流电源系统的“心脏”，是确保电力设备正常运行的最好一道防线。蓄电池一般是串联成组作为直流后备电源，一旦充电装置失电或故障无法向直流母线供电，此时，蓄电池将由备用电源转为主电源对直流负荷提供电源。蓄电池的可靠性直接影响着变电站的运行安全。

因蓄电池是串联工作方式，任何一只蓄电池出现故障，将直接决定直流系统供电的连续性，任何一只蓄电池开路将造成整个直流母线失压。

2.1.1 站用交直流电源系统相关设备故障情况

1. 蓄电池组

直流电源蓄电池组具有不可替代的作用，是直流电源供电可靠性的最后保障，为确保蓄电池组在事故条件下能正常工作，设备运维单位开展了大量的日常维护；每月定期测量单体电池电压；每年测量单体电池内阻；每 1 年（或 2 年）核容放电一次等。

上述维护工作不仅让基中层班组不堪重负，而维护效果却不佳，导致蓄电池开路、短路事故频发，对电网安全运行构成严重威胁。国内几起因蓄电池故障引起的不良后果见表 2-1。

表 2-1　几起蓄电池故障引起的后果

事故情况	发生时间	2013.4.29	2013.8.1	2014.5.3	2014.7.17
	发生地点	贵州六盘水	陕西渭南	湖南衡阳	辽宁本溪
	变电站名称	××变电站	×××变电站	××变电站	××变电站
	电压等级（kV）	220	110	110	220
	产生原因	电池开路	电池开路	电池短路	电池短路
	引起后果	保护拒动	保护拒动	烧毁电池	远动失信

2017 年某 220kV 变电站 110kV 线路接地短路故障，保护及测控装置存在异常重启，系统故障时直流系统失效，导致故障时刻，继电保护及自动装置未正确动作，保护越级跳闸，扩大了事故范围。直流母线电压下降录波如图 2-1 所示。

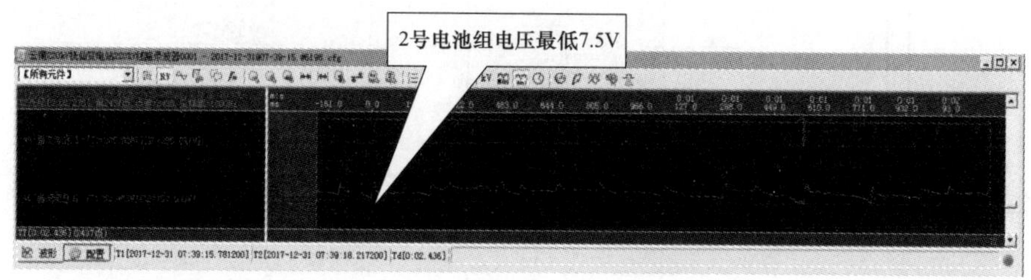

图 2-1 直流母线下降录波图

为了分析系统发生短路故障后，站用 400V 交流母线电压降低情况，参照 220k 某变电站局部电网进行仿真计算，模拟系统 110kV 线路发生单相接地故障后，低于充电模块输入欠压保护点 323V，充电模块输入欠压保护动作，并停止工作。仿真结果如图 2-2 所示。

蓄电池试验：正极板筋条腐蚀严重，电池负极汇流排与极柱连接处已腐蚀断开，极群中有一部分极板不能参与放电（靠近负极处的极板正常连接，可以参与放电），内阻增大，蓄电池的寿命已经终止（当蓄电池的内阻增大至初始内阻值的 1.5～1.8 倍时，即可判断蓄电池的寿命已经终止）。

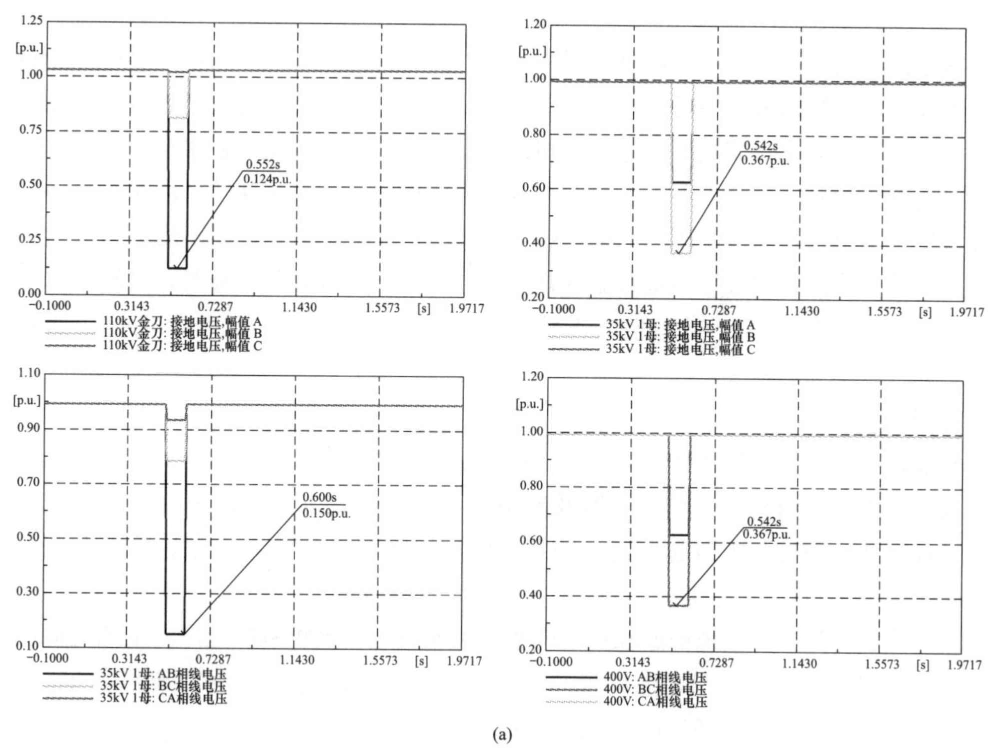

(a)

图 2-2 模拟交流系统故障（一）

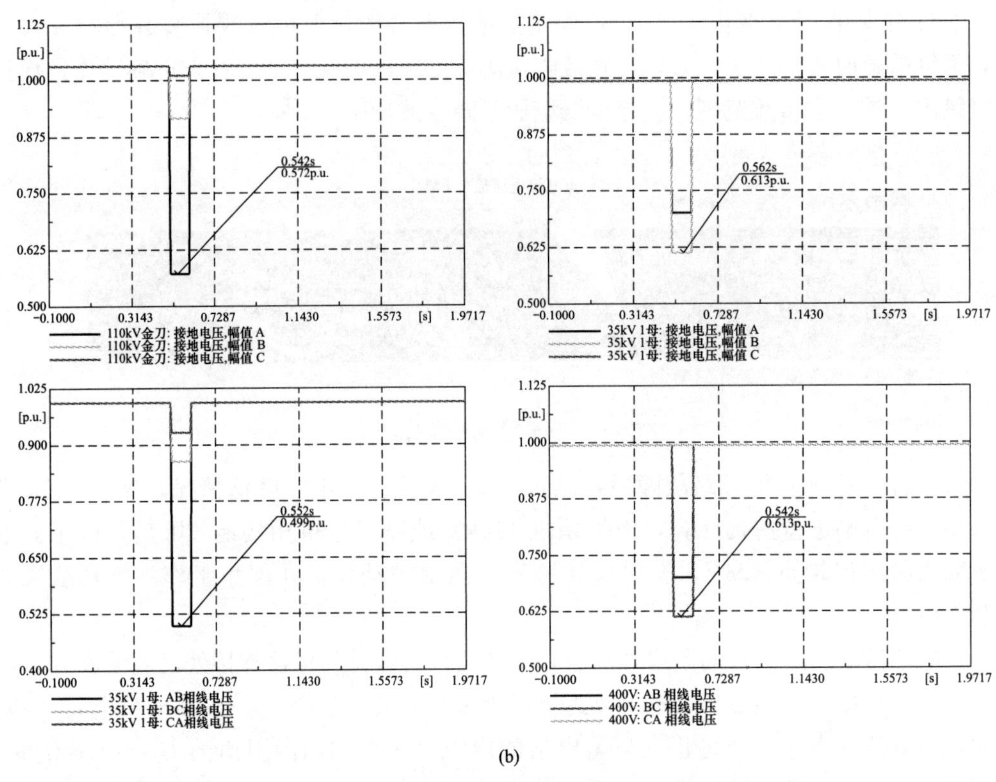

图 2-2　模拟交流系统故障（二）

蓄电池检测装置试验：现场直流屏一共有 104 节电池，需要上传 104 节电池数据，共用了 6 个电池数据采集装置，监控更新数据是按每个采集装置进行整体更新数据，如果电池电压发生变化，监控不一定马上知道，需要监控巡查到此位置才会收到相关变化数据，巡查周期时间长短视乎系统配置的复杂程度而定，我们早期的直流系统设备根据优先级别进行巡查，电池的巡查周期一般为 14～16s。如果在巡查周期内数据发生了多次变化，监控将接收到最后一次数据变化。现场交流电出现异常故障时，电池组电压下降，此变化过程少于 12s，导致监控无法接收变化的数据，所以监控无电池欠压报警记录。

2. 绝缘监测装置

目前运行的大部分绝缘装置只能对一点接地、接地电阻较小进行正确报警检测，而对交流窜入直流、两套直流系统环网及高阻接地（压差较大）等故障不能进行正确检测，两极接地检测过程中引起直流系统对地电压波动频繁且波动幅度远超出有关规程要求。

上述问题导致一点接地引起保护误动事故经常发生，严重威胁电网安全稳定运行。

(1) 2011 年 8 月 19 日，陕西某 330kV 变电站 2 台主变压器高压侧相继调闸，110kV 母线失压，导致其馈供的 15 座 110kV 变电站失压。

事故原因：交流窜入直流系统。

（2）2008年8月，河北某220kV变电站线路断路器发生A相单相跳闸事故；线路PSL-603GC、RCS-931BM型保护重合闸正确动作，重合成功。

事故原因：直流系统对地电压0～220V波动、直流系统母线对地电容与一点接地故障。

（3）云南某500kV变电站，2008年发生单台主变压器误跳事故，2009年发生两台主变压器先后误跳事故。

事故原因：对地电压波动、对地电压偏移（正极对地156V-130V波动，负极对地103V-76V波动）与瞬时一点接地故障。

（4）2006年6月12日22时21分24秒，河北某500kV变电站微机母线保护失灵直跳功能动作出口，造成8台500kV线路断路器误动作。

事故原因：直流系统正极一点接地与长电缆对地电容0.155μF。

（5）2000年4月29日12点10分，上海某电厂吴元2293支接线220kV断路器误跳闸。

事故原因：2套直流系统环网运行、对地电压偏移（正极对地电压36V，负极对地电压79V）与一点接地故障。

（6）2011年7月26和8月30两日，胡村站胡长线C相接地故障，胡长1保护动作，胡长1断路器跳闸。同时，与胡长线相连的对侧110kV变电站以下直流空气开关跳闸：

1）1号主变压器测控屏高压侧测控装置直流空气开关；

2）远动Ⅱ屏4台交换机直流空气开关；

3）直流分屏1号主变压器测控屏；

4）远动Ⅱ屏空气开关。

事故原因：原因不明。

3. 充电机

充电机一方面要提供正常状态下的负荷电流，另一方面要提供蓄电池组的浮充电流，还要在蓄电池组放电后进行补充充电。充电机的浮充电压、均充电压、恒流充电的精度与稳定性，对蓄电池组的寿命影响甚大。

目前蓄电组的使用寿命远低于设计寿命、运行中的充电机输出是否满足蓄电池组的充电要求等问题，现在还没有定性的研究。

4. 蓄电池监测装置

端电压测量准确性差。2009年6月，福建省电研院对全省超高压局、电业局、直管县公司一共281组单体电压为2V的蓄电池巡检仪上报数据进行分析，其中蓄电池巡检仪检测的单体蓄电池测量误差为10～30mV的占25.33%、测量误差为30～50mV的占7.53%、测量误差大于50mV的占15.60%，测量误差大于10mV的占48.45%。

内阻测量重复性误差高达50%，并且测量内阻过程中引起母线电压波动超过5%，还影响直流电源供电质量。

由于蓄电池在线监测装置数据测量的不准确，既不能发现故障电池，反而造成误报警，使维护人员不知所措，有的单位干脆让其退出运行。

2.1.2　站用交直流电源系统相关设备故障暴露的问题

1. 直流电源设备维护

通过监测、分析蓄电池、充电机、绝缘装置及蓄电池监测装置的运行参数变化趋势，深入了解上述设备的运行状态，根据其性能劣化程度，提出检修建议与方案，逐步实现状态检修，以减少直流电源设备的日常维护工作量。

2. 提高直流电源系统供电可靠性

通过监测、分析蓄电池、充电机的运行参数变化趋势，及时发现蓄电池组、充电机的故障。确保蓄电池组具有事故跳闸和 2h 事故放电能力，防止直流电源消失引起保护拒动事故；消除充电机不稳定输出对蓄电池造成不利影响，从而提高直流电源系统的供电可靠性。

3. 预防直流系统一点接地引起保护误动

通过监测、分析绝缘装置的性能及运行参数变化趋势，及时发现不满足相关规程、反措要求的绝缘监测装置，使交流窜入、直流环网、电压偏差及电压波动等各种直流接地故障能及时报警，并得到排除，以预防直流系统一点接地引起保护误动。

2.1.3　直流电源系统智能运维思考

依据《电力系统用蓄电池直流电源装置运行与维护技术规程》相关规定。对运行一年以上的蓄电池组要求 1～2 年做一次核对性容量测试，对投运 4 年以上的蓄电池要求每年做一次核对性容量测试。因此各供电单位每年需要投入大量的人力物力，以保证蓄电池组和直流电源系统的安全可靠运行，直流系统的安全稳定直接关联着很多设备的运行状态。随着近年来我国电力事业的快速发展，变电站和蓄电池组的数量每年以超过 15％的速度增长，同时变电站与供电公司管理单位的距离越来越远，因此如何管理和及时维护蓄电池组已成为电力系统的棘手问题。随着电子和信息科学技术的进步，以及电力系统网络建设的完善，基于电力系统局域网的远程维护和管理模式（见图 2-3，2-4）已变得可行，如何高效可靠对蓄电池进行维护已成为行业共识。

1. 远程核容技术原理

（1）加装放电负荷方式。

远程核对性充放电装置的工作原理如图 2-5 所示，远程核对性充放电系统是将现场蓄电池组串接充放电控制盒，需要核对性放电时，启动充放电控制盒，将蓄电池组退出充电回路（同时利用二极管单向导通性实现交流失电的保护），当核对性放电至单体容量下限、组端电压下限、放电时间等条件时，自动停止核对性容量测试。再次启动充放电控制盒，将电池组投入充电回路，由充电装置对蓄电池组进行充电，直至充电结束，进入浮充状态。该系统启动后不影响充电机的正常运行，不影响直流系统的正常供电，在放电过程中，如充电机电压突降，该系统瞬间、无时差停止放电并切换到蓄电池组给直流系统负荷正常供电。通过放电控制盒的反馈电路将系统信息传回监测模块，实现了实时监控系统的目的。同时蓄电池监护模块 BMM 能对单电池电压测量，单电池直流负荷放电内阻测试，也可以对单电池的电压均衡调节，实现对单电池的监测和维护。

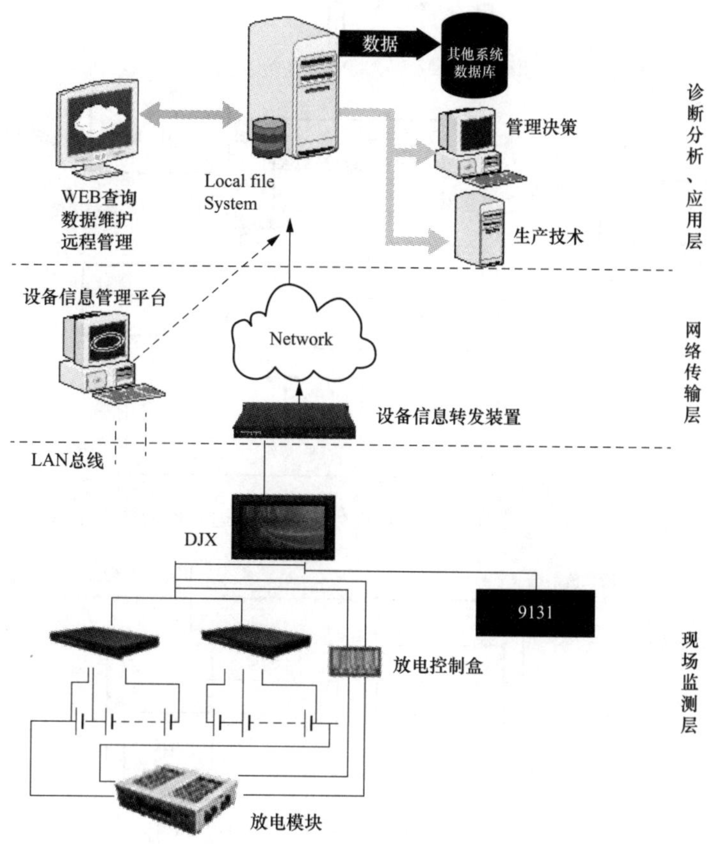

图 2-3　直流系统远程监控模型

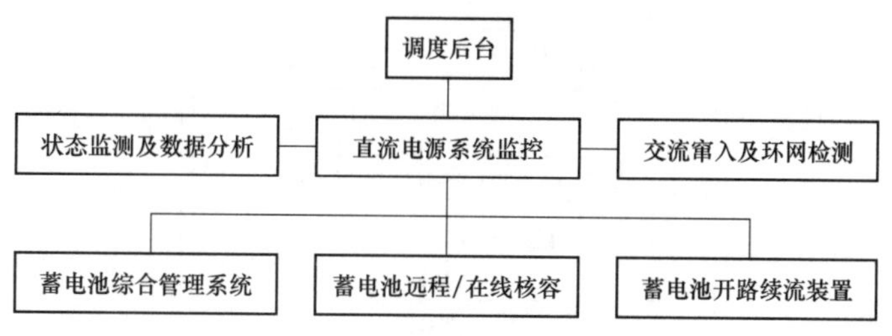

图 2-4　直流系统远程监控原理

（2）逆变并网放电方式。如图 2-6 所示，K1、K2 为直流空气开关，用于隔离Ⅰ、Ⅱ段直流母线与“蓄电池监测与维护屏”，正常运行时 K1、K2 处于合闸状态。D1、D2 均为 2 个 500A/1000V 二极管并联，与 D1、D2 并联的直流接触器 J5、J6 为常闭触点，正常运行时，J5、J6 闭合，不影响蓄电池的充放电工作。当需要给蓄电池放电时，将 J5（或 J6）断开，此时，充电机不能给蓄电池充电，以免影响放电，但当充电机故障或交流失压，处于放电状态下的蓄电池组，则可通过二极管 D1（或 D2）为负荷提供工作电流，保证直流系统正常供电。

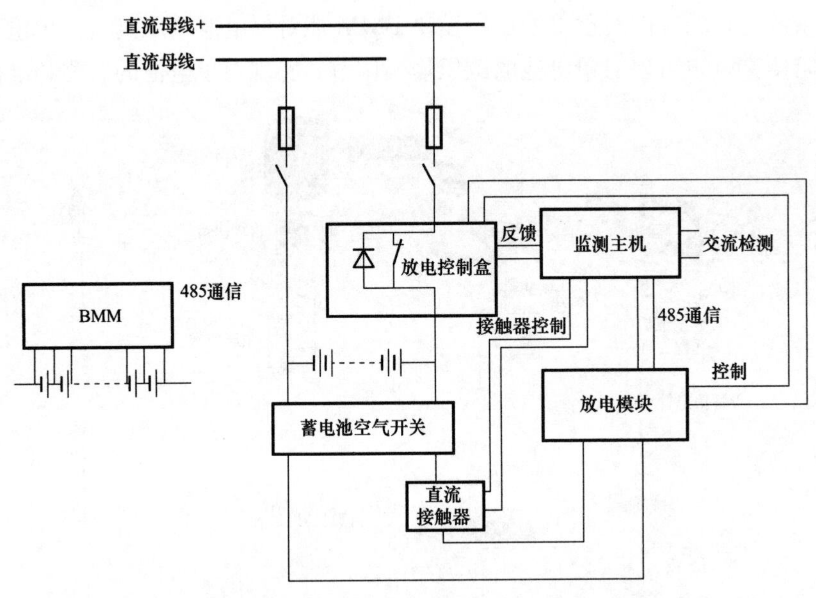

图 2-5　加装放电负载的方式进行核容放电远程控制放电系统

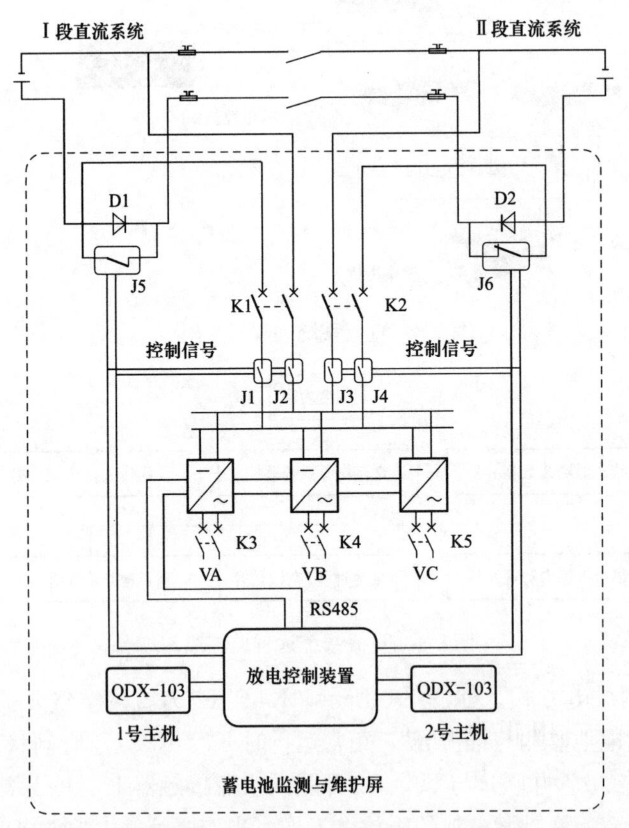

图 2-6　逆变并网放电方式进行核容放电远程控制放电系统

当Ⅰ段直流系统的蓄电池需要核容放电时，蓄电池在线监测装置 1 号主机给“放电控制装置”发出控制命令，控制直流接触器 J1、J2 闭合，将 3 个有源逆变器接入Ⅰ段直流母线，以及将 J5 断开；“放电控制装置”并通过 RS485 给 3 个有源逆变器发送逆变输出电流，使蓄电池放电电流为 0.1C。

3 个有源逆变器分别经交流空气开关 K3、K4、K5 与站用交流电源 A、B、C 三相相连，将逆变交流输出电流从 A、B、C 三相回馈电网，保持站用交流三相负荷平衡。

当Ⅱ段直流系统的蓄电池需要核容放电时，则由蓄电池在线监测装置 2 号给“放电控制装置”发出控制命令，控制直流接触器 J3、J4 闭合，将 3 个有源逆变器接入Ⅰ段直流母线，以及将 J6 断开；“放电控制装置”并通过 RS485 给 3 个有源逆变器发送逆变输出电流，使蓄电池放电电流为 0.1C。

（3）两种远程核容技术比较。

1）负荷放电优势：原理简单、技术成熟，目前应用广泛，同时采用散热技术对放电温度进行了有效控制，避免因放电负荷过热产生安全隐患，最大限度降低直流系统远程维护的运维风险。

但是负荷放电需要重点关注解决的放电负荷安装位置，增加变电站设备防火等级，需要通过电阻发热消耗能量，电阻发热时温度可以达到几百度，对于运行的变电站无疑是一个危险点负荷温度控制等问题。

2）并网逆变器的优势：①节约能源，绿色环保：并网逆变器效率超过 90%，也就是说在放电过程中，只有不到 10%的能量被设备损耗，而其余超过 90%的能源被并入站用交流电源系统。②发热量小，安全可靠，不需要考虑电阻发热问题以及防火等级问题。

逆变并网放电原理较复杂，装置增加了电力电子器件，需要考虑元器件运行的稳定性、站用电交流负荷等问题。

2. 主要技术功能

（1）一键巡查功能。运行人员可在现场通过主机“电池巡查”实现一键智能充放电，充放电容量、时间、电压限制值已预设好，可 15min 短时对蓄电池充放电观察运行状况与电池工况。充放电结束后如有需要可点击历史数据—电池巡查查询—生成报告（插入 U 盘后）导出记录进行留存，若遇异常可对比历史记录分析对比。

（2）远程监测功能。通过管理终端 IE 浏览器远程查看站端蓄电池组电池电压、内阻、电流、电池组组端电压、充、放电电流等各项数据，并可根据设定时段查看历史数据；同时根据需求可实时进行内阻测试或设定时间周期进行自动内阻测试并生成报告。

1）操作方便，直接用 IE 浏览器打开不需要安装客户端，有接入局域网的电脑都可以查看，平台安全系数高，采用 Linux 操作系统，符合系统入网安全标准。

2）丰富的报表管理，能将采集到的各项数据包括电压、内阻、电流、核对性放电等，生成日报、月报、年报等。通过直观的柱状图查看内阻数据，自动生成内阻测试报表，并和历史数据进行比对得出变化率，判断蓄电池内阻变化趋势，大大减轻了运维人员的工作量。采集数据的对比详见表 2-2。

表 2-2 采集数据进行比对表

节号	在线监测显示值（V）	万用表实测值（V）	节号	在线监测显示值（V）	万用表实测值（V）
1	2.283	2.280	2	2.283	2.280
3	2.279	2.276	4	2.279	2.281
5	2.280	2.280	6	2.28	2.282
7	2.255	2.256	8	2.255	2.258
9	2.278	2.276	10	2.278	2.275
11	2.196	2.194	12	2.196	2.199
13	2.255	2.256	14	2.255	2.258
15	2.288	2.284	16	2.288	2.284
17	2.260	2.261	18	2.26	2.261
19	2.264	2.261	20	2.264	2.262
21	2.257	2.257	22	2.257	2.259
23	2.283	2.283	24	2.283	2.286
25	2.271	2.272	26	2.271	2.272
27	2.302	2.300	28	2.302	2.304
29	2.262	2.263	30	2.262	2.265
31	2.253	2.250	32	2.253	2.253
33	2.257	2.253	34	2.257	2.255
35	2.258	2.255	36	2.258	2.256
37	2.271	2.274	38	2.271	2.273
39	2.262	2.260	40	2.262	2.263
41	2.271	2.272	42	2.271	2.272
43	2.263	2.260	44	2.263	2.263
45	2.233	2.231	46	2.233	2.234
47	2.255	2.256	48	2.255	2.253
49	2.265	2.262	50	2.265	2.265
51	2.254	2.252	52	2.254	2.255
53	2.136	2.133	54	2.136	2.134
55	2.265	2.262	56	2.265	2.263
57	2.256	2.253	58	2.256	2.254
59	2.263	2.261	60	2.263	2.262
61	2.252	2.253	62	2.252	2.256
63	2.263	2.261	64	2.263	2.264
65	2.282	2.280	66	2.282	2.283
67	2.268	2.266	68	2.268	2.264
69	2.264	2.260	70	2.264	2.266
71	2.287	2.284	72	2.287	2.288
73	2.265	2.262	74	2.265	2.263
75	2.259	2.255	76	2.259	2.257
77	2.25	2.250	78	2.25	2.252
79	2.272	2.273	80	2.272	2.273
81	2.27	2.271	82	2.27	2.271
83	2.278	2.275	84	2.278	2.276
85	2.278	2.274	86	2.278	2.278
87	2.265	2.262	88	2.265	2.263
89	2.272	2.270	90	2.272	2.274
91	2.288	2.284	92	2.288	2.285
93	2.248	2.245	94	2.248	2.247
95	2.278	2.274	96	2.278	2.279
97	2.262	2.263	98	2.262	2.263
99	2.281	2.282	100	2.281	2.281
101	2.253	2.250	102	2.253	2.253
103	2.25	2.251	104	2.25	2.251

3）由传统运维人员到站通过专业测量仪器测量分析得出报告转变为远程实时操作从而达到工作模式上的根本性改善。

（3）远程核对性容量测试功能。在局端通过管理终端 IE 浏览器选择站端电池组进行容量放电测试，根据测试计划选择全容量或设定容量/时间来进行放电测试，并输出测试报告。

站端通过远程放电控制盒在核容放电时自动开启，将电池组与控母目线路实现单向隔离，保证放电模块放电时对电池组实际放电，不消耗充电机电量。

当交流系统失电或充电机故障时，控母母线电压低于电池组电压时，核容放电自动停止，电池组通过远程放电控制盒的反向二极管对站端设备负荷供电，保证系统安全。

（4）蓄电池内阻测试及维护功能。在局端通过管理终端 IE 浏览器选择站端电池组进行内阻测试或设定时间周期进行自动内阻测试，通过直观的柱状图查看内阻数据，判断蓄电池内阻变化趋势。

蓄电池内阻测量原理采用的“直流放电法”测量精度更高，具有较好的重复测量精度，更适合用于蓄电池内阻的测量：通过对整组蓄电池进行短时间（约 3s）瞬时放电，断开放电负荷时，蓄电池电压产生瞬间跃升 ΔU，瞬间电压变化值和断开负荷时的瞬间电流 ΔI，则蓄电池内阻 $R=\Delta U/\Delta I$。测量原理图如图 2-7 所示。

蓄电池组监护模块具有蓄电池组在线浮充电压均衡性维护功能，可通过对单体蓄电池在线小电流充放电，提高蓄电池组浮充电压一致性，达到延缓蓄电池失效的目的。针对现场蓄电池电压偏高或偏低的电池进行容量的转移达到一个有效均衡的状态，假设平均电压为 2.230V，此时 9 号电池为 2.500V、10 号电池为 2.100V，虚拟电容通过对 9 号电池的放电、10 号电池的充电使所有电池在均衡稳定的状态，用以防止现场因出现单节或数节电池的异常而影响直流系统的供电可靠性与稳定性。

交流放电法如图 2-8 所示，充电机 VDC 一方面给负荷 R_L 供电，另一方面给蓄电池进行充电。内阻测量原理是一可变电阻 R_1 接入其中半组电池，利用蓄电池作电源产生一个低频的交流电流对该半组蓄电池进行放电，如图 2-8 所示合上 K1、K3（断开 K2、K4），可对 1 号至 n 号半组电池进行放电。通过测量放电电流 I，以及通过同步放大电路和高速 A/D 测量放电电流在 1 号至 n 号电池中的交流电压 U_1、U_n，根据公式 $R_n=U_n/I$，从而计算出蓄电池内阻。

如果合上 K2、K4（断开 K1、K3），则可对 2 号至 $2n$ 号半组电池进行放电，并测量该半组电池的内阻。

由于在电路中采用了软硬件的滤波措施，可有效地滤除充电机纹波对内阻测试的影响，保证了蓄电池在线内阻测试的准确性、一致性和重复性。

（5）两种内阻测试方法比较。交流注入法测内阻优点在于不需要对蓄电池进行放电，因此不会对蓄电池的性能造成影响，其测量数据稳定，重复性好，同时设备体积小，方便携带，可靠性高。交流电流注入法易受纹波和其他噪声源干扰，需采取抗干扰措施。

直流放电法放电电流可以做到很大，精度很高，同时从原理上克服了交流放电法中所有干扰（纹波电流和其他噪声源干扰）的问题，稳定准确，目前也被广泛采用。

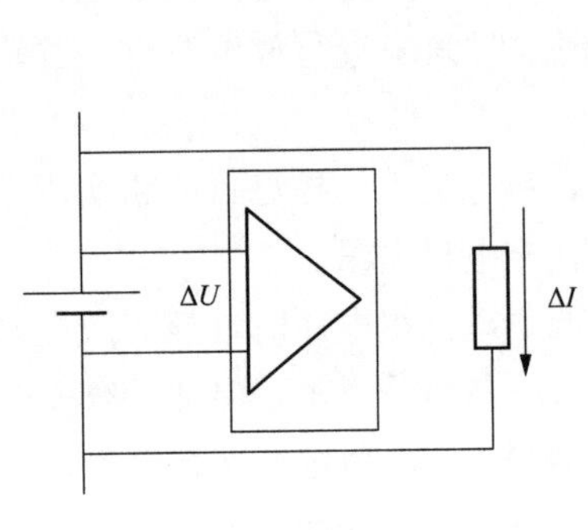

图 2-7　测量原理

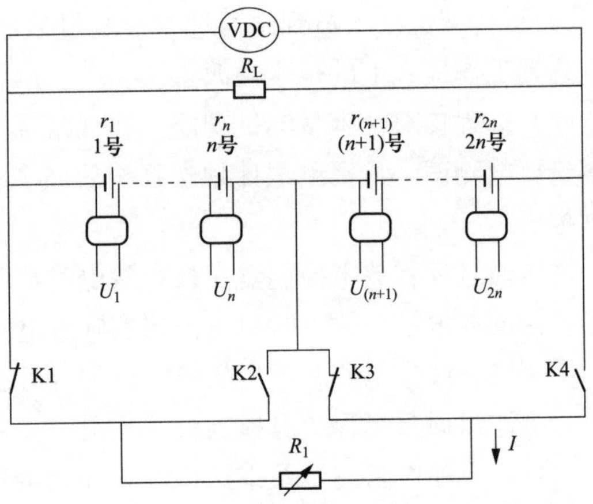

图 2-8　蓄电池内阻测量原理框图

（6）开路续流。蓄电池组内个别电池出现开路时，如果发生交流停电，会导致事故进一步扩大，是直流电源系统最大的安全隐患之一。发生此类情况以普通变电站现场实际将造成该组蓄电池不能再进行工作，当出现交流失电等状况将出现不可预估的严重后果，可能导致保护误动越级跳闸等事故事件，造成大范围停电等社会不良影响，给公司带来负面影响。

在蓄电池组中的每 4～6 节蓄电池并联“开路续流装置”。当蓄电池组放电时，任意节电池开路，蓄电池组的放电电流 I_d 将自动不间断地经蓄电池开路续流装置续流，如图 2-9 中上侧电流方向所示，增加开路续流功能后将有效避免此类情况发生，当一节甚至多节蓄电池出现故障开路的情况，其余蓄电池仍然能进行直流供电的作用。最大可能性的避免了蓄电池开路、交流失电所带来的恶劣影响，同时将风险降至最低。

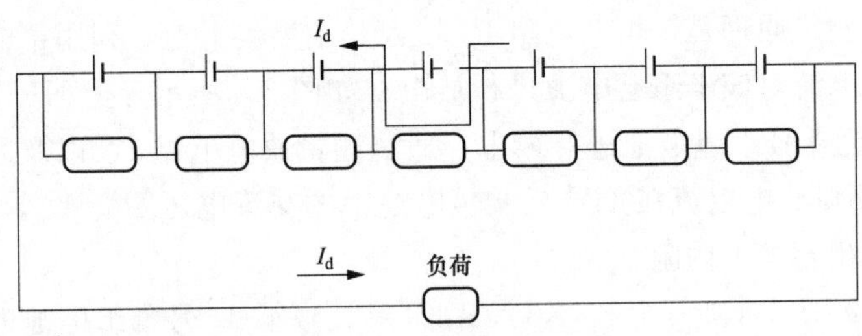

图 2-9　蓄电池开路续流原理

（7）蓄电池脱离母线报警装置。对蓄电池出口隔离开关增加监测判据，对蓄电池出口隔离开关非正常脱离母线监测报警。

由电池出口熔断器和上母线开关故障造成的蓄电池组脱离母线，危害极大，可能造成直流母线全部失电，引起变电站全停等恶性事故。现有检测方式主要靠电池出口熔断器辅助触点报警，但辅助触点由于氧化接触不良或卡死无法动作等故障时有发生。实现方法：

1）利用高精度电流准确测试蓄电池浮充电流；

2）实时在线准确检测直流母线电压和蓄电池出口熔断器两端电压差；

3）定期自动通信调低充电机输出电压，使蓄电池组负担负荷电流方式来判断电池出口熔断器状态；

4）采集电池出口熔断器和上母线开关辅助触点。

（8）多种故障报警功能。电压超限、温度超限、电压均差值超限等，报警阀值自由设定；系统支持声光报警功能，并可将报警信号传到远端管理终端。

（9）与直流系统通信功能。现场直流系统采用透明转发技术，通过站端 EIS 串口服务器设备，直接将直流系统数据包转换为符合 TCP/IP 通信协议的数据包，通过 RJ45 输出端口接入局域网，并传送至数据中心服务器管理分析软件，实现对直流系统的数据的遥测遥信功能。

通过实际运行表明，远程放电控制系统安全、可靠，对直流系统不会造成任何影响。利用远程放电控制系统可以在偏远、恶劣环境下实时监测和维护蓄电池组，节省了劳力和财力，避免了人到现场去维护的风险，同时它对电池的活化功能极大地延长了电池寿命。

3. 技术优势及运维管理提升

与传统的直流系统维护上具有明显优势与提升直流在线监测系统对比如表 2-3 所示。

表 2-3　直流在线监测系统对比

序号	内容	传统直流维护	直流系统远程维护管理系统
1	人工成本	根据运行维护规范，需要定期维护，而随着变电站数量的增加和人员编制的调整，同时变电站与电网公司管理单位的距离越来越远，导致变电站直流电源系统维护的工作压力逐年增大	可实现远程或通过主机实现在线充放电与实时监测，做到“足不出户”就能对设备进行全方位管控，大量减少了人力物力、提高效率、简化操作减少资源消耗
2	运维方式	传统日常、专业运维方式是手动测量，内阻测试中人员测量误差无法避免	通过主机或远程服务器可实时监控并且操作简便，远程测量，随时可导出历史数据进行分析对比，可操作性大幅提高
3	测试精度	传统直流采集模块经常发生故障损坏，时有造成“假”报警的发生，常需更换模块或重启装置	装置精度更高、采样更加准确。采集模块，质量更好同时性能也更加稳定
4	数据分析	需要人为分析，对专业人员的技术能力要求比较高	随时可导出历史数据进行分析对比，对蓄电池的内阻测量结果进行比对，诊断水平提高
5	其他	无此功能	（1）蓄电池均衡维护功能在个别蓄电池容量亏损的情况时，提高蓄电池组的容量一致性，延长蓄电池组的放电时间，提高直流系统的可靠性； （2）蓄电池开路续流，在电池开路断开供电情况下通过二极管保障直流电源的有效、不间断供给

2.2 交流回路故障

二次回路通常包括用以采集一次系统电压、电流信号的交流电压回路、交流电流回路，用以对断路器及隔离开关等设备进行操作的控制回路，用以对发电机励磁回路、主变压器分接头进行控制的调节回路，用以反映一、二次设备运行状态、异常及故障情况的信号回路，用以供二次设备工作的电源系统等。

2.2.1 交流电流回路故障

电力系统的一次电压很高，电流很大，且运行的额定参数千差万别，用以对一次系统测量、控制的仪器仪表及保护装置无法直接接入一次系统，一次系统的大电流需要使用电流互感器进行隔离，是二次的继电保护、自动装置和测量仪表能够安全准确地获取电气一次回路的电流信息。电流互感器有电磁式互感器和电子式互感器两种，下面介绍的是电磁式电流互感器相关回路故障问题。

一、电流互感器二次回路开路故障

电流互感器是一个特殊形式的变换器，它的二次电流正比于一次电流。因为其二次回路的负荷阻抗很小，一般只有几个欧姆，所以二次工作电压也很低，当二次回路阻抗大时二次工作电压$U=IZ$也变大，当二次回路开路时，U将上升到危险的幅值，它不但影响电流传变的准确度，而且可能损坏二次回路的绝缘，烧毁电流互感器铁芯。所以电流互感器的二次回路不能开路。

1. 电流互感器二次开路故障的检查

（1）回路仪表指示异常降低或为零。如用于测量表计的电流回路开路，会使三相电流表指示不一致、功率表指示降低、计量表计（电度表）不转或转速缓慢。如果表计指示时有时无，可能是处于半开路（接触不良）状态。

将有关的表计指示对照、比较，经分析可以发现故障。如变压器一、二次侧负荷指示相差较多，电流表指示相差太大（经换算，考虑变比后），可怀疑偏低的一侧有无开路故障。

（2）电流互感器本体有无噪声、振动等不均匀的异音。此现象在负荷小时不明显。开路后，因磁通密度增加和磁通的非正弦性，硅钢片振动力很大，响声不均匀，产生较大的噪声。

（3）电流互感器本体有无严重发热，有无异味、变色、冒烟等。此现象在负荷小时也不明显。开路时，由于磁饱和严重，铁芯过热，外壳温度升高，内部绝缘受热有异味，严重时会冒烟烧坏。

（4）电流互感器二次回路端子、元件线头等有无放电，打火现象。此现象可在二次回路维护工作和巡视检查时发现。开路时，由于电流互感器二次产生高电压，可能使互感器二次接线柱、二次回路元件线头、接线端子等处放电打火，严重时使绝缘击穿。

（5）继电保护发生误动作或拒绝动作。此情况可在误跳闸后或越级跳闸事故发生后，检查原因时发现并处理。

（6）仪表、电能表、继电器等冒烟烧坏。此情况可以及时发现。仪表、电能表、继电器烧坏，都会使电流互感器二次开路（不仅是绝缘损坏）。有功功率表、无功功率表、电能表、远动装置的变送器、保护装置的继电器等烧坏，不仅使电流互感器二次开路，同时也会使电压互感器二次短路。应从端子排上将交流电压端子拆下，包好绝缘。

以上现象，是检查发现和判断开路故障的一些线索。正常运行中，一次负荷不大，二次无工作，且不是测量电流回路开路时，一般不容易发现。运行人员可根据上述现象及实际经验，检查发现电流互感器二次开路故障，以便及时采取措施。

2. 电流互感器二次开路故障的处理方法

检查处理电流互感器二次开路故障，应注意安全，尽量减小一次负荷电流，以降低二次回路的电压。应戴线手套，使用绝缘良好的工具，尽量站在绝缘垫上。同时应注意对照符合实际线路的图纸，认准接线位置。

电流互感器二次开路，一般不太容易发现。巡视检查时，互感器本体无明显象征时，会长时间处于开路状态。因此，巡视设备应细听、细看，维护工作中应不放过微小的异常。

（1）发现电流互感器二次开路，应先分清故障属哪一组电流回路、开路的相别、对保护有无影响等，并向调度汇报，解除可能误动的保护。

（2）尽量减小一次负荷电流。若电流互感器严重损伤，应转移负荷，停电检查处理（尽量经倒运行方式，使用户不停电）。

（3）尽快设法在就近的试验端子上，将电流互感器二次短路，再检查处理开路点。短接时，应使用良好的短接线并按图纸进行。

（4）若短接时发现有火花，说明短接有效。故障点就在短接点以下的回路中，可进一步查找。

（5）若短按时没有火花，可能是短接无效。故障点可能在短接点以前的回路中，可以逐点向前变换短接点，缩小范围。

（6）在故障范围内，应检查容易发生故障的端子及元件，检查回路有工作时触动过的部位。

（7）对检查出的故障，能自行处理的，如接线端子等外部元件松动、接触不良等，可立即处理，然后投入所退出的保护（为了处理缺陷、故障等问题而退出的继电保护功能）。若开路故障点在互感器本体的接线端子上，对于 10kV 及以下设备，应停电处理。

（8）若是不能自行处理的故障（如继电器内部），或不能自行查明故障，应向上级汇报，以便派人检查处理（先将电流互感器二次短路），或经倒运行方式转移负荷，停电检查处理（防止长时间失去保护）。

二、电流互感器二次极性接反

1. 极性接反的危害

（1）电流互感器如用在继电保护电路中，将引起继电保护装置的误动或者拒动；

（2）电流互感器如用在仪表计量回路中，功率表和电能表的正确测量将受到影响；

（3）采用不完全星形联结的电流互感器，如任一相极性接反，都会引起未接电流互感器（一相为中相）的一相较其他相电流增大；

（4）采用不完全星形联结的电流互感器，如两相接反，虽然二次侧的三相电流仍平衡，但与相应的一次电流的相角差为180°，从而将使电能表反转。

2. 极性接反的判断方法

目前继电保护工作中检查电流回路的接线，主要是通过相位伏安表测得各回路的电流数据，再作出各被测量与参考量之间相位关系的相量图，进而判断现场互感器二次极性的正确性。若判断出TA绕组极性错误，需及时进行更改，否则会留下计量错误、保护装置拒动或误动等隐患。总结实际工作经验，本文强调在利用相位图进行判断前，要充分调查现场相关电流回路，弄清TA参数及基本接线情况，进而结合二者进行正确判断。

在现场条件允许的情况下，测量电流回路数据之前首先详要细了解电流互感器的基本情况：各个绕组的使用变比、准确级（确定是否与所接二次设备相匹配）；一次极性端P1、P2的所在位置，二次极性端S1（K1）、S2（K2）的引出情况等。若确定不了两侧绕组接法，须做极性试验来确定，极性试验的方法一般采用直流法，按图2-10所示进行接线：TA一次侧加直流干电池，二次侧接电流指针表。试验时若断路器S闭合瞬间电流表指针正偏转，则两侧绕组极性为减极性，若指针反偏转则为加极性。

其次要查阅相关技术资料，如使用的保护装置的说明书，初步判断现场实际接线是否与说明书规定电流的基准方向一致；核对铭牌查看电流互感器每个绕组的准确级是否与现场二次设备匹配等。

测数据时需注意，要在测试负荷较稳定（如主变压器或线路输送功率较稳定）的时候进行测量，先选定一参考量（一般选择U_A或U_{AB}），然后测出A、B、C各相的电流幅值及相位。一般来说，我们规定有功功率和无功功率从母线送往变压器或线路为正方向、电流从母线流向变压器或线路为正方向。以A相相电压U_A为测量基准为例，相向量图时将$+P$和$+U_A$定为同方向作如图2-11所示相量图。

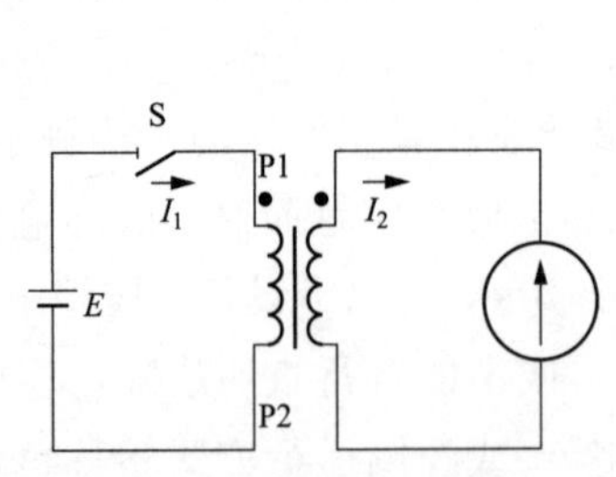

图2-10　TA极性试验接线图

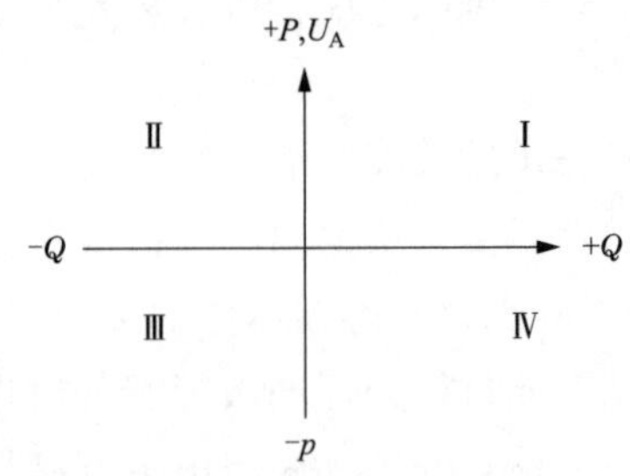

图2-11　电流相位与有功、无功关系图

由$P=UI\cos\varphi$及$Q=UI\sin\varphi$可知，P、Q的正负仅与θ角（各相电压与相电流的夹角）有关，分析起来，有以下4种情况：

当$P>0$且$Q>0$时，送有功、送无功，要求$\cos\theta>0$且$\sin\theta>0$，即$0°<\theta<90°$，A相电流滞后相电压在0°～90°之间，在相量图中应位于第一象限；同理分析可得：

当 $P>0$ 且 $Q<0$ 时，送有功，受无功，A 相电流在相量图中应位于第二象限；

当 $P<0$ 且 $Q<0$ 时，受有功，受无功，A 相电流在向量图中应位于第三象限；

当 $P<0$ 且 $Q>0$ 时，受有功、送无功，A 相电流应位于第四象限。

根据测试数据作得的相量图可判断出当前潮流的理论方向，而要判断电流回路接线是否正确必须结合目前潮流的实际方向、前期收集的电流互感器的数据信息以及保护说明书对 TA 极性的规定。总结起来，具体步骤如下：

（1）确定潮流的实际方向：结合现场一次设备的运行状态，通过相邻或对侧运行设备的潮流数据进行分析判断，必要时与调度单位核对确定；

（2）通过前期调查的电流回路信息，结合实际潮流方向预判相位伏安表所测各相电流大致该位于相量图的哪个象限；

（3）根据测试数据作出相量图进行验证，进而判断出电流互感器二次极性是否正确。

需要注意的是：测完电流回路的数据后要对 TA 变比进行验证（可通过与相邻设备保护装置的采样数据进行比较判断），这是实际工作中容易被忽略的要点。下面进行实例分析。

3. 母线差动保护极性判断

图 2-12 所示为某变电站 110kV 母联及部分线路接线简图。现场调查得知母联 112 间隔电流互感器的 P1 端靠Ⅱ母侧、P2 端靠Ⅰ母侧；使用 TA 变比为 1200/5，将线路 L2 的采样值折算到母联断路器处进行比较证实变比正确；TA 准确级为 10P20 级，满足母线差动保护的要求。

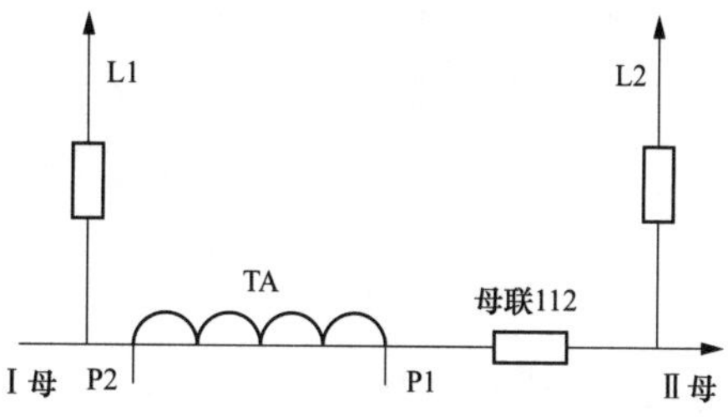

图 2-12　110kV 母联及部分线路接线图

查阅使用的 BP-2B 型母差保护说明书得知保护装置默认母联电流互感器的极性与Ⅱ母上的元件一致。现场测试数据后发现 L2 线路保护与母差保护潮流反向，因线路保护极性引出端靠Ⅱ母侧，可知线路 L2 的母差保护极性引出端靠线路侧，故母联电流互感器极性引出端靠Ⅰ母，即 S2 引出，现场接线与说明书一致，下一步作相量图进一步验证。

当线路 L2 带上负荷后，测得数据如表 2-4 所示。

表 2-4　母线差动保护装置数据

	幅值（A）	相位（°）
I_A	0.922	13.5
I_B	0.923	133.9
I_C	0.923	253.9

从数据测试时的运行方式来看，Ⅱ母上只投了 L2 一条线路，其余线路处于冷备用状态，P、Q 由 110kVⅡ母送至线路 L2，由表 2-3 所得数据作相量图如图 2-13 所示。

由于有功功率 P 及无功功率 Q 均由Ⅱ母送至线路 L2，故 TA 一次电流由 P2 流向 P1，若二次电流是由 S1 引至母差保护装置，则图 2-13 中 I_A 应位于第三象限，与现位置反向，而实际 TA 二次接线是由 S2 端引出至保护装置，与测试结果吻合，证明电流回路接线正确。

4. 变压器差动及后备保护极性判断

对某已投运 110kV 变电站主变压器保护电流回路进行检查，已知主变压器为Y/△-11型接法，10kV 侧带有电容器组，简要接线如图 2-14 所示。按照保护说明书规定得知差动保护及高、低后备保护电流极性引出端均靠母线侧。

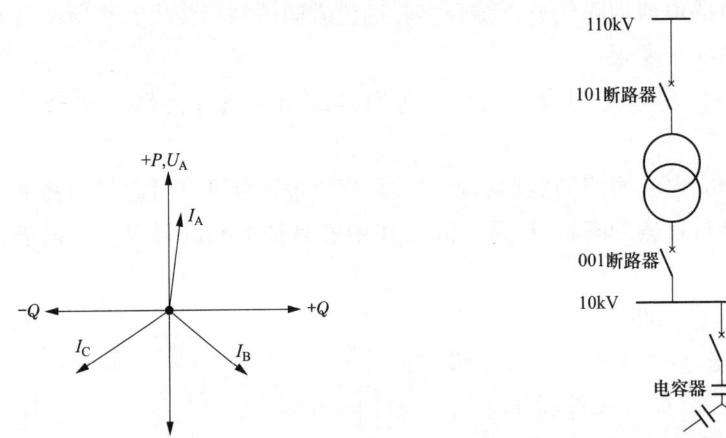

图 2-13　相量图　　图 2-14　某变电站一次接线及 TA 极性简图

在进行带负荷测试时，投运了一组 10kV 侧的电容器作为负荷，由于负荷为纯电容，其向系统送无功，得到了实际的潮流：电流由 10kV 母线流向主变压器低压侧、由主变压器高压侧流向 110kV 母线。

以高压侧 A 相相电压为基准，测得高、低压两侧差动保护及后备保护的电流数据如表 2-5、表 2-6 所示。下面作相量图判断电流互感器二次接线是否正确及是否与说明书一致。

表 2-5　高压侧测试数据

差动	电流（A）	相位（°）	高后备	电流（A）	相位（°）
I_A	0.09	91	I_A	0.09	91.1
I_B	0.09	216.7	I_B	0.09	217.8
I_C	0.09	336.8	I_C	0.09	336.9
I_N	0	0	I_N	0	0

表 2-6　低压侧测试数据

差动	电流（A）	相位（°）	低后备	电流（A）	相位（°）
I_A	0.2	240.1	I_A	0.2	60.1
I_B	0.2	0.9	I_B	0.2	180
I_C	0.2	119	I_C	0.2	299
I_N	0	0	I_N	0	0

根据以上数据，得高压侧差动及高后备保护相量图如图 2-15 所示。

在低压 10kV 侧，按照说明书的规定方向判断相位伏安表的测试数据潮流方向为 $Q>0$，I_A 应位于第一象限。图 2-16 所示是低压侧差动保护相量图，各相相位与上述分析结果正好反向，说明差动保护 TA 绕组的接线与说明书不一致，二次接线接反；对于低后备保护，同理分析可知接线正确，且与保护说明书规定一致，如图 2-17 所示。

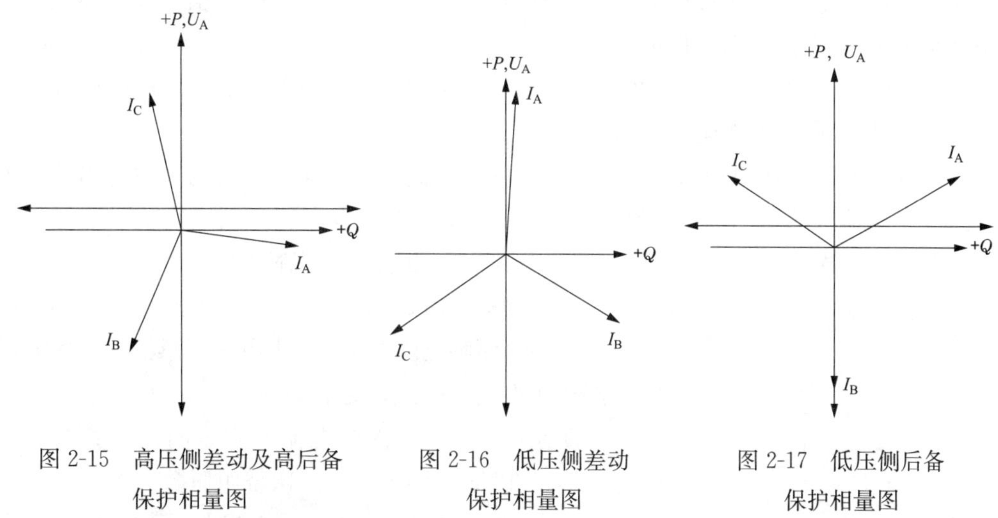

图 2-15　高压侧差动及高后备保护相量图　　图 2-16　低压侧差动保护相量图　　图 2-17　低压侧后备保护相量图

一般来说，当差动保护和后备保护的对象是变压器时，要求电流互感器一次电流必须以流入变压器的方向为正，当变压器内部故障时高低压两侧的一次电流都由母线流入变压器，保护可正确动作。此例中差动保护的高低压 TA 绕组极性均接反，当然，两侧二次电流同时反向 180°不会影响到差动保护动作的正确性，但考虑到继电保护工作的严谨性，发现现场接线与保护说明书不一致时，要及时改接正确；后备保护 TA 绕组极性则不能接反，当涉及带方向的保护时，接反后不能正确反映故障电流，可能会造成保护拒动，发现后也需及时改接正确。

5. 结论

（1）判断电流回路接线正确性首先要充分调查电流回路：电流互感器参数（变比、准确级）及极性端引出情况。同时要确定实际潮流方向。

（2）通过测试数据作出相量图判断潮流方向，结合实际潮流方向、说明书规定基准方向、二次接线调查数据进行综合判断，四者一致则证明电流回路接线正确。

（3）若发现电流回路接线错误或现场接线与保护说明书不一致，应及时改接正确。

三、电流互感器饱和问题

电流互感器（Current Transformer，TA）是继电保护获取电流的关键。TA 饱和将导致电流测量出现偏差，影响继电保护的正确动作，特别是对差动保护影响较大。正确认识 TA 饱和将有助于分析判断继电保护的动作行为。

近年来，广东省内多个发电厂出现过高压厂用变压器或启动-备用变压器在区外故障时或厂用大容量电动机启动时差动保护误动作的情况。究其原因，除个别是因为整定值的问题外，大多数是因电流互感器特性不理想甚至饱和而导致的。

众所周知，设计规程中对电流互感器的选型有严格的规定，要求保护用的电流互感器在通过 15 倍甚至是 20 倍额定电流的情况下，误差不超过 5%或 10%，即不出现饱和。而上面提及的出现差动保护误动的情况，无一例外地都选用了保护级的电流互感器。经过对几个电厂的大容量电动机启动电流的核算，最大容量的电动机启动时电流大概是变压器额定电流的 3～5 倍，远达不到电流互感器额定电流的 15 倍。那为什么差动保护还会因为电流互感器饱和而误动

下面就电流互感器的工作原理、工作特性对保护的影响及其检验方法进行探讨。

1. 电流互感器工作原理

电流互感器的工作原理与变压器基本相同，因此可以使用变压器的等效电路分析电流互感器。电流互感器的等效电路如图 2-18 所示。Z_1 为电流互感器一次绕组漏抗，Z_2 为电流互感器二次绕组漏抗，Z_L 为电流互感器二次回路的负荷阻抗。

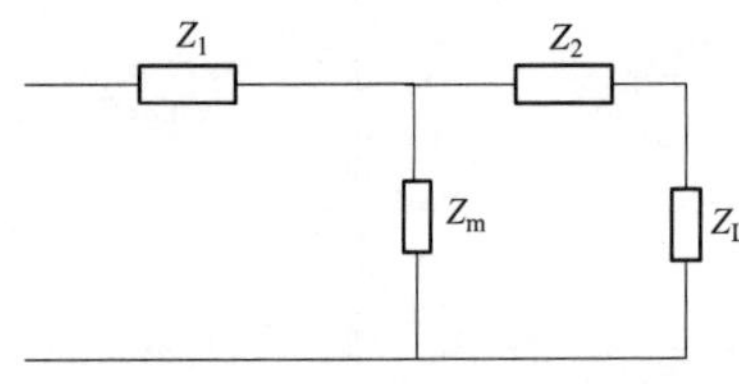

图 2-18　变压器的等效电路

正常运行时，漏抗 Z_1 和 Z_2 很小，负荷阻抗 Z_L 也很小，而励磁阻抗 Z_m 因为电流互感器铁芯磁通不饱和而很大。因此，可忽略励磁电流 I_m。根据磁势平衡原理，一、二次侧电流成固定的比例关系为其中 N1 和 N2 分别为一、二次绕组匝数。

当铁芯磁通密度增大至饱和时，励磁阻抗 Z_m 会随着饱和的程度而大幅下降。此时 I_m 已不可忽略，即 I_1 与 I_2 不再是线性的比例关系。

电流互感器饱和的原因有两种：一是一次电流过大引起铁芯磁通密度过大；二是二次负荷（即 Z_L）过大，在同样的一次电流下，要求二次侧的感应电动势增大，也即要求铁芯中的磁通密度增大，铁芯因此而饱和。

2. 确定电流互感器饱和点的方法

要研究电流互感器的工作特性，确认其在保护外部故障通过大电流时是否会饱和而影响保护动作的正确性，可通过一些试验方法进行检测。

显然，最直接的试验方法就是二次侧带实际负荷，从一次侧通入电流，观察二次电流找出电流互感器的饱和点。但是，对于保护级的电流互感器，其饱和点可能超过 15～20 倍额定电流，当电流互感器变比较大时，在现场进行该项试验会有困难。

除此之外，还可通过伏安特性试验测出电流互感器的饱和点。如前所述，电流互感器饱和是由于铁芯磁通密度过大造成的，而铁芯的磁通密度又可通过电流互感器的感应电动势反映出来。因此由伏安特性曲线上的饱和电压值可以计算出电流互感器的饱和电流。伏安特性的试验方法为：一次侧开路，从二次侧通入电流，测量二次绕组上的电压降。由于电流互感器的一次开路，没有一次侧电流的去磁作用，在不大的电流作用下，铁芯很容易就会饱和。因此，伏安特性试验并不需要加很大的电流，在现场较容易实现。

为了避免变压器差动保护的电流互感器在区外故障时或大容量电动机起动时因电流过大出现饱和而导致差动保护误动作，除了在设备选型上要确保选用容量足够的保护级

电流互感器外，还可根据电流互感器的伏安特性曲线和现场实测的电流互感器二次回路负荷阻抗计算出电流互感器的饱和点，以此推算出在最大可能出现的穿越电流作用下，电流互感器是否会饱和以及差动保护是否会误动作。如计算结果显示电流互感器确会因较大穿越电流而饱和，则应更换更大容量的电流互感器，或将电流互感器二次回路的电缆截面加粗，以减小二次负荷的阻抗，保证差动保护的可靠性。

3. 互感器饱和特性

前面我们讲到电流互感器的误差主要是由励磁电流 I_e 引起的。正常运行时由于励磁阻抗较大，因此 I_e 很小，以至于这种误差是可以忽略的。但当 TA 饱和时，饱和程度越严重，励磁阻抗越小，励磁电流极大的增大，使互感器的误差成倍的增大，影响保护的正确动作。最严重时会使一次电流全部变成励磁电流，造成二次电流为零的情况。引起互感器饱和的原因一般为电流过大或电流中含有大量的非周期分量，这两种情况都是发生在事故情况下的，这时本来要求保护正确动作快速切除故障，但如果互感器饱和就很容易造成误差过大引起保护的不正确动作，进一步影响系统安全。因此对于电流互感器饱和的问题我们必须认真对待。互感器的饱和问题如果进行详细分析是非常复杂的，因此这里仅进行定性分析。

所谓互感器的饱和，实际上讲的是互感器铁芯的饱和。我们知道互感器之所以能传变电流，就是因为一次电流在铁芯中产生了磁通，进而在缠绕在同一铁芯中上的二次绕组中产生电动势 $E=4.44f\times N\times B\times S$。式中 f 为系统频率；N 为二次绕组匝数；S 为铁芯截面积；B 为铁芯中的磁通密度。如果此时二次回路为通路，则将产生二次电流，完成电流在一、二次绕组中的传变。而当铁芯中的磁通密度达到饱和点后，B 随励磁电流或是磁场强度的变化趋于不明显。也就是说在 N、S、f 确定的情况下，二次感应电势将基本维持不变，因此二次电流也将基本不变，一、二次电流按比例传变的特性改变了。我们知道互感器的饱和的实质是铁芯中的磁通密度 B 过大，超过了饱和点造成的。而铁芯中磁通的多少决定于建立该磁通的电流的大小，也就是励磁电流 I_e 的大小。当 I_e 过大引起磁通密度过大，将使铁芯趋于饱和。而此时互感器的励磁阻抗会显著下降，从而造成励磁电流的再增大，于是又进一步加剧了磁通的增加和铁芯的饱和，这其实是一个恶性循环的过程。励磁电抗 X_e 的减小和 I_e 的增加，将表现为互感器误差的增大，以至于影响正常的工作。

一般可以分成稳态饱和和暂态饱和两种情况来了解铁芯的饱和。

对于稳态饱和，I_e 和二次电流 I_s 是按比例分流的关系。我们假设励磁阻抗 Z_e 不变。当一次电流由于发生事故等原因增大时，I_e 也必然会按比例增大，于是铁芯磁通增加。如果一次电流过大，也会引起 I_e 的过大，从而又会走入上面我们所说的那种循环里去，进而造成互感器饱和。

暂态饱和，是指发生在故障暂态过程中，由暂态分量引起的互感器饱和。我们知道，任何故障发生时，电气量都不是突变的。故障量的出现必然会伴随着或多或少的非周期分量。而非周期分量，特别是故障电流中的直流分量是不能在互感器一二次间传变的。这些电流量将全部作为励磁电流出现。因此当事故发生时伴有较大的暂态分量时，也会造成励磁电流的增大，从而造成互感器饱和。

以 5P20，30VA 说明常见的对互感器的标识方法，其中 5 为准确级（误差极限为 5%），P 为互感器形式（保护级），20 为准确限值系数（20 倍的额定电流），30VA 表示额定二次负荷（容量）。简单地说就是互感器额定二次负荷为 30VA，额定电流下允许二次负荷 $Z_b=S_b/I_2n_2$。二次额定电流为 5A 时，$S_b=25Z_b$；二次额定电流为 1A 时，$S_b=Z_b$。5P20 表示，在 20 倍的额定电流下互感器误差不超过 5%。

互感器二次额定电流有 1A、5A 两种。根据上述分析我们可以定性的分析得知相同条件下二次额定电流为 1A 的互感器允许的二次负荷比 5A 的互感器大。因此对于新建设备有条件时宜选用二次额定电流为 1A 的互感器。尽量避免一个变电站内同一电压等级的设备出现不同的二次额定电流，以免引起公共保护（比如母线差动保护）整定的困难。

4. 电流互感器饱和对保护的影响

（1）对电流保护的影响。

电流保护的判据：$I_j>I_z$。式中 I_j 为流入继电器的短路电流二次值，I_z 为电流继电器的定值电流互感器饱和后，二次等效动作电流 I_j 变小，可能会引起保护拒动，这一点在电流速断保护中尤为显著。电流互感器严重饱和后，一次电流全部转化为励磁电流，二次感应电流为零，则流过电流继电器的电流为零，保护装置拒动。

（2）对母线差动保护的影响。

根据电流互感器饱和的特征，可知出现故障时，由于铁芯中的磁通不能发生突变，电流互感器不能立即进入饱和区，而是存在一个 3～5ms 的线性传递区。当母线上故障，差动元件中的差流与故障电压和故障电流同时出现；当母线保护区外故障，而某组电流互感器饱和时，差动元件中的差流比故障电压和故障电流晚出现 3～5ms。

5. 防止电流互感器饱和的方法与措施

（1）限制短路电流。在已建成中压系统中可在较高一级的电压等级中采取分列运行的方式以限制短路电流。分列运行后造成的供电可靠性的降低可通过备用电源自动投入等方式补救。在新建系统中短路电流过大可采取串联电抗器的做法来限制短路电流。

（2）增大保护级 TA 的变比。不能采用按负荷电流大小来确定保护级电流变比，必须用继电保护装置安装处可能出现的最大短路电流和互感器的负荷能力与饱和倍数来确定 TA 的变比。

增大了保护级 TA 的变比后会给继电保护装置的运行带来一些负面影响，主要是不利于 TA 二次回路和继电保护装置的运行监视。例如：在 10kV 系统中，一台 400kVA 的站用变压器（这个容量已相当大了），带 60%负荷运行时的电流为 13.8A，按最大短路电流核算选取的保护级电流互感器变比为 600/5，则折算到二次侧的负荷电流仅有 0.115A。对于额定输入电流为 5A 的继电器来讲，这个电流实在太小了，若发生二次回路断线是难以监视和判断的。

（3）减小电流互感器的二次负荷。

1）选用交流功耗小的继电保护装置。一般的电磁型的电流差动继电器的交流电流功耗每回路可达8VA，而微机型继电器（如MDM-B1系列）的交流电流功耗每回路仅0.5VA，相差一个数量级，应选用交流功耗小的继电保护装置。

2）尽可能将继电保护装置就地安装。TA的负荷主要是二次电缆的阻抗，将继电保护装置就地安装，大大缩短了二次电缆长度，减小了互感器的负担，避免了饱和。另外，就地安装后，还简化了二次回路，提高了供电可靠性。就地安装方式对继电保护装置本身有更高的要求，特别是在恶劣气候环境下运行的能力和抗强电磁干扰的性能要好。

3）减小TA的二次额定电流。因为TA的功耗与电流的平方成正比，所以将TA二次额定电流从5A降至1A，在负荷阻抗不变的情况下，相应的二次回路功耗降低了25倍，互感器不容易饱和。

减小了TA的二次额定电流也会对继电保护装置产生负面影响。二次电流减小后，必须提高继电器的灵敏度，而灵敏度和抗干扰能力是一对矛盾。对于就地安装的继电保护装置，由于二次电流电缆的长度很短，现场的电磁干扰水平又比较高，仍以选用二次额定电流为5A的互感器为好。

（4）采用抗饱和能力强的继电保护装置。

1）采用对电流饱和不敏感的保护原理或保护判据。例如，采用相位判别原理的继电器比采用幅值判别原理的继电器的抗TA饱和的性能要好，因为即使在严重饱和状态，正确地恢复电流的相位还是比较容易的。又如，采用负序过电流判据比采用正相过电流判据的抗饱和性能要好，因为饱和状态下剩余电流的负序分量相对于灵敏的负序电流整定值是足够大的。当然，负序电流保护存在着TA二次回路断线时容易误动作、三相对称故障时会拒动、不易整定配合的缺点，要增加附加判据来克服。

2）用对TA饱和不敏感的数字式保护装置。如前所述，瞬时值判别比平均值判别或有效值判别的抗TA饱和的性能要好。对于带时限的保护，电流的非周期分量对继电器的动作正确性和准确性的影响不大，采用全电流判别比采用工频分量判别的抗TA饱和性能要好。

3）有效地利用电流不饱和段的信息。TA在电流换向后的一段时间内不饱和，在短路开始的1/4周期内也不饱和，可以有效地加以利用。采用快速保护判据，在电流饱和前就正确地作出判断（例如高阻抗电流差动继电器）是一种典型的抗TA饱和做法。采用贮能电容或无源低通滤波器对饱和电流波形进行削峰填谷以缩小电流波形的间断角也是一种简单有效的办法。

四、电流互感器二次绕组配置问题

为防止主保护存在动作死区，两个相邻设备保护之间的保护范围应完全交叉；同时应注意避免当一套保护停用时，出现被保护区内故障时的保护动作死区。当线路保护或主变压器保护使用串外电流互感器时，配置的T区保护亦应与相关保护的保护范围完全交叉。现场也发生过多次因电流互感器配置问题导致的继电保护装置不正确动作情况。

1. 不满足电流互感器交叉配置问题

为防止主保护存在动作死区，两个相邻设备保护之间的保护范围应完全交叉；同时应注意避免当一套保护停用时，出现被保护区内故障时的保护动作死区。当线路保护或主变保护使用串外电流互感器时，配置的 T 区保护亦应与相关保护的保护范围完全交叉。

为防止电流互感器二次绕组内部故障时，本断路器跳闸后故障仍无法切除或断路器失灵保护因无法感受到故障电流而拒动，断路器保护作用的二次绕组应位于两个相邻设备保护装置使用的二次绕组之间。

3/2 接线方式下断路器单、双侧电流互感配置如图 2-19、图 2-20 所示，220kV 双母线接线方式的电流互感器配置要求如图 2-21 所示。

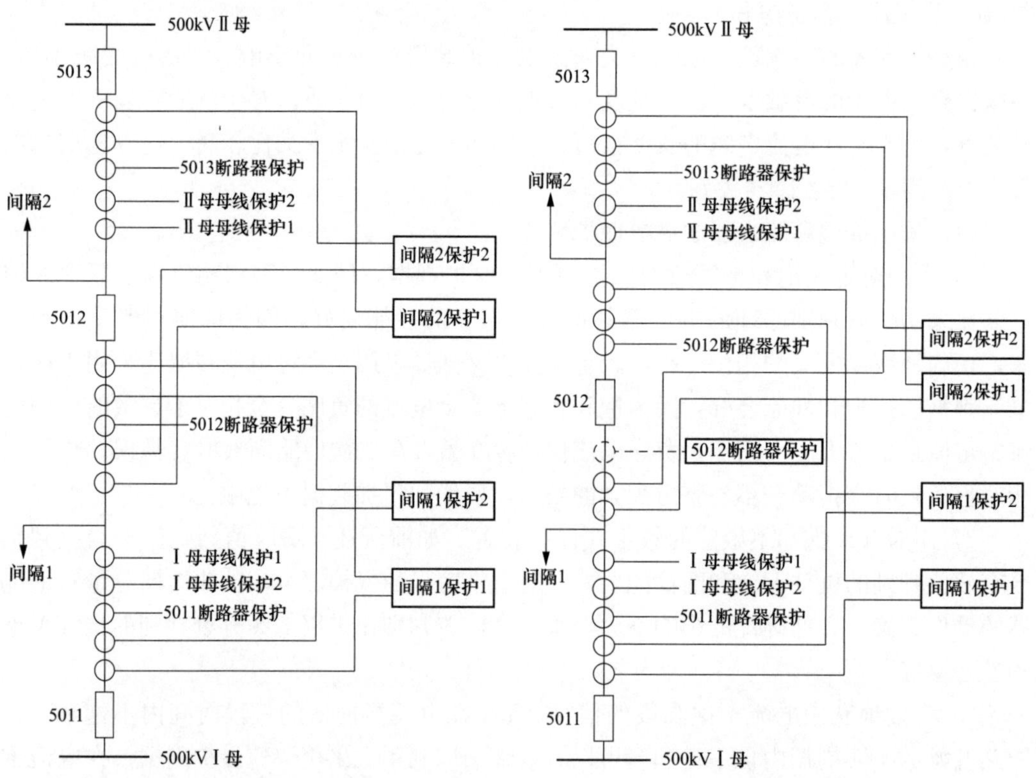

图 2-19　3/2 接线断路器形式单侧电流互感器

图 2-20　3/2 接线断路器形式中开关双侧电流互感器

2. 不满足电流互感器准确度等级要求

按照变比误差的大小，电流互感器分为 0.2、0.5、1、3、10 等五级，另有 P 级为保护级，用于继电保护。当一次电流成倍增长时，铁芯将趋于饱和，励磁电流将急剧增加，从而引起变比误差迅速增加。当一次电流达到额定值的几倍时，变比误差达到负的 10%，这时一次电流的倍数称为 10%倍数。这是继电保护用电流互感器的一个重要参数。

测量用准确级分为 0.1、0.2、0.5、1、3、5（特殊用途为 0.2S、0.5S），每个精确级规定了相应的最大允许误差限值（比值差和相位差）。0.1、0.2、0.5、1、3、5 字代表电流误差。

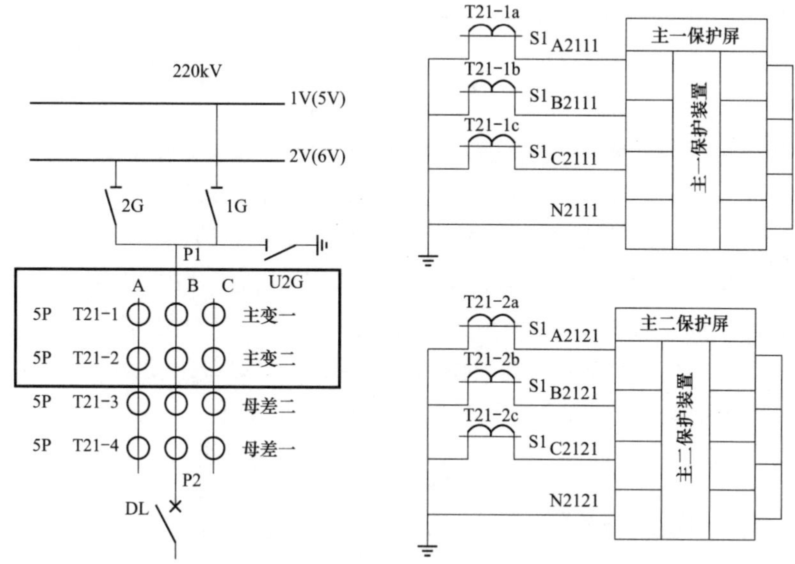

图 2-21 双母线接线形式电流互感器二次绕组配置要求

保护用的电流互感器的标准准确级为 5P 和 10P。P 代表保护，表示该准确级在额定准确限值一次电流下的最大允许复合误差的百分数。额定准确限值一次电流指互感器能满足复合误差要求的最大一次电流。复合误差指当一次电流与二次电流的正符号与端子标志的规定相一致时，在稳态下，一次电流的瞬时值与二次电流瞬时值乘以变比的差的方均根值。准确限值系数指额定准确限值一次电流与额定一次电流的比值，标准准确限值系数为 5、10、15、20、30，一般系数越小，二次负荷越大。当一次电流足够大时铁芯就会饱和起不到准确反映一次电流的作用，准确限值系数就是表示这种特性。

图 2-22 所示的是相同变比互感器的 2 个绕组，曲线 1 是 5P20 级保护用绕组的电流关系曲线，曲线 2 是 0.2S 级测量用绕组的电流关系曲线，根据分析我们可知测量用电流互感器和保护用电流互感器工作在不同的曲线段。b 点是电流互感器的额定一次电流值，B 点是额定二次电流值。测量用电流互感器的工作范围在曲线的 UV 段，而保护用电流互感器的工作范围在 XY 段，也就是在短路电流情况下工作。

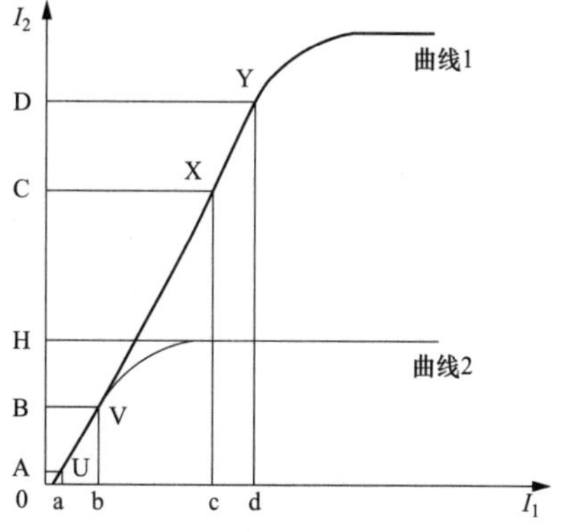

图 2-22 电流互感器一、二次电流关系图

（1）如果将电流互感器的 0.2S 级二次绕组当作 5P20 级绕组使用，系统发生短路时由于测量用电流互感器的仪表保安系数（FS）的限制，该绕组铁芯很快进入饱和状态（无论一次电流剧增到 c 点还是 d 点，二次电流均无法随一次电流成正比上升，而是缓慢升至 M 点后就基本保持不变），其后果是导致单端电流量的继电保护装置拒动，导致继电保护装置不能有效地对电力系统进行保护、事故范围扩大；对于差动保护来讲，如果一段采

用了 0.2S 级二次绕组，会导致区外故障时差动保护误动作风险。

(2) 如果将电流互感器的 5P20 级二次绕组当作 0.2S 级绕组使用，一方面，在正常运行条件下将导致二次电能计量装置的计量误差大幅度增大，因为 5P20 级二次绕组本身在其二次额定电流下的误差限值就较大；另一方面，当系统发生短路时，由于 5P20 级二次绕组不存在仪表保安系数，所以该绕组的铁芯不会进入饱和状态，二次电流将成正比继续急剧上升，超过仪表承受能力，这将导致二次仪表的损坏。

(3) 如果将电流互感器的 0.2S 和 5P20 级二次绕组当作 TPY 级绕组使用，具有暂态特性的保护将不能正常工作，会产生误判断或误测量，导致保护误动或拒动。如果将电流互感器的 TPY 级二次绕组分别当作（0.2S 和 5P20 级绕组使用），其对 0.2S 级的影响等同于 5P20 级绕组。在采用 5P20 级绕组的线路保护上，一般没有重复励磁过程，由于是在同一条电流回路上，在相同的误差限值条件下是不会有问题的。

2.2.2 交流电压回路故障

一、电压互感器二次回路短路故障

与电流互感器相同，电压互感器是隔离高电压，供继电保护、自动装置和测量仪表获取一次电压信息的传感器。电压互感器也有电磁式、电容式和电子式三种。电压互感器是一种特殊形式的变换器，与电流互感器不同的是，它的二次电压正比于一次电压。电压互感器的二次负荷阻抗一般较大，其二次电流 $I=U/Z$，在二次电压一定的情况下，阻抗越小则电流越大，当电压互感器二次回路短路时，二次回路的阻抗接近为 0，二次电流 I 将变得非常大，如果没有保护措施，将会烧坏电压互感器。所以电压互感器的二次回路不能短路。

1. 电压互感器短路因素

短路是电压互感器二次回路的多发故障，导致该故障发生的原因是多方面的。

(1) 电缆因素。当前二次回路中连接了各种电力装置，包括：测量仪表、继电器、控制和信号元件，将这些结构按照具体的要求连接起来即可构成二次回路。连接电缆装置或元件连接中有着重要的作用，可以协调线路电压、电流的运行。当连接电缆发生短路后，会立刻造成电压互感器二次回路出现短路故障。

(2) 质量因素。导线自身的质量好坏也是影响二次回路故障的一大因素。导线作为电压互感器传递电压、电流的介质，其性能强弱会对二次回路造成直接性的影响。如果二次回路中所用导线的质量不合标准，当系统正式运行后便会引起短路故障，如：导线受潮、腐蚀、磨损等问题，会造成一相接地、两相接地。

(3) 端子因素。端子是连接器件和外部导线的一种元件，若端子出现异常情况会影响电压互感器与其他设备之间的连接。电压二次回路中各元件是相互联系的，若端子受潮锈蚀，锈蚀位置的电压、电流运行不通畅，很容易引起互感器发生二次回路故障。

(4) 维修因素。为了保证电力系统正常运行，定期需要对设备或元件检查，接线问题、老化问题等，使得电压互感器正式运行后不久因电压荷荷值过大引起二次回路短路，或者因为二次回路改造不合理也会引起短路。

2. 电压互感器短路分析方法

电压互感器短路故障分析查找从以下几种现象进行判断

(1) 电压互感器运行中，本体有较大的不均匀噪声。

(2) 电压互感器运行时，本体有较高的温升，有较大的异味。

(3) 所接表计指示不正常、保护装置误动作。

(4) 电压互感器烧坏、二次绕组烧坏。

3. 典型故障分析

在220kV某变电站调试现场，发生过一起由于电压回路短路造成电压二次空气开关跳闸的情况，虽然未造成一次设备跳闸，未给电网安全带来影响，但是如果不及时处理的话，也会造成保护装置区外故障误动作的不良后果。

在上述调试现场检查发现，造成电压回路二次空气开关跳闸的主要原因是在220kV线路保护屏内7UD：16（B721）、7UD：19（C721）为短接状态，进一步核对设计端子排图，设计图纸应短接的端子号为：7UD：26（N600）与7UD：29（N600），施工方在界限的时候没有仔细核实端子排编号，将7UD：26与7UD：29间的短连片接成了7UD：16与7UD：19，造成电压二次B、C两相短路。电压回路端子排如图2-23所示。

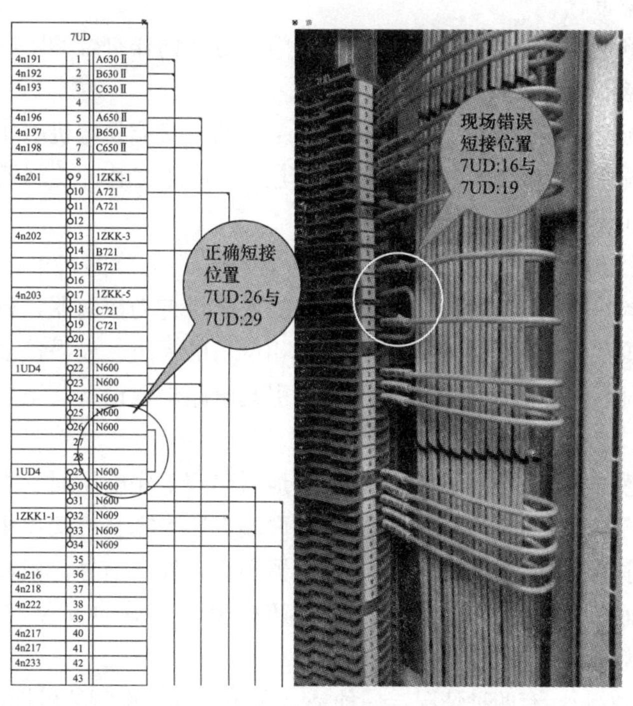

图2-23　电压回路端子排

根据事件调查情况，本次事件属于工作失职误动作：指运行人员未认真监视、控制、调整等监控过失；现场作业人员误碰、误动、漏投（切）二次连接片、误（漏）接线、误设置定值；继电保护人员错误计算继电保护及安全自动装置定值；运行方式人员错误安排运行方式；设计、施工、验收、调试人员遗留隐患或错误，造成的设备误动作的情况。因工作失职导致 220kV 母线电压互感器二次空气开关跳闸，属人员工作失职导致的事件。

4. 在线监测及防护技术应用

由于电压互感器在电力系统运行中数量较多，而且每台设备二次侧又有多组绕组，在运行人员巡查过程中很难及时发现故障缺陷，使之缺陷长期存在，可能最终造成重大的人身和设备事故。下面介绍一种方法，由监测单元通过分别监测 TV 二次各回路中的电流，当回路电流升至一定值并持续一定时间时［注：保护、报警电流临界值及保护动作时间可设定（初始值：电流不小于 8A，20ms）］，视为该二次同路短路，此时发给保护单元信号，使保护单元动作、断开（该单元接通应有阻抗匹配功能），同时发给故障点指示报警单元（安装在主控室内）声、光报警并指示出故障点的所在回路，便于检修人员及时找到故障所在的回路。

既可进行在线监测，又有对电压互感器二次回路短路自动缺陷消缺、并有故障点指示的作用。

（1）电压互感器二次回路短路故障可用加强巡查的方法，通过故障所发生的现象发现缺陷，也可用在线监测的办法，及时发现故障隐患，及时消缺，从而避免该故障对人身及设备的安全隐患。

（2）实时监测电压互感器二次回路短路故障的方法同样符合 DL 408—1991 中规定。

二、电压互感器极性接反

（1）单个电压互感器两端接反，这是没有关系的。交流发电机电压互感器两侧是不分方向的，因为频率是 50Hz，方向是不停变化的。并且发电机控制器，如科迈、丹控等也不辨别电压互感器两端的方向。

（2）三相三个电压互感器其中两个接混。这种是很危险的，单台孤岛发电还不要紧，如果并机或者并网就非常危险，因为一般的发电机自动控制器，科迈、丹控都要通过三相的三个电压互感器来判断相序的方向和相位角的大小，如果接混，当系统判断可以合闸并机并网时，实际的相序却是反的，要引起电路烧毁设备甚至爆炸的事故。必须核对清楚并修正。

（3）电压互感器开口三角形是利用单相接地后出现零序电压而发出信号的，当三相系统正常工作时，三相电压平衡，开口三角形两端电压为零。当某一相接地时，开口三角形两端出现零序电压，使绝缘监察电压继电器动作，发出信号。极性接反会使电压继电器误动作。下面以 V-V 接线的电压互感器为例分析。正确的 V-V 接线图如图 2-24 所示，所测得的正确相量图如图 2-25 所示。

如果 A 相极性接反，有两种情况：一种是 A 相电压的一次侧的极性接反（见图 2-26），二是 A 相电压的二次侧极性接反（见图 2-27）。因都是极性接反，故二者相量图相同，如图 2-28 所示。

如果 C 相极性接反，有两种情况：一种是 C 相电压的一次侧的极性接反（见图 2-29），二是 C 相电压的二次侧极性接反（见图 2-30）。因都是极性接反，故二者相量图相同，如图 2-31 所示。

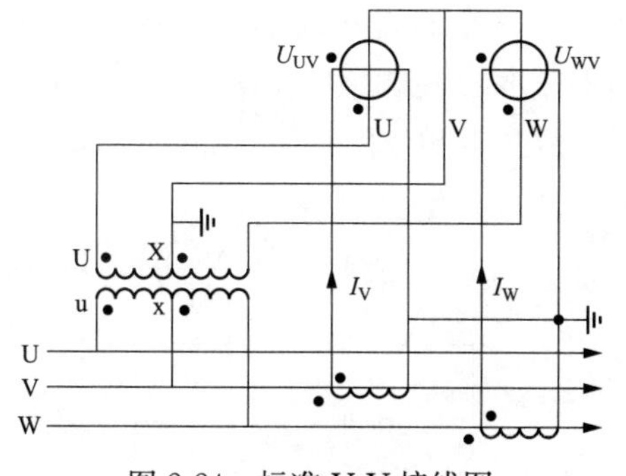

图 2-24　标准 V-V 接线图

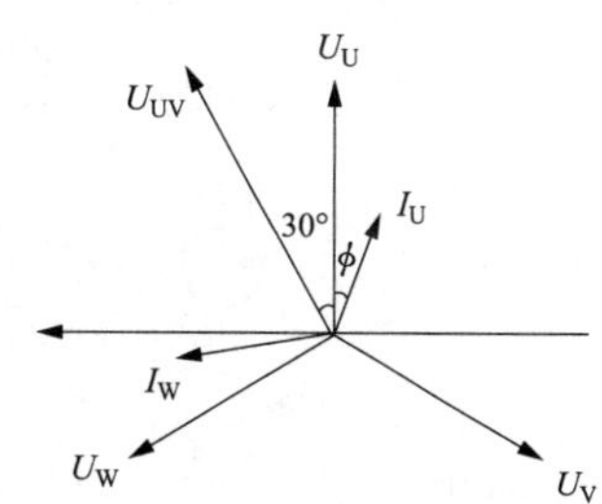

图 2-25　正确相量图

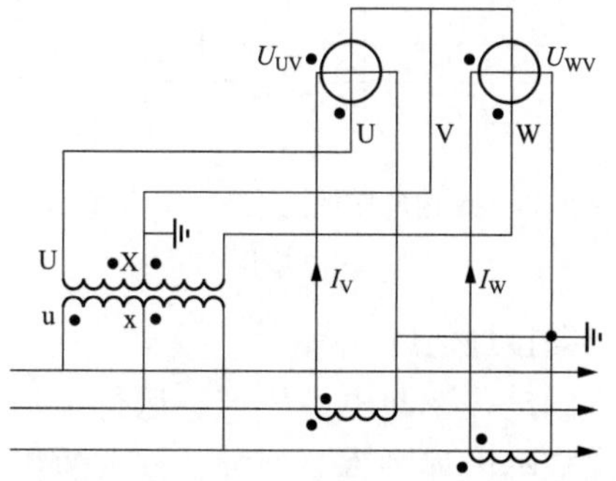

图 2-26　A 相电压一次侧的极性接反接线图

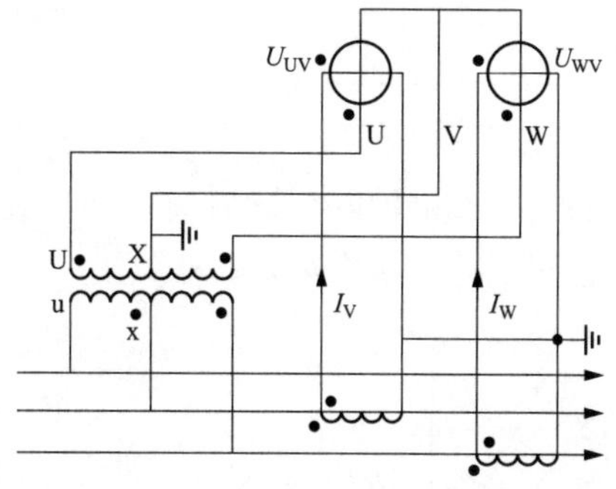

图 2-27　A 相电压二次侧的极性接反接线图

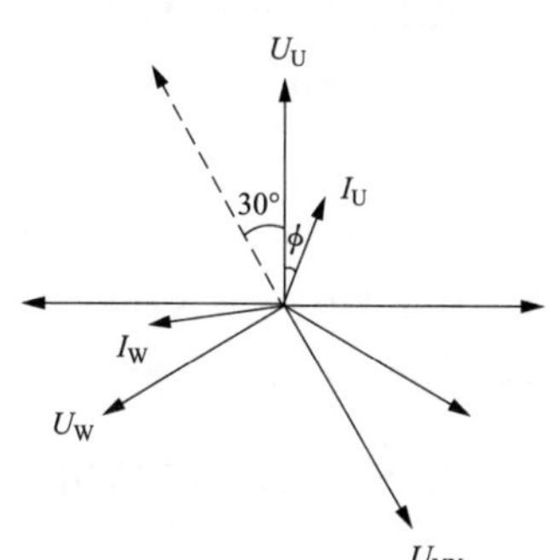

图 2-28　A 相极性接反相量图

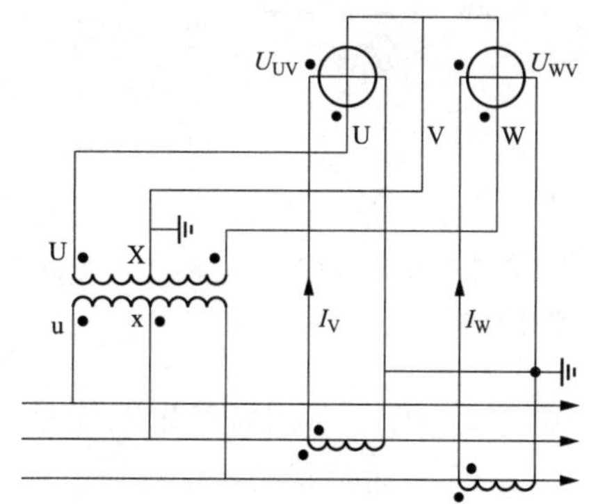

图 2-29　C 相电压一次侧的极性接反接线图

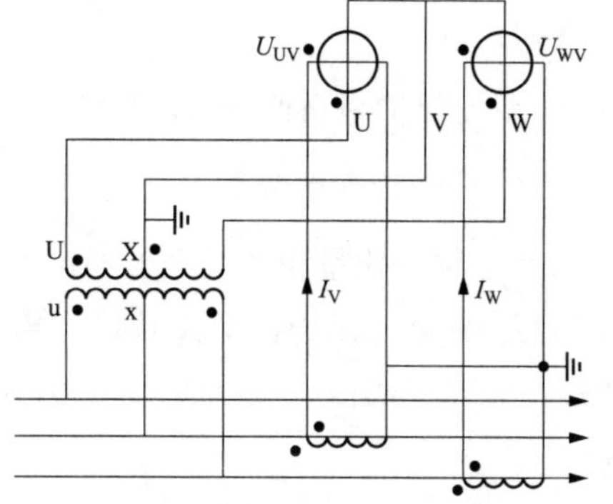

图 2-30　C 相电压二次侧的极性接反接线图

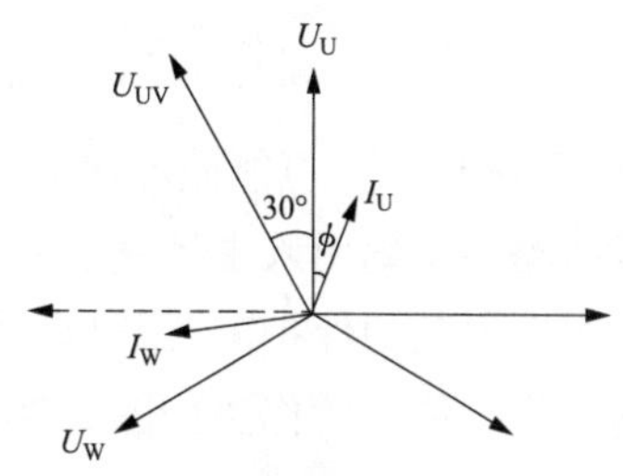

图 2-31　C 相极性接反相量图

如果A、C两相极性均接反，有两种方式：一是A相电压的一次侧、C相电压的二次侧极性接反，如图2-32所示，二是A相电压的二次侧、C相电压的一次侧接反，如图2-33所示，因均是A相与C相极性接反，故二者相量图相同，如图2-34所示。

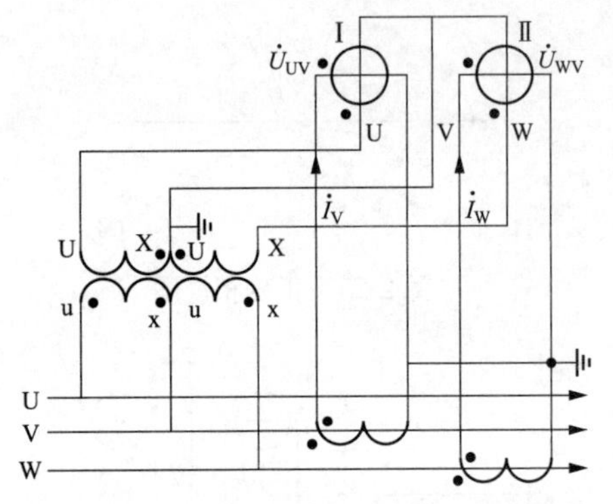

图2-32 A相电压的一次侧、C相电压的二次侧极性接反

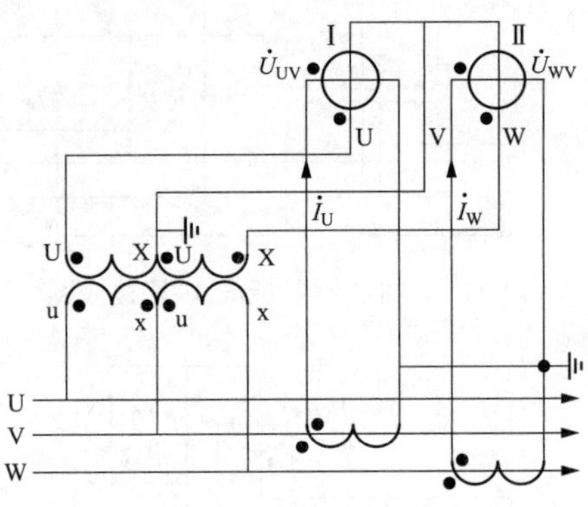

图2-33 A相电压的二次侧、C相电压的一次侧接反

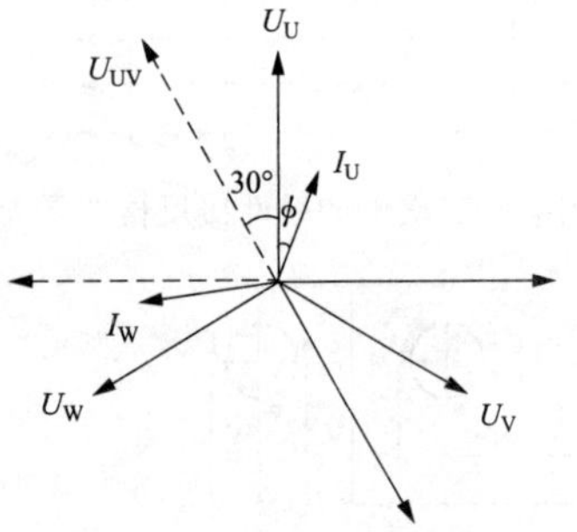

图2-34 A相与C相极性都接反相量图

三、电压互感器接地问题

继电保护的正确动作率与电力生产、运行维护、管理密切相关。要保证继电保护本身原理、技术的正确性及运行维护的方便和实用性、工程的配套性、装置质量的高度安全、可靠性。要达到较高的正确动作率，特别是要保证外部接线正确。以下分析其二次接线正确与否对微机继电保护的影响。

二次回路多点接地。对于双母线，一般传统电压互感器二次回路多点接地（01，02，03），如图2-35所示。

在图2-35中，当系统发生接地故障时，将产生地中电流，在01，02，03三点间将产生电位差$\Delta U'$、$\Delta U''$、ΔUÊ，引入保护的电压不是真正的U_A、U_B、U_C，而是U'_A、U'_B、U'_C。

$$U'_A = U_A + \Delta U$$

$$U'_B = U_B + \Delta U$$

$$U'_C = U_C + \Delta U$$

以RCS-900系列微机保护为例，RCS-900系列保护是自产$3U_0$，且将有

$$3U_0 = U'_A + U'_B + U'_C = U_A + U_B + U_C + 3\Delta U$$

式中：ΔU是随机的，可能使零序方向（F_0）及工频变化量距离继电器不正确动作。

电压回路不正确引入主控室。对于自产$3U_0$的微机保护，不要开口三角形的$3U_0$，可以不引入。但其他保护需要开口三角形的$3U_0$。如果引入不正确，也会引起继电保护的不正确动作。传统的作法如图2-36所示。

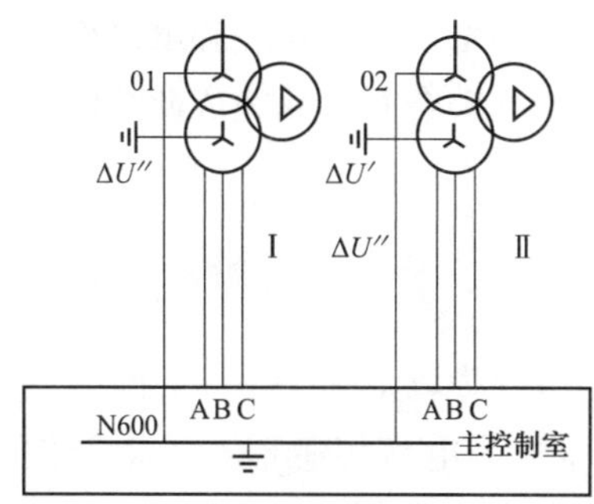

图 2-35　多点接地图

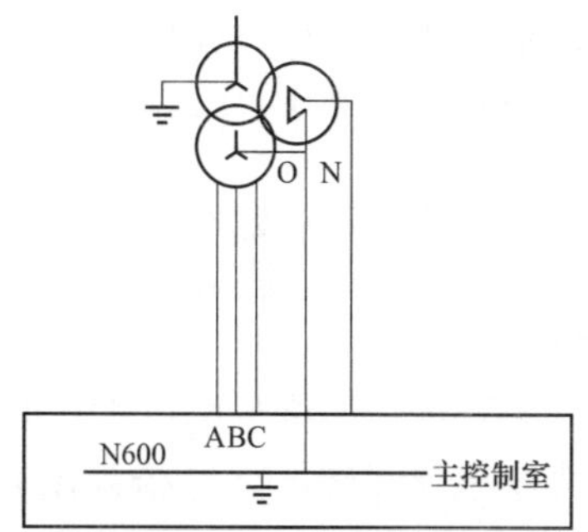

图 2-36　不正确接线图

在图 2-36 中 TV 二次侧中性点与三次侧开口三角形 N 在室外连在一起，用一根 5 芯（A，B，C，N，L）电缆引至主控制室。这种联结方法可能产生两个问题，在现场均已发生过：

（1）在主控制室误把 N 认为 L，把 L 认为 N。

正常时 $U_{NL}=0$，L 和 N 接反时发现不了，一旦系统发生接地故障，接入继电器的电压不是真正的 U_A、U_B、U_C，而是 U'_A、U'_B、U'_C。

$$U'_A=U_A+3U_0$$
$$U'_B=U_B+3U_0$$
$$U'_C=U_C+3U_0$$

此时，任何保护都可能不正确动作。

（2）即使 L 和 N 未接反，当接地故障时，在 N_0 线路上将流有电流，将产生一附加压降，此时引入继电器的不是真实的 U_A、U_B、U_C，而是 U'_A、U'_B、U'_C。

$$U'_A=U_A+U_{N0}$$
$$U'_B=U_B+U_{N0}$$
$$U'_C=U_C+U_{N0}$$

与上一个问题相似，会引起保护不正确动作。这就是来自电压互感器二次四芯开关场引入线和互感器三次的两（三）芯开关场引入线必须分开，不得公用的原因。正确引入情况如图 2-37 所示。

（1）TV 二次 ABC0 单独一根 4 芯电缆。

（2）TV 三次开口三角形 LN 单独一根 2 芯电缆。

（3）在主控室将两根电缆的 0，N 联连在 N600 母线上接地。

这样就不会产生上述的接错和中性线上产生附加电压的情况。

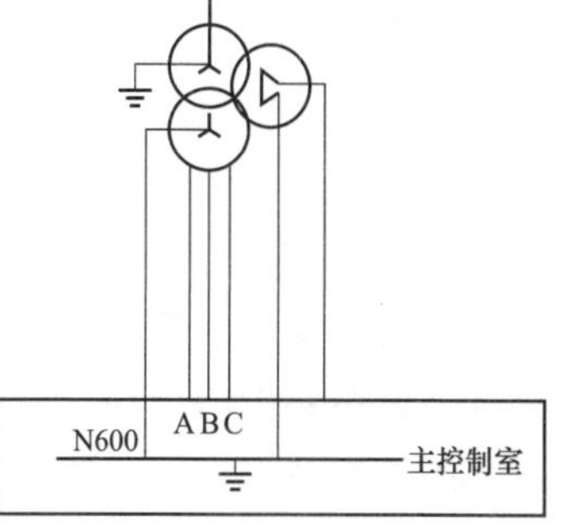

图 2-37　正确接线图

2.3　电子式互感器故障分析

电子式互感器是一种装置，由连接到传输系统和二次转换器的一个或多个电压或电流传感器组成，用以传输正比于被测量的量，供给测量仪器、仪表和继电保护或控制装置。在数字接口的情况下，一组电子式互感器共用一台合并单元完成此功能。

2.3.1 电子式互感器分类

1. 按原理分类

根据相关标准，明确指出电子式电流互感器可分为以下3类：

(1) 光学电流互感器。是指采用光学器件作被测电流传感器，光学器件由光学玻璃、全光纤等构成。传输系统用光纤，输出电压大小正比于被测电流大小。由被测电流调制的光波物理特征，可将光波调制分为强度调制、波长调制、相位调制和偏振调制等。

(2) 空心线圈电流互感器。又称为Rogowski线圈式电流互感器。空心线圈往往由漆包线均匀绕制在环形骨架上制成，骨架采用塑料、陶瓷等非铁磁材料，其相对磁导率与空气的相对磁导率相同，这是空心线圈有别于带铁芯的电流互感器的一个显著特征。

(3) 铁芯线圈式低功率电流互感器（LPCT)。它是传统电磁式电流互感器的一种发展。其按照高阻抗电阻设计，在非常高的一次电流下，饱和特性得到改善，扩大了测量范围，降低了功率消耗，可以无饱和的高准确度测量高达短路电流的过电流、全偏移短路电流，测量和保护可共用一个铁芯线圈式低功率电流互感器，其输出为电压信号。

2. 按用途分类

按GB/T 20840.8—2007《互感器　第8部分：电子式电流互感器》规定，电子式电流互感器可分为以下两类：

(1) 测量用电子式电流互感器。在电力系统正常运行时，将相应电路的电流变换供给测量仪表、积分仪表和类似装置的电子式电流互感器。

(2) 保护用电子式电流互感器。在电力系统非正常运行和故障状态下，将相应电路的电流变换供给继电保护和控制装置的电子式电流互感器。

3. 按输出分类

按照电子式电流互感器的输出信号分类，可以分为以下两类：

(1) 模拟量输出型电子式电流互感器。大多数电子式电流互感器为模拟量输出型电子式电流互感器。

(2) 数字量输出型电子式电流互感器。GB/T 20840.8—2007指出：将被测参量转变为数字量参数更为合理，原因在于对传统模拟量输出变送器的模拟量输出要求是基于有局限的常规技术，并非依据使用被测参量信息的设备的实际需要。

2.3.2 电子式电压互感器故障分析

1. 电子式电压互感器发热不均衡分析

某变电站110kV 2号TVA相故障后，选用同厂家、同型号但不同批次的备用电子式电压互感器临时替换。红外测温后的恢复。三个阶段之间的相位比较表明，三相设备的最大温度差是很大的。其中，一个设备的最大表面温度为34.2℃，比没有更换的B，

C 的最高温度（28.5℃和 27.9℃）高于约 6℃。经过分析，由于不同批次，新老设备的设计参数不一致。新 TV 电抗器线圈匝数为原 TV 2/3 左右，工作电流增加，功率消耗增加。设备的尺寸、冷却面积无明显变化，导致新设备的额定温度较高。

为对比验证，将 A 相 TV 与同批次生产的设备红外成像进行横向比较，设备本体最高发热温度基本一致，证明设备本体无异常。

2. 电子式电压互感器电压值异常分析

某 110kV 智能变电站运行中主变压器高压侧电子式电流互感器 B 相突然输出两次异常波形。第一次畸变波形如图 2-38 所示，可以看出高压侧 B 相输出一点大值，保护启动需延时 4ms 确认。因为品质异常标在 4ms 之内置 1，闭锁了启动，速断保护启动后才会动作，所以未跳闸。第二次异常波形图如图 2-39 所示，8ms 内连续出现了两个大值，通过转角计算，导致主变压器 A、B 两相差动电流达到速断定值，此时高压侧品质异常标尚未置 1，主变压器差动保护误动作。

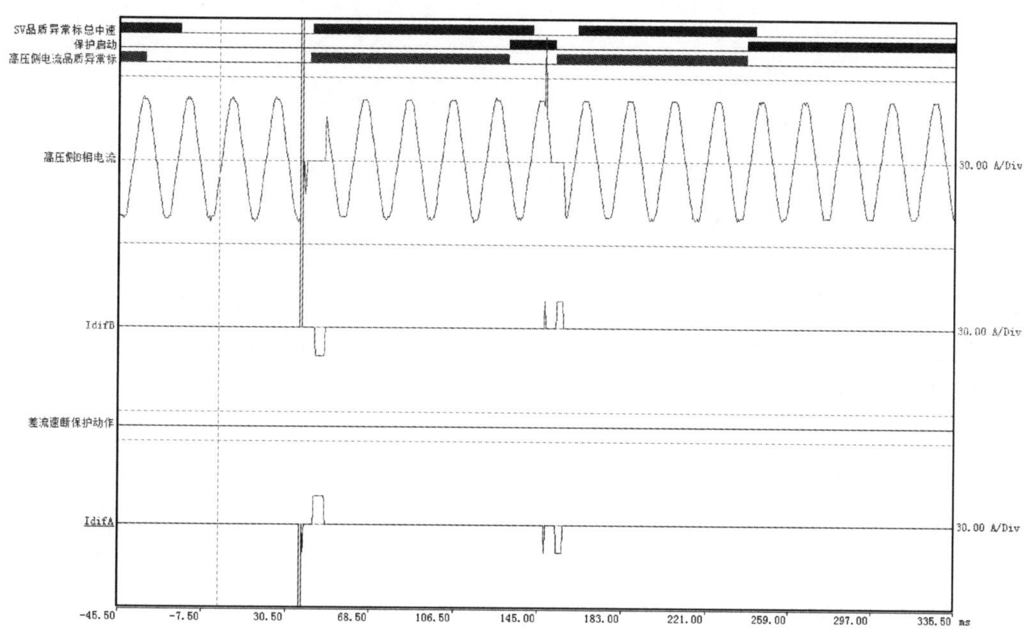

图 2-38 第一次波形畸变

暴露的问题是当采集器故障或者是出现异常采样数据后，合并单元应该具有识别该故障现象以及标示该异常波形的功能，发出“SV 品质异常”信号给保护装置，闭锁保护动作。第一次的异常波形在波形畸变后立即出现了瞬时值多点为 0 的现象，合并单元推断可能是采集器出现了丢帧，导致高压侧品质异常标置 1，第二次的异常波形在波形畸变后延时多点后才出现多点为 0 的现象，所以高压侧品质异常标滞后发出，导致速断保护误动作。

针对这一事故开展分析说明，介绍采集器和合并单元如何对异常波形进行识别方法，有效判断出异常波形和故障波形。

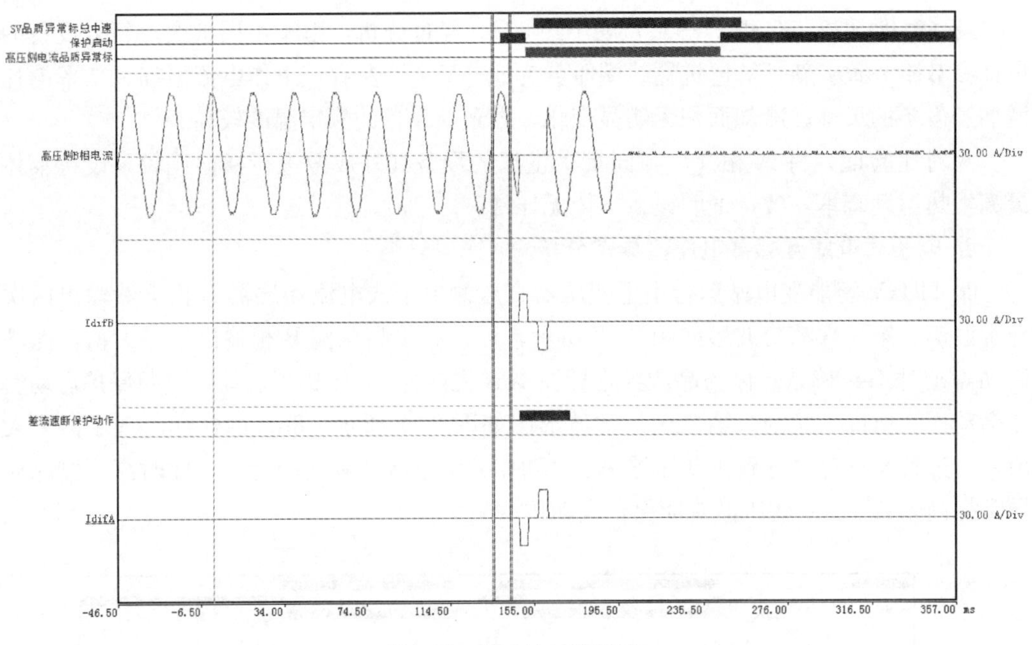

图 2-39　第二次波形畸变

(1) 电子式互感器采样数据相关规范研究。

1) 采集器对输出异常数据分析要求。

Q/GDW 424—2010《电子式电流互感器技术规范》中要求：电子式电流互感器需提供采集器状态、辅助电源/自身取电电源状态、检修测试状态等信号输出；应具有完善的自诊断功能，并能输出自检信息。在数字量输出时相关辅助信号以数字方式输出，在模拟量输出时则以空接点方式输出。

2) 合并单元对异常数据标示要求。

Q/GDW 426—2010《智能变电站合并单元技术规范》中要求：合并单元应能保证在电源中断、电压异常、采集单元异常、通信中断、通信异常、装置内部异常等情况下不误输出；应能够接收电子式互感器的异常信号；应具有完善的自诊断功能。合并单元应能够输出上述各种异常信号和自检信息。

Q/CSG 1204005.67.5—2014《南方电网一体化电网运行智能系统技术规范》中要求：厂站应用厂站装置功能及接口规范（合并单元）中要求。合并单元应具有以下功能：合并单元应有设备自检及故障报警功能；合并单元应具有对 ECT、EVT 采样值有效性的判别，对异常事件进行记录；合并单元上送采样值的品质标志应实时体现其自检状态，不应附加任何展宽或延时；合并单元在内部故障、装置复位等情况下，不应误输出采样值；合并单元应具有完善的自检及告警功能，包括电源中断、通信中断、通信异常、SV 断链、同步异常、装置内部异常等信号，其中电源中断信号需采用硬接点输出。

DL/T 282—2012 合并单元技术条件要求 MU 具有对 ECT、EVT 采样值突变的判别功能，并对突变数据进行记录。

3）继电保护装置对异常数据处理要求。

采用基于移动数据窗算法，避免干扰时个别数据采集瞬时出错引起保护误动作。

（2）模拟试验研究品质异常标。

配置：通道一为“通道延时”，通道二为“高压侧电流 A 相”，通道三为“高压侧电流 B 相”，通道四为“高压侧电流 C 相”。

1）模拟主变压器高压侧电子式互感器 A、B、C 相采集器掉电，查看合并单元输出数据情况如图 2-40 所示：合并单元输出通道 2、3、4 品质异常标置位。

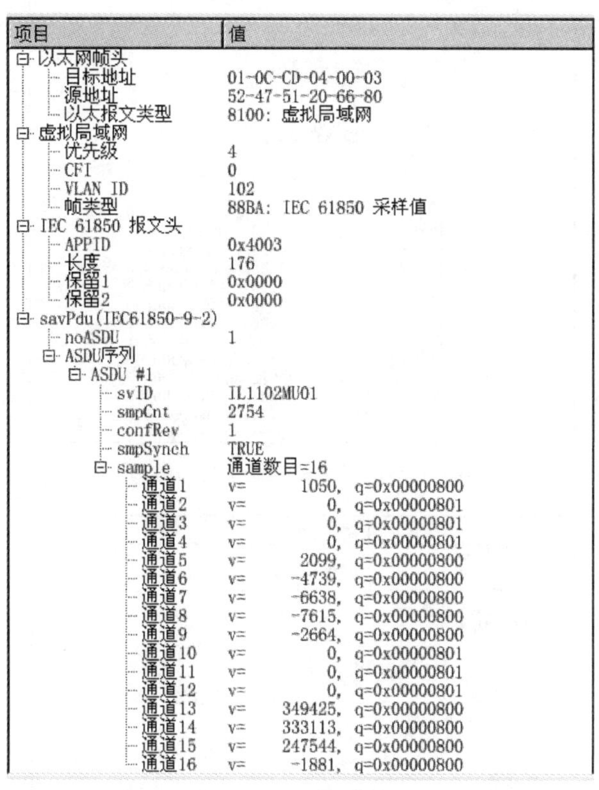

图 2-40 电子式互感器采集器掉电

2）模拟主变压器高压侧电子式互感器 B 相采集器掉电，查看合并单元输出数据情况如图 2-41 所示：合并单元输出通道 3 品质异常标置位。

3）模拟主变压器高压侧电子式互感器 A 相采集器与合并单元之间光纤通信故障，查看合并单元输出数据情况如图 2-42 所示：合并单元输出通道 2 品质异常标置位。

4）将合并单元 FT3 私有协议转给凯默光数字保护测试仪，通过制作相关的补丁包，在合并单元输入异常波形（状态序列为 0.5A，10s—9999A，1ms—0.5A，4ms—0A，15ms—0.5A，10s），模拟主变压器高压侧电子式互感器 A 相采集器输出异常波形，查看合并单元输出数据情况，合并单元并未识别出该异常波形，品质异常标没有置位，4.5ms 后主变压器保护检测到电流大于速断定值，保护动作，如图 2-43 所示。线路保护因为动作速度较主变压器速断保护慢，所以只有保护启动没有动作，波形如图 2-44 所示。

项目	值
以太网帧头	
目标地址	01-0C-CD-04-00-03
源地址	52-47-51-20-66-80
以太报文类型	8100：虚拟局域网
虚拟局域网	
优先级	4
CFI	0
VLAN ID	102
帧类型	88BA：IEC 61850 采样值
IEC 61850 报文头	
APPID	0x4003
长度	176
保留1	0x0000
保留2	0x0000
savPdu(IEC61850-9-2)	
noASDU	1
ASDU序列	
ASDU #1	
svID	IL1102MU01
smpCnt	1914
confRev	1
smpSynch	FALSE
sample	通道数目=16
通道1	v= 1050, q=0x00000800
通道2	v= 0, q=0x00000800
通道3	v= 0, q=0x00000801
通道4	v= 0, q=0x00000800
通道5	v= 0, q=0x00000800
通道6	v= -1899, q=0x00000800
通道7	v= -4683, q=0x00000800
通道8	v= -9173, q=0x00000800
通道9	v= -3686, q=0x00000800
通道10	v= 1086, q=0x00000800
通道11	v= 0, q=0x00000801
通道12	v= 652, q=0x00000800
通道13	v= -132072, q=0x00000800
通道14	v= -356994, q=0x00000800
通道15	v= -432714, q=0x00000800
通道16	v= -2093, q=0x00000800

图 2-41　电子式互感器采集器故障

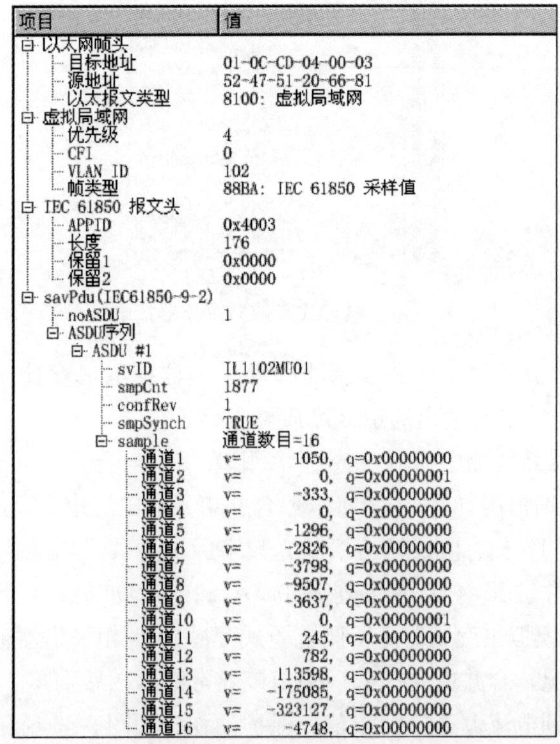

项目	值
以太网帧头	
目标地址	01-0C-CD-04-00-03
源地址	52-47-51-20-66-81
以太报文类型	8100：虚拟局域网
虚拟局域网	
优先级	4
CFI	0
VLAN ID	102
帧类型	88BA：IEC 61850 采样值
IEC 61850 报文头	
APPID	0x4003
长度	176
保留1	0x0000
保留2	0x0000
savPdu(IEC61850-9-2)	
noASDU	1
ASDU序列	
ASDU #1	
svID	IL1102MU01
smpCnt	1877
confRev	1
smpSynch	TRUE
sample	通道数目=16
通道1	v= 1050, q=0x00000000
通道2	v= 0, q=0x00000001
通道3	v= -333, q=0x00000000
通道4	v= 0, q=0x00000000
通道5	v= -1296, q=0x00000000
通道6	v= -2826, q=0x00000000
通道7	v= -3798, q=0x00000000
通道8	v= -9507, q=0x00000000
通道9	v= -3637, q=0x00000000
通道10	v= 0, q=0x00000001
通道11	v= 245, q=0x00000000
通道12	v= 782, q=0x00000000
通道13	v= 113598, q=0x00000000
通道14	v= -175085, q=0x00000000
通道15	v= -323127, q=0x00000000
通道16	v= -4748, q=0x00000000

图 2-42　电子式互感器采集器与合并单元传输异常

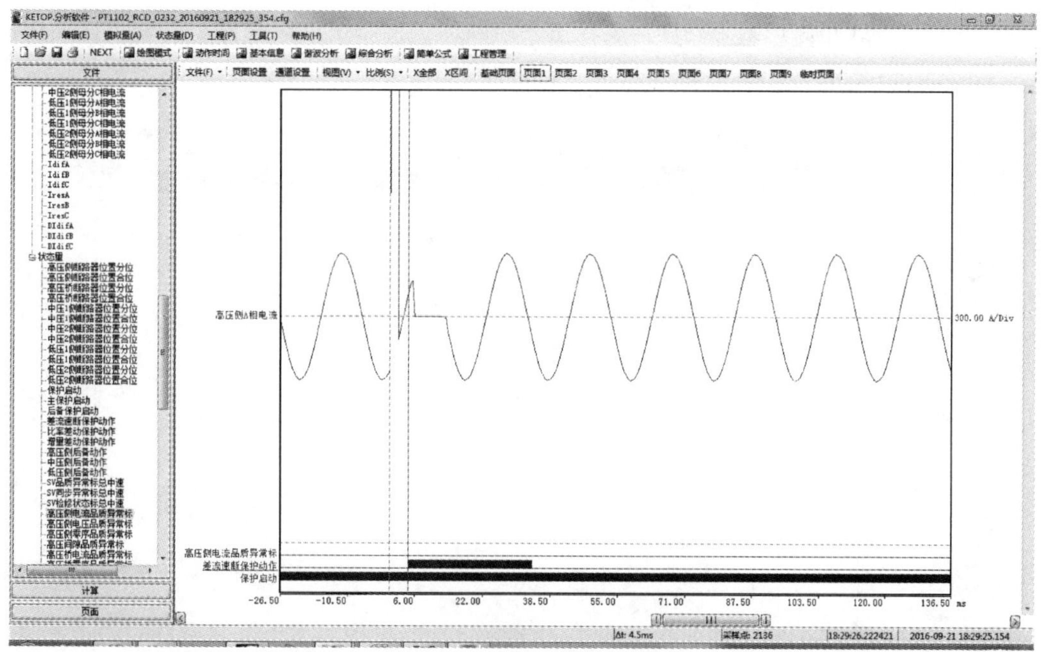

图 2-43　主变保护动作波形

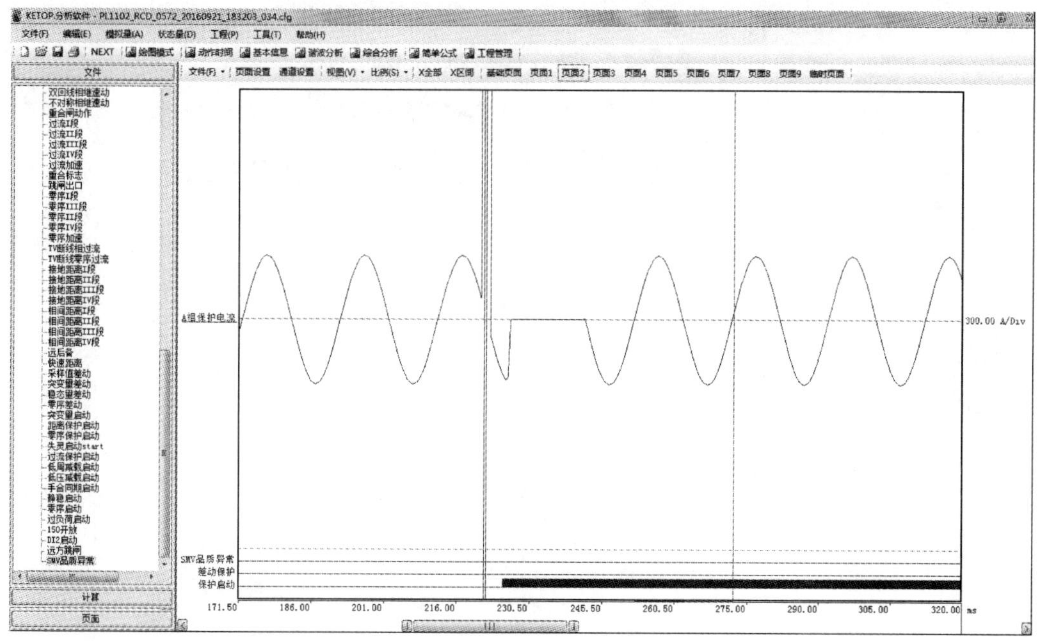

图 2-44　线路保护动作波形

5）利用上述方法，在合并单元输入异常波形（状态序列为 0.5A，5s—150A，1ms—0.5A，10ms—0A，15ms—0.5A，10s），模拟主变压器高压侧电子式互感器 A 相采集器输出异常波形，查看合并单元输出数据情况，合并单元并未识别出该异常波形，品质异常标没有置位，3.5ms 后主变压器保护检测到电流大于速断定值，保护动作，如

图 2-45 所示。线路保护因为动作速度较主变速断保护慢，所以只有保护启动没有动作，波形如图 2-46 所示。

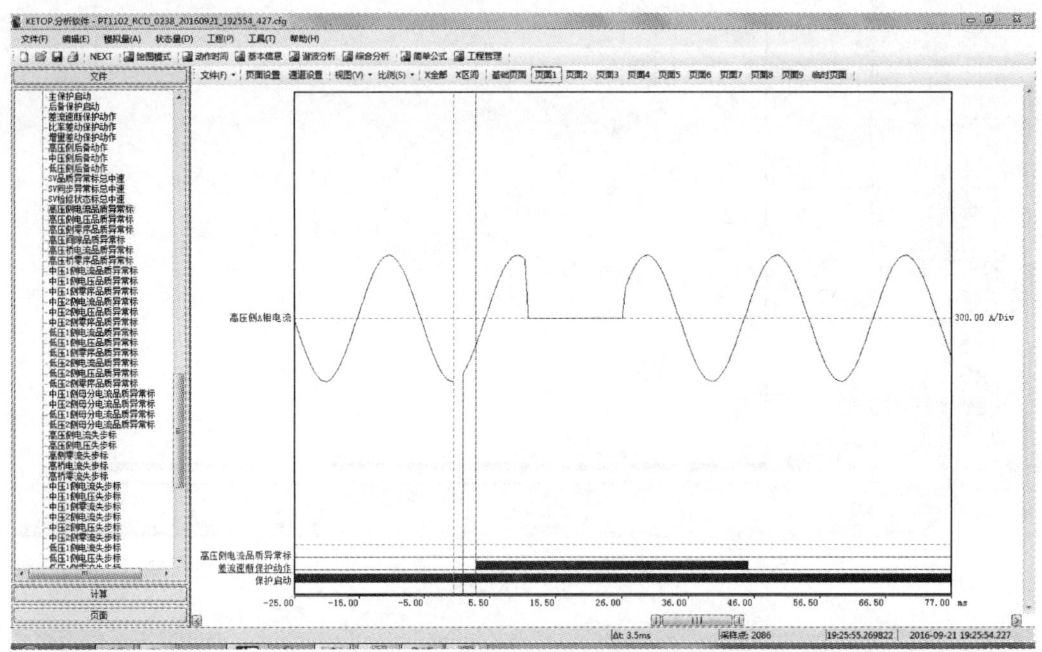

图 2-45　主变压器保护动作波形

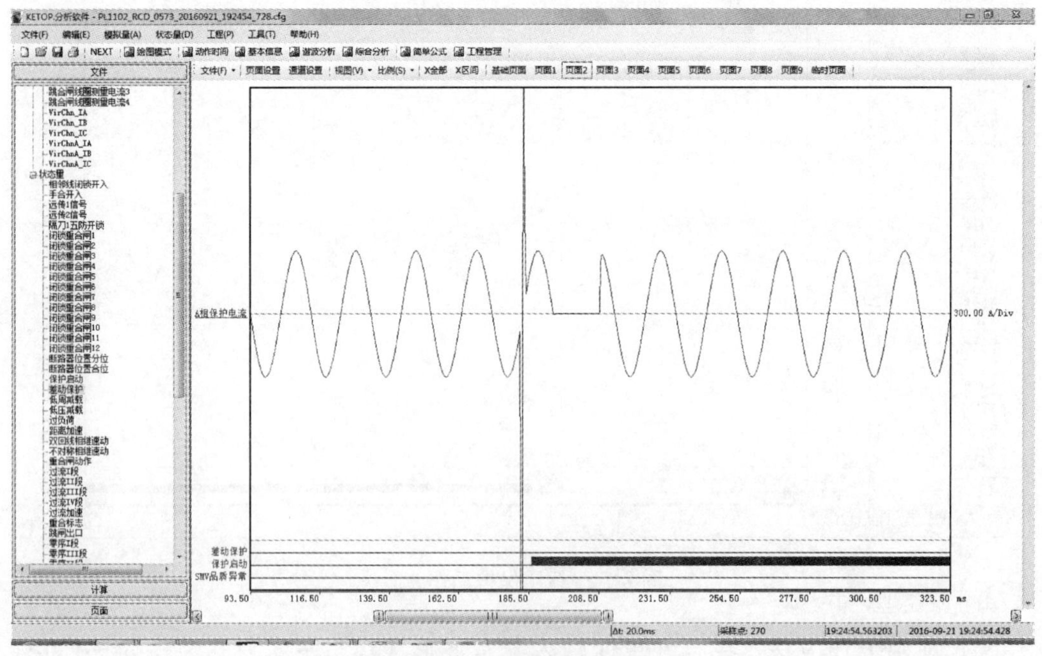

图 2-46　线路保护动作波形

（3）关于 SV 数据异常总结。

通过上述测试，主要逻辑动作情况总结如下：

1）通过模拟试验，当采集器与合并单元的级联光纤链路不好、采集器数据中断时，合并单元发送的 SV 品质异常，闭锁保护装置；

2）通过模拟试验，当采集器故障，或者采集器掉电时，合并单元发送的 SV 报文对应通道数据品质也异常，闭锁保护装置；

3）通过实际运行中出现的异常波记录中看出，当电子式互感器输出波形畸变后立刻出现了瞬时值多点为 0 的现象，合并单元推断可能是采集器出现丢帧，电流品质异常标也会置 1，闭锁保护装置；

4）通过模拟试验，当采集器发送非正常大值，合并单元没有告警，该大值在重采样后仍会被发送出去，品质异常标并不置位，不会闭锁继电保护动作。

从标准及技术规范来看，要求电子式互感器采集器以及合并单元具有对异常波形识别并标记的功能，包括保护装置也应该有相关数据容错技术，当电子式互感器输出波形异常时，采集器和合并单元都需要对这个异常波形进行标识，由合并单元发出的 SV 报文中的品质无效标志瞬时置 1，从而闭锁继电保护装置，而上述测试显示，部分异常波形合并单元并没有将品质异常标置位，存在继电保护误动作风险。

（4）处理措施及意义。

根据以上分析，为减小电磁干扰对电子式互感器采集器输出及继电保护装置的影响，首先一次设备要采取提高抗强电磁干扰措施，另外一旦电子式互感器输出异常波形，采集器及合并单元应能瞬时识别，闭锁保护，主要包括以下措施：

1）加强电子式互感器外壳的接地，电子式互感器与采集器之间的接线采用双层屏蔽电缆，升级采集器硬件，提高抗电磁干扰能力。

2）电子式互感器采用双 AD 配置，当保护检测到双 AD 通道信息不一致时，闭锁保护，可以避免由于采样异常而引起的保护装置误动作。

3）继续优化合并单元及保护装置数据处理算法，提高采样数据无效判别和电流突变数据处理能力，当电子式互感器输出异常波形后能够瞬时将品质异常标置位，闭锁保护装置。

4）智能电网集成保护相对于传统保护有无法比拟的优越性，关于实时数据的存储、集成保护单元的结构和基于集成信息的保护控制算法都需要进一步深入研究。GIS 电子式互感器得到了普遍的应用，非常容易受到强电磁环境的影响，抗干扰能力差，会输出异常畸变波形，如果不对该异常波形进行处理，直接发送给继电保护装置，容易造成保护装置误动作，有效控制因强电磁干扰产生波形畸变以及研究如何对畸变波形进行分析处理，对于继电保护集成的研究具有非常重要的意义。

3. 合并单元故障分析

合并单元简称 MU，如图 2-47 所示，是指对一次互感器传输过来的电气量进行合并和同步处理，并将处理后的数字信号按照特定格式转发给间隔层设备使用的装置。合并单元是电子式电流、电压互感器的接口装置，在一定程度上实现了过程层数据的共享和数字化，合并单元作为遵循 IEC 61850 标准的数字化变电站间隔层、站控层设备的数据来源，作用十分重要。随着智能变电站自动化技术的推广和工程建设，对合并单元的功能和性能要求越来越高。

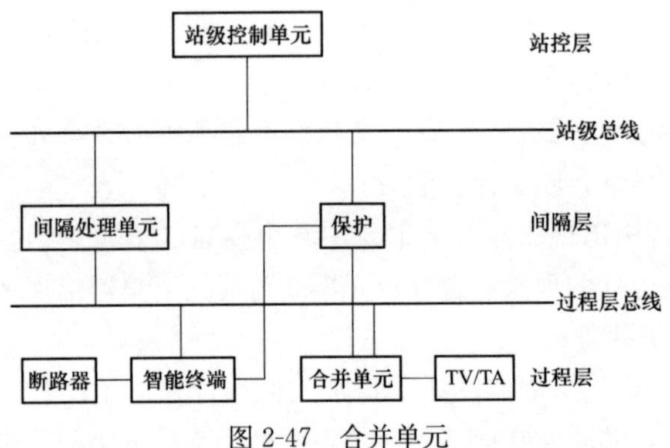

图 2-47　合并单元

合并单元的功能主要是将互感器输出的电压、电流信号合并，输出同步采样数据，并为互感器提供统的输出接口，使不同类型的互感器与不同类型的二次设备之间能够互相通信。按照功能来分，合并单元一般可以分为间隔合并单元和母线合并单元。间隔合并单元用于线路、变压器和电容器等间隔电气量的采集，只发送本间隔的电气量数据。一般包括三相电压U_{abc}，三相保护电流I_{abc}、三相测量用电流I、同期电压U_1、零序电压U_o、零序电流I_o。对于双母线接线的间隔，合并单元根据本间隔隔离开关的位置，自动实现电压切换的功能。母线合并单元一般采集母线电压或者同期电压，在需要电压并列时，可通过软件自动实现个母线电压的并列。目前智能变电站中合并单元的采样频率和输出频率统一为 4kHz，即每工频周期 80 个采样点，可以满足保护、测量装置的需求。对于计量用的合并单元则需要专门设计，其采样和输出频率为 12.8kHz。

合并单元采样不同步故障造成主变压器保护动作分析，介绍合并单元故障对继电保护装置正确动作的影响。

如果主变压器中压侧电流波形比高压侧滞后一个周波，500kV 系统故障录波中电压波形滞后电流波形一个周波。

进行现场实测，实测方法：在主变压器中压侧间隔合并单元的母差保护电流输入端子和变压器保护的电流输入端输入同一交流电流量，测试其输出数字量，结果两个数字量之间存在在一个周波（20ms）的延时，结合录波图形分析，可以判断合并单元提供的电流量不同步是造成变压器各差动保护动作的原因，主变压器三侧跳闸。

故障原因：合并单元提供的电流量不同步是造成此次故障的原因。经过厂家及建设单位分析测试，造成合并单元数据不同步的原因如下：

（1）合并单元程序设计缺陷造成不同电流、电压量之间不同步，且此次工程应用的合并单元程序在入网测试版本基础上进行了改动而未再次经过测试。

（2）由于不同步量为整周波（20ms），因此稳态下的调试项目无法发现该问题，而现场调试也没有暂态调试项目。

4. 小结

本节介绍了电子互感器系统和设备结构的原理，分析了电子式电压互感器和电子式电流互感器的异常现象。智能变电站运行维护和制造设计提出以下建议：两线圈电子式电流互感器的并联电阻是铸造树脂、散热性差的操作可能会严重影响设备故障的可靠性。推荐厂家不投并联电阻，便于维修和更换后期。电子式电压互感器的两个短路会严重影响设备的精度。建议操作人员排查两次二次线路接线是否好，如有必要，改变接线方式，以消除短路风险。预测试程序规定了电子测试项目和传统变压器，绝缘电阻，介电损耗和电容测试效果。建议开展红外测温在定期的基础上，试条件开展AIS板测试设备的绝缘监督。提出了提高双电路电子元件的质量控制，如线圈的并联电感电阻。通过对电子元器件的采样、出厂监控、生产过程的控制等，以加强材料的质量、技术的管理。不同批次的电子变压器的设计参数可能不一致，建议可能与厂家相比，同类型，同一批设备的试验结果，并结合厂家设计参数及出厂试验结果进行纵向比较。

2.4 直流控制及信号回路故障分析

电力系统继电保护二次直流回路分为控制回路和信号回路，其中控制回路故障会直接导致继电保护装置误动或者拒动，直接危害整个电力系统的稳定运行，因此研究控制回路相关故障问题非常重要，本节就继电保护二次控制回路相关问题开展分析，总结控制回路常见故障类型并分析解决。

电力系统的控制对象主要包括断路器、隔离开关等，其中断路器是用来连接电网，控制电网设备与线路的通断，送出或断开负荷电流，切除故障的重要设备，其控制回路尤为重要。由于断路器的种类和型号是多种多样，故控制回路的接线方式也很多，但其基本原理与要求是相似的。断路器的控制回路按其操作方式可分为按对象操作和选线操作；按控制地点可分为集中控制和就地控制；按跳合闸回路监视方式可分为灯光监视和音响监视；按操作电源种类可分为直流操作与交流操作等等。现在就一些常用的断路器控制回路存在的故障类型进行介绍。

2.4.1 直流接地故障分析

1. 造成直流系统接地的原因

（1）人为原因，例如接线有误，或工作人员使用绝缘不良的工具造成直流接地；

（2）二次回路绝缘材料不合格、老化或绝缘受损引起直流接地；

（3）二次回路及设备严重污秽、受潮，接线盒、端子箱、机构箱进水造成直流接地；

（4）异物跌落造成直流接地，例如保护屏或控制屏内金属物掉落，造成与屏外壳搭接。

2. 直流接地现象

（1）警铃响，“直流接地”信号发出，绝缘监察装置“绝缘降低”等信号发出；

（2）直流绝缘监察装置测得接地极对地电压较低，另外一极电压较高；

（3）可能发出其他异常信号。

3. 直流接地的处理办法

直流系统一点接地并不影响直流系统的正常工作，但将使不接地极对地电压升高，长期运行易发展形成两点接地，从而引起断路器、保护装置等误动或拒动，造成严重后果，必须及时处理。

(1) 判断直流接地的极性。直流系统绝缘良好时正极对地、负极对地电压基本相等。若测量正极对地电压为正常时正负极间的电压，而负极对地电压为零，则说明为负极完全接地；若测量负极对地电压为正常时正负极间的电压，而正极对地电压为零，则说明为正极完全接地。如果为不完全接地故障，则绝缘降低的一极对地电压较低（不为零），而另一极对地电压较高。根据当时的运行方式、操作情况、气候影响、施Ⅰ范围等进行判断，分析可能造成接地的原因。

(2) 若站内二次回路有人工作，应立即停止，检查二次接线情况，看是否有接地点。

(3) 二次回路无人工作，可先将直流系统分成各自相对独立的系统，缩小查找范围。注意查找接地过程中不能使保护或控制失去直流电源。

(4) 对不重要的直流负荷，例如事故照明、试验电源等，可采用瞬时停电法查找分支馈线有无接地点，即瞬时拉开某一馈线开关，然后又迅速台上，若接地信号瞬时消失，正、负极对地电压恢复正常，则接地故障点就在此范围内。

(5) 对于比较重要的直流负荷，可采用转移负荷法查找接地点。例如将故障所在母线上的较重要的分路，依次转移切换到另一段直流母线上，监视“直流接地”信号是否随之转移，正、负极对地电压是否恢复正常，查出接地点在哪个分路。

(6) 如果接地发生在雨天，且为非金属性接地，则应重点检查各端子箱、就地操作箱、机构箱端子排等是否进水、潮湿。若有雨水，可将其吹干，观察接地现象是否消失。

(7) 如果各馈线支路均未查出接地，则可能是蓄电池、充电装置或母线等接地。

(8) 装有微机接地检测装置的，可用微机接地检测装置查找接地。

4. 处理直流接地的注意事项

(1) 查找直流支路中接地点时，一般查找顺序为：先有缺陷的支路，后无缺陷的支路；先有疑问的支路，后无疑问的支路；先户外支路，后户内支路；先有过接地记录的支路，后一般支路；先潮湿、污秽严重的支路，后干燥、清洁的支路；先不重要的支路，后重要的支路。

(2) 查找故障时，应停止二次回路上的所有工作。

(3) 查找直流系统接地时，若将系统分开缩小查找范围，应注意将双回供电的并环支路先解环，才能确定接地点在哪条母线上。

(4) 对断电可能导致误动的回路，在查找时应汇报调度，先做好安全防误动措施再进行查找。

(5) 查找直流接地应尽量避免在高峰负荷时进行。

(6) 防止在查找过程中人为造成短路或另一点接地。

(7) 查找故障时，应二人进行，一人操作，一人监视，并做好安全监护工作，防止误碰直流带电体。

2.4.2 交流串入直流回路故障分析

在发电厂、变电站，由于直流供电范围大，馈线电缆长，因而电缆对地阻抗等效为电阻与电容的并联回路；又因电缆运行年代久，当运行湿度较高时，直流母线对地电容将增大，其绝缘电阻也会降低。图 2-48 画出了交流串入直流回路的等效电路。图 2-49 所示为直流母线接地短路。

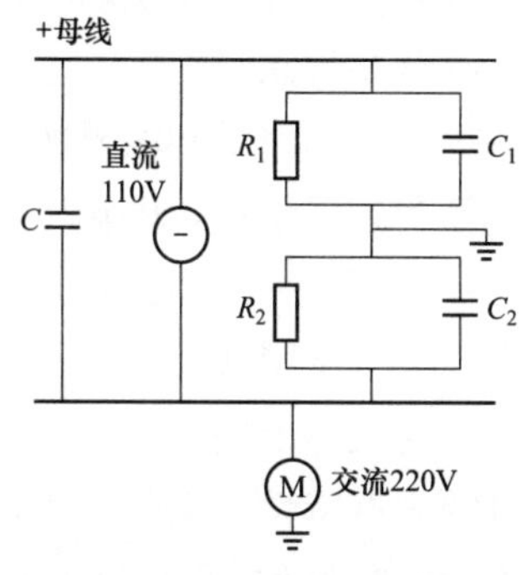

图 2-48 交流串入直流等效电路图

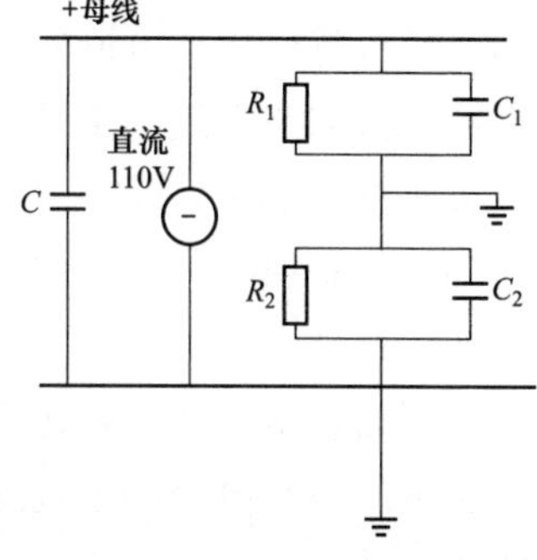

图 2-49 直流母线接地短路

其中 C_1、C_2 为直流母线对地的等效电容，通常情况下 C_1 与 C_2 基本相等；R_1、R_2 为直流母线对地电阻，大小也基本相等；C 为母线间的等效电容。

问题一：为什么在直流母线负极串入交流后，其负极对地直流电压为 0V 呢?

由于交流串入直流回路，而三相交流电为中性点接地系统。当单相交流电与直流母线负极相连后，通过 C_2 大电容就相当于短路，其等效电路如图 2-48 所示。故此时用万用表直流档测量负极母线电压，当然是为 0V。也就是说此时的直流母线负极对地等效电阻为 0。

问题二：为什么在直流母线负极串入交流后，其正、负极对地交流电压均为 220V 呢?

根据线性电路叠加原理可知，其交流等效电路应采取如下方法简化，直流电源 220V 相当于短路，这样相当于直流正、负母线同时接入交流电源，因而直流母线对地的交流电压应均为 220V。

问题三：为什么在直流母线负极串入交流后，中央信号屏的光字牌会微亮呢?

这是因为有大电容 C_1、C_2 的存在，220V 交流电源通过直流母线、光字牌灯泡、大电容 C_1、C_2 和大地形成通路，这时在电容上分担了大部分交流电压，光字牌灯泡上的电压分量较小，故中央信号屏光字牌会微亮的缘故。

通过上述分析可知：一旦交流串入直流回路后，相当于在直流母线直接接地的基础上施加了一个交流电源，因此其危害性比直流电源直接接地还要大，会造成操作回路保险熔断，跳、合闸线圈烧坏。同时使直流母线的纹波系数大大增加，远超过反措小于 5%的要求。还会对微机保护、自动化装置造成不良影响和误动，因此出现这类故障时，应尽快排出。

2.4.3 直流二次回路干扰问题分析

近年来电网内发生了多起由于变电站及电厂 220V（或 110V）直流系统二次回路受到干扰导致断路器无事故跳闸现象，更严重的情况可能导致变电站或电厂全停事故，因此，对变电站及电厂直流系统二次回路受干扰导致断路器跳闸的原理及预防措施进行研究是非常必要的，变电站及电厂直流系统二次回路受干扰最严重的情况主要包括直流接地或交直流电混联等情况，本节主要对这些情况进行分析研究并提出预防措施，对直流系统二次回路抗干扰及提高电网安全稳定运行水平具有重要的意义。

直流系统二次回路干扰的主要形式，变电站及电厂二次回路受到的干扰主要包括间接干扰和直接干扰等形式。间接干扰主要是空间的电场和磁场干扰，电场干扰是由电压引起的，磁场干扰是由电流引起的。二次回路电缆加屏蔽层、屏蔽层接地、保护屏柜屏蔽及接地．变电站及电厂敷设 $100mm^2$ 铜排地网等都是防空间电场、磁场干扰的措施。直流系统二次回路直接干扰主要包括直流接地和交直流混联等形式。

变电站及电厂空间电磁场干扰无处不在，这是电的固有特性，消除不了，是正常情况。相关的研究及预防措施比较成熟，基本上不会对变电站及电厂的运行带来大的危害。二次回路直接干扰是一种异常情况，主要是人为原因或二次回路本身的问题引起的，可以通过采取预防措施避免，这种情况可能造成断路器无故障跳闸，给电网的运行带来重大危害。

针对抗干扰问题，规程及反措也明确要求了相关防范措施，具体内容为：

1. 静态接地网敷设、连接及接地（220kV 及以上变电站）

（1）在所有保护小室和通信机房装设截面积 $100mm^2$ 的静态接地铜排，带绝缘子环网布置。

（2）在开关场所有电缆主沟中敷设截面积 $100mm^2$ 的静态接地铜排，带绝缘子“E 型”辐射布置（非环网）。

（3）开关场静态接地铜排/铜缆采用截面积 $100mm^2$ 的绝缘多股软铜线与保护小室、通信机房可靠连接。

（4）保护小室、通信机房静态接地铜排按规定采用 $4\times50mm^2$ 的绝缘多股软铜线与主接地网可靠焊接。

（5）开关场主电缆沟中截面积 $100mm^2$ 的静态接地铜排/铜缆末端采用 $50mm^2$ 的绝缘多股软铜线与主接地网可靠焊接。

（6）开关场分支电缆沟（辅沟）敷设截面积 $50mm^2$ 的静态接地铜排/铜缆，与主电缆沟中截面积 $100mm^2$ 的静态接地铜排/铜缆可靠连接，末端距电压互感器、避雷器主接地点 3～5m 且不接地，用于安装在辅沟边的电压互感器端子箱静态接地以及结合滤波器高频电缆屏蔽层接地。

2. 二次保护屏柜静态接地

（1）所有二次保护屏柜应装设截面积 $100mm^2$ 的静态接地铜排（带绝缘子），并采用截面积 $50mm^2$ 的绝缘多股软铜线引下与静态接地网可靠连接。

（2）所有二次保护屏柜应装设截面积 100mm^2 的直接接地铜排（装于柜底）。

（3）保护小室辅助屏柜如电度表屏、光纤配线屏、交直流电源屏等未明确，建议按照二次保护屏柜执行。

（4）通信机房辅助屏柜如通信电源屏、DDF 数字配线架屏、ODF 光纤配线架屏、其他通信装置屏等未明确。建议要求通信电源屏、线路载波机屏、保护（稳控、录波等）通信接口屏、DDF 数字配线架屏须按二次保护屏柜执行。

（5）二次保护屏柜内静态接地铜排用于接入电缆屏蔽层接地线、TV 回路接地线、TA 回路接地线、同轴电缆屏蔽层接地线、微机保护直流模件零电位地，均采用截面积积 4mm^2 多股软铜线。

（6）二次保护屏柜内直接接地铜排用于接入装置外壳接地线、交直流电源接地线、屏柜接地线等，均采用截面积 4mm^2 多股软铜线。

3. 户外端子箱及汇控箱静态接地

（1）所有户外端子箱及汇控箱应装设截面积 100mm^2 的静态接地铜排（带绝缘子），并采用截面积 50mm^2 的绝缘多股软铜线引下与静态接地网可靠连接。

（2）所有户外端子箱及汇控箱应装设截面积 100mm^2 的直接接地铜排（装于柜底）。(未明确：建议安装。因户外端子箱及汇控箱均有超过截面积 100mm^2 的扁钢与主接地网可靠连接，建议装于柜体底部的直接接地铜排可不接 50mm^2 引下线。)

（3）开关场安装于主电缆沟旁的辅助箱子如交直流电源箱、检修箱等未明确。需要明确是否装设静态接地铜排、直接接地铜排。

（4）开关场的断路器机构箱、隔离开关机构箱、主变压器/高压电抗器本体接线箱、电流互感器/电压互感器接线盒等按照《防止电力生产事故的二十五项重点要求》（国家能源局 2014 版）要求可不装设静态接地铜排（电缆穿管后可在端子箱、汇控箱中单端接地）。但设计未安装主变压器端子箱且未采用风冷汇控箱作为汇控箱时，主变压器本体汇控箱将作为本体非电量回路、本体 TA 回路的汇集，考虑电缆屏蔽层接地及 TA 回路接地，建议按汇控箱要求装设截面积 100mm^2 的静态接地铜排（带绝缘子），并采用截面积 50mm^2 的绝缘多股软铜线引下与主电缆沟中静态接地网可靠连接（需埋管）。

（5）所有户外端子箱及汇控箱内静态接地铜排用于接入电缆屏蔽层接地线、TV 回路接地线、TA 回路接地线，均采用截面积 4mm^2 多股软铜线。

（6）所有户外端子箱及汇控箱内直接接地铜排用于接入 TV 回路 N600 击穿保险接地线、装置外壳接地线、交直流电源接地线、柜体接地线等，均采用截面积 4mm^2 多股软铜线。

（7）接入结合滤波器的高频同轴电缆屏蔽层，在结合滤波器二次端子上用大于 10mm^2 的绝缘多股软铜线引下至电缆辅沟中与静态接地网可靠连接（长度小于 20m）。

4. 涉及老站改造须明确的问题

（1）开关场静态接地网。释义规范了开关场静态接地网的敷设要求但未明确开关场静态接地网必须与主接地网绝缘。目前涉及老站进行开关场静态接地改造时，是否可以将就原来随高频电缆敷设的截面积 120mm^2 铜缆改造，主电缆沟没有铜缆的再增加截面积 100mm^2 铜排/铜缆，与保护小室可靠连接，以节省改造费用。需要明确电缆辅沟的截面积 50mm^2 多股铜线是否必须绝缘。

（2）开关场断路器机构箱、隔离开关机构箱、主变压器及高压电抗器本体端子箱、本体接线盒按照能源局反措要求电缆屏蔽层可不接地。大多数箱子内装设有直接接地铜排或接地螺栓，现场普遍做法是直接接地。

（3）早年要求电容式电压互感器末瓶接地需要用截面积 6mm^2 以上的绝缘软铜线引出明显接地。因电压互感器底座外壳均有超过截面积 100mm^2 的扁钢与主接地网可靠连接，厂家接线盒中末瓶接地点与底座外壳均可靠相连，所以现在绝大多数施工单位不做“明显接地”。

（4）老变电站屏柜内部普遍使用截面积 2.5mm^2 接地线，包括厂家屏内接地线、电缆屏蔽层接地线等均无法整改。

（5）3/2 断路器接线的母线电压互感器、线路单相电压互感器的备用绕组接地方式目前有四种：①设计未引出备用绕组时，在 TV 本体接线盒中将备用绕组 N 端与运行 N600 短接（间接接地）；②设计未引出备用绕组时，在 TV 本体接线盒中将备用绕组 N 端接至外壳接地；③设计引出备用绕组时，在端子箱中将备用绕组 N 端与运行 N600 短接（间接接地）；④设计引出备用绕组时，在端子箱中将备用绕组 N 端接至静态接地铜排。

继电保护二次回路基本要求及检测方法

继电保护装置的输入和输出都是通过二次回路来完成的，二次回路历经多个设备环节，空间上可能跨越到几百米甚至更远的距离，针对单体设备的检验项目，无法检测二次回路的接线完整无误。但它的故障不仅直接影响继电保护设备动作的正确性，而且关系到系统的安全稳定运行。因此，继电保护二次回路的试验工作作为继电保护设备投运过程中的一个重要环节，必须得到足够重视。工作中，现场检测者应建立按回路检测的思路，用回路将对各元件的检验串起来做到不遗漏。

直流电源的引接，要鉴别其正、负极。正、负极不应接错或混淆。正、负极接反可能造成直流接地，在弱电回路中将损坏元件。正、负极的混淆，将引起直流短路或使回路无法完成通路。控制回路中的跳（合）闸引出端子应与正电源适当地隔开。

交流互感器的连接是否正确，主要包括变比与极性两个内容。变比应根据设计要求选用，当互感器上有几个分接头时，应根据设备上的标号引接，此时，互感器已经检验，标号视为正确。对于差动回路以及有极性要求的仪表，应特别注意其由互感器上引接的极性，根据极性标记正确连接，否则将造成误动或指示混乱。还要检查其二次侧的接地是否正确、可靠。交流电流、电压二次引出线必须和一次侧对应。检查接线是否正确，应按展开图，对每个支路逐一用万用表、对线灯等进行检测，一段一段地核对。应特别重视下列各点的检查：交直流回路不应存在短路和接地现象；电压互感器回路不应短路；电流互感器回路不应开路；交、直流回路、强、弱电回路不应相混。

3.1 继电保护直流电源二次回路检测方法

3.1.1 直流回路的基本要求

直流系统为变电站或发电厂的控制、信号、测量和继电保护、自动装置、操作机构直流电动机、断路器电磁操动的跳（合）闸机构、站内交流不停电电源系统、远动装置电源和事故照明等负荷提供工作电源。直流电源系统作为变电站控制负荷和部分重要直流动力负荷的电源，其容量选取和接线方式应满足安全可靠运行的需要。电力系统运行的稳定性、继电保护和自动装置工作的可靠性在很大程度上取决于直流系统是否稳定可靠。

1. 直流电源系统配置原则

220～500kV 变电站直流电源系统均应配置两组高频充电装置和两组蓄电池，110kV 变电站直流电源系统宜配置两组高频充电装置和两组蓄电池。蓄电池应选用阀控式密封铅酸蓄电池。每组蓄电池带全站直流负荷事故放电时间应不小于 2h。110kV、220kV、500kV 变电站每组蓄电池容量可分别按 300Ah（110V）、500Ah（110V）、800Ah（110V）或 200Ah（220V）、300Ah（220V）、500Ah（220V）选取，以上容量不考虑通讯负荷。500kV 变电站设有继电保护装置小室时，宜在主控制室设主馈电屏，各继电保护小室设分电屏；也可按电压等级或供电区域分散设置蓄电池组，且分别按两组蓄电池考虑。

充电装置应选用高频开关电源模块，充电装置的高频开关电源模块应并列运行，采用 N+1 模式（N 为充电机额定电流除以单个模块额定电流，N≤6 时）或 N+2 模式（N≥7 时）。

110kV、220kV、500kV 变电站充电装置额定电流（N 个高频开关电源模块额定电流之和）可分别按 60A（110V）、80A（110V）、120A（110V）或 40A（220V，4 个 10A 模块）、60A（220V）、100A（220V）选取。35kV 变电站直流电源系统应选用一套充电装置、一组蓄电池的方式，蓄电池应按 200Ah（110V）或 100Ah（220V）选取。

2. 相关直流供电电源配置原则

变压器各侧断路器、110kV 及以上断路器控制回路直流供电电源应采用辐射供电方式。断路器操作机构箱内的两组压力闭锁回路直流供电电源应分别与对应的跳闸回路共用一组操作电源。高压开关柜内 10kV、35kV 断路器（不含主变压器低压侧）直流控制电源和直流电机电源宜按每台变压器对应的低压侧母线分别成环，采用环形供电方式。500kV GIS 断路器辅助直流电源可按串采用环形供电方式。110kV、220kV GIS 断路器辅助直流电源可按电压等级采用环形供电方式，出线回数超过 6 回时，可分为两个环路供电。

500kV 隔离开关直流控制电源可按串采用环形供电方式，110kV、220kV 隔离开关直流控制电源可按电压等级采用环形供电方式，出线回数超过 6 回时，可分为两个环路供电。

TV 并列回路直流控制电源宜采用辐射供电方式。双重化配置的 TV 并列回路直流供电电源应分别取自不同段直流母线。

各种接口屏直流控制电源宜采用辐射供电方式。

3. 保护装置直流供电电源配置原则

双配置电压切换装置与两套保护一一对应时，每套保护装置直流电源和电压切换装置直流电源应取自同一段直流母线。

独立配置的 500kV 主变压器零序（分相）差动保护装置直流电源，应与对应的差动主保护装置直流电源取自同一段直流母线。

500kV、220kV 主变压器非电量保护应与本屏内其他保护装置共用一组保护装置电源，二者在保护屏上通过直流断路器分开供电。

对于主、后备保护分开的 220kV 及以上主变压器保护装置，其后备保护装置直流电源应与对应的差动主保护装置共用一组直流电源，二者在保护屏上通过直流断路器分开供电。

互为冗余配置的两套远跳保护装置直流电源宜采用辐射供电方式，其直流供电电源应分别取自不同段直流母线，并与本屏内主保护装置共用一组保护装置电源，二者在保护屏上通过直流断路器分开供电。

500kV 断路器保护装置直流电源宜采用辐射供电方式，3/2 接线方式、边断路器和中断路器保护装置直流电源宜取自不同段直流母线。

220kV 断路器辅助保护装置应与本屏其他保护装置共用一组电源，二者在保护屏上通过直流断路器分开供电。

母线差动保护、失灵保护、母联及分段保护、110kV 线路保护装置、故障录波装置、功角测量装置、备用电源自动投入装置、安全稳定控制装置执行站装置直流电源宜采用辐射供电方式。

110kV 主变压器非电量保护宜与高压侧后备保护共用一组电源，二者在保护屏上通过直流断路器分开供电。110kV 主变压器差动保护宜与中、低压侧后备保护共用一组电源，三者在保护屏上通过直流断路器分开供电。两组保护装置电源应分别取自不同段直流母线。

500kV 变电站的 35kV 电容器、电抗器保护装置直流电源按每台变压器对应的低压侧母线段宜采用辐射供电方式。

4. 综合自动化系统、继电保护及故障信息系统直流供电电源配置原则

保护、测控合二为一的测控装置电源宜分为装置电源和控制电源两种，独立测控装置的电源仅有装置电源。

110kV 及以上（包括 500kV 变电站 35kV）测控装置的装置电源可采用环形供电；保护、测控合二为一的 10kV/35kV 测控装置的装置电源和控制电源可按每台变压器对应的低压侧 10kV/35kV 母线，分别采用环形供电方式。

冗余配置的远动装置应采用辐射供电方式，其直流供电电源应分别取自不同段直流母线。

监控系统、继电保护及保护故障信息系统用交换机等网络设备采用直流供电电源时，按 A、B、C 网应分别采用辐射供电方式。其中 A、B 双网的交换机等网络设备应取自不同段直流母线。

两套不间断电源屏应采用辐射供电方式，其直流供电电源应分别取自不同段直流母线。

GPS 扩展装置宜采用辐射供电方式。

5. 直流熔断器与相关回路配置

（1）基本要求：消除寄生回路；增强保护功能的冗余度。

（2）直流熔断器的配置原则。

1）信号回路由专用直流熔断器供电，不得与其他回路混用。

2）由一组保护装置控制多组断路器（例如母线差动保护、变压器差动保护、发电机差动保护、线路横联差动保护、断路器失灵保护等）和各种双断路器的变电站接线方式（3/2 断路器、双断路器、角形接线等）：①每一断路器的操作回路应分别由专用的

直流熔断器供电；②保护装置的直流回路由另一组直流熔断器供电。

3）有两组跳闸线圈的断路器，其每一跳闸回路应分别由专用的直流熔断器供电。

4）有两套纵联保护的线路，每一套纵联保护的直流回路应分别由专用的直流熔断器供电；后备保护的直流回路可由另一组专用的直流熔断器供电，也可适当地分配到前两组直流供电回路中。

5）采用“近后备”原则只有一套纵联保护和一套后备保护的线路，纵联保护和后备保护的直流回路应分别由专用的直流熔断器供电。

（3）接到同一熔断器的几组继电保护直流回路的接线原则：

1）每一套独立的保护装置，均应有专用于直接接到直流熔断器正、负极电源的专用端子对，这一套保护的全部直流回路包括跳闸出口继电器的线圈回路，都必须且只能从这一对专用端子取得直流的正、负电源。

2）不允许一套独立保护的任一回路包括跳闸继电器，接到由另一套独立保护的专用端子对引入的直流正、负电源。

3）如果一套独立保护的继电器及回路分装在不同的保护屏上，同样也必须只能由同一专用端子对取得直流正、负电源。

（4）由不同直流熔断器供电或不同专用端子对供电的两套保护装置的直流逻辑回路间不允许有任何电的联系，如有需要，必须经空接点输出。

（5）查找直流接地，应断开直流熔断器或断开由专用端子对到直流熔断器的连接，并在操作前，先停用由该直流熔断器或由该专用端子控制的所有保护装置；在直流回路恢复良好后再恢复保护装置的运行。

（6）所有的独立保护装置都必须设有直流电源断电的自动报警回路。

6. 直流电源系统支路直流熔断器和直流断路器级差配合原则

（1）直流电源系统支路直流熔断器和直流断路器级差配合原则如下：

1）变电站所有直流负荷必须带直流保护电器。根据工程具体情况，可采用直流熔断器，甚至熔断器和直流断路器混用，但应注意上下级之间的配合。当直流断路器与熔断器配合时，应考虑动作特性的不同，对级差做适当调整。直流断路器下一级不宜再接熔断器。

2）上、下级均为直流断路器的，额定电流宜按照4级及以上电流级差选择配合。

3）蓄电池出口为熔断器，下级为直流断路器的，宜按照2倍及以上额定电流选择级差配合。

4）变电站内设置直流保护电器的级数不宜超过4级。

5）500kV变电站当设置直流分电屏时，直流主馈电屏宜采用塑壳式直流断路器。

（2）直流电源系统的直流断路器、熔断器典型配置。

1）300Ah蓄电池出口可采用额定电流315A的熔断器；500Ah蓄电池出口可采用额定电流400A的熔断器；800Ah蓄电池出口可采用额定电流630A的熔断器。

2）60A充电装置总输出可采用额定电流80A的直流断路器；80A充电装置总输出可采用额定电流100A的直流断路器；120A充电装置总输出可采用额定电流160A的直

流断路器。

3）保护装置、测控装置、故障录波、PMU、安全自动装置等二次设备和断路器控制回路宜采用额定电流不大于6A直流断路器。

(3) 熔断器-自动空气开关的特性配合。当预期的短路电流较大、且超过自动空气开关的额定分断能力时，或系统短路电流过大没有可供选择的自动空气开关时，采用熔断器与自动空气开关的组合方式具有既经济又简单的优点。

1）熔断器安-秒特性曲线应位于自动空气开关脱扣器跳闸曲线上方，并保持足够的距离（如图3-1）。

2）当系统短路电流超过自动空气开关的额定分断能力时，应使其曲线在稍小于自动空气开关额定分断能力的点上与自动空气开关瞬时短路脱扣器的跳闸曲线相交，以保证在较小短路电流时，自动空气开关跳闸，在较大的超过自动空气开关额定分断能力的短路电流情况下，由熔断器来分断。

3）熔断器的额定电流等级应高于自动空气开关的额定电流等级，以保证分断的选择性。

4）熔断器的熔断值，不得超过自动空气开关热过负荷脱扣器的最大的允许值。

(4) 自动空气开关的保护特性配合。为保证自动空气开关之间的动作选择性，就必须要求自动空气开关的安秒特性能够安全合理地配合。自动空气开关的安秒特性由热脱扣器和电磁脱扣器特性两部分组成，热脱扣器为一反时限特性，作为过负荷保护；电磁脱扣为一瞬动特性，即当电流超过给定值时，瞬时切断电源，作为短路保护（见图3-2）。

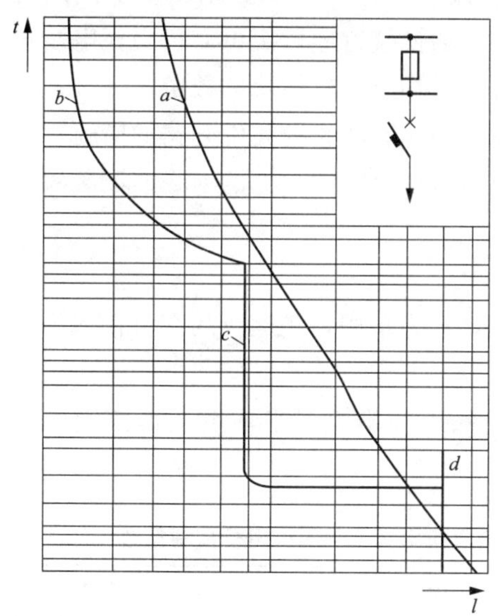

图3-1 自动空气开关-熔断器级间配合说明图

a—熔断器特性曲线；*b*—自动空气开关特性曲线；*c*—自动空气开关瞬时脱扣特性曲线；*d*—自动空气开关的额定短路分断电流

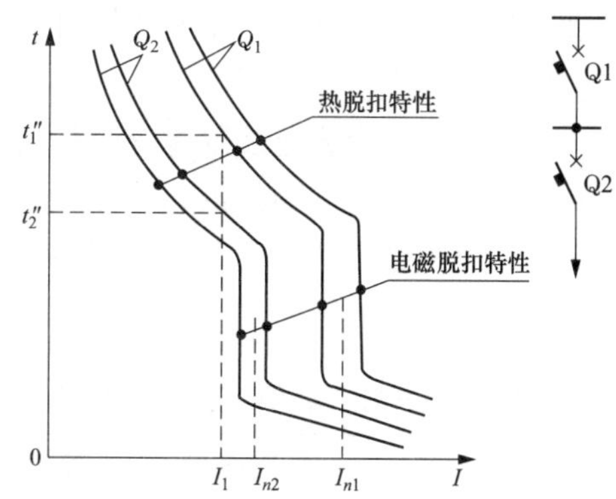

图3-2 自动空气开关-自动空气开关特性配合曲线

1）在过负荷保护区内

$$t_1'' > t_2''$$

$$I_{oth1} / I_{oth2} \geqslant k_{c1}$$

式中：t_1''、t_2''：分别为后前两级自动空气开关热脱扣器特性的下限时间和上限时间；I_{oth1}、I_{oth2}：分别为后前两级自动空气开关热脱扣器对同一时间的下限电流；k_{c1}：两级自动空气开关的过负荷配合系数、与断路器的型式和性能有关，一般 $k_{c1} \geqslant 2$。

2）在短路保护区

$$I_{ot1}/I_{ot2} \geqslant k_{c2}$$

式中：I_{ot1}、I_{ot2}分别为后前两级自动空气开关的瞬时脱扣电流；k_{c2}：两级自动空气开关的瞬时脱扣配合系数，与断路器型式和性能有关，一般 $k_{c2} \geqslant 1.5$。为了有效地实现短路保护区的选择性配合，可采用不同形式的自动空气开关进行配合。

7. 直流电源系统电气接线

两组蓄电池两套充电装置的直流电源系统应采用二段单母线接线，两段直流母线之间应设联络电器。每组蓄电池组和充电装置应分别接入不同母线。采用直流主馈电屏和分电屏时，每面直流主馈电屏和分电屏上宜只设一段直流母线。蓄电池出口回路应装设熔断器和隔离电器（如刀开关），也可装设熔断器和刀开关合一的刀熔开关。

充电装置直流侧出口和蓄电池试验放电等回路均应装设直流断路器或熔断器，装直流馈线回路应装设直流断路器。

在进行切换操作时，蓄电池组不得脱离直流母线，在切换过程中允许两组蓄电池短时并列运行。

充电装置交流输入应设两个回路，两路交流电源应分别取自站用电不同段交流母线。当充电装置两路交流输入采用切换方式时，切换装置应稳定可靠；当充电装置两路交流输入不采用切换方式时，每路交流输入应尽量均分充电模块的数量。

直流电源系统根据需要可保留硅降压回路，但应有防止硅元件开路的措施。

直流电源系统采用二段单母线接线时，每段母线宜配置独立的绝缘监测装置。绝缘监测装置的测量接地点应能方便投退。

8. 充电装置的基本要求

（1）每个成套充电装置应有两路交流输入，互为备用，当运行的交流输入失去时能自动切换到备用交流输入供电。

（2）充电装置的精度、纹波因数、效率、噪声和均流不平衡度运行控制值应满足表 3-1 要求。

表 3-1　充电装置的精度、纹波因数、效率、噪声和均流不平衡度运行控制参数

充电装置名称	稳流精度（%）	稳压精度（%）	纹波因数（%）	效率（%）	噪声 dB（A）	均流不平衡度（%）
磁放大型充电装置	≤±5	≤±2	≤2	≥70	≤60	—
相控型充电装置	≤±2	≤±1	≤1	≥80	≤55	—
高频开关电源型充电装置	≤±1	≤±0.5	≤0.5	≥90	≤55	≤±5

（3）限流及短路保护：当直流输出电流超出整定的限流值时，应具有限流功能，限流值整定范围为直流输出额定值的 50%～105%。当母线或出线支路上发生短路时，应具有短路保护功能，短路电流整定值为额定电流的 115%。

（4）充电装置应具有过流、过压、欠压、绝缘监察、交流失压、交流缺相等保护及声光报警的功能。

9. 蓄电池组的基本技术要求

（1）环境温度25℃时，蓄电池浮充和均充电压参照表3-2或按蓄电池厂家推荐值选取。

表3-2　蓄电池浮充和均充电压要求

标称电压（V）	浮充电压（V）	均充电压（V）
2	2.23～2.28	2.30～2.35
6	(2.23～2.28)×3	(2.30～2.35)×3
12	(2.23～2.28)×6	(2.30～2.35)×6

（2）环境温度25℃时，蓄电池放电率电流和容量要求（见表3-3）。

表3-3　蓄电池放电率电流和容量要求

蓄电池放电小时数（h）	放电电流（A）	放电容量（Ah）
10	0.1C10	C10
3	0.25C10	0.75C10
1	0.55C10	0.55C10

（3）阀控蓄电池在运行中电压偏差值及10h放电终止电压值参照表3-4的规定。运行中的阀控蓄电池应定期进行蓄电池内阻测试，当测试内阻值和历史记录相比突变50%时，应对蓄电池进行核对性放电。

表3-4　阀控蓄电池在运行中电压偏差值及10h放电终止电压值

阀控式密封铅酸蓄电池	标称电压（V）		
	2	6	12
运行中的电压偏差值	±0.05	±0.15	±0.3
开路电压最大最小电压差值	0.03	0.04	0.06
10h放电终止电压值	1.80	5.40	10.80

2V蓄电池在环境温度20～25℃时的浮充运行寿命为10～12年。

新投产蓄电池组按规定的试验方法，10h率容量应在三次循环内应达到C10。

3.1.2　直流二次回路的检测方法

1. 直流电源检查方法

（1）保护及控制电源。

1）断路器控制电源与保护装置电源应分开且独立，第一路控制电源与第二路控制电源应分别取自不同段直流母线；对于双重化配置的两套保护装置，每一套保护的直流电源应相互独立，两套保护直流供电电源必须取自不同段直流母线。

2）若断路器操动机构箱内或保护操作箱内有两组压力闭锁回路，两组压力闭锁回路直流电源应分别与对应跳闸回路共用同一路控制电源。

3）对于由一套保护装置控制多组断路器，要求每一断路器的操作回路应相互独立，分别由专用的直流空气开关（直流熔断器）供电；保护装置的直流回路由专用的直流空气开关（直流熔断器）供电。保护装置的直流电源和其对应的断路器跳闸回路的控制电源必须取自同一段直流母线。当双重化的保护装置电源与断路器控制电源共用一套直流系统时，两套保护与断路器的两组跳闸线圈一一对应，每套保护的直流电源和其对应的断路器跳闸回路的控制电源必须取自同一段直流母线，不能交叉。

（2）直流空气开关及熔断器。

1）应采用具有自动脱扣功能的直流空气开关，不得用交流空气开关替代。保护屏配置的直流空气开关、直流熔断器应有设备名称和编号的标识牌。

2）直流总输出回路、直流分路均装设熔断器时，直流熔断器应分级配置，逐级配合；直流总输出回路装设熔断器，直流分路装设小空气开关时，必须确保熔断器与小空气开关有选择性地配合；直流总输出回路、直流分路均装设小空气开关时，必须确保上、下级小空气开关有选择性地配合。

3）直流空气开关下一级不宜再接熔断器。

（3）寄生回路检查。

1）只投入第一组操作电源，确认第二组操作回路及出口压板对地没有电压。

2）只投入第二组操作电源，确认第一组操作回路及出口压板对地没有电压。

3）只有一路操作电源的，拉开该操作电源，确认操作回路及出口压板对地没有电压。

4）投入本保护的所有交直流电源空气开关，逐个拉合每个直流电源空气开关，分别测量该开关负荷侧两极对地、两极之间的交、直流电压，确认没有寄生回路。

5）检查24V等弱电电源回路是否混入交直流强电回路。断开24V等弱电电源开关后，分别测量该开关负荷侧两极对地、两极之间的交、直流电压，确认没有混入交直流电源。

2. 直流系统对地电容的测量

由于直流系统一旦投入运行是终身服役，无法退出运行测量对地电容值。但是由于现行的直流绝缘监视仪采用电桥原理可以能准确地测出整个直流系统的正对地电阻和负对地电阻。电桥原理是无法对接地电容进行测量的，所以人们也就没有对直流回路对地电容的测量原因，现在采用注入交流法对直流回路的电容进行测量。接线方法如图3-3所示。低频信号发生器是产生一个正弦波信号通过无极性电容耦合到直流系统的正极或负极上。图3-3中R、C为直流系统正对地电阻、电容与负对地电阻、电容的并联值，低频信号发生器输出电压为10V、频率为20Hz的低频交流信号，交流电流表使用数字式万用表的交流电流档。

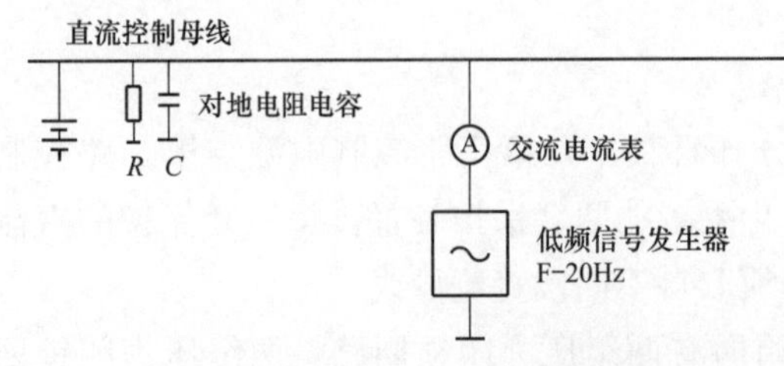

图3-3 测量直流系统电容方法接线

从图3-3中可以看出交流电流的大小与RC阻抗有关。直流系统绝缘检测仪通过一定的电阻网络测量正对地电压和负对地电压经过计算可以得出相当精确的正对地电阻和负对地电阻。这样就可以准确的建立等效的模拟直流系统比对真实的直流系统，在模拟直流系统中设置和运行中直流系统一样的正对地电阻、负对地电阻。通过设定不同电容以求得等同于运行中直流系统的对地电阻和电容，使二者有相同复合阻抗。再通过二者电压、电流法验证其复合阻抗相当就可确定设定的电容就是系统的总电容。当然所测出的电容是正对地电容和负对地电容之和，无法区分正对地电容值多少、负对地电容值多少。但直流系统对地电容的形成有一定规律，正对地电容与负对地电容值相同。因此测量得出的电容的二分之一就是正对地电容或负对地电容。

3. 直流故障查找方法

（1）电桥法。

电桥法是直流接地故障进行检测的方法中，使用频率较高的一种。其基本的工作原理是在直流系统中设置一个人工搭建的电桥，电桥包括两部分，一部分是直流电源正、负极对地产生的绝缘电阻，另一部分是人为设置的两个电阻。当系统正常时，电桥会处在平衡状态；当系统中某一个部分存在接地时，电桥就会失去平衡，并自动发出报警信号。

（2）注入低频交流信号法。

与电桥法一样，注入低频交流信号法也被广泛地应用于对直流接地故障的检测。其理论依据是，在直流母线和大地之间注入一个低频的交流电压源，通过电压源可以产生相应的低频交流电流。根据低频交流电压和电流值可以算出直流母线对地绝缘电阻的数值，通过低频交流电流的流通路径，对接地故障的发生地点进行判断，并确定故障点的位置。

（3）直流系统接地电阻的数值检测。

检测方法是采用断路器和限流电阻，将直流电源的正、负级母线分别接地（假设正接地为第一支路；负接地为第二支路），然后测出流过断路器与限流电阻之间的电流数值，并进一步确定直流系统正、负极对地电阻数值。如果将第一支路中的断路器合上，第二支路中的断路器断开，就可以测出第一支路电流。同理，将第一支路中的断路器断开，第二支路中的断路器合上，就可以测出第二支路电流，然后根据欧姆定律及数学方程式，就可以算出直流系统一点或多点对地电阻数值。

（4）直流系统接地故障所在支路的判断。

采用这种方法能够对直流接地故障发生的所在支路进行判断。假设直流系统中的正极发生了一点接地故障，暂且称其为第三支路。如果将第一支路的断路器断开，第二支路的断路器合上，那么第三支路中的接地电阻，经大地与第二支路限流电阻串联，在直流正负母线间形成了闭合回路。如果第一支路和第二支路的电流互感器的总电流效应为零，那么第三支路的电流互感器的总电流由直流接地电阻引起，只要接地电阻的数值能够保证，不会超过一定的范围，就能保证第三支路传感器电流大于霍耳传感器的死区，这样，第三支路的传感器也就为装置提供一个非零的电压值。这个非零电压值具有被装置获知的作用，进而也就完成了对接地故障发生的支路进行判断。如果接地故障发生在直流系统负极的一点上，那么，可以将第一支路的断路器闭合，第二支路的断路器断开，并根据输出不为零的、不同的地点的传感器，来对接地故障发生的具体支路进行准确的判断。

(5) 直流系统接地故障点探测的新方法。

在这种方法下，被利用的接地故障点探测器其实就是一个直流小电流传感器，通过第四种方法对接地故障的发生支路进行判断，假如故障就发生在第三支路的正极，那么可以对第一支路的断路器断开，第二支路的断路器闭合，为了将第三支路的正负极的两条供电线缆进行卡住，并从开端往后捋，就需要使用钳型毫安电流霍耳传感器。因为在装置中通过的是直流电流，直流电流在接近故障点之前，电流表的读数不会发生改变，如果装置接近或者越过故障点的时候，电流表的读数会突然为零，通过这种手段可以便捷有效地找出故障点的具体位置。另外，如果是负极出现了故障，同理，只需要将第一支路的开关合上，第二支路的断路器断开，通过这方式能够迅速地找到故障点，并且不会受到系统分布电容的影响，使得准确率极大地提高。

另外，直流查找注意事项，防止不正确的查找方法造成的直流系统两点接地。如使用灯泡查找法，使用内阻低于 2000Ω/V 的万用表和电压表。某些保护如整流型距离保护、晶体管保护在直流拉合时可能会误出口，所以在拉合前应申请退出保护出口压板。

4. 绝缘监测系统校验方法

绝缘监测系统是变电站直流系统在线监测直流接地唯一、有效的设备，当绝缘监测系统异常时，直流接地不能及时发现，直流危及电网安全。现介绍绝缘监测系统母线接地检测校验方法及试验验证。

图 3-4 及图 3-5 中 R_1 与 R_2 是绝缘监测系统平衡桥接地电阻，$R_1=R_2$，V+、V−是正负直流母线对地电压，是绝缘监测系统实时测量的电压值。绝缘监测系统正母线通过平衡桥电阻 R_1 接地、负母线通过平衡桥电阻 R_2 接地，当直流母线正极通过 R_x 接地时，由于地网是相通的，相当于 R_x 与 R_1 并联，所以图 3-4 等效图 3-5，图 3-4、图 3-5 两图测量的 V+、V−完全相等，计算出的 R_x 也相等，负极接地同理。

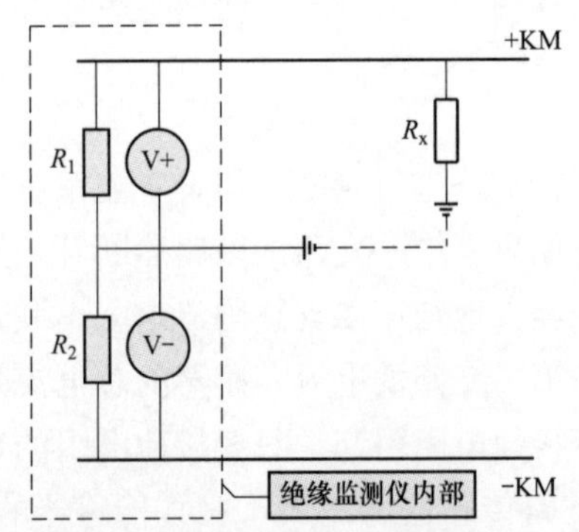

图 3-4　绝缘监测系统母线接地监测原理

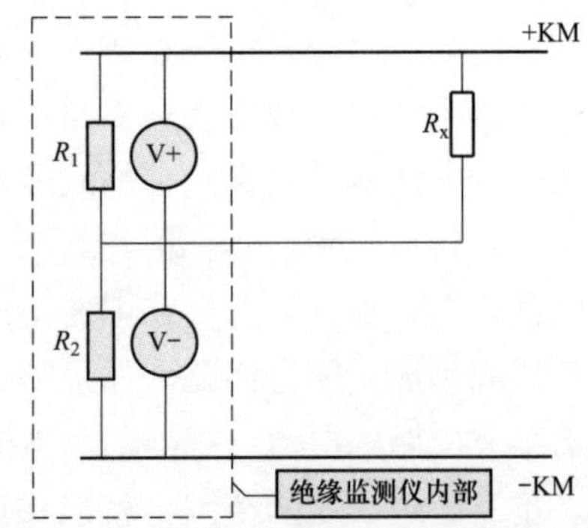

图 3-5　绝缘监测系统母线接地监测等效图

通过图 3-4 发现直流母线不接地时，同样可以校验绝缘检测系统：只要将绝缘检测系统平衡桥接地点断开，用一个电阻 R_x 将直流母线正极与平衡桥中点接通，等同图 3-5 直流接地检测原理、负极接地同理。

在试验室直流馈线屏上，选择一个备用馈线空气开关，通过备用空气开关接一个 20kΩ 电阻，拆除绝缘监测系统平衡桥地，将电阻另一端接在平衡桥“接地”点位置，如图 3-6 所示。

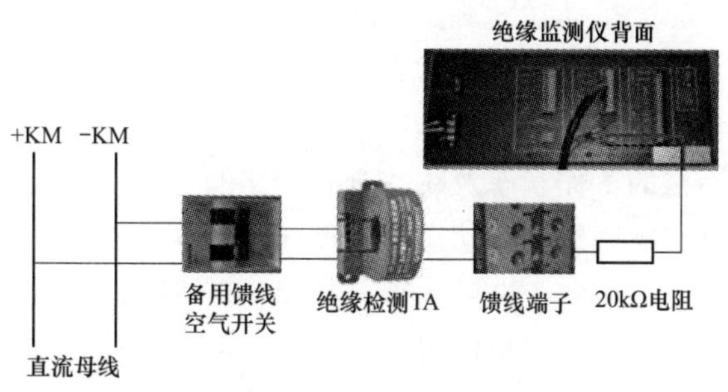

图 3-6　绝缘监测系统母线接地检测校验优化接线原理

经过试验室测试，绝缘检测系统发出“接地”告警，显示接地电阻 $R_+ = 19.93\text{k}\Omega$，并成功显示“接地”馈线支路，与在馈线支路真实接地试验数据完全一致。

通过研究、论证、试验，绝缘监测系统上只要拆、接一根不带电的线就可以顺利实现。

3.2　变电站控制及信号二次回路检测方法

变电站内的控制回路有断路器控制回路和隔离开关控制回路两种。隔离开关的控制回路主要由计算机监控系统来完成，与继电保护没有关系，因此本节仅介绍断路器控制回路。

断路器是电力系统中最重要的开关设备，在正常运行时断路器可以接通和切断电气设备的负荷电流，在系统发生故障时则能可靠地切断短路电流。断路器一般由动触头、静触头、灭弧装置、操动机构及绝缘支架等构成。为了实现断路器的自动控制，在操动机构中还有与断路器的传动轴联动的辅助触头。其操动机构由合闸机构、分闸机构和维持机构组成。操作箱主要完成对断路器的跳、合闸控制，防止断路器跳跃等功能，并能对断路器的状态进行监视。

3.2.1　断路器控制回路的基本要求

断路器的控制回路主要包括断路器的跳、合闸操作以及相关闭锁回路。一个完整的断路器控制回路由微机测控、操作把手、切换把手、操作箱和断路器机构箱构成。

按照不同的分类方法，断路器的控制方式可分为三种：按控制电源电压分为强电控制和弱电控制；按控制电源的性质可分为直流操作和交流操作（包括整流操作）；按控制地点分为集中控制和就地（分散）控制。

断路器的控制回路必须完整、可靠，因此应满足以下一些要求：

（1）应有防止断路器“跳跃”的电气闭锁装置，发生“跳跃”对断路器是非常危险的，容易引起机构损伤，甚至引起断路器的爆炸，故必须采取闭锁措施。断路器的“跳跃”现象一般是在跳闸、合闸回路同时接通时才发生。“防跳”回路的设计应使得断路器出现“跳跃”时，将断路器闭锁到跳闸位置。

（2）应能进行手动跳、合闸和由继电保护与自动装置实现自动跳、合闸，并且当跳、合闸操作完成后，应能自动切断跳、合闸脉冲电流。

（3）应能指示断路器的合闸与跳闸状态。

（4）自动跳闸或合闸应有明显的信号。

（5）应能监视熔断器的工作状态及跳、合闸回路的完整性。

（6）应能反应断路器操动机构的状态，在操作动力消失或不足时，应闭锁断路器的动作，并发出信号。SF_6 气体绝缘的断路器，当 SF_6 气体压力降低而断路器不能可靠运行时，也应闭锁断路器的动作并发出信号。

（7）力求简单可靠，采用的设备和电缆尽量少。

断路器操作可分为手动和自动操作，手动操作包括远方操作、就地进行和遥控操作。远方操作是通过控制屏操作把手将操作命令传递到保护屏操作插件，再由保护屏操作插件传递到开关机构箱，驱动跳、合闸线圈。就地操作是通过机构箱上的操作按钮进行操作。遥控操作是调度端发遥控命令，通过通信设备、远动设备将操作信号传递至变电站远动屏，远动屏将空接点信号传递到保护屏，实现断路器的操作。自动操作包括保护设备、重合闸设备动作，发跳、合闸命令至操作插件，引起开关进行跳、合闸操作。另外母差、低频减载等其他保护设备及自动装置动作，也会引起断路器跳闸。

3.2.2 三相操作断路器控制回路及检测方法

图 3-7 是典型的三相操作断路器的控制回路示意，该图具有跳位、合位置监视回路；手跳、保护跳和手合回路；跳、合闸回路；防跳回路；压力监视及闭锁回路。

1. 跳、合闸保持回路

断路器的跳、合闸回路是按短时通电设计的，操作完成后，应迅速切断跳、合闸回路，解除命令脉冲，以免烧坏跳、合闸线圈。

在合闸回路中，串有合闸保持继电器（HBJ），当断路器在分位时，若手合或重合闸触点（HJ）闭合，合闸回路导通，HBJ 动作，其 HBJ 触点闭合，短接手合或重合触点，直到断路器辅助动断触点打开后返回，从而既保证断路器的可靠合闸，又不会使 HBJ 触点、手合触点和重合闸触点去断弧。同样，当手跳接点或保护跳闸触点（TJ）动作，TBJ 跳闸保持回路也相应启动，保证断路器的可靠跳闸，又不会使手跳触点或保护跳闸触点去断弧。

（1）HBJ 电流启动及自保持检测方法。

在图 3-8 中：D 为各相相应端子；K1 单相隔离开关；R1 为滑线式电阻（阻值根据实际电压电流确定）；A1 为直流电流表。

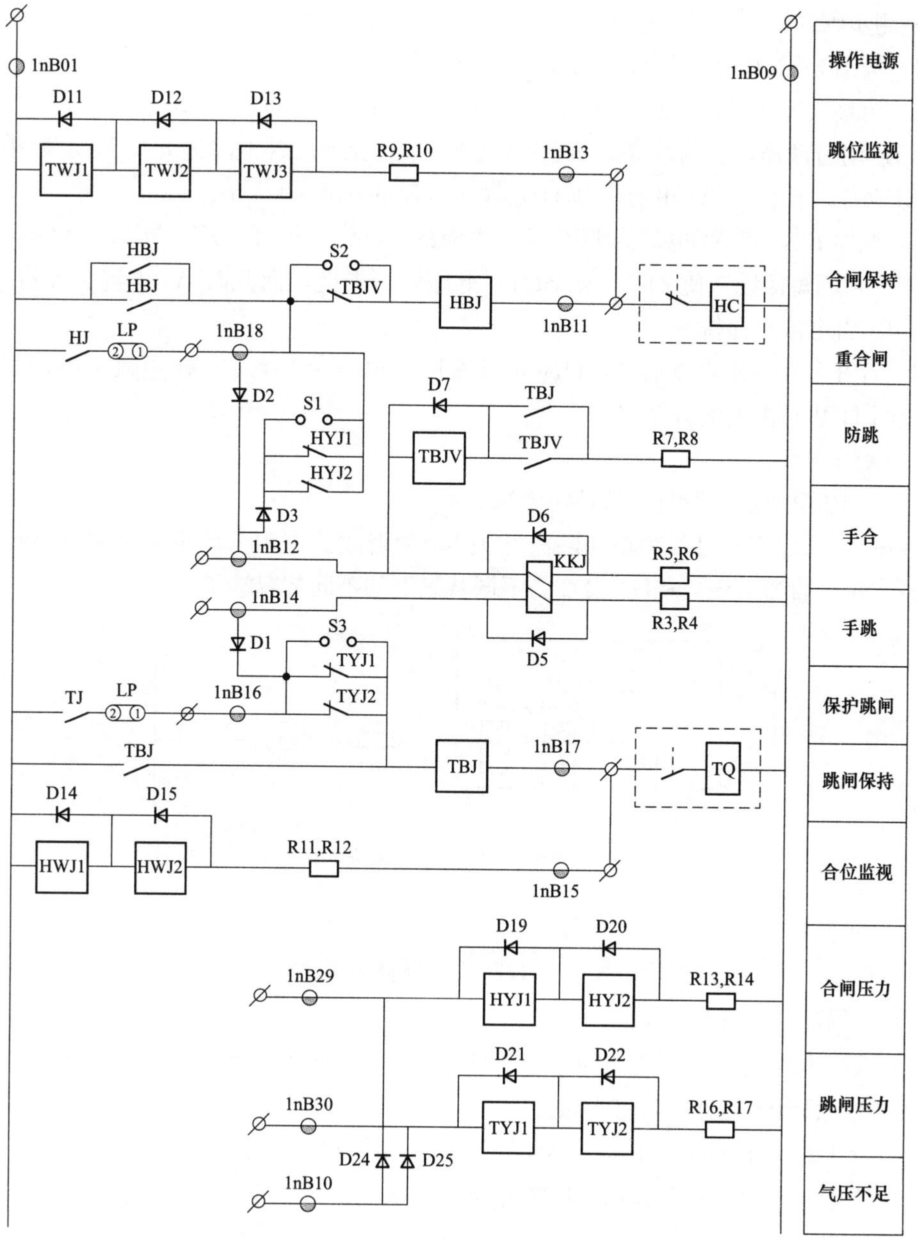

图 3-7　典型的三相操作断路器的控制回路

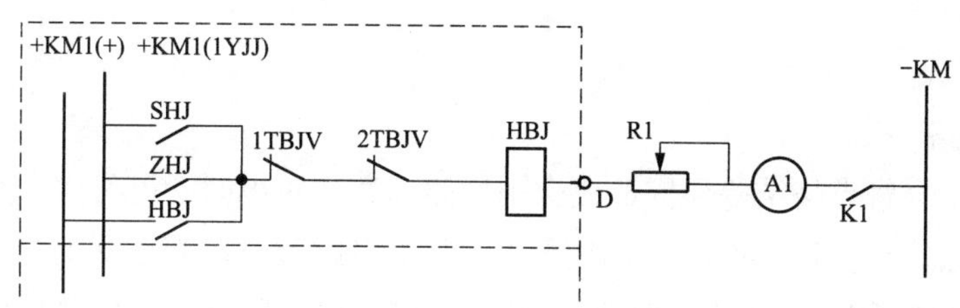

图 3-8　HBJ 电流启动及自保持试验接线

检测步骤：

1）按图 3-8，R1 调至最大位置，接通电源。

2）短接＋KM1 与 ZHJ＋(或短接＋KM 与 SHJ＋)，ZHJ（或 SHJ）动作，ZHJ 动作时 ZXJ 同时动作，合闸灯亮，ZHJ1（或 SHJ1）合上。合上隔离开关 K1，调小 R1，使 HBJ 动作，动作时 A1 电流应为 HBJ 额定电流的 0.3～0.5 倍。

3）调整 R1，使 A1 电流为 HBJ 额定电流的 0.5 倍。解开＋KM 与 ZHJ＋(或＋KM 与 SHJ＋）的短接线，使 ZHJ（或 SHJ）电压线圈失电，而此时 A1 电流仍保持不变，说明 HBJ 由电流自保持。

4）打开 K1，A1 电流消失，HBJ 电流线圈失电。合上 K1，A1 电流不再恢复。进一步说明 HBJ 是由电流自保持。

5）断开电源。

(2）TBJ 电流启动及自保持检测方法。

在图 3-9 中：K1、K2 为单相隔离开关 R1 为滑线式电阻（阻值根据实际电压电流确定)；A1 为直流电流表；D1、D2 为不同状态下的不同装置端子。

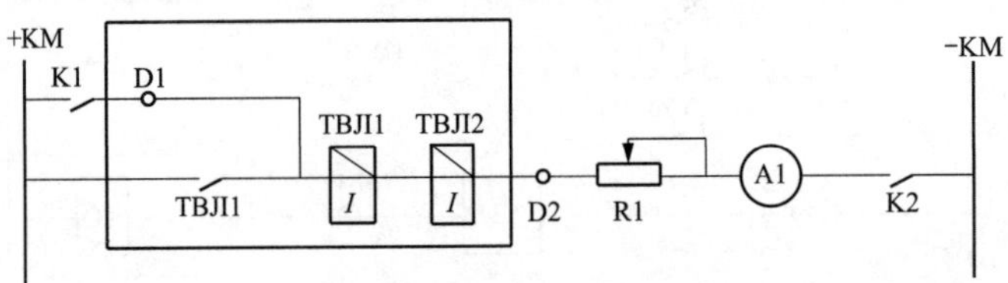

图 3-9　TBJ 电流启动及自保持试验接线

试验步骤：

1）按图 3-9 接线，短接＋KM 与 D1。R1 调整为最大，接通电源。

2）合隔离开关 K2、K1。

3）减小 R1，增大回路中电流至 TBJI1 动作，同时观察 A1，TBJ 动作时 A1 中电流应为 TBJ 额定电流的 0.3～0.5 倍。

4）断开 K1，而此时 A1 电流仍保持不变，说明 TBJ 由电流自保持。

5）打开 K2，A1 电流消失，TBJI 电流线圈失电。合上 K2，A1 电流不再恢复。进一步说明 TBJI 是由电流自保持。

6）重复步骤 3)，测出 TBJI2 动作电流，也应为 TBJ 额定电流的 0.3～0.5 倍。同时跳闸信号灯应亮。

7）断开电源。

2. 防跳回路

当手合或重合触点烧结等原因造成合闸回路一直带正电时，若发生永久性故障，开关跳开后，就会马上合上，合上后再次跳开，发生多次跳合，断路器的这种多次“跳一合”现象称为“跳跃”。为防止断路器“跳跃”，应设置防跳回路。防跳回路可由断路器本体实现，也可由操作箱实现，但对于在断路器本体与操作箱同时设计了防跳回路的，只应投入一套，宜采用断路器本体防跳。

操作回路中的防跳回路是由 TBJ 和 TBJV 组成的。在手动合闸或重合闸时，触点尚未断开或触点烧结，此时发生故障，保护跳闸，TBJ 动作，TBJ 触点闭合，TBJV 继电器随之动作并自保持，将合闸回路中的 TBJV 的常闭触点打开，保证在断路器的常闭辅助触点闭合前切断合闸回路，直至合闸接点返回。

防跳回路现场检测方法：断路器在合位，短接手合触点，模拟瞬时性故障（故障限时 100ms），保护动作，使断路器跳开，直至手合触点打开后断路器仍未合上，说明防跳回路良好。试验中应防止断路器的合闸压力下降导致防跳试验失败。

3. 手跳、手合回路及方法

手跳、手合时，将作用于合后位置继电器（KKJ），为双线圈磁保持继电器，当手合时，KKJ 的动作线圈励磁，KKJ 触点动作，当手合触点返回后，KKJ 的动作线圈失磁，KKJ 触点仍保持动作时的状态；当手跳触点动作，KKJ 的复归线圈励磁，KKJ 触点返回，当手跳触点返回后，KKJ 的复归线圈失磁，KKJ 触点仍保持返回时的状态。

4. 位置监视回路

为保证对断路器的跳、合闸回路进行监视，通常将位置监视回路与跳、合闸回路并联。当断路器处于“合位”时，其跳闸回路是导通的，由于跳位监视回路阻抗很大，从而回路的电流很小，不足以使跳闸线圈动作，而 HWJ 继电器却能动作，起到了跳闸回路及断路器合位监视的作用。跳位监视的原理与合位监视相同。

5..压力监视及闭锁回路

操作板中还设有跳闸压力、合闸压力和压力不足监视及闭锁回路。当断路器的跳闸压力低触点闭合时，TYJ1、TYJ2 动作，其常闭触点打开，断开跳闸回路；当断路器的合闸压力低触点闭合时，HYJ1、HYJ2 动作，其常闭触点打开，断开手合回路；当断路器的压力不足触点闭合时，同时起动跳、合闸压力回路，断开跳闸回路和手合回路。

6. 信号回路

操作回路的跳闸位置、合闸位置、合后位置、合闸压力和跳闸压力的触点经过隔离后直接送入保护装置，供本保护使用。其他的跳闸位置、合闸位置、合后位置触点引出至端子供其他装置使用。

3.3 电流互感器二次回路检测方法

电流互感器（TA）是电力系统中很重要的电力元件，作用是将一次高压侧的大电流通过交变磁通转变为二次电流供给保护、测量、录波、计度等使用。以一组保护用电流回路（见图 3-10）为例，A 相第一个绕组头端与尾端编号 1A1，1A2，如果是第二个绕组则用 2A1，2A2，其他同理。

3.3.1 电流互感器及二次回路基本知识

交流电流回路系统是指变电站交流一次侧主变压器、断路器、母线、电流互感器等

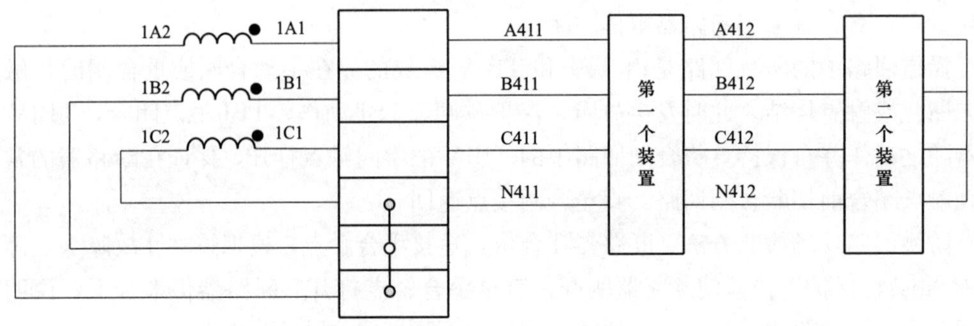

图 3-10　电流回路示意图

一次设备及连接回路，二次侧电缆、端子箱、屏柜内端子排、接线等二次设备及回路有序联接组合的总称。电流互感器是继电保护、自动装置和测控装置（测量仪表）获取电气一次回路电流信息的传感器，是非常关键和重要的环节，其正确与否将直接严重影响保护的正确动作、计量及测量的准确性，电网中发生的一些事故原因与电气量的采集、传送有关。

对线路电流互感器进行一次升流试验，检查电流互感器的变比、电流回路接线的完整性和正确性、电流回路相别标示的正确性（测量三相及 N 线，包括保护、盘表、计量、录波、母差等），核对电流互感器的变比与定值通知单是否一致；对电流互感器二次绕组接线进行检查，可采用一次升流，在电流互感器接线盒处分别接绕组的方法或在电流互感器接线盒处分别通入电流的方法进行检验，检验接入保护的二次绕组联结组别的正确性。

1. 电流互感器二次回路的接线形式

根据继电保护和自动装置的不同要求，电流互感器二次绕组通常有单相式接线、两相星形接线、三相星形接线、三角形接线和电流接线 5 种接线方式。根据需要适用于不同场合。

（1）单相式接线（见图 3-11），一般用于主变压器中性点和 6～10kV 电缆线路的零序电流互感器。

（2）两相星形接线（见图 3-12），主要用于 6～10kV 小电流接地系统的测量和保护回路接线。反应相间故障电流，不能完全反应接地故障。

（3）三相星形接线（见图 3-13），这种接线用于 110～500kV 直接接地系统的测量和保护回路接线。反应相间故障及接地故障。

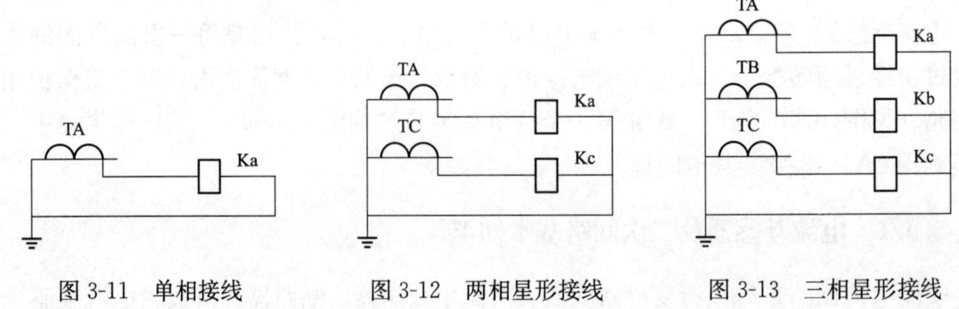

图 3-11　单相接线　　图 3-12　两相星形接线　　图 3-13　三相星形接线

（4）三角形接线（见图 3-14），测量表计的电流回路一般不用三角形接线。这种接线主要用于 Y/d 接线变压器差动保护星形侧电流回路。接入继电器的电流为二相电流之差，故继电器的回路无零序分量，并且流入继电器的电流为相电流的$\sqrt{3}$倍。

（5）和电流接线（见图 3-15）。这种接线主要用于一个半接线、桥形接线等。

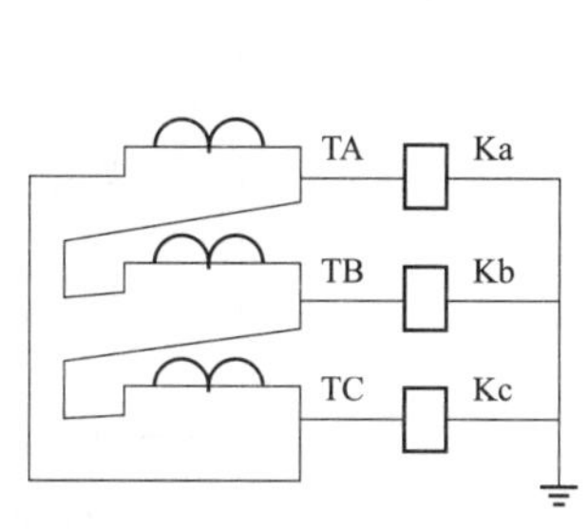

图 3-14　三角形接线

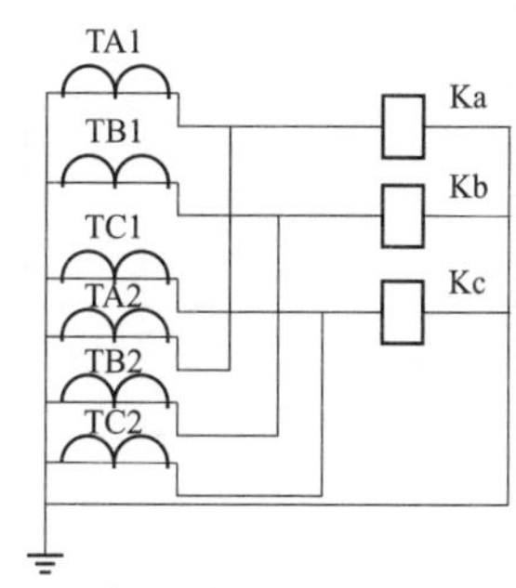

图 3-15　和电流接线

2. 电流互感器的接地要求

电流互感器二次回路必须接地，其目的是为了防止当一、二次之间绝缘损坏时，高电压引入二次回路造成设备与人身伤害，所以电流互感器的二次绕组中性点应有且只能有一个接地点，宜在配电装置处经端子可靠接地，这样更安全。如果有两点接地，电网之间可能存在的潜电流会引起保护等设备不正确动作。如图 3-16 所示，因为潜电流 I_X 的存在，所以流入保护装置的电流 $I_Y \neq I$，当取消多点接地后 $I_X=0$，则 $I_Y=I$。

在一般的电流回路中都是选择在该电流回路所在的端子箱接地。但是，如果差动回路的各个比较电流都在各自的端子箱接地，有可能由于地网的分流从而影响保护的工作。所以对于差动保护，规定所有电流回路都在差动保护屏一点接地，应分别引至柜内接地铜排接地，如图 3-15 所示。

对与三角形接线电流互感器二次回路也应接地，接地点选在经负荷后的中性点，如图 3-14 所示。

在微机母差或主变压器差动保护中，各接入单元的二次电流回路不再有电气连接，每个回路应单独一点接地，各接地点间不能串接，该接地点应就地接地。

工作中应确保运行的 TA 二次绕组应有且仅有一点保护接地。电流回路执行断开、短接、接地、拆除、接入、跨接等安全技术措施时，应确保运行的 TA 二次绕组不失去接地点和不产生多点接地的情况。

二次电流回路的临时接地点应遵循“能不设置尽量不设置”的原则。因工作需要必须设置的，应确保运行的 TA 二次绕组不会失去接地点和产生多点接地，断开电流端子并采取有效隔离措施后，在靠工作侧设置临时接地点。

3. 电流互感器的极性

我国通常采用减极性标注法，如图 3-17 所示。当从一、二次绕组的同极性端子 L1、K1 或 L2、K2 通入同一电流时，它们在铁芯中产生的磁通方向相同；当一次绕组从 L1（或＊）端通入电流时，则在二次绕组中感应的电流从 K2（或非＊）端流向 K1（或＊）

端。如果从同极性（L1、K1 或 L2、K2）端观察时，一、二次侧的电流方向相反，所以这种标记称为减极性标记。

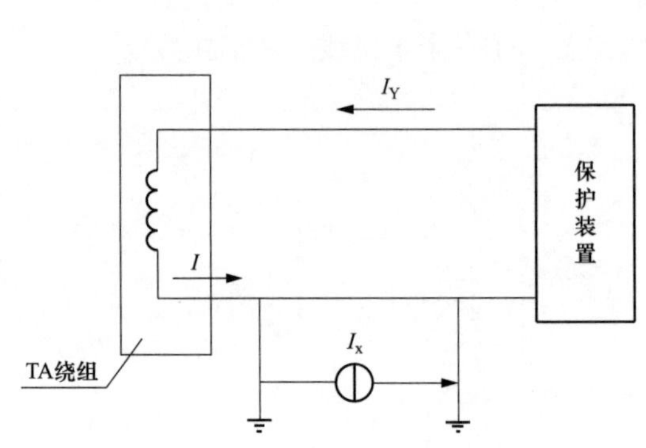

图 3-16　电流回路两点接地

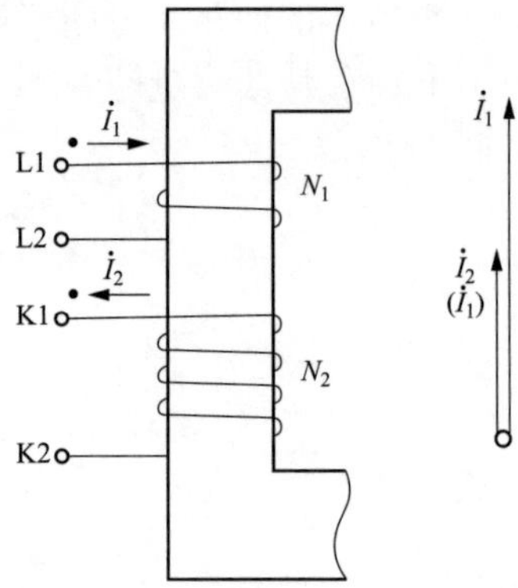

图 3-17　电流互感器的减极性标注法

电流互感器在交流回路中使用，在交流回路中电流的方向随时间在改变。电流互感器的极性指的是某一时刻一次侧极性与二次侧某一端极性相同，即同时为正、或同时为负，称此极性为同极性端或同名端，用符号“*”、“±”或“.”表示。(也可理解为一次电流与二次电流的方向关系)。按照规定，电流互感器一次线圈首端标为 L1，尾端标为 L2；二次线圈的首端标为 K1，尾端标为 K2。在接线中 L1 和 K1 称为同极性端，L2 和 K2 也为同极性端。一次电流从 L1 流进 L2 流出，二次感应电流就从 K1 流出，称 L1、K1 为同极性端或星端（*）。而每相的 K1 极性端就应该接入保护的对应极性端 a、b、c 标记，电流从非极性端 a′、b′、c′标记流出串入其他保护或三相短接成 N 端接回 TA 的非极性端 K2。

4. 电流互感器二次绕组配置原则

(1) 电流互感器二次绕组的配置应满足 DL/T 866—2015《电流互感器和电压互感器选择及计算导则》的要求。

(2) 500kV 线路保护、母线差动保护、断路器失灵保护用电流互感器二次绕组推荐配置原则：

1）线路保护宜选用 TPY 级。

2）母差保护可根据保护装置的特定要求选用适当的电流互感器。

3）断路器失灵保护可选用 TPS 级或 5P 等二次电流可较快衰减的电流互感器，不宜使用 TPY 级。

(3) 为防止主保护存在动作死区，两个相邻设备保护之间的保护范围应完全交叉；同时应注意避免当一套保护停用时，出现被保护区内故障时的保护动作死区（见图 3-18、图 3-19）。当线路保护或主变压器保护使用串外电流互感器时，配置的 T 区保护亦应与相关保护的保护范围完全交叉。

(4) 为防止电流互感器二次绕组内部故障时，本断路器跳闸后故障仍无法切除或断路器失灵保护因无法感受到故障电流而拒动，断路器保护使用的二次绕组应位于两个相邻设备保护装置使用的二次绕组之间。

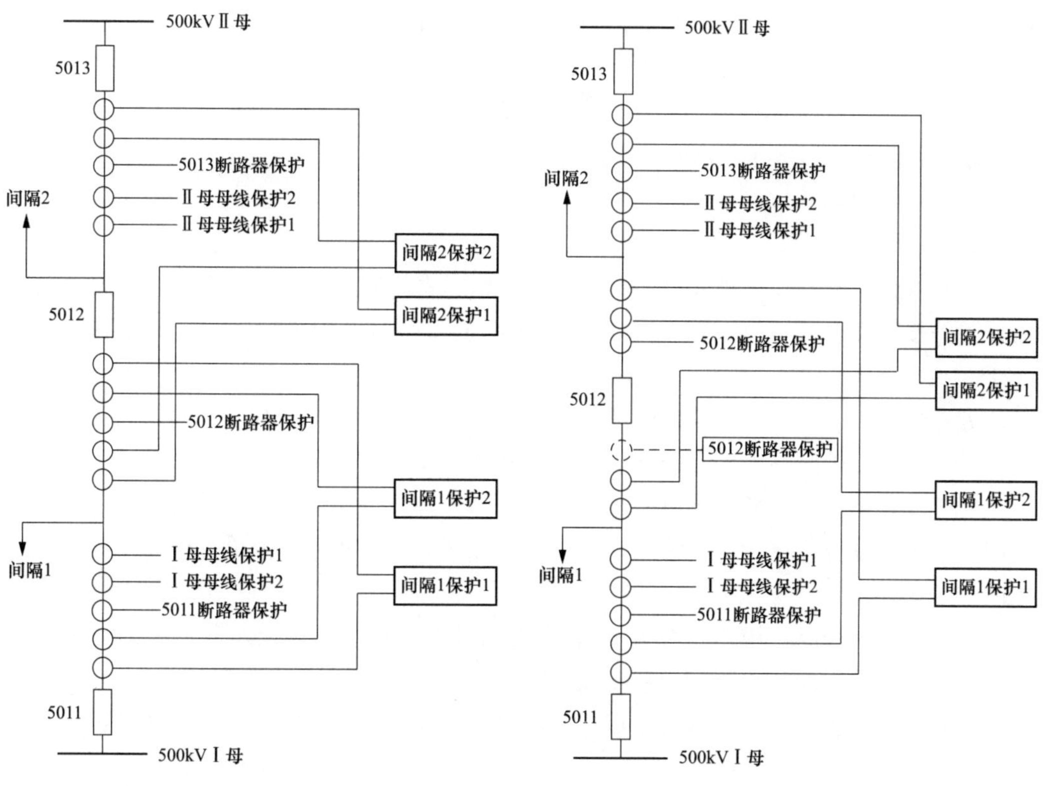

图 3-18 单侧电流互感器

图 3-19 中断路器双侧电流互感器

5. 电流互感器配置设计时需考虑的问题

(1) 保护用电流互感器的配置，应使变电站内各主保护的保护区相互覆盖或衔接，消除死区。

(2) 大接地系统 110～500kV 各回路，应按三相式 TA 配置；小接地短路电流系统一般按二相式配置电流互感器，当不能满足继电保护灵敏度时或其他特殊要求，可采用三相式。

(3) 在 500kV 的变电站，220kV 侧采用双母带旁母接线时，在设有旁路断路器和母联兼旁路断路器的情况下，因为线路与变压器回路电流互感器的变比相差较大，为防止在断路器相互替代时，引起的继电保护的定值变更，通常旁路断路器只考虑代替线路断路器，其电流互感器的配置一般与变压器回路相同，而母联只考虑兼旁路断路器，其电流互感器的变比与变压器的回路相同。

(4) 在 500kV 变电站中的 220kV 线路，因重要性大，为满足系统稳定的要求，一般要配置双套主保护，故需要采用有多个二次绕组的电流互感器。

3.3.2 电流互感器二次回路的检测方法

1. 绝缘检查

在对新建变电站二次回路进行绝缘检查前，必须确认被保护设备的断路器、电流互感器均无试验工作，交流电压回路已在电压切换把手或分线箱处与其他单元设备的回路断开，并与其他回路隔离完好后，才允许进行。在进行绝缘测试时，应注意：试验线连接要紧固；每进行一项绝缘试验后，须将试验回路对地放电。

(1) 在保护屏的端子排处将所有外部引入的回路及电缆全部断开，分别将电流、电压、直流控制信号回路的所有端子各自连接在一起，用1000V绝缘电阻表测量下列绝缘电阻，其阻值均应大于10MΩ。

1) 各回路对地；

2) 各回路相互间。

(2) 在保护屏的端子排处将所有电流、电压、直流回路的端子连接在一起，并将电流回路的接地点拆开，用1000V绝缘电阻表测量回路对地的绝缘电阻，其绝缘电阻应大于2MΩ。

此项检验只有在被保护设备的断路器、电流互感器全部停电及电压回路已在电压切换把手或分线箱处与其他单元设备的回路断开后，才允许进行。

对母线差动保护，如果不可能出现被保护的所有设备都同时停电的机会时，其绝缘电阻的检验只能分段进行，即哪一个被保护单元停电，就测定这个单元所属回路的绝缘电阻。

(3) 对信号回路，用1000V绝缘电阻表测量电缆每芯对地及对其他各芯间的绝缘电阻，其绝缘电阻应不小于2MΩ。定期检验只测量芯线对地的绝缘电阻。

(4) 当新装置投入时，应对全部连接回路用交流1000V进行1min的耐压试验。

(5) 对运行的设备及其回路每6年进行一次耐压试验，当绝缘电阻大于1MΩ时，允许暂用2500V绝缘电阻表测试绝缘电阻的方法代替。

2. 电流互感器二次回路接线的检查

检查所有电流回路电缆芯截面积不小于2.5mm^2，所有二次电流回路的接线必须采用试验端子，每个试验端子只接一条电流线，保护采用和电流的，其电流接线必须分接两个试验端子，并用专用连接片连接。二次电流回路的N相，唯一接地线单独接一个试验端子，并用专用的连接片与该绕组的N相连接，注意连接片的位置应满足对TA绕组进行一点接地绝缘检查时，只需断开接地线的连接片，而不需要拆开接地线，以减少拆接线的工作量，同时可杜绝在频繁拆接接地线过程中，人为因素引起的接地线接触不良等安全隐患，TA计量绕组有3条N线，为避免接地线与其中一条N线接在一起，应采用四个专用联片而不是三个专用联片，地线单独接一个端子，绝缘试验时，只需断开接地线端子的中间联片即可。

3. 电流互感器二次回路一点接地及绝缘检查

电流互感器二次回路必须且只能有一个接地点，其接地线截面积不应小于4mm^2，并应符合下列要求：

(1) 有电气联系的电流互感器的二次回路应在相关保护柜内电流汇集处一点接地；

(2) 独立的、与其他互感器没有电气联系的电流互感器的二次回路宜在其就地端子箱一点接地；

(3) 电流互感器的备用二次绕组，应在开关场短接并一点接地；

(4) 电流互感器的二次回路的接地线应接至柜内接地铜排。

电流回路一点接地检查应在所有 TA 二次回路完善、端子紧固后进行，检查方法：逐组断开 TA 二次绕组的唯一接地线连接片，不能一次将全部 TA 二次绕组的接地点都断开进行绝缘测试，具体试验方法：断开一个绕组接地线，进行绝缘测试，绝缘合格后，恢复接地，再次测试绝缘值为 0Ω，保证接地线恢复后接触良好，方可进行下一组测试，依次循环。按照此种方法，可以验证各 TA 二次回路接地的唯一性，同时也考核了各绕组之间的绝缘，否则，就不一定能保证 TA 各绕组之间的绝缘和接地的唯一性，无法排除不同绕组之间可能存在的寄生。

4. 电流互感器二次回路直流电阻及二次负载检查

二次回路直流电阻检查：断开汇控箱或端子箱各绕组 A/B/C 三相电流端子的中间连接片，保持 N 线连接，用万用表分别测量各绕组 A/B/C 相电流端子左右两侧的回路电阻，即包括电流互感器及整个二次回路的直阻。各绕组三相直流电阻应平衡，一般应小于 30Ω。否则，如果直流电阻为无穷大或几百欧姆，则该 TA 二次绕组回路中肯定存在开路或接触不良现象，应对该回路每个地点的电流端子接线、中间连片等重新进行检查紧固，直到三相电阻保持平衡，保证 TA 二次回路不开路。

二次负荷检查：保持汇控箱或端子箱各绕组 A/B/C 三相电流端子的中间连接片为断开状态，用 TA 伏安特性测试仪分别测试各绕组的二次回路负荷，且仅测试二次回路，即汇控箱或端子箱至继保室的二次回路。二次回路负荷应小于电流互感器额定负荷。应注意测试时，施加的测试电流为额定电流即可，以免长时间施加过大的测试电流，损坏继电保护二次设备。

5. 电流互感器二次回路极性检查

功率方向保护、高频方向保护等装置对电流方向有严格要求，所以 TA 必须做极性试验，以保证二次回路能以 TA 的减极性方式接线，从而一次电流与二次电流的方向能够一致，规定电流的方向以母线流向线路为正方向，在 TA 本体上标注有 P1、P2，接线盒桩头标注有 S1、S2，试验时通过反复开断的直流电流从 P1 到 P2，用直流毫安表检查二次电流是否从 S1 流向 S2。线路 TA 本体的 P1 端一般安装在母线侧，母联和分段间隔的 TA 本体的 P1 端一般都安装在Ⅰ母或者分段的Ⅰ段侧。接线时要检查 P1 安装的方向，如果不是按照上面一般情况下安装，二次回路就要按交换头尾的方式接线。

具体二次回路极性检查：保持汇控箱或端子箱各绕组 A/B/C 三相电流端子的中间连接片为断开状态。用干电池或蓄电池正极通过隔离开关 K 或手动通断的方式接至 TA 一次绕组 P1 侧，如果是常规设备，分开接地开关，将试验线挂在导线上；如果是 GIS 设备，合上接地开关，拆开接地开关接地铜排，将线接在接地开关上。接着合上断路器、隔离开关、TA 一次绕组 P2 侧接地开关，蓄电池的负极直接接地形成闭合回路。在各汇控柜或端子箱将 TA 二次绕组的出线 S1、S2 分别接入直流微安表或指针万用表，放至最小电流档的“＋”“－”极。通过控制隔离开关的通断或手动通断的方式来进行试验，在 TA 二次侧感应二次电流，观察微安表指针偏转状况：K 接通瞬间，先正偏后回 0；K 断开瞬间，先反偏后回 0；即极性正确，如相反则极性错误。但是对于有些 GIS 开关两侧都有 TA，且 P1 均指向开关侧，如以某变电站 500kV 5042 开关 TA 为例，电流互感器极性测试图如图 3-20 所示，蓄电池正极通过 1M 侧接地开关 504217 接 5042TA1 P2 侧，负极通过 2M 侧接地开关 504227 接 5042TA2 P2 侧，则 K 接通瞬间，5042TA1 先反偏后回 0，5042TA2 先正偏后回 0。对于主变套管 TA，用以上常规的方法进行极性试验比较困难，一般应在套管 TA 安装前进行极性及相关试验，以确保 TA 正确安装，避免返工。安装后可通过采用变频原理的 TA 综合测试仪进行极性测试来检查极性。

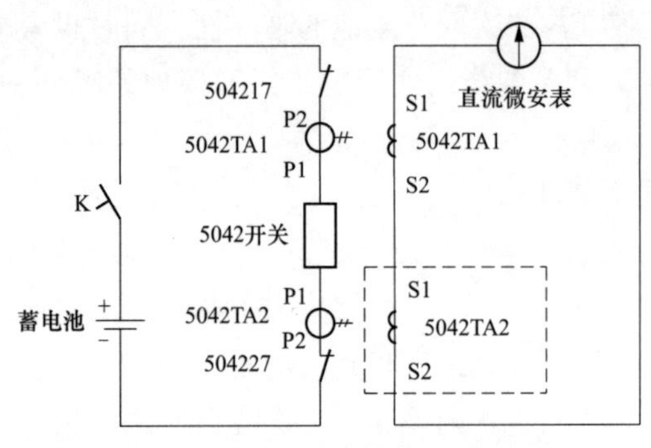

图 3-20　电流互感器极性测试图

极性测试完毕，恢复汇控箱（端子箱）电流回路的连接片。

以上方法，只能验证 TA 二次接线盒至汇控箱的二次绕组极性与一次铭牌核对一致，不能反映整个 TA 二次回路的极性的正确性。TA 二次回路的实际极性出线选择（S1/S2 出线），需要根据保护、测控、计量等二次设备的配置情况及设计要求进行接线，可在一次升流时进一步验证整个 TA 二次回路的极性。

6. 模拟变压器短路试验对 TA 二次回路的检测方法

新安装的变压器或更换保护后的变压器，在投入运行前，需进行一次升流试验。目的是为了检查变压器的二次电流回路是否正确，包括：变比，极性，电流二次回路是否开路等，其中检查差动电流回路的极性是最重要的。如果差动电流回路的极性接反，则变压器投入运行时，差动保护将会误动作。由于变压器的阻抗大，普通的试验仪器在一次侧电流升不起来，一般要通过变压器的短路试验来产生电流，通过模拟变压器短路试验。此法与变压器出厂短路试验相似，两两绕组分别进行模拟带负荷试验，具体为通过模拟变压器一次短路，测出二次短路电流，根据二次电流相位、幅值来确定各电流回路的正确性，有效解决了电流回路投运过程中出现的问题，为变电站的一次投运成功提供了可靠保障。

(1) 检测原理。

通过采用主变压器额定容量、主变压器额定电压、主变压器额定电流、主变压器短路电压百分数、主变压器短路损耗等参数计算出主变压器短路试验一次电流值，进而对全站交流电流回路进行检查，具体方法如下：

1) 三绕组变压器两两做短路试验时测得的短路损耗，如果做高低、中低短路试验时，不是以高压侧额定容量为基准的短路损耗，注意进行归算，然后，利用式（3-1）、式（3-2）、式（3-3），计算出变压器各侧的短路损耗

$$p_{K1}=(P_{K(1-2)}+P_{K(1-3)}-P_{K(2-3)})/2 \tag{3-1}$$

$$p_{K2}=(P_{K(1-2)}+P_{K(2-3)}-P_{K(1-3)})/2 \tag{3-2}$$

$$p_{K3}=(P_{K(1-3)}+P_{K(2-3)}-P_{K(1-2)})/2 \tag{3-3}$$

2) 在电力系统工程计算中，据变压器两两绕组短路损耗接近于额定电流流过两两绕组间的总损耗，利用式（3-4），计算变压器各绕组电阻值

$$R_{Tx} = P_{Kx}/I_N^2 \tag{3-4}$$

式中：x 代表变压器高、中、低各侧。

3）在变压器铭牌参数中，短路电压百分数通常以高压侧为基准，利用式（3-5）、式（3-6）、式（3-7），可以得出三绕组变压器各侧的短路电压比

$$U_{K1} = (U_{K(1-2)}\% + U_{K(1-3)}\% - U_{K(2-3)}\%)/2 \tag{3-5}$$

$$U_{K2} = (U_{K(1-2)}\% + U_{K(2-3)}\% - U_{K(1-3)}\%)/2 \tag{3-6}$$

$$U_{K3} = (U_{K(1-3)}\% + U_{K(2-3)}\% - U_{K(1-2)}\%)/2 \tag{3-7}$$

4）由于大容量变压器中的漏电抗比电阻大很多倍，即变压器的阻抗近似等于电抗，依据式（3-8），计算出主变压器各侧电抗值

$$X_{Tx} \approx U_{Kx}\% U_N^2/S_N \times 100 \tag{3-8}$$

式中：x 代表变压器高、中、低各侧。

5）根据计算出的变压器两两绕组间的阻抗值，由式（3-9），计算出主变压器两两绕组短路试验的一次电流值，从而获得主变压器各侧一次电流值

$$I_x = U_S/Z_S \tag{3-9}$$

式中：x 代表变压器高、中、低各侧。

6）由计算出的一次电流值，选择从变压器哪一侧加量，在保证采用的三相智能钳型相位表能辨识到的最小二次电流幅值的基础上，确定变压器短路试验时，由调压系统提供多大的试验电压。

7）通过变压器短路试验数学模型计算出一次短路电流值，然后先合上一次设备断路器及其相应隔离开关，再合试验电源空气开关，通过调压系统输出电压，实现一次负荷潮流方向为：调压系统输出交流电源——变电站一次设备——变压器——变电站一次设备——设置短路点。

8）对一次潮流经过的所有电流互感器，用三相智能钳型相位表分别在保护装置以及相关的测量、计量屏柜上进行交流电流二次回路检查。

（2）实际运用。

500kV 某变电站 1 号主变压器是三相共体式变压器，额定容量为 1000/1000/1000MVA，额定电压为 525/230/36kV，额定电流为 1100/2510/3849A。从现场主变压器铭牌参数可知阻抗电压及负荷损耗试验表（见表 3-5），空载损耗及空载电流试验表（见表 3-6）。

表 3-5　　阻抗电压及负荷损耗测量

绕组	短路电压比试验			短路损耗试验		
	施加电流（A）	阻抗电压（%）	参考容量（MVA）	施加电流（A）	负载损耗（kW）	参考容量（MVA）
高压—中压	1100	14.78	1000	1100	1241.5	1000
中压—低压	2510	35.96	1000	602.4	275.7	240
高压—低压	1100	54	1000	264	292.5	240

表 3-6　　空载损耗及空负荷电流测量

空载电流（A）	空载损耗（kW）
0.05%	263.1

从表 3-5 中可以看出阻抗电压比是以高压侧额定容量为基准的，其中 $U_{K(1-2)}\%$为 14.78、$U_{K(2-3)}\%$为 35.96、$U_{K(1-3)}\%$为 54，根据式（3-5）、式（3-6）、式（3-7）可以得出 $U_{K1}\%$为 16.41、$U_{K2}\%$为−1.630、$U_{K3}\%$为 37.590、然后根据式（3-8）可以得出 X_{T1}为 45.230、X_{T2}为−4.493、X_{T3}为 103.607。

从表 3-5 中可以看出高压－低压、中压－低压、高压－中压短路损耗：$P_{K(1-2)}$为 1241.5kW、$P_{K(2-3)}$为 275.7kW、$P_{K(1-3)}$为 292.5kW，根据式（3-1）、式（3-2）、式（3-3）得出 P_{K1}为 766.583kW、P_{K2}为 474.916kW、P_{K3}为 4311.542kW。而后根据式（3-4）可以得出 R_{T1}为 0.6335、R_{T2}为 0.3925、R_{T3}为 3.5633。

从表 3-6 中的数据可以得出变压器励磁导纳：G_T 为 9.5456×10^{-7}、B_T 为 1.8141×10^{-6}。根据以上的分析计算可以得出 500kV 某变电站 1 号主变压器的模型数据（数据都已折算到高压侧）：$Z_{T1}=0.6335+j45.2301$、$Z_{T2}=0.3924-j4.4926$、$Z_{T3}=3.5632+j103.6074$、$Y_T=9.5455\times10^{-7}+j1.8140\times10^{-6}$。

模拟变电站实际运行带负荷试验，通常采取主变压器三侧加量法，分别为高压侧加量模拟法、中压侧加量模拟法、低压侧加量模拟法。

1）高压侧加量模拟法：模拟 500kV 某变电站高压侧加量，分别在中压侧模拟短路、在低压侧模拟短路试验。

① 模拟主变压器高压－中压侧带负荷试验。500kV 某变电站主变压器高压侧加量模拟中压侧短路模型如图 3-21 所示，Z_s 可以由前面已经计算出的主变压器模型得到，$Z_S=Z_{T1}+Z_{T2}=1.0259+j40.7375$（Ω），$U_s$ 为高压侧加入电压 230V，此时高压侧一次电流 $I_H=\dfrac{U_s}{Z_s}=5.6441A$，而中压侧一次电流 $I_M=I_H\times\dfrac{525}{230}=12.8833$（A）。

② 模拟主变高压－低压侧带负荷试验。500kV 某变电站主变压器高压侧加量模拟低压侧短路模型如图 3-22 所示，根据前面计算出的主变压器模型可以得出折算到高压侧的高压－低压侧短路阻抗，$Z_S=Z_{T1}+Z_{T3}=4.1967+j148.8375$，然后将 Z_H 折算到低压侧即得出 $Z_L=Z_H=\left(\dfrac{36}{525}\right)^2=0.0197+j0.6998$，$U_S$ 为高压侧加入电压 230V，折算到低压侧的电压为 $U_S=230\times36/525=15.7714$（V），低压侧一次电流为 $I_L=\dfrac{U_L}{Z_L}=22.527A$。

2）中压侧加量模拟法：模拟 500kV 某变电站中压侧加量，分别在高压侧模拟短路、在低压侧模拟短路。

① 模拟主变器中压－高压侧带负荷试验。500kV 某变电站主变压器中压侧加量高压侧短路计算模型如图 3-23 所示，可用两种方法完成中压—高压阻抗值的计算：方法 1，Zs 可以由前面已经计算出的主变压器模型得到，$Z_S=Z_{T1}+Z_{T2}=1.0259+j40.7375$；

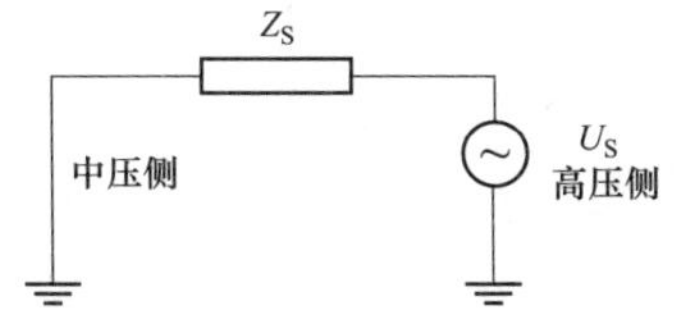

图 3-21　高压—中压侧试验模型

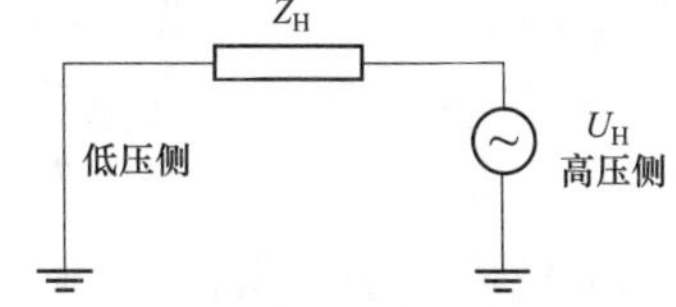

图 3-22　高压—低压测试验模型

方法 2，可以通过现场试验设备的铭牌参数阻抗电压及负荷损耗试验表计算得出，从 $X_S \times I_{S1}/U_N = U_{K(1-2)}\%$ 可以推导出 $X_s = \dfrac{U_{K(1-2)\%} \times U_N}{I_N}$，其中 U_N 为高压侧额定相电压 $\dfrac{525}{\sqrt{3}}$ kV，I_{S1} 为短路电压比试验中高压—中压侧施加电流 1100A，通过计算得 $X_S =$ 40.72799，从 $(I_{S2})^2 \times R_S = P_{K(1-2)}$ 可以推导 $R_S = \dfrac{P_{K(1-2)}}{(I_{S2})^2} = 1.0260$（Ω），其中 I_{S2} 为短路损耗试验中高压—中压侧施加电流 1100A。通过以上计算得出 $Z_S = 1.0260 + j40.72799$。由此可见，两种方法计算得出的 Z_S 基本相似。此时高压侧一次电流 $I_H = \dfrac{U_S}{Z_S}$ 为 12.8833A，而中压侧一次电流 $I_M = I_H \times \dfrac{525}{230} = 29.4076$。除 500kV 某变电站主变压器零序过流后备保变比为 3000/1，二次值为 4.2944mA；其余 500kV 某变电站 500kV 侧变比均为 4000/1，二次值为 3.2208mA。500kV 某变电站中压测系统变比有 4000/1，二次电流为 7.3519mA；2000/1，二次电流为 14.7038mA。因为变压器短路电抗远大于电阻，所以一次通流电流滞后电压 90°，根据此角度，可以对 TA 二次绕组的接入方式进行检查。

② 模拟主变压器中压—低压侧带负荷试验。500kV 某变电站主变压器中压侧加量低压侧短路计算模型如图 3-24 所示。

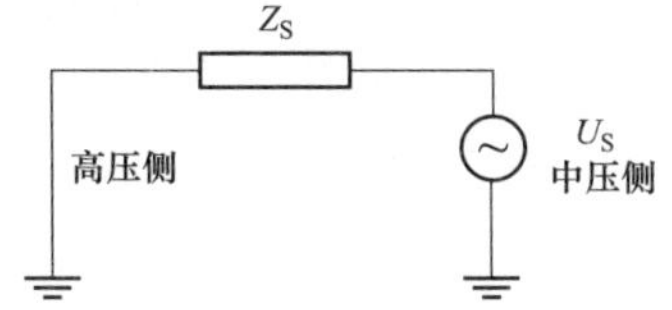

图 3-23　中压—高压侧试验模型

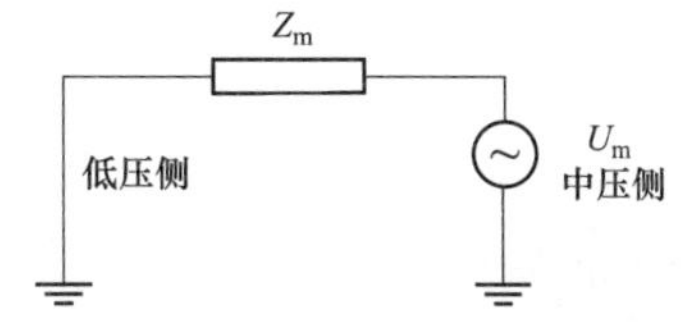

图 3-24　中压—低压侧试验模型

方法 1：通过前面计算出的主变压器模型可以得出折算到高压侧的中压一低压侧短路阻抗 $Z_M = Z_{T2} + Z_{T3} = 3.9556 + j99.1148$，然后将 Z_M 折算到中压侧即得出 $Z_m = Z_m \times \left(\dfrac{230}{525}\right)^2 = 0.7592 + j19.0228$。

方法 2：可以通过变电站现场设备的铭牌参数知阻抗电压及负荷损耗，从 $X_m I_{m1}/U_{Nm} = U_{K(2\text{-}3)}\%$ 可以推导出 $X_m = \dfrac{U_{K(2-3)}\% \times U_{Nm}}{I_{m1}}$，其中 U_{Nm} 为中压侧额定相电压 $230/\sqrt{3}$kV，I_{m1} 为短路电压比，试验中中压—低压侧施加电流为 602.4A，通过计算得出 $X_m =$ 19.0228，从 $(I_{m2})^2 R_m = P_{K(2-3)}$ 可以推导 $R_m = P_{K(2-3)}/(I_{m2})^2 = 0.7597$，其中 I_{m2} 为短路损耗试验中压—低压侧施加电流 602.4A，从而得出 $Z_m = 0.7597 + j19.0250$。由此可见，

两种方法计算得出的 Z_m 基本相似。此时中压侧一次电流 $I_m=U_m/Z_m=230/0.7597+j19.0250=12.0907$，而低压侧一次电流 $I_L=I_m\times230/36=77.2464$（A）。500kV 某变电站低压侧变比 1600/1，二次电流为 48.27mA；变比 200/1，二次电流为 386.2mA。

3）低压侧加量模拟法：模拟 500kV 某变电站低压侧加量，分别在高压侧模拟短路、在中压侧模拟短路。

① 模拟主变压器低压一中压侧带负荷试验。500kV 某变电站主变压器低压侧加量中压侧短路模型如图 3-25 所示，根据前面计算出的主变压器模型可以得出折算到高压侧的中压一低压侧短路阻抗，$Z_s'=Z_{T2}+Z_{T3}=3.9556+j99.1148$，然后将 Z_S 折算到中压侧即得出 $Z_S=Z_S\times\left(\frac{230}{525}\right)^2=0.759188+j19.0228$，图 3-25 中 U_S 为低压侧加入量 230V，折算到中压侧的电压为 $U_S=230\times230/36=1466.444$（V），中压侧一次电流为 $I_M=\frac{U_M}{Z_M}=77.246$（A）。而低压侧一次电流 $I_L=I_M\times\frac{230}{36}=493.5192$（A）。

② 模拟主变压器低压一高压侧带负荷试验。500kV 某变电站主变压器低压侧加量高压侧短路模型如图 3-26 所示，根据前面计算出的主变压器模型可以得出折算到高压侧的高压一低压侧短路阻抗，$Z_S=Z_{T1}+Z_{T3}=4.1967+j148.8375$，图 3-26 中 U_S 为低压侧加入量 230V，折算到高压侧的电压为 $U_S=525\times230/36=3354.166$，高压侧一次电流为 $I_H=\frac{U_H}{Z_H}=22.526$（A）。

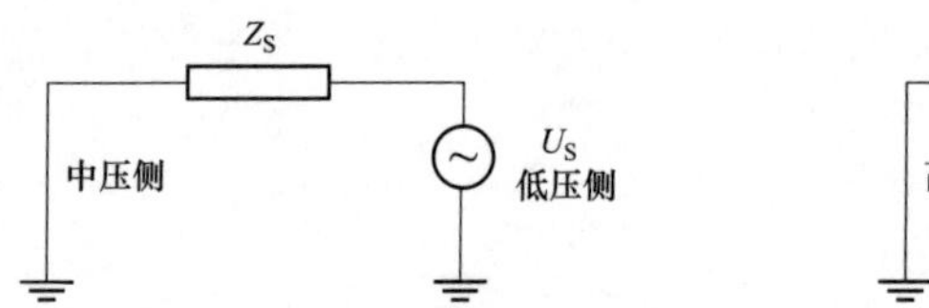

图 3-25　中压—低压侧试验模型

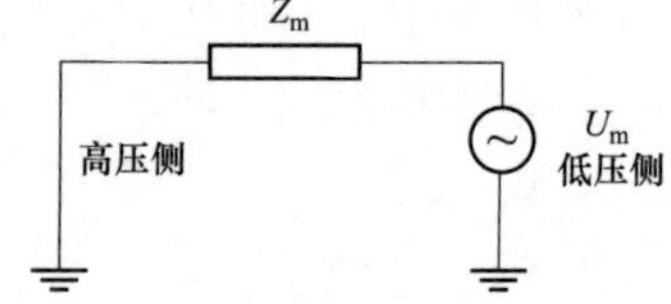

图 3-26　高压—低压侧试验模型

4）检测分析。

500kV 某变电站主变压器模拟带负荷测试，就是让三相对称电流流过主变压器三侧的套管 TA、中性点 TA、高压侧独立 TA、中压侧独立 TA 以及全站各侧的所有 TA，从而验证 TA 变比、极性和二次绕组的接入方式，以保证全站投运试验的顺利进行。试验中需要说明的是：由于主变压器的励磁导纳很小，流过的励磁电流很小，所以模拟带负荷试验中，可以不需要考虑励磁导纳的影响。一次模拟带负荷试验方法和变压器出厂短路试验相似，两两绕组分别进行模拟带负荷试验，从而保证主变压器各侧 TA 全部流过短路电流。电源电压不变的情况下，在中压侧加电源所得的短路电流要比在高压侧加电源所得的短路电流大（见表 3-7），这样可以方便 TA 二次电流的校验。在中压一低压侧模拟带负荷试验中，通常选择在中压侧加电源，将低压侧三相短路构成回路，通过短路电流来校验主变压器低压侧短路 TA。由于主变压器低压侧为三角形接法，当主变压器为三相分体式，则其低压侧套管 TA 流过的短路电流为相电流，而当主变压器为三相共体式，则其低压侧套管 TA 流过的短路电流为线电流，所以选择在中压侧加电源，这样低压侧 TA 的校验会比较简单，另外，低压侧模拟带负荷试验时，低压侧电流较大，对试验设备的容量要求更高，不宜选择。但是这里存在一个问题：主变压器中压侧流过的短路电流较小，然而中压侧的相关 TA 校验已在高压－中压侧通流试验中完成了，所以这个问题无须考虑。

表 3-7　　500kV 某变电站主变压器三侧试验数据对照表

计算结果		
加量侧	主变压器各侧	一次值（A）
高压侧	高压侧	5.6441
	中压侧	12.883
	低压侧	22.527
中压侧	高压侧	12.8833
	中压侧	29.4076
	低压侧	77.2464
低压侧	高压侧	22.525
	中压侧	77.247
	低压侧	493.519

通过选择加量侧，并进行变压器模拟短路试验，并对潮流经过的所有电流互感器，用智能钳型相位表进行带负荷六角图测试工作；完毕后断开断路器及其相应隔离开关和试验电源；变换不同的潮流方式（分、合相应断路器），可进行全站交流电流回路试验测试工作，根据电流互感器的六角图测试结果可分析出电流互感器极性、变比以及电流二次回路接线的正确性，为变电站的一次投运成功提供了可靠保障。

5）检测方法的优点。

与现有技术相比，本检测方法优点：①考虑到了不受主变压器短路阻抗大小、串并联情况和短路位置的影响；②能可靠检查零序 TA、封闭式套管 TA 电流回路；③克服了由电流幅值小，采用现行的钳形相位表无法识别出电流互感器二次电流幅值和相位角，进而影响二次回路的判断；④方法简单易行，系统全面，检查结果真实可靠，具有很强的可操作性。

7. 二次回路导纳检测法

导纳，国际单位为西门子，英文字符为 S。定义为阻抗的倒数，与阻抗一致，同样可反映出回路的工作状况。二次阻抗值能够直接反映 TA 的实际情况，如二次绕组出现匝间短路、开路、TA 二次出线端接点电阻增大等，都能通过二次阻抗值反映出来，TA 的二次阻抗为

$$Z = R + \mathrm{j}X \tag{3-10}$$

式中：R 为直流电阻；X 为二次电抗值。

导纳 Y 的定义由得到

$$Y = 1/Z = 1/(R + \mathrm{j}X) = G - \mathrm{j}B \tag{3-11}$$

同阻抗一样，二次回路电气参数的变化也反映到导纳的数值上来，检测导纳值也可以达到衡量TA电气性能的目的。

以上的导纳值是针对50Hz工频信号下定义的，同样的TA在通入不同频率的交流信号时，其体现的导纳值是不一样的。实际研究发现：导纳值与频率的变化呈线性关系。实践证明，电网中高次谐波的幅值随着频率的升高而减小，通过给回路注入1580Hz的信号不会影响到工频计量。当选择1580Hz的正弦交流信号作为测试源时，其在电网中所占比例很小，约0.2%，该信号的注入不会影响到正常的工频计量，同时也有效防止了工频对测试装置的影响。

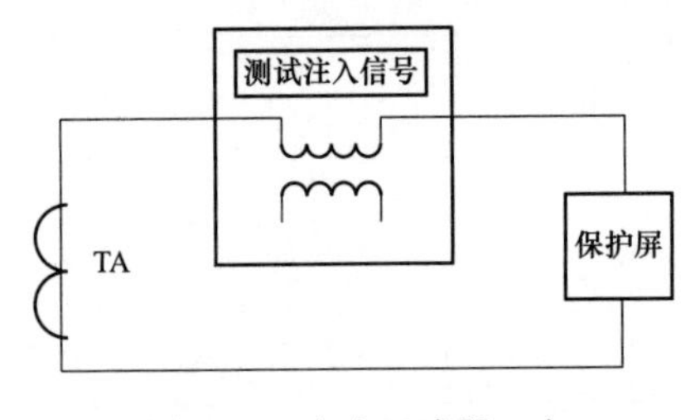

图3-27　电流互感器二次回路导纳测试方法

(1) 检测原理。

如图3-27所示的导纳测试法，以单相主变电流互感器为例，二次回路包括从互感器二次端部接头、二次导线、保护屏组成。将导纳测试单元串入二次回路，直接测量二次回路的导纳，即

$$Y=\frac{\overrightarrow{I_2}}{\overrightarrow{U_{meas}}}=|Y|e^{j\theta} \tag{3-12}$$

式中：$\overrightarrow{I_2}$为测量回路采集到的二次回路电流向量；$\overrightarrow{U_{meas}}$为测量回路采集到的二次回路电压向量。

从二次回路结构分析，通过式(3-12)计算的回路导纳应指工频条件下的测量参数。而实际上受到一次负荷的影响，电流成分中往往包含有其他谐波成分，直接按照式(3-12)计算的数据可能无法有效反应二次回路的工作状况。因此，采用滤波处理及异频测试法抑制谐波干扰，它通过给二次回路叠加异频信号(0.4V左右)的方法达到测量回路导纳的目的。

从互感器等效电路及二次回路阻抗分析，下面以常见二次回路不良状况为例，参照异频法测量原理，分析回路导纳的变化情况：

1) 二次回路分流

$$|Z|=\alpha|Y'|,\alpha>1 \tag{3-13}$$

根据图3-27及等效阻抗关系式，电流互感器在二次出现分流时，等效于二次负荷的减少，其仍旧处于线性区域，根据式(3-13)励磁回路的阻抗基本不变。二次回路分流直接对测试信号构成分流影响，即

$$Z_{fault}=Z_b+Z_s+Z_M\parallel Z'_{line}\parallel Z'_b \tag{3-14}$$

其中，Z_{line}为一次折算到二次的阻抗，由于数值很大，可以将其忽略。Z'_b为分流支路的阻抗，通常数值较小，可以将式(3-13)简化为$Z_{fault}=Z_b+Z_s+Z'_b$，阻抗变化量$\Delta Z=Z_{fault}-Z=+Z'_b-Z_M$，通常$Z'_b<Z_M$，因此$\Delta Z<0$，即式(3-14)中，$\alpha>1$。

$$\alpha=1+\frac{\Delta Y}{Y}>1 \tag{3-15}$$

2) 二次端子接触不良。

该类故障出现的概率较大，二次回路接线不良直接的影响是E_2上升，当$E_2\geqslant E_{st}$

（E_{st}为饱和点电压）时，由式（3-16），且 I_M 迅速上升，所以 Z_M 迅速下降，Y 加速上升。

$$Z_M = \frac{d_{E_2}}{dI_M} = ABe^{\frac{B}{I_M}} \times \left(-\frac{1}{I_M^2}\right) \tag{3-16}$$

3）电流互感器二次绕组匝间绝缘击穿。

内部匝间绝缘击穿意味着电流互感器二次电流 I_2 上升，直流电阻 R_{ct} 下降，回路导纳 Y 上升值但在轻微匝间绝缘击穿的情况下这种变化是不明显的。如果通过长期观测，确认回路导纳在一段时间内缓慢上升（说明绝缘恶化加剧），并通过三相导纳值的平衡比较，是不难做出判断的。

（2）检测分析。

1）横向比较，即通过对比一组同型号的 TA 或通过对比同一 TA 的 A、B、C 三相绕组的导纳值来判断。正常情况下，同型号的 TA 或 TA 的三相绕组其导纳值应当差异很小，若发现某只 TA 的导纳值与其他 TA 差异过大，可认为该 TA 及其接线回路存在故障，造成导纳值发生变化。根据大量的测试研究，得知通过式（3-17）来判断 TA 导纳是否发生异常的基本标准。

$$Y_x \geqslant 1.5Y \text{ 或 } Y_x \leqslant 0.5Y \tag{3-17}$$

其中 Y 为一组同型号 TA（不包括认为有故障的 TA）导纳数据的平均值，Y_x 为故障 TA 的导纳。即当 TA 的导纳发生 50%以上的变化后认为 TA 及接线回路出现异常。

2）纵向比较法，即通过定期检测同一 TA，观察其导纳有无明显上升或下降趋势，若变化值超过 50%，也可认为 TA 已经出现故障。而且通过长时间的观察，可以观测到其长期的运行状况，若 TA 的导纳呈现不断增大或减小的趋势，说明其性能正在恶化，这对评估带电运行 TA 的性能是很有帮助的。

（3）实际运用。现场导纳测试数据如表 3-8 所示。

表 3-8　导纳测试数据

导纳 / TA	A 相导纳（mS）		B 相导纳（mS）		C 相导纳（mS）	
	复数	模	复数	模	复数	模
1	0.085+0.316j	0.327	0.089+0.319j	0.331	0.089+0.311j	0.324
2	0.086+0.320j	0.331	0.087+0.320j	0.332	0.088+0.311j	0.323
3	0.084+0.321j	0.332	0.079+0.322j	0.341	0.087+0.311j	0.323
4	0.085+0.316j	0.327	0.090+0.317j	0.329	0.089+0.311j	0.324
5	0.080+0.317j	0.327	0.089+0.318j	0.330	0.089+0.311j	0.324
平均值	0.084+0.318j	0.328	0.086+0.319j	0.333	0.088+0.311j	0.323

从测试的数据来看，三相 TA 回路的导纳值相对平衡，导纳值最大差值为 0.01，与平均值相比：Y=(0.328+0.333+0.323)/3=0.984/3=0.328,△=0.01,△/Y=0.01/0.328=0.03 按照故障条件的经验公式：△/Y>150%或△/Y<50%Y，没有超出故障限值，且容易分析：三相电流回路阻抗的平衡度很好。

六个月后，针对同样的回路，经测试，数据见表 3-9。

表 3-9　导纳测试数据（六个月后）

导纳 / TA	A相导纳（mS）		B相导纳（mS）		C相导纳（mS）	
	复数	模	复数	模	复数	模
1	0.088+0.320j	0.337	0.189+0.349j	0.351	0.089+0.461j	0.469
2	0.085+0.316j	0.327	0.087+0.360j	0.372	0.108+0.398j	0.412
3	0.089+0.353j	0.332	0.049+0.325j	0.344	0.080+0.390j	0.399
4	0.105+0.336j	0.339	0.090+0.337j	0.341	0.089+0.388j	0.401
5	0.060+0.367j	0.327	0.089+0.311j	0.337	0.089+0.406j	0.424
平均值	0.089+0.358j	0.336	0.086+0.319j	0.349	0.108+0.420j	0.421

经分析：△'＝0.085，Y'＝0.369，△'/Y'＝0.085/0.369＝0.23。与六个月前的数据比较，平衡度明显下降。主要体现在B相和C相的导纳变化上面。B相：五次平均导纳值（六个月前）：0.333，五次平均导纳值（六个月前）：0.349（Y'－Y)/Y＝(0.349－0.333)/0.333＝0.048＝4.8%，即：经过六个月后B相导纳的变化量达到了4.8%（正偏）。C相：五次平均导纳值（六个月前）：0.323，五次平均导纳值（六个月前）：0.421(Y'－Y)/Y＝(0.421－0.323)/0.323＝0.303＝30.3%，即：经过六个月后C相导纳的变化量达到了30.3%（正偏）。

由TA二次回路的工作情况分析，导纳值的升高意味着二次回路的阻抗有下降趋势，特别明显的反应在C相上面30.3%（正偏）。造成TA二次回路阻抗下降的原因大致可总结为：

1）TA因承受绝缘能力下降，有局部匝间短路现象；

2）TA二次可能有轻微分流现象，但该可能性尚小；

3）TA受暂态影响，内部残留剩磁过多。

据此，提出了如下检修建议：

1）检查TA二次回路，确认有无分流现象。

2）使用互感器现场校验仪，停电时与历史数据比较，观测误差有无明显变化但根据长期经验，TA可能受暂态过程影响，在带电工作的一段时间内，可能会因剩磁的下降，其传变特性逐渐恢复。一般认为导纳模值的变化量超过50%后TA出现性能变坏或二次回路状态异常，但C相TA的导纳值明显高于其他两相，值得重点查看，有必要长期监测。

8. 新型大电流发生器二次回路检测方法

(1) 检测原理。

在对电力系统故障分析中，往往需要从一次侧模拟故障电流，以便能更精确的分析电流互感器特性及相关二次回路的正确与否，新型大电流发生器能够输出交流大电流、高次谐波、直流大电流等，其装置主要包含了电源模块、功率放大器模块、控制模块三部分。

1）电源模块：大电流发生装置采用三相四线供电电源供电，电源部分通过整流电路分成三路310V直流电流，2路给直流电源提供功率放大器电源，1路提供控制模块电源，两个功率放大器模块电源是DC/DC转换电源，每个电源又分出5路96V直流电源，为5个电流放大器模块供电，两个电源为10个电流放大器模块供电。控制模块电源由DC/DC转换成24V为控制模块供电，如图3-28所示。

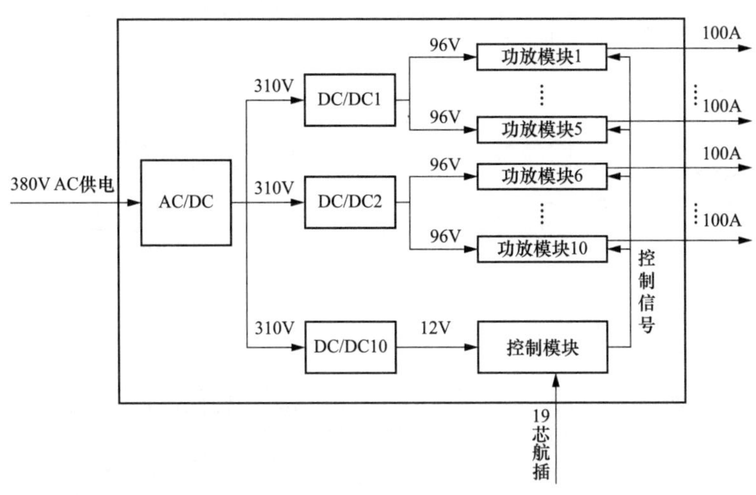

图3-28 新型大电流发生装置电源模块结构框图

2）功率放大器模块：基于MOSFET的功率放大器由逆变器电源模块和放大模块构成。整体结构采用模块化分布方式设计，电源模块和放大器模块分开，其连接通过电缆分别连接，共分为10路，每路放大器最大输出电流100A，10路电流并联输出得到大电流发生装置的1000A输出。电源模块为单相放大模块提供10kW的供电电源，其采用MOSFET管作为整个供电电源开关驱动电路。放大器部分将采用两个功率放大器模块进行并联输出，通过高速电流传感器输出不低于2000A的大电流。

基于MOSFET的大功率快速放大器的整个工作流程为：10kW主变压器电源模块将380V的交流电转为放大器模块使用的直流电，通过电缆传输给放大器模块，从而驱动整个放大电路正常工作。主控模块通过光纤一方面传输同步控制信号实现各相功率放大器同步输出，另一方面传输数字输出信号控制各相功率放大器各相输出电流的幅值、相位和频率等。功率放大器的高速DA模块将主控模块的数字信号转为放大模块能够使用的模拟信号，通过功率模块1和功率模块2及其对应的高速电流传感器实现大电流输出，两个功率模块在输出端通过电缆并联，实现大电流同步输出。如图3-29所示。

3）控制模块：控制模块接收外部0～7V电压信号，其中包含电流数据信息和控制信号信息，控制模块分出10个控制信号分别控制四个功率放大器模块通断，并接收放大器返回的状态信息，如图3-30所示。

通过新型大电流发生装置，把故障电流加入到一次系统，能验证新建变电站内“电流、电压二次回路”的变比、极性、相位、相序的正确性，实现一次通流、二次通压方式测试保护装置动作逻辑关系；可实现一次通流单间隔或多间隔的整组测试，保障变电站稳定、可靠运行提供技术保障。

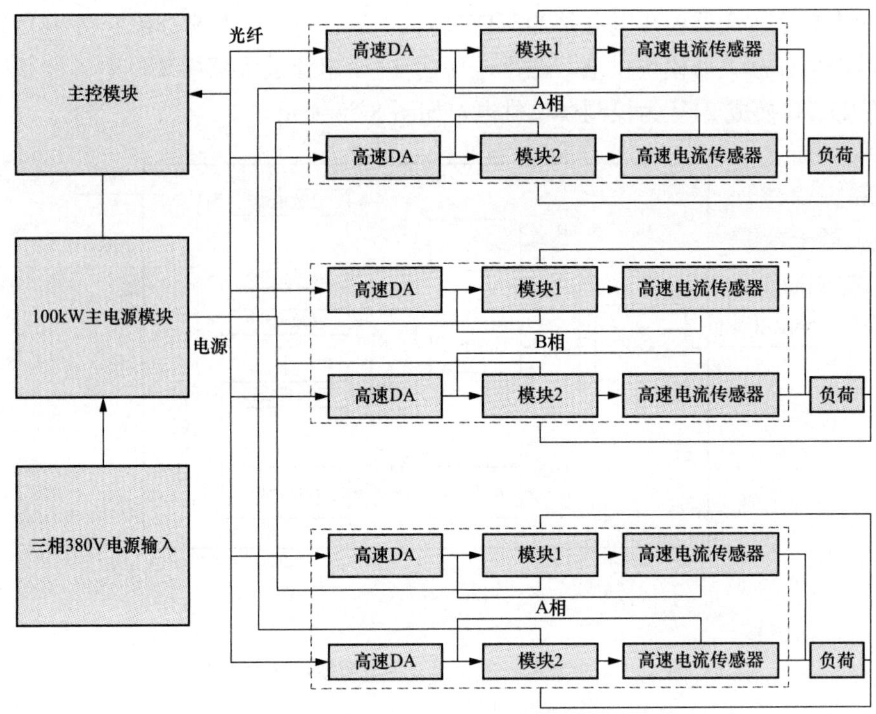

图 3-29　基于 MOSFET 的大功率放大器工作原理

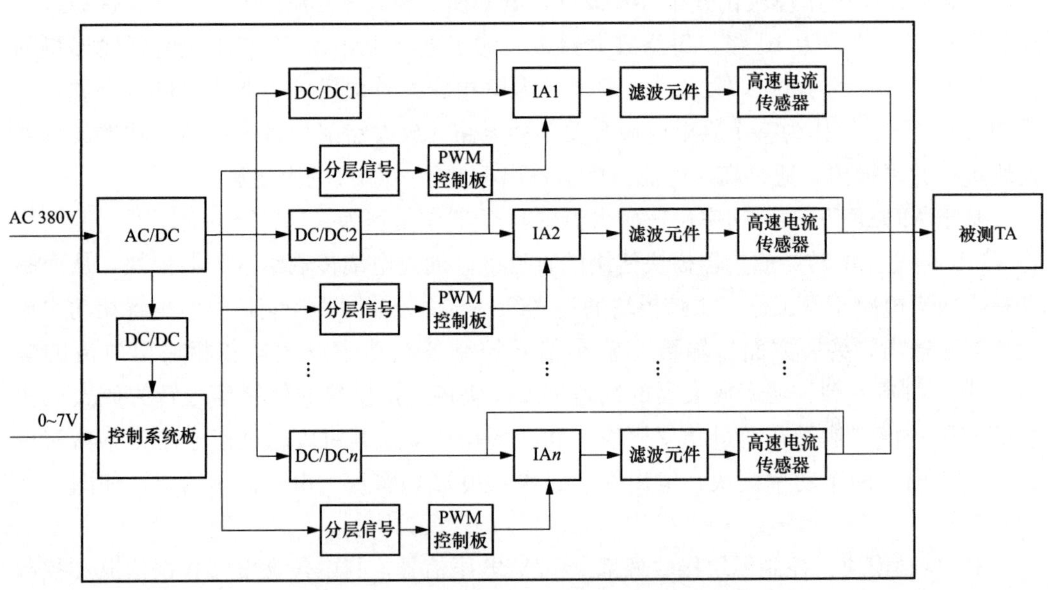

图 3-30　新型大电流发生装置工作原理图

（2）实际检测。

1）控制主机通过光纤控制多台电压、电流功率放大器，各放大器之间通过控制主机同步，不需要外接对时信号，控制主机可模拟各种故障类型，也可实现故障回放功能；

2）电流功率放大器组件就地化放置，电流放大器在 TA 一次侧连接，放大器设备放置在 TA 正下方，减小测试拉线距离，距离越长功率损耗越大；

3）电压放大器就地化放置，电压放大器在 TA 二次连接，模拟二次电压输出。

9. 用一次负荷电流检验模拟量开入回路的正确性

当新安装、更换设备投运时或交流回路变动时，交流电流回路变动包括：电流互感器更换，端子箱更换、二次电缆更换、接线更改等。应直接利用负荷电流检查电流二次回路接线的正确性。

利用实际工作电压及负荷电流：①验证互感器极性、二次线、端子箱以及保护装置交流回路等整个二次回路接线的正确性；②验证 TA 变比、平衡系数等整定参数设定的正确性；③实测正常运行状态下保护的某些运行参数、特性等。在被保护线路（设备）有负荷电流之后，应在电流二次回路测量每相及零序回路的电流值，测量各相电流的极性及相序是否正确，然后定相。

（1）检测条件。

①负荷电流不能太小（一般应超过 20%的额定电流）；最好 TA 二次电流不小于 0.5A，最小不能低于 0.1A。②变电站投产时对主变压器冲击前，应启用其差动保护，并在带负荷前停用该差动保护。③发电厂投产前，应已经完成升压升流试验，带负荷测试时可不退出差动保护。

（2）检测设备及准备。

采用双钳数字相位表或三相多功能钳形伏安相位表，要求表计在检测有效期内。测试之前，用万用表电阻档确认钳形表电压回路没有短路，弄清钳行相位表读数依据（对于单相钳形表，读数为Ⅰ路超前Ⅱ路的角度，对于三相钳形表，从表计上可直接读取矢量图）

（3）检测方法。

将钳形表电压并接到待测电压回路，注意高低压端不能接反，电流钳卡待测电流回路，应注意：电流钳极性端（星标）向外，即电流流入待测装置为正。一般选取一组电压互感器的 Ua 为基准，测量所有电压、电流相对与基准电压的关系。读取表计测试数据并记录，绘制相量图（“六角图”），根据对应一次设备（线路、主变压器或发电机）所带负荷情况，对照二次设备原理进行综合分析，作为判定。

保护装置一般对于所采模拟量有完整显示，钳形表的读数应与保护装置显示相核对，读数应一致，有不一致的地方应立即开展分析，作出判断。

（4）检测关注点。

1）纵差保护（含不完全综差保护）：各侧同相电流之间的相位关系，差流。

2）横差保护（含裂相横差保护）：同侧同相电流之间的相位关系，差流。

3）母线差动保护：同母线同相电流之间的相位关系、所有母线同相电流之间的相位关系、差流；应注意母线带电时各出线的负荷情况，根据电压电流相位关系作出向量图，必须与一次负荷情况相符合。

4）发电机失磁、失步保护：电压、电流之间的相位关系。

5）方向保护（含自产零序方向保护）电压、电流之间的相位关系。

6）距离保护：电压、电流之间的相位关系。

7）和电流接线：同相电流之间的相位关系。

8）两相电流差接线：两相电流之间的相位关系。

9）零序电流保护：三相电流之间的相位关系。

3.4 电压互感器二次回路检测方法

3.4.1 电压互感器及二次回路的基本知识

电压互感器（TV）的作用是将高电压成比例的变换为较低（一般为 57V 或者 100V）的低电压，母线 TV 的电压采用星形接法，一般采用 57V 绕组，母线 TV 零序电压一般采用 100V 绕组三相串接成开口三角形。

TA 与 TV 工作时产生的磁通机理是不同的。TA 磁通是由与之串联的高压回路电流通过其一次绕组产生的。此时二次回路开路时，其一次电流均成为励磁电流，使铁芯的磁通密度急剧上升，从而在二次绕组感应出高达数千伏的感应电势。TV 磁通是由与 TV 并联的交流电压产生的电流建立的，TV 二次回路开路，只有一次电压极小的电流产生的磁通产生的二次电压，若 TV 二次回路短路则相当于一次电压全部转化为极大的电流而产生极大磁通，TV 二次回路会因电流极大而烧毁。

1. 电压互感器常见的接线形式

（1）单相接线常用于大接地系统判线路无压或同期，可接任何一相，但应与母线电压的相别对应。

（2）接于相间，主要用于小接地系统判线路无压或同期。因为小接地电流系统允许单相接地，如果用单相对地的电压互感器，此时若发生该相接地，此时对地电压为 0，无法实现检无压或同期功能。

（3）V/V 接线方式主要用于小接地系统的母线电压测量。

（4）星形接线采用单相二次额定电压 57V 的绕组，星形接线也叫做中性点接地电压接线。以某变电站高压侧母线电压接线为例，如图 3-31 所示。

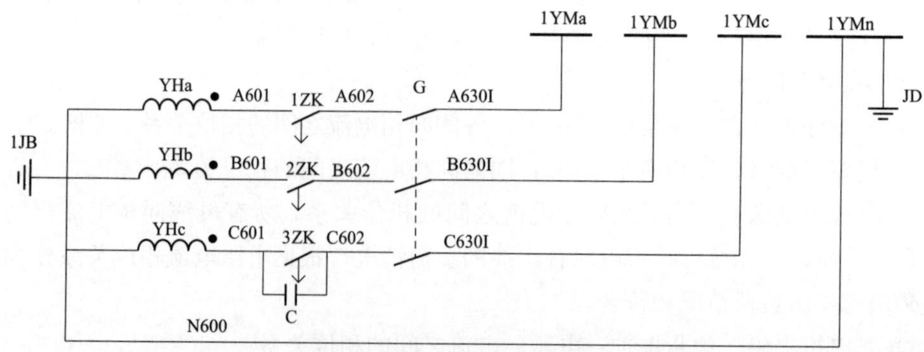

图 3-31　电压互感器星形接线

1）为了保证 TV 二次回路在末端发生短路时也能迅速将故障切除，采用了快速动作自动开关 ZK 替代保险。

2）采用了 TV 隔离开关辅助触点 G 来切换电压。当 TV 停用时 G 打开，自动断开电压回路，防止 TV 停用时由二次侧向一次侧反馈电压造成人身和设备事故，N600 不经过 ZK 和 G 切换，是为了 N600 有永久接地点，防止 TV 运行时因为 ZK 或者 G 接触不良，TV 二次侧失去接地点。

3）1JB 是击穿保险，击穿保险实际上是一个放电间隙，正常时不放电，当加在其上的电压超过一定数值后，放电间隙被击穿而接地，起到保护接地的作用，这样万一中性点接地不良，高电压侵入二次回路也有保护接地点。

4）传统回路中，为了防止在三相断线时，断线闭锁装置因为无电源拒绝动作，必须在其中一相上并联一个电容器 C，在三相断线时候电容器放电，供给断线装置一个不对称的电源。

5）因母线 TV 是接在同一母线上所有元件公用的，为了减少电缆联系，设计了电压小母线 1YMa，1YMb，1YMc，YMn（前面数值“1”代表 I 母 TV。）PT 的中性点接地 JD 选在主控制室小母线引入处。

6）在 220kV 变电站，TV 二次电压回路并不是直接由隔离开关辅助触点 G 来切换，而是由 G 去启动一个中间继电器，通过这个中间继电器的动合触点来同时切换三相电压，该中间继电器起重动作用，装设在主控制室的辅助继电器屏上。

（5）开口三角形方式接线，采用单相额定二次电压 100V 绕组，如图 3-32 所示。

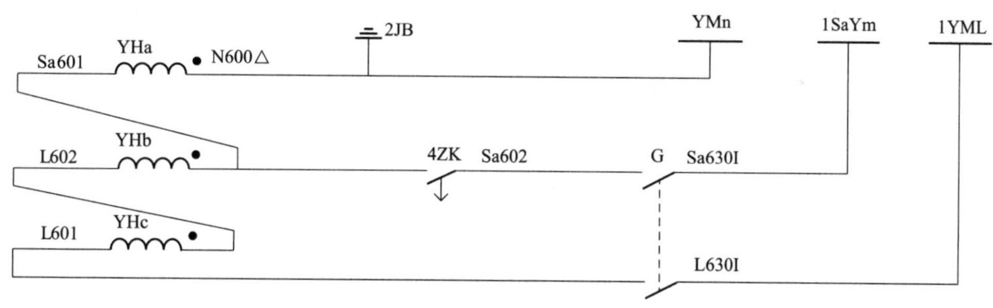

图 3-32　电压互感器三角形接线

1）开口三角形是按照绕组相反的极性端由 C 相到 A 相依次头尾相连。

2）零序电压 L630 不经过快速动作开关 ZK，因为正常运行时 U0 无电压，此时若 ZK 断开不能及时发觉，一旦电网发生事故时保护就无法正确动作。

3）零序电压尾端 N600△按照《中国南方电网有限责任公司反事故措施》相关要求应与星形的 N600 分开，各自引入主控制室的同一小母线 YMn，同样，放电间隙也应该分开，用 2JB。

4）同期抽头 Sa630 的电压为$-U_a$，即-100V，经过 ZK 和 G 切换后引入小母线 SaYm。

（6）中性点装有消弧电压互感器的星形接线。在小电流接地系统，当发生单相接地时，还允许继续运行 2h，由于非接地相的电压上升到线电压，为正常运行时的$\sqrt{3}$倍，特别是间歇性接地，还有暂态过电压，可能会造成电压互感器饱和，引起铁磁谐振，使系统产生谐振过电压。

2. 电压互感器二次回路接线检查

（1）检查端子箱、保护屏、录波屏、安稳屏、测控屏、计量屏等电压回路的端子排接线与施工设计图纸一致；检查电压互感器二次、三次绕组的所有二次回路接线的正确性及端子排引线螺钉压接及中间连接片的可靠性。

（2）经控制室零相小母线（N600）连通的几组电压互感器二次回路，只应在控制室将 N600 一点接地，各电压互感器二次中性点在开关场的接地点应断开；为保证接地可靠，各电压互感器的中性线不得接有可能断开的熔断器（或自动开关）或接触器等。独立的、与其他互感器二次回路没有直接电气联系的二次回路，可以在控制室也可以在开关场实现一点接地。来自电压互感器二次回路的 4 根开关场引入线和互感器三次回路的 2（3）根开关场引入线必须分开，不得共用。

（3）若电压互感器二次中性点在开关场经金属氧化物避雷器接地，检查电压互感器二次中性点在开关场的金属氧化物避雷器的选型是否符合规定，其击穿电压峰值应大于 $30I_{max}$V（220kV 及以上系统中击穿电压峰值应大于 800V）。其中 I_{max}为电网接地故障时通过变电所的可能最大接地电流有效值，单位为 kA。

（4）检查电压互感器二次回路中所有熔断器（或自动开关）的装设地点、熔断（脱扣）电流是否合适（自动开关的脱扣电流需通过试验确定）、质量是否良好，能否保证选择性，自动开关线圈阻抗值是否合适。

（5）检查串联在电压回路中的熔断器（或自动开关）、隔离开关及切换设备触点接触的可靠性。

（6）测量电压回路自互感器引出端子到配电屏电压母线的每相直流电阻，并计算电压互感器在额定容量下的压降，其值不应超过额定电压的 3%。

（7）对采用金属氧化物避雷器接地的电压互感器的二次回路，需检查其接线的正确性及金属氧化物避雷器的工频放电电压。

（8）检查电压互感器端子箱、保护屏、测控屏、录波屏、安稳屏等的电压空开配置满足设计要求，防止电压回路故障时出现拒动。

3. 电压互感器的接地要求

为确保在电力系统故障时将一次电压准确传变至二次侧，同时为防止电压互感器一、二次绝缘击穿，高电压穿入二次侧造成人身伤害和设备损坏，电压互感器必须有接地点。GB/T 14285—2006《继电保护和安全自动装置技术规程》和《电力系统继电保护及反事故措施要点》中均有明确规定：经控制室零相小母线 N600 连通的几组电压互感器二次回路。必须且只能有一个接地点，其接地线截面积不应小于 4mm²。并应符合下列要求：

（1）电压互感器的二次星形绕组中性线与开口三角绕组的地线不能共用。电压互感器每组星形二次绕组的相线和中性线应在一根多芯电缆中引至控制室或继电保护小室，每组开口三角二次绕组应在一根多芯电缆中引至控制室或继电保护小室。

（2）对中性点直接接地系统，电压互感器星形接线的二次绕组应采用中性点一点接地方式。中性点接地线中不应串接熔断器或自动开关。电压互感器二次绕组接地方式，有B相接地和中性点接地两种，对于大接地短路电流系统，电压互感器主二次绕组宜采用中性点直接地方式，中性点接地线中不应串接熔断器或自动开关。小接地短路电流接地系统，电压互感器主二次绕组宜采用B相接地方式。采用B相接地时，其熔断器或自动开关应装设在电压互感器B相的二次绕组引出端与接地点之间。

（3）电压互感器开口三角绕组的引出端之一应采用一点接地方式。在正常运行时，电压互感器二次开口三角形辅助绕组两端无电压，不能监视熔断器是否断开，且熔丝熔断时，若系统发生接地，保护会拒绝动作，因此开口三角形绕组接地引线上不应串接熔断器或自动开关。

（4）电压互感器的二次回路必须有且只能有一个接地点。几组电压互感器的二次绕组之间经控制室零相小母线（N600）连通的有电路联系或地电流会产生零序电压使保护误动作时，只应在控制室或继电保护小室内将N600一点接地，各电压互感器二次中性点在开关场的接地点应断开；未在开关场接地的电压互感器二次回路，宜在电压互感器端子箱处将每组二次回路中性点分别经放电间隙或氧化锌阀片接地，其击穿电压峰值应大于30×I_{max}V（I_{max}为电网接地故障时通过变电站的可能最大接地电流有效值，单位为kA，220kV及以上系统中击穿电压峰值应大于800V）。应定期检查放电间隙或氧化锌阀片，为防止出现电压二次回路多点接地的情况，用绝缘电阻表检验金属氧化物避雷器的工作状态是否正常。一般当用1000V绝缘电阻表时，金属氧化物避雷器不应击穿；而用2500V绝缘电阻表时，则应可靠击穿。为保证接地可靠，各电压互感器的中性线不得接有可能断开的熔断器（自动开关）或接触器等。独立的、与其他互感器没有电气联系的电压互感器的二次回路宜在其就地端子箱一点接地。

N600绝缘检查方法：合上电压互感器端子箱、保护屏、录波屏、安稳屏、测控屏、PMU屏、母差屏、计量屏等所有电压回路二次空气开关，恢复所有电压二次回路接线至正常运行状态，电压二次回路经隔离开关切换的需合上隔离开关，拆开继保控制室全站N600一点接地线，用1000V兆欧表对N600进行绝缘试验，绝缘电阻一般应大于1MΩ。为避免不同电压等级的N600互相影响，最好500kV、220kV、35kV各部分先独立进行N600绝缘试验，确保各部分N600绝缘良好，最后各部分N600连接后再进行一次总的N600绝缘试验。

（5）各电压互感器的中性线不应接有可能断开的开关或熔断器等。

（6）电压互感器的二次回路的接地线应接至柜内接地铜排。

4. 电压回路的切换

有两种切换方式：互为备用的电压互感器之间的切换；在双母系统中一次回路所在母线变更时，继电保护的电压回路也应进行相应的切换。

双母线系统上所连接的电气元件，为了保证其一次系统和二次系统在电压上保持对应，以免发生保护或自动装置误动、拒动，要求保护及自动装置的二次电压回路随同主接线一起进行切换。用隔离开关辅助触点去启动电压切换中间继电器，利用其触点实现电压回路的自动切换。要求保护、测量、计量都有自动切换功能。

为防止电压切换过程中继电保护误动，在电压切换的同时，应将可能误动继电器的正电断开，应对切换继电器的位置是否正确进行监视。同时应有效地防止在切换过程中，对一次侧停电的电压互感器反充电。电压互感器反充电，会造成严重的人身和设备事故，因此切换回路应采取先断开后接通的方式。

为保证不因直流电源消失，或者隔离开关辅助触点接触不良，继电器都将保持在原有位置。电压切换继电器常用双位置继电器，如图 3-33 所示。

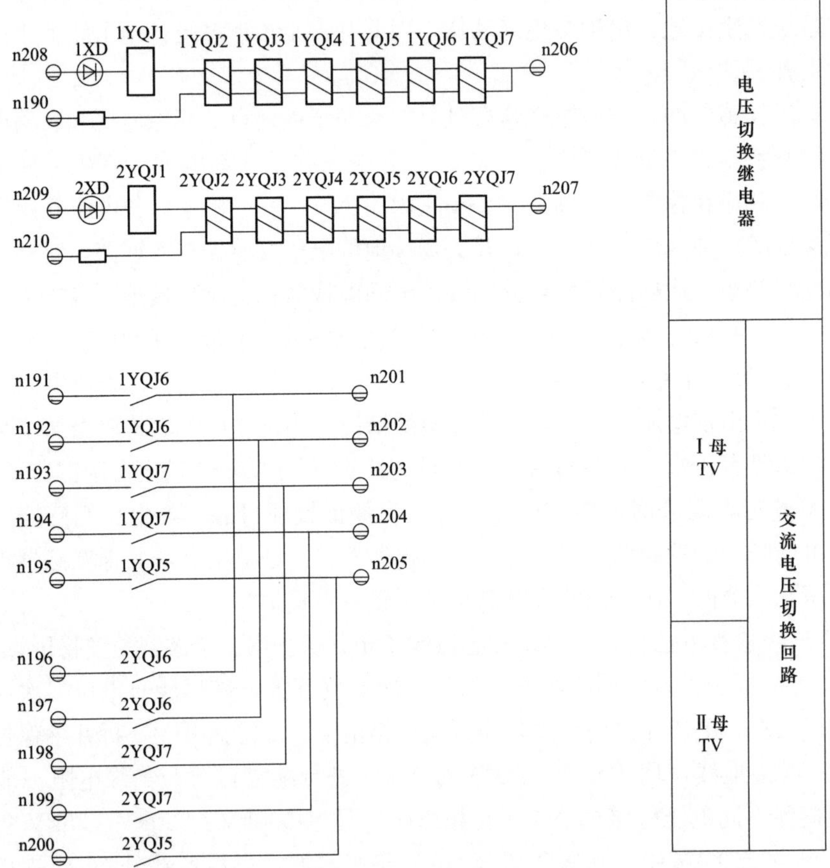

图 3-33　交流电压切换原理图

当隔离开关提供一动合、一动断两对辅助触点时：

（1）当线路接在Ⅰ母上时，Ⅰ母隔离开关的动合辅助触点闭合，1YQJ1、1YQY2、1YQJ3 继电器动作，1YQJ4、1YQJ5、1YQJ6、1YQJ7 磁保持继电器也动作，且自保持。Ⅱ母隔离开关的动断触点将 2YQJ4、2YQJ5、2YQJ6、2YQJ7 复归，此时，1XD 亮，指示保护装置的交流电压由Ⅰ母 TV 接入。

（2）当线路接在Ⅱ母上时，Ⅱ母隔离开关的动合辅助触点闭合，2YQJ1、2YQJ2、2YQJ3 继电器动作，2YQJ4，2YQJ5，2YQJ6、2YQJ7 磁保持继电器动作，且自保持。Ⅰ母隔离开关的动断触点将 1YQY4、1YQJ5、1YQJ6、1YQJ7 复归，此时 2XD 亮，指示保护装置的交流电压由Ⅱ母 TV 接入。

(3) 当两组隔离开关均闭合时，则 1XD，2XD 均亮，指示保护装置的交流电压由Ⅰ、Ⅱ母 TV 提供。若操作箱直流电源消失，则自保持继电器接点状态不变，保护装置不会失压。当隔离开关提供一对常开辅助触点时，须将 n208 与 n210 相连，n209 与 n190 相连，如双位置继电器的动作线圈处于动作状态，即使复归线圈励磁，继电器仍保持动作状态。同理如双位置继电器的复归线圈处于动作状态，即使动作线圈励磁，继电器仍保持复归状态。

根据双位置继电器的这种特性，隔离开关采用一动合辅助触点时，总有一组电压切换继电器处于动作状态，一组电压切换继电器处于复归状态，因此不可能出现同时动作，也不可能出现同时复归的情况，也就是说只要母线不失压，线路保护装置总会有交流电压。

如图 3-34 正、副母间交流电压回路切换。交流电压切换一般采用自动切换，主要利用该单元隔离开关的辅助触点 1QS、2QS 启动切换继电器 1YQ1、2YQ1，由切换继电器的触点对电压回路进行切换，来确定计量、保护等设备是选用正母电压还是副母电压。

为提高可靠性，1YQ2、2YQ2 可选双位置继电器，如图 3-35 所示，即使直流电源消失，或者隔离开关辅助触点接触不良，继电器都将保持在原有位置。

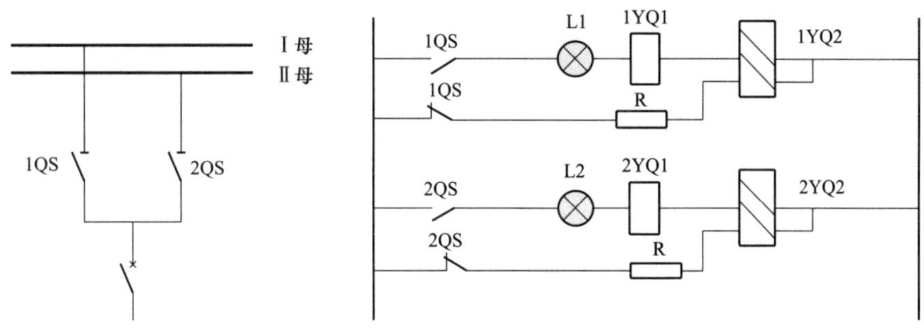

图 3-34　双母接线方式　　　图 3-35　双接点切换方式

切换回路的检查：

1）检查隔离开关辅助触点是否切换到位，观察隔离开关位置指示灯。

2）检查电压开关是否跳开。

3）用万用表测量电压开关下口交流电压，判断电压是否正常。

4）打印保护装置采样值，检查交流采样。

5）观察直流电源插件输出电压指示灯是否正常。

6）检查装置有无自检报告。

3.4.2 电压互感器及二次回路检测

1. 电压互感器极性检查

(1) 电压互感器二次回路极性检查。

电压互感器的极性检查：在端子箱断开二次电压空气开关，试验接线图 3-36 为常规敞开式电压互感器，若为 GIS TV，则应借助主变压器或线路出线套管接入，通过主变压器或线路开关、隔离开关、母线、TV隔离开关接至TV一次进行试验；有TV接地开关的，也可以拆开接地开关接地铜排，从TV接地开关接至TV一次进行试验，用试验线将干电池（或蓄电池）正极“+”通过隔离开关K（或手动通断）与电压互感器下节一次绕组A2连接，负极“－”接地，在端子箱将电压互感器二次绕组出线1a［2a/3a/4a（da）］、1n［2n/3n/4n(dn)］（空气开关前端子）分别接入直流微安表的“+”极、“－”极。通过控制隔离开关的通断（或手动通断）进行试验，观察微安表指针偏转状况。K接通瞬间，先正偏后回0；K断开瞬间，先反偏后回0；即极性正确，如相反则极性错误。电压互感器极性试验，如图3-36所示。

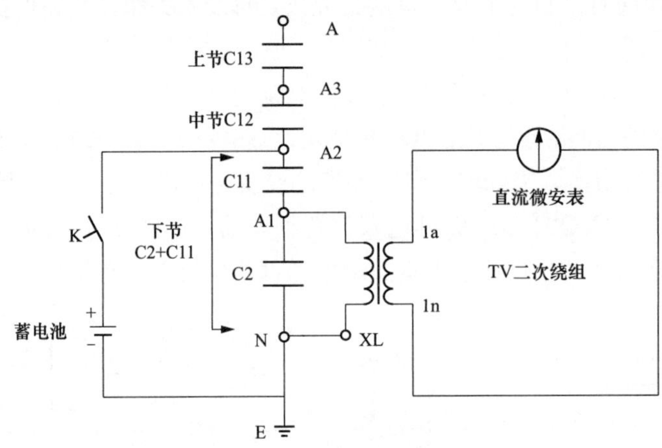

图3-36　电压互感器极性试验

（2）电压回路开口三角绕组极性端与非极性端的接地。

通过测量电压互感器二次绕组与三次绕组之间的电压，即可确定极性端接地还是非极性端接地，对于极性端接地时，电压互感器二次绕组与三次绕组接线如图3-37所示。

极性端接地时，电压互感器二次电压与三次电压向量如图3-38所示，二次绕组与三次绕组之间的电压，由向量图知：$U_{Aa}=U_A=57.7$V，$U_{Bb}=U_B+U_a=86.4$V，$U_{Cc}=U_C-U_c=42.3$V。

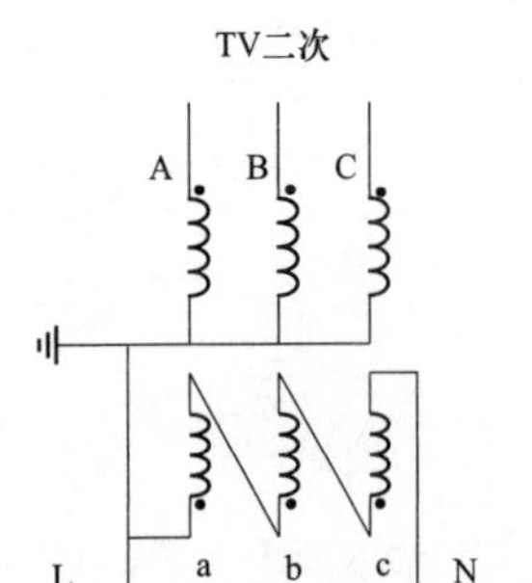

图3-37　极性端接地时，电压互感器二次绕组与三次绕组接线图

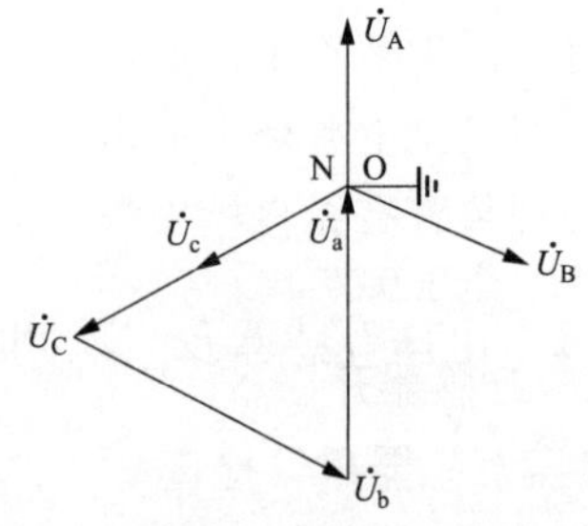

图3-38　极性端接地时，电压互感器二次电压与三次电压向量图

对于非极性端接地时，电压互感器二次电压与三次电压接线如图 3-39 所示。

非极性端接地时，电压互感器二次电压与三次电压向量图如图 3-40 所示，二次绕组与三次绕组之间的电压，由向量图知：$U_{Aa}=U_A=57.7V$，$U_{Bb}=U_B-U_a=138.2V$，$U_{Cc}=U_C+U_c=157.7V$。

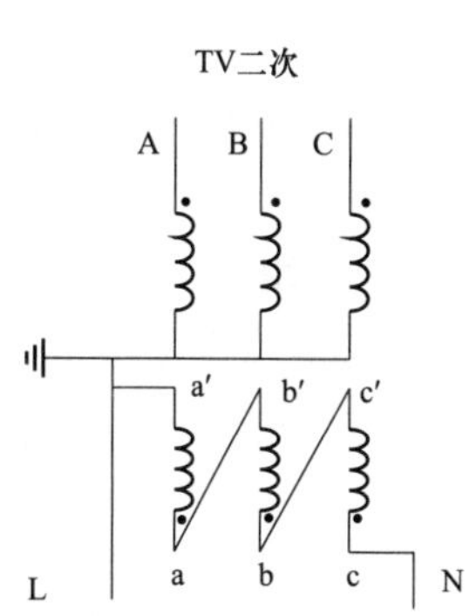

图 3-39 非极性端接地时，电压互感器二次绕组与三次绕组接线图

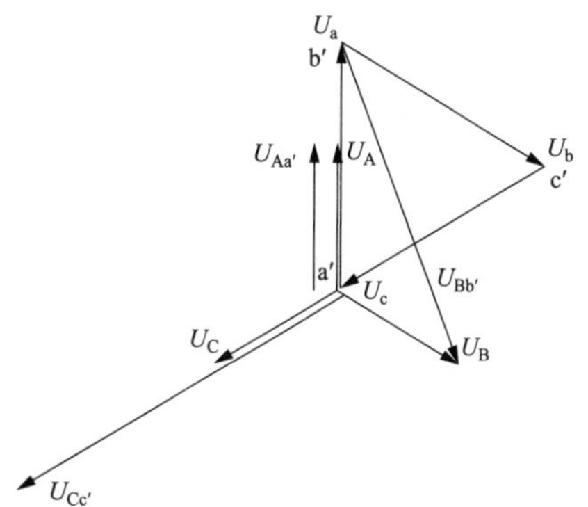

图 3-40 非极性端接地时，电压互感器二次电压与三次电压向量图

电压互感器一般有两组电压输出，一组是 57.7V（理论值），用来组成星形接线；一组是 100V（理论值），用来组成开口三角形接线。安装中虽特别小心，也难免发生接线错误。当开口三角形回路出现接线错误时，一般会产生约 200V 的电压，将危及二次设备安全。因此，如何在变电站启动过程中尽快发现和解决开口三角形接线错误有一定实际意义。

通常，电压互感器开口三角形二次绕组接线在端子箱内完成，引至中央控制或保护室的是 L、Φ、N 线，其中 N 线与星形（Y）接线绕组的 N 线在控制室通过 N600 一点接地。

电压互感器开口三角形接线和对应向量图，如图 3-41、图 3-42 所示。在正常情况下，U_a、U_b、U_c 均输出 100V 电压，因三相电压是平衡的，使 $U_{LN}=0$。而当某一相发生接地故障时，便有 U_{LN}输出，以提示运行人员排除故障。

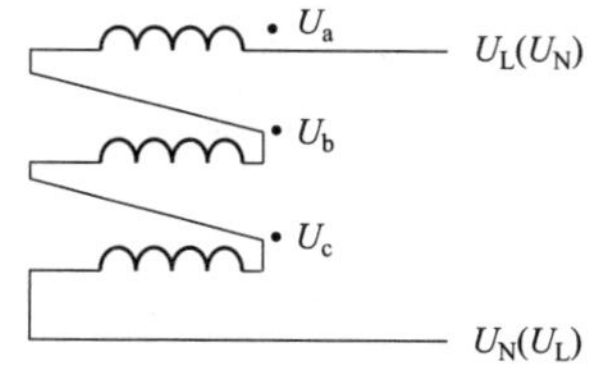

图 3-41 电压互感器开口三角形接线图

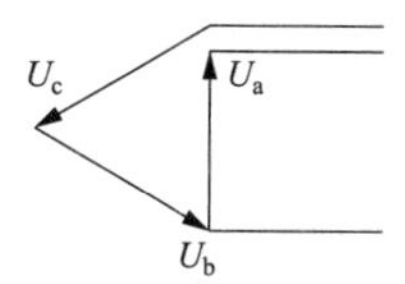

图 3-42 电压互感器开口三角形向量图

2. 电压互感器开口三角形接线正确性判断

当电压互感器开口三角形二次接线中有一相绕组接反，其出现的电压向量图 U_{LN}、$U_{\Phi N}$，如图 3-43 所示，其中：下方为 A 相绕组接反，$U_{LN}=200V$，$U_{\Phi N}=100V$；左方为 B 相绕组接反，$U_{LN}=200V$，$U_{\Phi N}=173V$；右方为 C 相绕组接反，$U_{LN}=200V$，$U_{\Phi N}=173V$。从分析可知，通过测量电压 U_{LN}、$U_{\Phi N}$只能判断 A 相绕组接反，

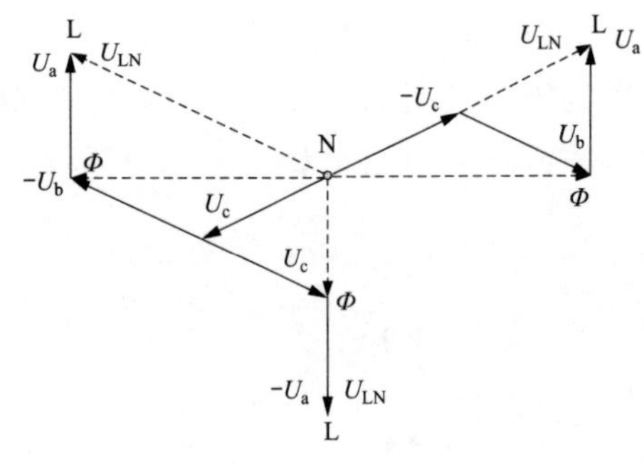

图 3-43　电压互感器开口三角形其中一相绕组接反时的综合向量图

不能判断 B 相或 C 相绕组接反。此时，可以借助星形（Y）接线组别进行综合判断，即测量 L 点对星形组别的 b 点（c 点）间的电压值进行判断。

从上面的分析知，开口三角形 B 相绕组接反时，$U_{LN}=200V$（向量为 $-U_b$），由图 3-44 所示向量图分析可知，L 点至星形组别 b 点间的电压：$U_{Lb}=U_{LN}-U_b=200V+57V=257V$；若 C 相绕组接反，则从图 3-45 所示向量图分析可知，L 点至星形组别 b 点间的电压：$U_{Lb}=\sqrt{U_{LN}^2+U_b^2-2U_{LN}U_b\cos120^{\circ}}=236V$，即由测量 U_{Lb} 的大小，便可判断出是哪一相接反了。

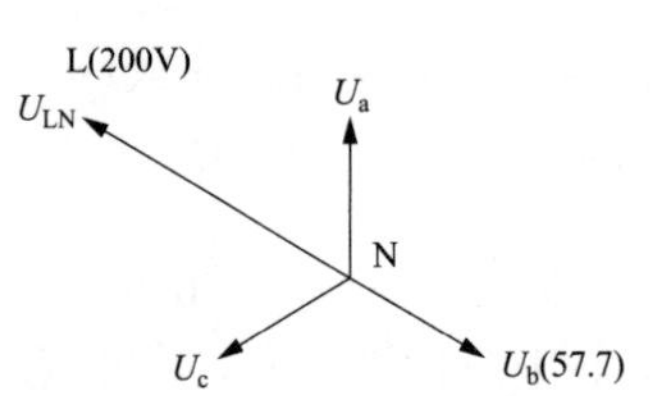

图 3-44　开口三角形绕组 B 相接反 L 点至星形绕组 b 点间的电压向量图

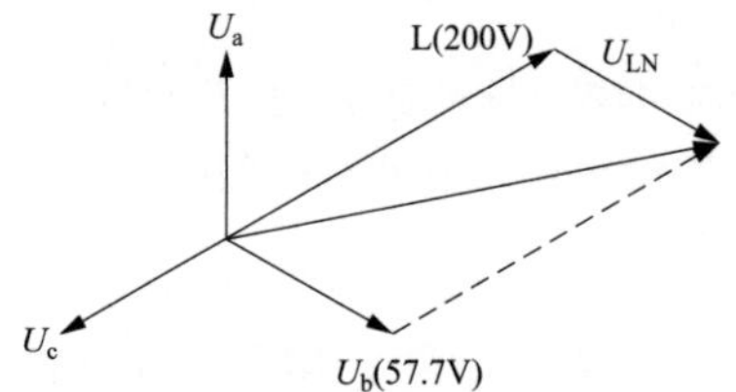

图 3-45　开口三角形绕组 C 相接反 L 点至星形绕组 b 点间的电压向量图

在实际工作中，可将 L 点至星形绕组 b 点和 c 点的电压 U_{Lb} 和 U_{Lc} 的值全部测出，根据其数值大小进行判断，即数值大者为接线错误相。如：$U_{Lb}=257V$，$U_{Lc}=236V$ 时，可认定为 B 相接反；$U_{Lb}=236V$，$U_{Lc}=257V$ 时，可认定为 C 相接反。

3. 电压互感器升压检查

（1）电压互感器二次回路短路检查及二次升压检查。

1）短路检查：在电压互感器二次接线盒临时解开二次绕组的一端接线 1a/2a/3a/4a(da)，合上所有二次电压空气开关，经隔离开关切换的应合上隔离开关，在电压接口屏测量各绕组 A、B、C、L 对 N600 的直流电阻，各绕组三相直流电阻应保持平衡，不应有短路现象。

2）二次升压检查：以 500kV 电压互感器为例，在电压互感器端子箱（或接口屏）各绕组 A、B、C、L 分别施加不同的电压 10V、20V、30V、40V，在电压互感器二次接线盒、端子箱、保护屏、录波屏、安稳屏、测控屏、PMU 屏、母差屏、计量屏等各个测量地点分别对地测试 A、B、C、L、N600 的电压幅值，之所以对地测量 N600 的幅值为 0，是为了保证所有测量地点的 N600 接地良好，没有悬空，A-N 不会接反。同时查看保护、测控、录波、安稳、PMU 等装置的采样值，应与施加电压一致。

若为 220kV 电压互感器，应进行各间隔母线隔离开关切换前、后的电压检查。以 220kV 1M 母线 TV 升压为例，在电压互感器端子箱（或接口屏）各绕组 A、B、C、L

分别施加不同的电压 10V、20V、30V、40V，在电压互感器二次接线盒、端子箱、保护屏、母差屏、录波屏、母联分段测控屏、计量屏、接口屏等各地点分别对地测试 A、B、C、L、N600 的电压幅值。合上线路、主变压器 1M 母线侧隔离开关，在线路保护屏、线路测控屏、主变压器保护屏、主变压器测控屏、PMU 屏、安稳屏等各地点分别对地测量 A、B、C、N600 的电压幅值，同时查看保护、测控、录波、安稳、PMU 等装置的采样值，应与施加电压一致。

35kV 电压互感器二次升压检查与 500kV 类似。二次升压完毕，恢复所有电压互感器二次接线盒的 1a/2a/3a/4a(da) 的接线，并紧固。通过二次升压，可以检查整个电压二次回路的正确性、组别正确。

（2）电压互感器一次升压检查。

电压互感器一次升压就是通过在电压互感器一次侧施加一定的电压，在电压互感器二次侧测量二次电压，以验证电压互感器的变比、极性的正确性，因二次升压已检查二次回路接线的正确性，一次升压只需在端子箱进行二次测量。一次升压前，保证所有空气开关合上、所有接线正常接入。电压互感器一次升压试验接线如图 3-46 所示，该图为 500kV 常规电压互感器（共 3 节），若为 220kV 常规电压互感器，只有上下两节，若为 GIS TV，则应借助主变压器或线路出线套管接入，通过主变压器或线路开关、隔离开关、母线、TV 隔离开关接至 TV 进行一次升压试验。将试验 TV 的高压引线接至 500kV 电压互感器下节的上端 A2，并且三相短接，若电压互感器上节 C13 上端导线已经连接至系统，则上端必须接地，防止将高压引入系统引起触电事故，若电压互感器上节 C13 上端未接导线，则上端可不接地，保持空载。通过试验 TV 向电压互感器下节施加 5000V 的电压，在电压互感器端子箱分别测量 A、B、C 三相二次电压及开口三角电压。

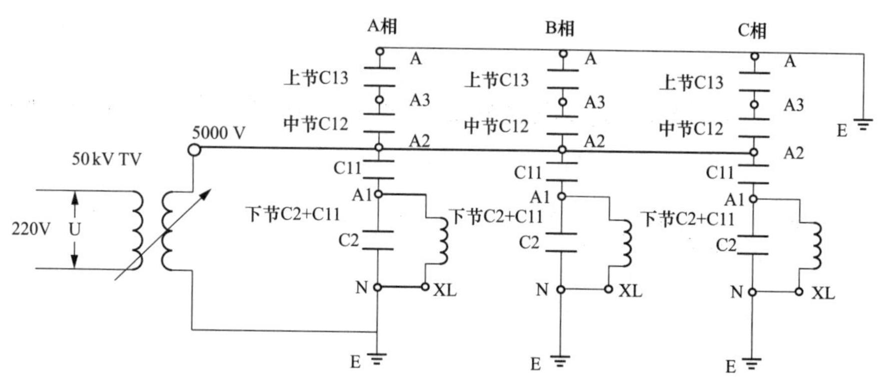

图 3-46 电压互感器一次升压试验

测得的 A、B、C 三相二次电压应为 3.0V 和 5.2V，500kV 电压互感器变比为 5000/1 和 2887/1（开口三角），若一次电压加在电压互感器的上节上端（共 3 节），则二次电压应分别为 1.0V 和 1.732V，若一次电压只加在电压互感器下节，则二次电压应分别为 3×1.0=3.0（V）和 3×1.732=5.2（V）；测得的开口三角电压 L603 应为

3U0，即：3×5.2=15.6（V），则可验证电压互感器变比正确；若开口三角电压 L603 只为 5.2V，则开口三角电压极性肯定接反，需检查二次接线的正确性；测量 L603 与 1A603（或 1B603 或 1C603）之间的电压应为 15.6−3.0=12.6（V），则可验证开口三角电压 L603 极性正确，为正极性出线；若测量 L603 与 3A603（或 3B603 或 3C603）之间的电压为 15.6+3.0=18.6V，则开口三角电压为负极性出线，需要调换开口三角电压的极性。

电压互感器升压检查验收合格后，如电压回路有变动，则应有相关继保验收人员见证，以确定是否需要再次进行本试验检查。

4. 电压互感器 N600 多点接地检测方法

（1）检测原理。

1）TV 二次回路 N600 一点接地等值电路。

TV 二次回路 N600 只一点接地，TV 二次回路电缆对地分布电容 C、TV 二次等值电压 U_1、一点接地连接线形成回路，分布电容很小，呈高阻抗（见图 3-47），电容 C 容抗和 U_1 决定回路电流 I 大小。在控制室一点接地连接线并接滑线电阻 R 后，拆开接地连接线，改变电阻 R 值（小于 10Ω），因 $R \ll 1/\text{j}wc$，不影响回路电流 I，I 大小保持不变。

2）TV 二次回路 N600 多点接地等值电路。

TV 二次回路 N600 除在控制室一点接地外，还存在接地点（例如图 3-48 中接地点 2），两接地点在地网上存在电势差 U_2，则等值电路如图 3-48 所示。接地点 N600 支路上电流随电阻 R 变化而变化，通过调整串入电阻 R 值，查出电流变化 N600 支路，找出存在接地点的 N600 支路以及接地点。

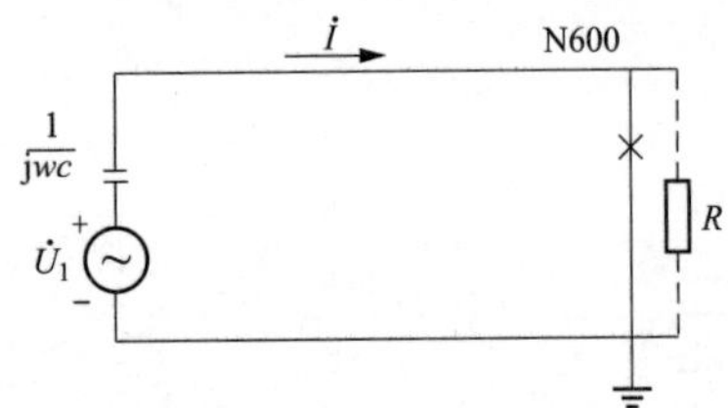

图 3-47　TV 二次回路 N600 一点接地等值电路

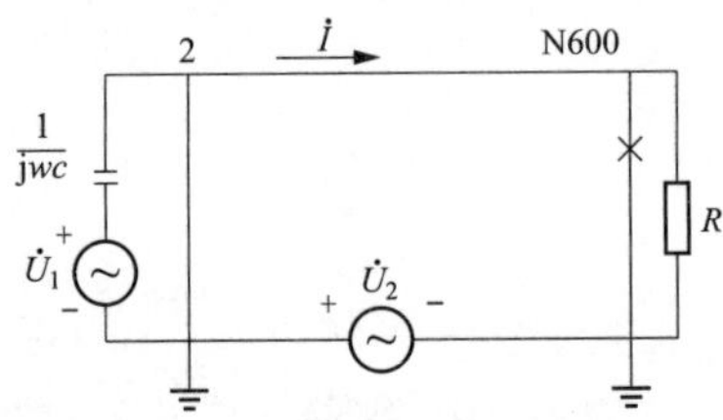

图 3-48　查找 TV 二次回路 N600 多点接地等值电路

（2）检测方法。

1）TV 电压二次回路 N600 是否一点接地检测方法：电阻法，如图 3-49 所示。

第一步：合上隔离开关 K，断开控制室一点接地的连接线。

第二步：调整滑线电阻 R 为 0Ω，合上隔离开关 K1，断开隔离开关 K，测量滑线电阻 R 上电流（用高精度钳型电流表）为 140mA。

第三步：合上隔离开关 K，断开隔离开关 K1，滑线电阻 R 增加为 10Ω，合上隔离开关 K1，断开隔离开关 K，测量滑线电阻 R 上电流为 7mA。

第四步：对滑线电阻 R 上电流进行分析，电流发生变化，该站 TV 二次回路 N600 存在两点（或多点）接地。

2）查找各支路 TV 二次回路 N600 多个接地点。

① 电流法：在通过电阻法的基础上确认有两点接地后，可用电流法来排除接地点具体在哪条支路上。按照图 3-49 接好试验接线，合上隔离开关 K，调整滑线电阻 R 为 10Ω，断开控制室一点接地的连接线，合上隔离开关 K1。

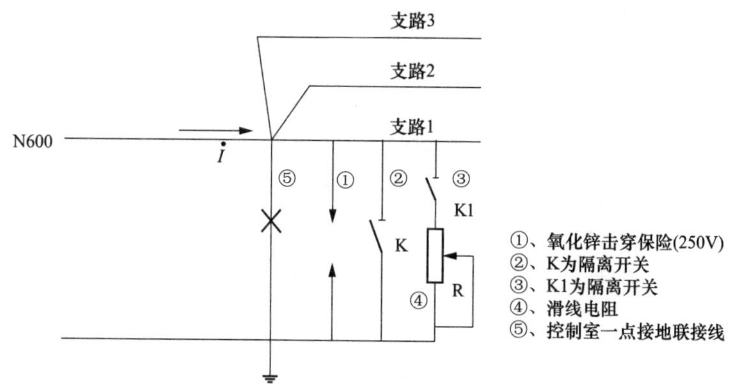

图 3-49　检查 TV 二次回路 N600 只一点接地

依次执行下列查找步骤：

第一步，对 TV 二次回路 N600 每一支路用高精度钳型电流表钳住线不动。

第二步，合上隔离开关 K，测量出 N600 线支路 1 电流值 I；断开隔离开关 K，测量出 N600 线支路 1 电流值 I。

第三步，合上隔离开关 K，测量出 N600 线支路 2 电流值 I；断开隔离开关 K，测量出 N600 线支路 2 电流值 I。依次测试，直到回路 n、合上隔离开关 K，测量出 N600 线支路 n 电流值 I；断开隔离开关 K，测量出 N600 线支路 n 电流值 I。

在对以上每一次合、断隔离开关测出同一支路电流 I 进行比较，电流没有发生变化，该支路 N600 线不存在接地点；电流发生变化，该支路 N600 线存在接地点。

② 电压法。在电阻法的基础上确认有两点接地后，可用电压法来排除接地点具体在哪块保护屏或开关柜上。

在各保护屏或开关柜上用万用表测量各自的 N600 对地的电压值，一般地，接地点的对地电压值为 0V 或几 mV，离接地点的距离越远，N600 对地电压值越高（几十毫伏至一百多毫伏不等），若某块保护屏或开关柜上的 N600 对地电压为 0V 或几毫伏时，可初步判断该地有 N600 接地点。

3.5　二次回路抗干扰检测方法

电力系统是一个复杂的系统，各种电气设备在内部纵横交错，互相关联，互相影响。电力系统经常遭受雷电侵扰或发生短路等故障，另外，还会对一次设备进行各种操作，此时都会产生暂态干扰电压，通过静电耦合、电磁耦合或直接传导等途径进入继电保护装置，如果不采取有效措施防御，容易造成继电保护及安全自动装置的误动或拒动，造成监控系统的数据混乱及死机等现象，严重时会损坏二次回路的绝缘及保护装置中的电力元器件，对电网的安全构成严重威胁。

3.5.1 二次回路抗干扰基础知识

1. 变电站环境对二次设备的电磁干扰源

变电站本身由于电力一、二次设备非常集中，在正常运行、系统振荡和故障情况下都易产生各种电磁干扰，对二次设备的主要干扰源大致可分为以下几类：

(1) 一次系统遭到雷击时，在高压母线上产生高频行波，雷电波入地时由于变电站的地网对地、各种设备与地网的连接都有阻抗的存在，将因此产生高频电流在变电站的地网系统中引起暂态电位的升高，就可能导致继电保护误动作或损坏灵敏设备与控制回路。

(2) 一次系统中发生的各种形式短路的暂态过程产生的高频信号，变电站近端接地短路电流入地后对接地网的干扰。

(3) 断路器或隔离开关的操作而引起的暂态过程；由于隔离开关的操作速度缓慢，操作时在隔离开关的两个触点间就会产生电弧闪络，从而产生操作过电压，出现高频电流，高频电流通过母线时，将在母线周围产生很强的电场和磁场，从而对相关二次回路和二次设备产生干扰；高频电流通过接地电容设备流入地网，将引起地电位的升高。

(4) 二次回路中由于继电器或接触器的触点断开电感元件而引起的暂态干扰电压；断开直流回路电感线圈的电流时，储积在线圈中的磁能不能马上释放，磁能与杂散电容就形成串联高频谐振回路，产生高频过电压。

(5) 380V (220V) 交流系统在直流回路中产生的干扰：如大部分保护和故障录波装置在屏内安装的打印机，在启动时会在接地线上产生一个比较大的干扰信号，所以应注意不要将打印机交流电源的接地线接在专为继电保护铺设的静态接地铜排网上。

(6) 变电站的通信设备、高频载波机、对讲机也会产生不可忽视的辐射干扰。在使用步话机时，它的周围将产生强辐射电场和相应的磁场，变化的磁场耦合到附近的弱电子设备的回路中回路将感应出高频电压，形成一个假信号源，导致继电保护不正确动作。

2. 电磁干扰的传播途径

电磁干扰传播途径可分为电场耦合、磁场耦合和电磁场辐射，电磁干扰总是以电磁场的形式存在，现场不可能存在完全的电场或完全的磁场。但可近似认为，在近场范围内高电压的作用产生电场、大电流的作用产生磁场，在远场范围内干扰源的发射应看成是电磁波传播。

(1) 电场耦合（电容耦合）。

任何电气设备之间都存在分布电容，在变电站中还有补偿电容、耦合电容、电容式电压互感器等。电容性元件某一导体上的电压通过这些电容影响其他导体上的电位这就是所谓的传导型干扰。

(2) 磁场耦合（电感耦合）。

载流导体产生的交变磁场会在其周围闭合电路中产生感应电势。

(3) 电磁辐射干扰。

辐射干扰是指强电系统产生的高频电磁干扰的辐射能量通过空间电磁波的形式传播

到弱电系统中，并产生干扰。随弱电系统电缆接地方式的不同而形成共模干扰或差模干扰。

（4）公共阻抗耦合。

这是指因公共地线上流过电流产生的电位差对信号造成的干扰。当雷击电流或短路电流流入地网时，尽管地网电阻很小但毕竟不为零，因而将使地电位升高，且接地网上不同点的电位也不同，这将使接在地网不同点设备的地电压也不同，从而在连接不同地点的二次电缆芯线及其屏蔽层中产生感应电势。

实际上干扰源对二次回路的耦合方式是非常复杂，同一干扰源通常会以上面几种干扰方式同时对二次回路产生干扰。

3. 抗干扰的防护措施

（1）对二次装置采取的抗干扰措施。二次装置工作在电磁干扰环境严重的电力系统中，因而它的抗干扰能力在一定程度决定了其能否可靠运行。现在各种二次装置生产厂家在电磁兼容方面都做了很多工作，针对变电站电磁干扰源的特性、传播的方式采取了各种抗干扰措施，包括使用屏蔽材料制作的机箱、合理的电路与线路板设计、高品质大规模集成电路器件的选用、抗干扰的处理软件，以保证耐压水平和抗电磁干扰能力都不高的二次设备元件能够在电磁环境恶劣的变电站中可靠运行。厂家对自己的产品在出厂前都进行了电磁兼容各指标的试验并使之能满足标准要求。而变电站在设计阶段也考虑了尽量降低电磁干扰对二次设备的影响。安装完善的防雷设备，构筑覆盖全站的接地网，建设带有屏蔽层的继电保护小室，布置二次专用静态接地铜排，选用带屏蔽层的二次电缆，设计二次电缆的走向和分布。但电磁干扰还是免不了从二次电缆的接入端引入二次设备，因此控制变电站二次系统电磁干扰水平的措施将主要落脚在对二次系统设备入口处的抑制上。具体措施为：

1）装有微机型装置的屏柜，应设有供公用零电位基准点逻辑接地的接地铜排，其截面积应不小于 $100mm^2$。

2）当单个屏柜内部的多个装置的信号逻辑零电位点分别独立并且不需引出装置小箱（浮空）或需与小箱壳体连接时，总接地铜排可不与屏体绝缘；各装置小箱的接地引线应分别与接地铜排可靠连接。各屏柜的接地铜排应首末可靠连接成环网，并仅在一点引出与电力安全主接地网相连。

3）当屏柜上多个装置组成一个系统时，屏柜内部各装置的逻辑接地点均应与装置小箱壳体绝缘，并分别引接至屏柜内接地铜排。接地铜排应与屏体绝缘。组成一个控制系统的多个屏柜组装在一起时，只应有一个屏柜的接地铜排有引出地线连接至主接地网，其他屏柜的接地铜排均应分别用绝缘铜绞线串接至有接地引出线的屏柜的接地铜排上。

4）各屏柜的接地铜排应接至静态铜排接地网或首末可靠连接成环网，并仅在一点与变电站主接地网相连。静态铜排接地网的敷设要求：在电缆半层间或活动静电地板下敷设环状、截面积不小于 $100mm^2$ 接地铜排，屏上设接地端子，并用截面积不小于 $4mm^2$ 的多股铜线连接到接地铜排上，接地铜排应用截面积不小于 $50mm^2$ 的铜缆与保护室内的二次接地网相连。装设静态保护的保护屏间应用截面积不小于 $100mm^2$ 专用接地铜排直接连通；专用接地铜排网仅在一点引出与变电站主接地网可靠连接（必须焊接），连接用绝缘铜绞线截面积不小于 $50mm^2$（如图 3-50 所示）。

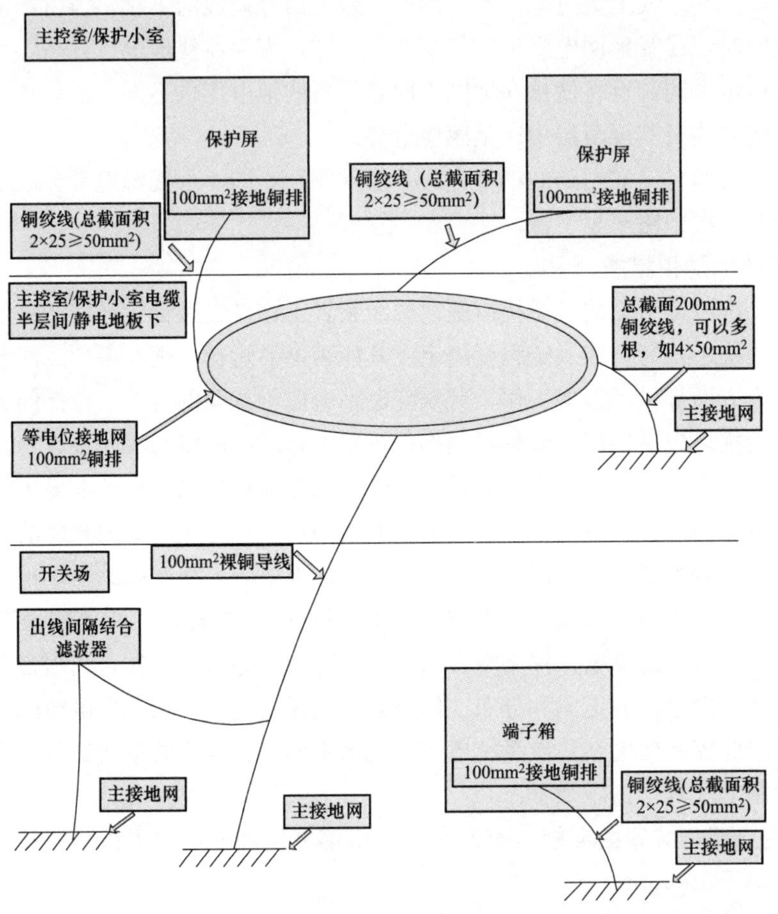

图 3-50 接地示意图

5）为了保证电流互感器接地点和控制电缆屏蔽层可靠接地，开关场端子箱内应装设与箱体绝缘的 $100mm^2$ 接地铜排，再用截面积不小于 $50mm^2$ 的绝缘铜导线与主接地网可靠连接（必须焊接）。电流互感器二次回路接地点和控制电缆屏蔽层应可靠接于接地铜排上。

（2）对二次回路采取的抗干扰措施。随着微机保护和自动装置在电网内的不断应用，为了保障人身和设备的安全以及满足继电保护和控制设备对电磁兼容的要求，通常将设备的外壳以及二次回路电缆的屏蔽层接地，要求在发电厂、变电站控制室内建立起等电位电网，以便很好地与厂、站公共接地网直接连接。按《电力系统继电保护及安全自动装置反事故措施要求》等进行装置、电缆屏蔽层等的接地、能有效降低干扰。

1）纵联保护用高频同轴电缆。高频同轴电缆应在两端分别接地。在主电缆沟敷设一根截面积不小于 $100mm^2$ 专用铜导线，放置在电缆沟的电缆顶部与高频同轴电缆并行；电缆半层间或活动静电地板下，铜导线与 $100mm^2$ 保护专用接地铜排网可靠连接；在开关场侧使用截面积不小于 $50mm^2$ 分支铜导线，分支铜导线分别延伸至各条线路保护用结合滤波器的高频电缆引出端口，距耦合电容器接地点约 3～5m 处焊接于主接地网上。

2）开关场到控制室的电缆线。① 用于集成电路型、微机型保护的电流、电压和信号接点引入线，应采用屏蔽电缆，屏蔽层在开关场与控制室同时接地；各相电流和各相电压线有其中性线应分别置于同一电缆内。②控制电缆宜采用阻燃型屏蔽电缆，屏蔽层应在控制室保护小间、继电保护小室内和开关场两端可靠接地。③不允许用电缆芯两端同时接地方法作为抗干扰措施。④强电和弱电回路不得合用同一根电缆。⑤交流和直流回路不得合用同一根电缆。⑥交流电流、电压回路不得合用同一根电缆。⑦动力线、电热线等强电线路不得与二次弱电回路共用电缆。⑧控制电缆宜采用多芯电缆，应尽可能减少电缆根数。当芯线截面积为 $1.5mm^2$ 时，电缆芯数不宜超过 37 芯。当芯线截面积为 $2.5mm^2$ 时，电缆芯数不宜超过 24 芯。当芯线截面积为 $4mm^2$ 及以上时，电缆芯数不宜超过 10 芯。⑨保护用电缆与电力电缆不应同层敷设。⑩电缆芯线截面的选择应符合要求：电流回路：应使电流互感器的工作准确等级符合继电保护和安全自动装置的要求。无可靠依据时，可按断路器的断流容量确定最大短路电流。通常线路保护交流电流回路电缆芯截面积宜不小于 $2.5mm^2$，母线保护、变压器保护交流电流回路电缆芯截面积应采用 $4mm^2$。电压回路：应保证最大负荷时电缆的电压降不应超过额定二次电压的 3%，通常电缆芯截面积宜不小于 $1.5mm^2$。控制回路：应采用铜芯控制电缆和绝缘导线。按机械强度要求，强电控制回路导线截面积应不小于 $1.5mm^2$，弱电控制回路导线截面积应不小于 $0.5mm^2$。⑪在同一根电缆中不宜有不同安装单位的电缆芯。⑫对双重化保护的交流电流回路、交流电压回路、直流电源回路、双跳闸线圈的控制回路等，两套系统不得合用一根多芯电缆。⑬对经长电缆跳闸的回路，要采取防止长电缆分布电容影响和防止出口继电器误动的措施，如不同用途的电缆分开布置、增加出口继电器动作功率，或通过光纤跳闸通道传送跳闸信号等措施。

4. 其他抗干扰的防护措施

（1）保护用电缆与电力电缆在电缆沟内不应同层敷设，动力线、电热线等强电线路不得与二次弱电回路共用电缆。

（2）到集成电路型保护或微机型保护的交流及直流线，应先经抗干扰电容，然后才进入保护装置，此时：①引入的回路导线应直接焊在抗干扰电容的一端上，抗干扰电容的另一端并接后接到屏的接地端子（或专用铜排）上。②经抗干扰后引入装置的在屏内走线，应远离直流操作回路的导线及高频输入（出）回路的导线，更不得与这些导线捆绑在一起。③引入保护装置逆变电源的直流电源应经抗干扰处理。

（3）弱信号线不得和有强干扰（如中间继电器线圈回路）的导线相邻近。

（4）集成电路及微机保护屏宜采用柜式结构。

（5）所有隔离变压器的一、二次绕组间必须有良好的屏蔽层，屏蔽层应在保护屏可靠接地。

(6) 外部引入至集成电路型或微机型保护装置的空触点，进入保护后应经光电隔离。

(7) 半导体型、集成电路型、微机型保护装置只能以空触点或光耦输出。

(8) 在实施抗干扰措施时应符合相关技术标准和规程的规定。既要保证抗干扰措施的效果，同时也要防止损坏设备。

3.5.2 二次回路中干扰的检测及防护方法

1. 屏蔽的功能和方法

电缆导体通过电流时周围就有电场及磁场。当电磁场达到一定强度时就可能对周围的金属构件或电子设备造成不利影响。为消除影响，人们采取了各种措施将电磁场屏蔽。屏蔽构件的屏蔽效应源于对于电磁波的吸收衰减和反射衰减。对低频电磁波的屏蔽以吸收衰减为主，对高频电磁波的屏蔽以反射衰减为主。

电缆屏蔽结构有多种，如铜丝或钢丝编织，铜带绕包或纵包，铝塑复合带纵包，铅套或铝套，钢带或钢丝铠装等。一般来说，屏蔽体半径小，厚度大，层数多，材质复合交错，则屏蔽效果好。不同材质的屏蔽效应不同，如铜带屏蔽的反射衰减效应好，而钢带屏蔽的吸收衰减效应好。

所有开关场二次电缆都应采用铠装屏蔽电缆，对于单屏蔽层的二次电缆，屏蔽层应两端接地，对于双屏蔽层的二次电缆，外屏蔽层两端接地，内屏蔽层宜在户内端一点接地。以上电缆屏蔽层的接地都应连接在二次接地网上。严禁采用电缆芯两端接地的方法作为抗干扰措施。

2. 二次回路中屏蔽的应用

如图 3-51 所示，按圆筒形导线流过电流时在圆筒内任一点沿同心圆的磁通等于零的原理，屏蔽电缆的芯线上就不会受外部干扰的影响。形象地说，圆筒圆心的磁通等于零是明显的，而在圆心以外的其他点，以对称该点的两点画一直线，直线一侧小的圆弧上的电流源在该点所产生的磁通，可由大的圆弧上的电流源在该点所产生的磁通抵消，从而使该点沿同心圆的磁通等于零。屏蔽控制电缆的干扰源在外导线中电流产生的磁通以虚线同心圆表示，这些磁通的一部分包围控制电缆芯和其屏蔽层（可近似认为包围这两种的磁通相等），称为干扰磁通。它在电缆芯和屏蔽层中感生一电势 E_S，产生屏蔽层电流 I_S。电势 E_s 等于屏蔽层电流在屏蔽层电阻 R_S 和自感抗上 X_s 的电压降落，即

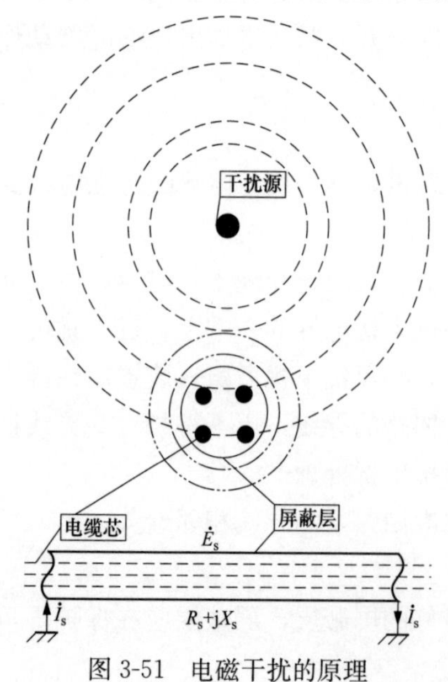

图 3-51 电磁干扰的原理

$$E_S = I_S R_S + j I_S X_S \tag{3-18}$$

屏蔽层电流所产生的磁通包围着屏蔽层，也全部包围着电缆芯，这些磁通和外导线产生的干扰磁

通方向相反，故称为反向磁通，在图 3-51 中以实线同心圆表示。按电磁感应原理可知，在理想情况下，如果屏蔽层电阻为零，这种反向磁通可将干扰磁通全部抵消，即反向磁通在电缆芯中产生的互感电动势 E_r 和干扰磁通在电缆芯中感应的电动势 E_s 大小相等，方向相反。设屏蔽层对电缆芯的互感抗为 X_M，则

$$E_r = -jI_sX_M \tag{3-19}$$

因屏蔽层将电缆芯完全包围在内，故 $X_M = X_S$。从式（3-19）可看出，如果屏蔽层电阻 $R_s=0$，则 $E_s=-E_r$。但是屏蔽层不可能没有电阻，故干扰磁通在电缆芯中感应的电动势不能被抵消的部分为 $E_s+E_r=I_sR_s$，即与屏蔽层的电阻成正比。因此，要有效地消除电磁耦合的干扰，就必须采用电阻系数小的材料如铜、铝等做成屏蔽层。

3. 蔽电缆的屏蔽层两端接地的注意事项

（1）当接地网上出现短路电流或雷击电流时，由于电缆屏蔽层两点的电位不同，使屏蔽层内流过电流，将引起额外的冲击或干扰电压。

（2）当屏蔽层内流过电流时，对每个芯线将产生干扰信号，但电缆芯所在回路为强电回路因而屏蔽层电流产生的干扰信号影响较小。

（3）一端接地时，屏蔽层电压为零，可显著减少静电感应电压；两端接地使电磁感应在屏蔽层上产生一个感应纵向电流，该电流产生一个与主干扰相反的二次场，抵消主干绕场的作用，显著降低磁场耦合感应电压，可将感应电压降到不接地时感应电压的1%以下。

3.6 其他二次回路检测方法

3.6.1 断路器失灵保护及二次回路

1. 断路器失灵保护及回路基本知识

系统发生故障后保护装置正确动作出口，断路器失灵导致故障无法快速切除，或者断路器成功分断故障电流后再次击穿，从电网角度看都是故障点电流一直持续，将极大地危害电网安全，此时需要由断路器失灵保护动作出口跳开相邻断路器。当失灵保护收到保护跳闸命令，且失灵过流元件条件满足，经一定延时动作出口跳开相邻断路器。为防止因现场回路问题，将故障相跳令误发至非故障相的跳闸线圈，导致故障未能及时切除的问题，一般还经过一短延时重跳本断路器三相，避免事故扩大。不做特殊说明，文中所指失灵保护动作延时均指跳开相邻断路器的动作延时。

在 220kV 线路等保护中，如图 3-52 所示，还专门装设有失灵保护，失灵保护最核心的功能是提供一组过流动作触点。在间隔发生故障时候本保护跳闸出口触点 TJ2 动作，故障电流同时使失灵保护的 LJ 也动作，这样失灵启动母差。若本保护在母差动作之前把故障切除，则 TJ、LJ 都返回，母差复归，否则，母差保护将延时出口对应该间隔的母差跳闸触点对其跟跳。若跟跳后该故障还存在，则母差上所有间隔的出口触点全部动作（有些母差保护没有跟跳功能）。

在 220kV 系统中，由于是分相操作，分别提供三相触点，使用时应将三相触点并联，如图 3-52 所示。

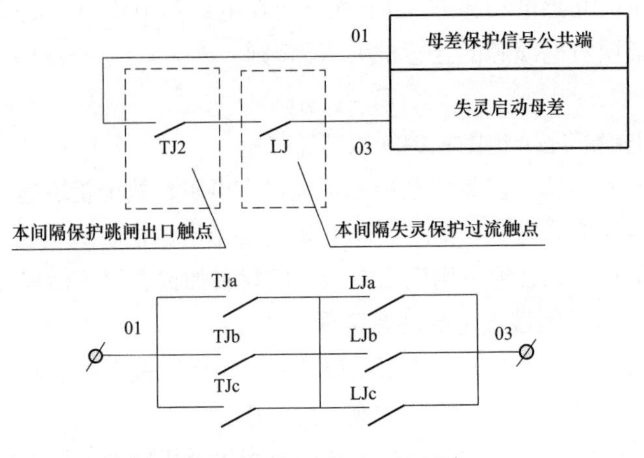

图 3-52　失灵启动母差回路

2. 断路器失灵保护及回路检测方法

首先，退出线路保护屏柜Ⅰ、Ⅱ的所有压板，投入断路器保护装置的失灵功能压板，投入失灵总启动压板；其次，通过试验仪，采用时间控制故障电流输出，可适当延长保护加量时间，以便用万用表测量相关接点的通断情况。最后，在 A 相电流大于失灵启动电流值，用万用表在保护屏测量失灵启动接点导通，当失灵总出口压板退出时，A 相失灵启动接点由导通变成不通。同理，可以检查 B、C 相失灵启动接点导通情况。

3.6.2　断路器三相不一致保护及二次回路

1. 断路器三相不一致保护及二次回路基本知识

在有些失灵保护中还提供了不一致保护功能，不一致又叫非全相，反应在断路器处于单相或两相运行的情况下是否要把运行相跳开，如图 3-53 所示。

只要断路器三相不全在跳闸位置或者合闸位置，非全相保护都要启动，经定值整定是否跳闸。

当 A、B、C 任一相 TWJ 开入动作，且该相无电流时，确认为该相开关在跳闸位置；当任一相在跳闸位置而三相不全在跳闸位置，则确认断路器处于三相不一致状态。不一致保护可经零序、负序电流开放，由“不一致经零负序电流”控制字投退。

当不一致保护功能投入时，若断路器处于三相不一致状态，且满足不一致保护开放条件，经“三相不一致保护时间”延时，不一致保护动作，出口跳开本断路器。不一致保护动作可选择是否启动失灵，由控制字“不一致启动失灵”控制。

断路器本体三相位置不一致保护采用的时间继电器质量良好，继电器时间刻度范围 0～5s 连续可调，刻度误差与时间整定值偏差小于或等于±0.5s，且保证在强电磁环境运行不易损坏，不发生误动、拒动。不满足上述要求的时间继电器必须更换。该保护用跳闸出口重动继电器宜采用启动功率不小于5W、动作电压介于55%～65%U_e、动作时间不小于10ms的中间继电器。断路器本体三相位置不一致保护宜装设三块连接片：本体三相不一致保护投入连接片、本体三相不一致保护跳第一组跳闸线圈连接片、本体三相不一致保护跳第二组跳闸线圈连接片，至少应装设本体三相位置不一致保护投退连接片。连接片装在断路器汇控箱内。

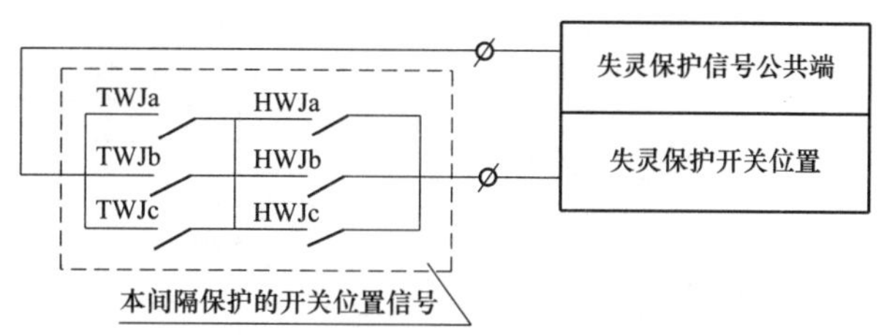

图3-53 断路器三相不一致回路

2. 断路器三相不一致保护及二次回路检测方法

(1) 重合闸方式把手打到综重方式，每次模拟故障前均等待重合闸充电完成；

(2) “不一致经零负序电流”置0；

(3) 给上任一相跳闸位置开入，并且该相无电流，持续时间2000ms；

(4) 装置面板上相应跳闸灯亮，液晶上应显示“三相不一致保护动作”；

(5) 恢复“不一致经零负序电流”控制字为默认实验定值；

(6) 加不一致零序过流值的1.05倍零序电流，同时给上任一相跳闸位置开入（该相应无流），持续时间2000ms；

(7) 装置面板上相应跳闸灯亮，液晶上应显示“三相不一致保护动作”；

(8) 加不一致零序过流值的0.95倍零序电流，同时给上任一相跳闸位置开入（该相应无流），持续时间2000ms，不一致保护应不动作；

(9) 不一致保护零序过流定值整定为最大；

(10) 加不一致负序过流值的1.05倍负序电流，同时给上任一相跳闸位置开入（该相应无流），持续时间2000ms；

(11) 装置面板上相应跳闸灯亮，液晶上应显示“三相不一致保护动作”；

(12) 加不一致负序过流值的0.95倍负序电流，同时给上任一相跳闸位置开入（该相应无流），持续时间2000ms，不一致应不动作。

3.6.3 综合重合闸二次回路

1. 综合重合闸二次回路基本知识

220kV断路器属于分相操动机构，因此重合闸就分停用、单相重合闸、三相重合闸和综合重合闸四种方式，由装设在保护屏的重合闸把手开关人工切换。这四种方式的动作特征如下：单重：单相故障单跳单重，多相故障三跳不重。三重：任何故障都三跳三重。综重：单相故障单跳单重，多相故障三跳三重。停用：单相故障单跳不重，多相故障三跳不重。

当选择停用方式时，仅仅是将该保护的重合闸功能闭锁，而不是三跳，这是因为220kV线路是双保护配置，一套重合闸停用，另一套重合闸可能是在单重方式下运行，所以本保护不能够三跳。如果重合闸全部停用，为了保证在任何故障情况下都三跳，必须把“勾通三跳连接片”投上，如对于220kV旁路开关只有一套保护，所以要停用重合闸就必须先将“勾三连接片”投入。整个回路如图3-54所示。

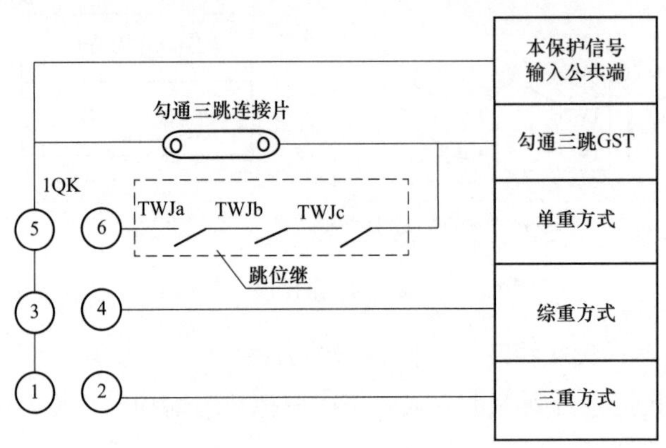

图3-54　综合重合闸回路

勾通三跳信号闭锁了重合闸，相当于把重合闸放电，切换在单重方式时引入断路器跳位触点是为了当断路器三跳时也能闭锁重合。

在220kV断路器的操作回路中，还设有跳闸R端子和跳闸Q端子。它们是为外部其他保护对本断路器跳闸出口触点而设计。跳闸后要启动重合闸的其他保护出口触点接Q端子，跳闸后将重合闸闭锁的接R端子（如母差跳闸）。在110kV断路器操作回路中与其对应的是保护跳闸和手动跳闸端子。

2. 综合重合闸检测方法

（1）单相自动重合闸。

1）重合闸方式把手打到单重方式。

2）加正常运行状态电压和电流，使保护报警灯灭，重合闸充电灯亮。

3）加单相故障电流，同时加入对应相跳闸开入，持续时间100ms。

4）故障电流及跳闸开入消失后，经单重时间定值延时，重合闸信号灯亮，液晶屏显示“重合闸动作”。

5）加正常运行状态电压和电流，使保护报警灯灭，重合闸充电灯亮。

6）加两相或三相故障电流，同时加三个分相跳闸开入，重合闸应不动作。

（2）三相自动重合闸。

1）重合闸方式把手打到三重方式。

2）加正常运行状态电压和电流，使保护报警灯灭，重合闸充电灯亮。

3）加三相故障电流，同时加三个分相跳闸开入，持续时间100ms。

4）故障电流及跳闸开入消失后，经三重时间定值延时，重合闸信号灯亮，液晶显示“重合闸动作”。

(3) 综合重合闸。

1) 重合闸方式把手打到综重方式。

2) 加正常运行状态电压和电流,使保护报警灯灭,重合闸充电灯亮。

3) 加单相故障电流,同时加入对应相跳闸开入,持续时间 100ms。

4) 故障电流及跳闸开入消失后,经单重时间定值延时,重合闸信号灯亮,液晶屏显示“重合闸动作”。

5) 加正常运行状态电压和电流,使保护报警灯灭,重合闸充电灯亮。

6) 加三相故障电流,同时加三个分相跳闸开入,持续时间 100ms。

7) 故障电流及跳闸开入消失后,经三重时间定值延时,重合闸信号灯亮,液晶显示“重合闸动作”。

3.6.4 变压器瓦斯保护及其二次回路

变压器瓦斯保护具有动作快、灵敏度高、结构简单,能反映变压器油箱内部各种类型的故障,特别是当绕组短路匝数很少时,故障循环电流很大,可能造成严重过热,但外部电流变化很小,各种反映电流的保护难以动作,瓦斯保护对这种故障具有特殊优越性。瓦斯继电器是变压器重要的主保护,安装在变压器储油柜下的油管中。

轻瓦斯主要反映在运行或者轻微故障时由油分解的气体上升入瓦斯继电器,气压使油面下降,继电器的开口杯随油面落下,轻瓦斯干簧触点接通发出信号,当轻瓦斯内气体过多时,可以由瓦斯继电器的气嘴将气体放出。

重瓦斯主要反映在变压器严重内部故障(特别是匝间短路等其他变压器保护不能快速动作的故障)产生的强烈气体推动油流冲击挡板,挡板上的磁铁吸引重瓦斯干簧触点,使触点接通而跳闸。瓦斯继电器,油管半径通常为 25mm、50mm 及 80mm。

轻瓦斯试验:将瓦斯继电器放在实验台上固定,(继电器上标注箭头指向油枕),打开实验台上部阀门,从实验台下面气孔打气至继电器内部完全充满油后关闭阀门,放平实验台,打开阀门,观察油面降低到何处刻度线时轻瓦斯触点导通,轻瓦斯定值一般为 250~350mm,若轻瓦斯不满足要求,可以调节开口杯背后的重锤改变开口杯的平衡来满足需求。

重瓦斯试验(流速实验):从实验台气孔打入气体至继电器内部完全充满油后关上阀门,放平实验台,打开实验台表计电源,选择表计上的瓦斯孔径档位,测量方式选在“流速”,再继续打入气体,观察表计显示的流速值为整定值止,快速打开阀门,此时油流应能推动挡板将重瓦斯触点导通。重瓦斯定值一般为 1.0~1.2m/s,若重瓦斯不满足要求,可以通过调节指针弹簧改变挡板的强度来满足需求。

密闭试验:同上面的方法将起内部充满油后关上阀门,放平实验台,将表计测量方式选在“压力”,打入气体,观察表计显示的压力值数值为 0.25MPa,保持该压力 40 分钟,检查继电器表面的桩头跟部是否有油渗漏。

3.6.5 主变风机回路

图 3-55 所示了主变压器风机控制的一般回路。ZK 是选择“自动”/“手动”把手开

关，C 是交流接触器，BK 是单组风机的电源开关，RT 是风机的热耦，WJ 是主变压器温度计，一般设计为两个值 45℃和 55℃，55℃时风机启动，45℃时风机返回。GFL 是主变压器后备保护提供的过负荷触点，作过负荷启动风机用（可以将三侧后备保护的 GFL 触点并联使用)。因此风机启动方式有三种：

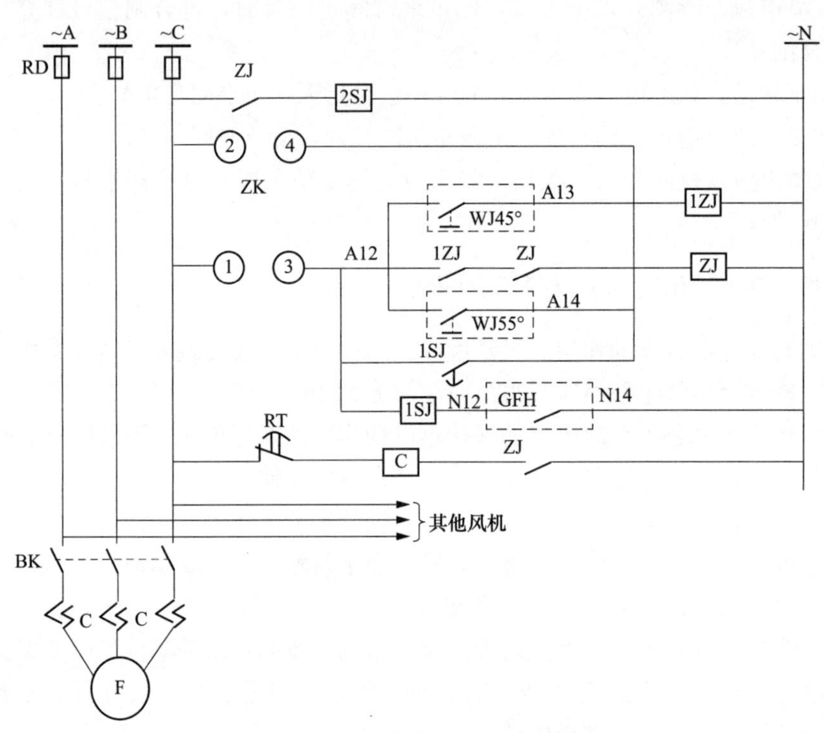

图 3-55 主变压器风机控制一般回路

(1) 手动启动方式。ZK 的 2、4 直接启动 ZJ，ZJ 启动 C。

(2) 温度启动方式。ZK 的 1、3 接通，温度超过 45℃时 1ZJ 动作，超过 55℃时 ZJ 动作，1ZJ 与 ZJ 的触点对 ZJ 线圈自保持，一直需要温度下降到 45℃以下，1ZJ 断开时才返回。

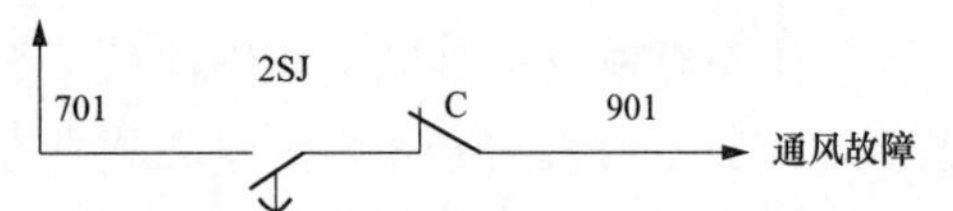

图 3-56 主变压器风机故障信号回路

(3) 过负荷启动方式。主变压器过负荷时，启动时间继电器 1SJ，延时启动 ZJ。

2SJ 作用是延时报风机故障信号，如图 3-56 所示。其中 220kV 主变压器风机启动方式与 110kV 主变压器原理完全一致。主要区别有两点：

(1) 220kV 主变压器温度计提供两组温度启动触点，各个风机可以根据事先把手开关设定的“温度Ⅰ”或“温度Ⅱ”在不同的温度逐一投入。

(2) 把手开关还设有“辅助”档，当运行的风机因故停止工作时，把手开关在辅助挡风机将自动投入运行。

因为 220kV 主变压器风机控制二次回路比较复杂，这里就不再画出，需要时可以参考厂家提供图纸。

智能变电站二次回路检测技术

4.1 智能站二次回路概述

智能变电站是采用先进、可靠、集成、低碳、环保的智能设备，以全站信息数字化、通信平台网络化、信息共享标准化为基本要求，完成信息采集、测量、控制、保护、计量和监测等基本功能，并可根据需要支持电网实时自动控制、智能调节、在线分析决策、协同互动等高级功能的变电站。其中，高可靠性的二次设备是智能变电站坚强的基础，设备信息数字化、功能集成化、结构紧凑化是发展方向。

4.1.1 智能变电站虚拟二次回路

智能变电站是由智能化一次设备、智能化辅助设备和网络化二次设备分层构建，建立基于 IEC 61850 标准，实现智能电气设备之间信息的共享以及互操作的现代化变电站。智能变电站取消了除就地一次机构回路外的二次电缆，采用光纤传输 IEC 61850 数字信号，传统的二次回路不复存在，取而代之的是基于变电站配置描述文件的二次虚回路，IED 模型、IED 设备之间的连接关系以及通信参数全部由变电站配置描述 SCD 文件进行描述，SCD 文件是变电站最为重要的文件。

智能变电站分为站控层、间隔层与过程层。

(1) 站控层（变电层）：包括站控系统、科研工作台及与调度中心的通信系统。

(2) 间隔层：包括测量、控制器件及继电保护器件。

(3) 过程层（设备层）：主要指智能变电站内的变压器、断路器，隔离开关及其辅助触点等。

近年来，智能变电站在电网系统中广泛应用。与常规变电站比较，智能变电站具有广泛的技术优势，主要表现在三个方面：

(1) 一次设备智能化。一次设备智能化是指使用智能一次设备替代常规一次设备。在实际应用中，电子式互感器、合并单元作为智能一次互感器，智能终端作为智能一次开关的组成部分。

(2) 通信规约标准化。设备间的通信采用统一的面向对象的 IEC 61850 规约标准。通过 MMS 规约传递站控层信息，过程层采用 GOOSE 规约传递状态信息，采用 SV 9-2 规约传递采样值信息。

(3) 数据通信网络化。“三层两网”的网络架构形成了过程层设备、间隔层设备和站控层设备。过程层设备和间隔层设备之间形成过程层网络，间隔层和站控层设备之间形成站控层网络。

智能变电站与常规变电站系统结构图如图 4-1 所示。

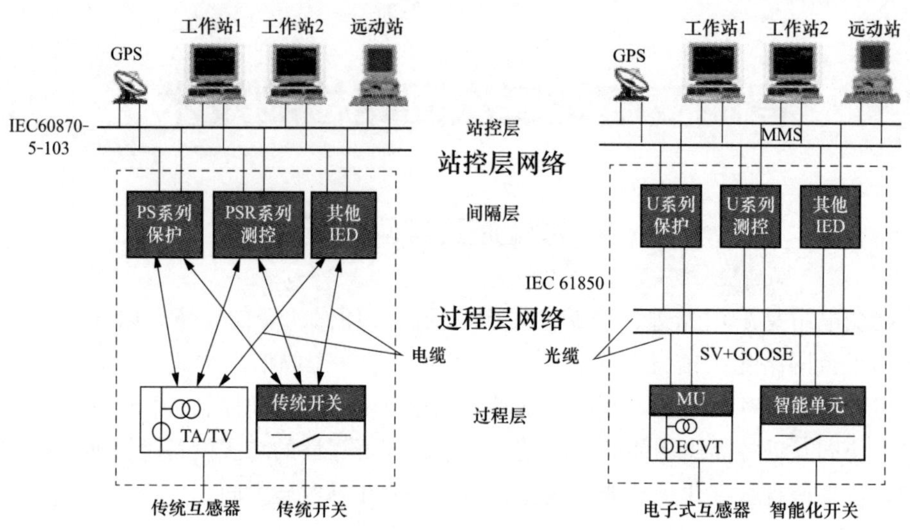

图 4-1　传统变电站与智能变电站结构图

对比智能变电站与常规变电站系统结构图，可以看出：过程层一次设备智能化，使用合并单元、智能终端后，一次设备传输的数据由电信号转变为光纤数字信号。间隔层保护、测控设备的通信接口也随之发生变化，由常规电气量接入设备转变为能够发送、接收光纤数字信号的智能 IED 设备。

由此，间隔层设备和过程层设备的电气量电缆连接的二次回路完全被光纤数字信号过程层通信网络所取代，传统的电气量二次回路消失了。

电气量二次回路消失后，智能 IED 设备间仍然在进行着有效的数据交互。变电站二次回路本身并未消失，而是从一种介质传递方式（电缆）转变为另一种介质传递方式（光纤），二次回路被虚拟化了，这种虚拟化的二次回路称之为虚拟二次回路。

4.1.2　智能变电站二次回路检测工作

（1）智能变电站模型管控。IEC 61850 模型、二次设备配置等配置信息在智能变电站工程建设及改扩建中经常修改，为防止因模型配置错乱导致智能变电站运行维护出现问题，需要加强对模型等配置文件的管控和变更涉及分析。通过模型文本及模型所描述的业务如虚回路等分析比较及可视化展示，可快速查看不同版本的模型变化及影响，并解决由传统电缆端子二次回路到由光纤通信回路中二次虚回路“看不见、摸不着”问题。

（2）二次设备全景信息采集及可视化展示。保护设备、测控等智能装置可送出硬件信息、软件信息、装置运行工况、二次设备开入开出压板、链路状态等自检信息，可通过 MMS 网采集。对于过程层设备在线监测信息，通过间隔层测控装置或保护装置可采集部分过程层设备及通信回路的在线监测数据。长期以来，对过程层交换机、过程层设备与保护设备之间、保护设备之间的 GOOSE/SV 通信状态不能进行直接采集，因此需要采取类似网分或综合测控装置等技术手段实现对过程层设备在线监测信息的采集和过程层 GOOSE 及 SV 报文的监视分析处理，实现对通信链路监测和诊断分析。进一步，将这些设备运行工况信息、网络通信回路、虚回路、SCD 模型、设备业务信息、设备监测预警诊断等在线监测信息基于图模库一体化平台，根据业务运行逻辑和实际物理部署情况，可视化展示给用户，提高智能变电站二次系统的可观测性。

（3）二次系统诊断分析。随着对智能变电站运行可靠性要求的提高，为了减少人员的运维工作量，需要提前预测二次设备在线监测运行状态，将定期检修或事故后检修转变为预防式检修；并对故障进行定位和提供辅助决策，从而提高运维效率和管理水平。通过设备间的网络通信状态监测和通信报文分析可监测设备间的信息通信状况，结合变电站信息流量统计分析，诊断分析网络运行状况，解决仅靠物理端口状态无法完全判断通信回路是否正常的问题；从而对二次系统的控制回路、测量回路及网络通信回路等进行全过程的闭环诊断分析。基于二次设备自检信息对二次设备本体影响业务运行的关键数据进行监测预警，如通过对光纤光强、装置温度、电源电压、同源电气测量数据等数据进行事故前监测分析来预警及故障预防；二次系统出现故障后，结合控制回路、测量回路、通信回路、设备本体信息以及对设备运行信息的统计分析数据，对故障进行定位，从整体上可提高和加强由“三层两网”组成的二次设备网络系统的感知能力、诊断分析能力和运维管理水平。

4.2 智能站虚拟二次回路的技术特点

4.2.1 虚拟二次回路数字信号特征

虚拟二次回路，又称虚端子回路（virtual terminator）描述 IED 设备的 GOOSE、SV 输入、输出信号连接点的总称，用以标识过程层、间隔层及之间联系的二次回路信号，等同于传统变电站的屏端子。

实际工程应用时，在变电站的设计阶段，根据一次、二次系统指定设计各 IED 设备间的虚端子连线，形成变电站虚拟二次回路。

SV、GOOSE 是虚拟二次回路的报文规约格式。过程层虚拟二次回路中用于数据交互的信息包括采样值信息和保护状态、控制信息两类，分别用 SV 采样值报文来描述采样值数字信息，用 GOOSE 报文来描述保护状态、控制信息。

1. SV 报文特征

（1）SV 报文结构。SV（sample Value）IEC 61850 标准中 PART 9 部分定义了抽象服务映射采样值报文通信机制。

IEC 61850-9-2 报文结构的编码特点和分析方法。通过报文分析仪截取合并单元发送的一段 SV 报文如图 4-2 所示。

对截获的 SV 报文做结构性的解析测试。如图红色框图部分标注，SV 报文分为 5 个大的结构体：①SV 帧格式；②SV 帧结构；③SV 通信参数；④SV 采样数据集；⑤SV 源码。

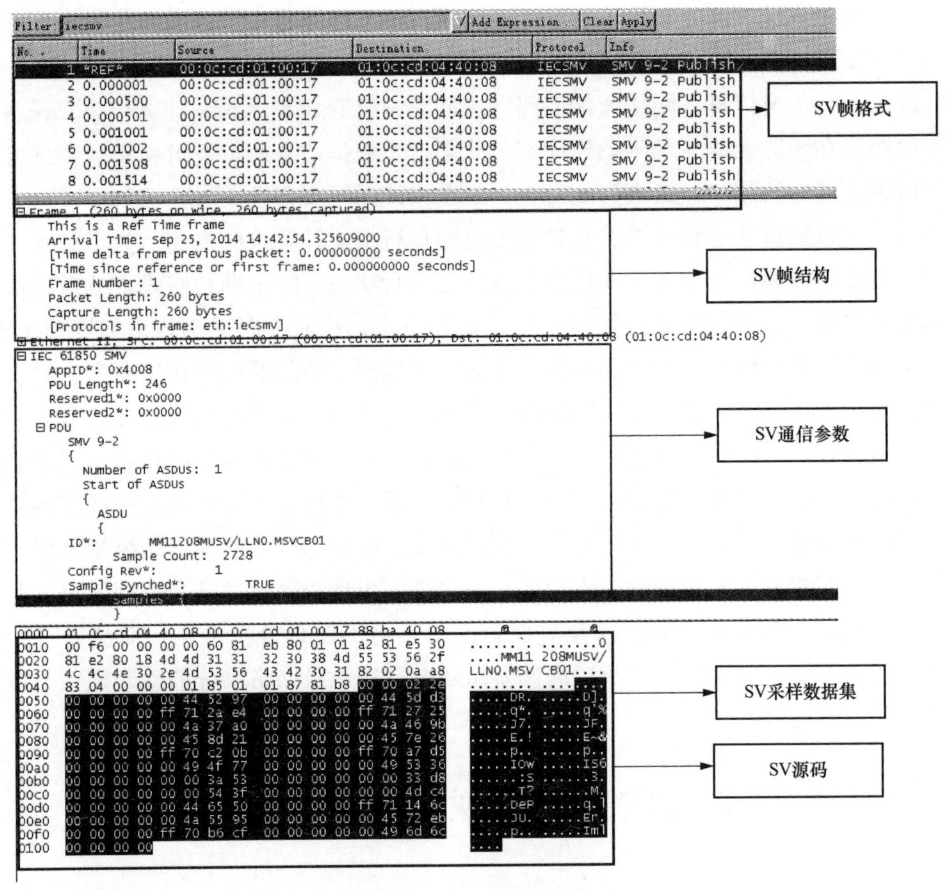

图 4-2　SV 报文结构图

① SV 帧格式包括该帧报文接收的时间、源 MAC 地址、目的 MAC 地址、报文规约类型。源 MAC 地址为单播地址，目的 MAC 地址为组播（多播）地址。在工程应用中目的 MAC 地址是发布订阅接收关系建立的重要参数。

② SV 帧结构记录了该帧报文到达时间，与上帧报文时间间隔，与第一帧报文时间间隔，报文帧字节数及规约类型。

③ SV 通信参数是报文的重要组成部分。包含大量参数信息，具体含义及功能如表 4-1 所示。

表 4-1　　SV 通信参数定义表

参数名称	含义	功能
APPID	应用标识	通信建立的重要参数。发布和订阅方需匹配。
PDU Length	PDU 字节长度	表示该帧报文的字节长度。
Number of ASDUS	ASDU 数	
svID	SV 标识	
smpCnt	采样计数器	
confRev	版本	
Samples	采样数据集	

④ SV 采样值以 SV 源码形式表示。在分析 SV 源码格式后分析。

⑤ SV 源码遵循 ASN. 1 编码规则。

基本编码规则的传输语法具有 TLV（Type，Length，Value）（类型，长度，值）或（Tag，Length，Value）（标记，长度，值）这样的三元组格式，如图 4-3 所示。所有域（T、L 或 V）都是一系列的 8 位位组，如果需要，值 V 可以再次伪造为 TLV 三元组。

传输语法是基于 8 位位组和面向“Big Endian（高字节在前）”的。长度域 L 定义了每个 TLV 三元组的长度。

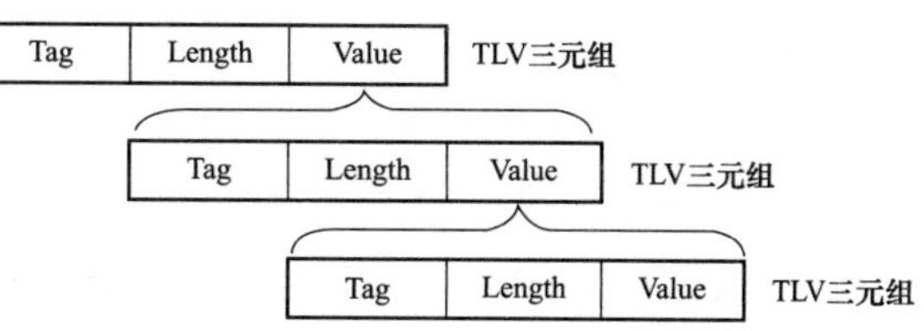

图 4-3　基本编码规则格式

表 4-2　　SV 报文 PDU 字段 ASN. 1 编码解析表

			T	L	V
APDU	APDU 数据		T	L	V
	APDU 数据		标记=60H	L	Value
	ASDU 数目		标记=80H	L	Value
	ASDU 数据	Sequence of ASDU	标记=A2H	L	Value
		ASDU1	标记=30H	L	Value
		SVID	标记=80H	L	Value（字符串）
		DataSet 数据集（可选）	标记=81H	L	Value
		smpCnt 样本计数器	标记=82H	L	Value（0～3999）
		confRev 配置版本号	标记=83H	L	Value（默认 01）
		refrTm 刷新时间（可选）	标记=84H	L	Value
		smpSynch 同步标志	标记=85H	L	Value（00 or 01）
		smpRate 采样率（可选）	标记=86H	L	Value
		Sequence of data 采样值	标记=87H	L	Value（采样值字节长度）
				通道 1	数据+品质 03 4c 6b 7f 00 00 00 00
				通道 2	数据+品质
				……	
				通道 n	数据+品质

（2）SV 发送机制。IEC 61850-9-2 标准中定义了采样值的采样率为每秒 4000 帧，由于采样值报文为离散数字信号，为保证数字信号转换模拟信号准确，报文间的时域离散性必须保证等间隔均匀分布，即需保持良好的离散性。1s 时间间隔需发送 4000 帧报文，可推算每两个连续帧的时间间隔为 1/4000=250μs。合并单元发送采样值需满足 250μs 的离散理论值，允许误差为±10μs。

（3）SV 接收机制。匹配目的 MAC 地址、SVID、APPID、版本、数据集通道数、品质一致性。以上参数发送方与接收方完全匹配一致时 SV 通信建立。

2. GOOSE 报文特征

（1）GOOSE（Gereral Object Oriented Substation Events）IEC 61850 标准中

PART 8 部分定义了面向对象的通用变电站事件报文通信机制。通过网络分析仪截取智能设备发送的一段 GOOSE 报文如图 4-4 所示。

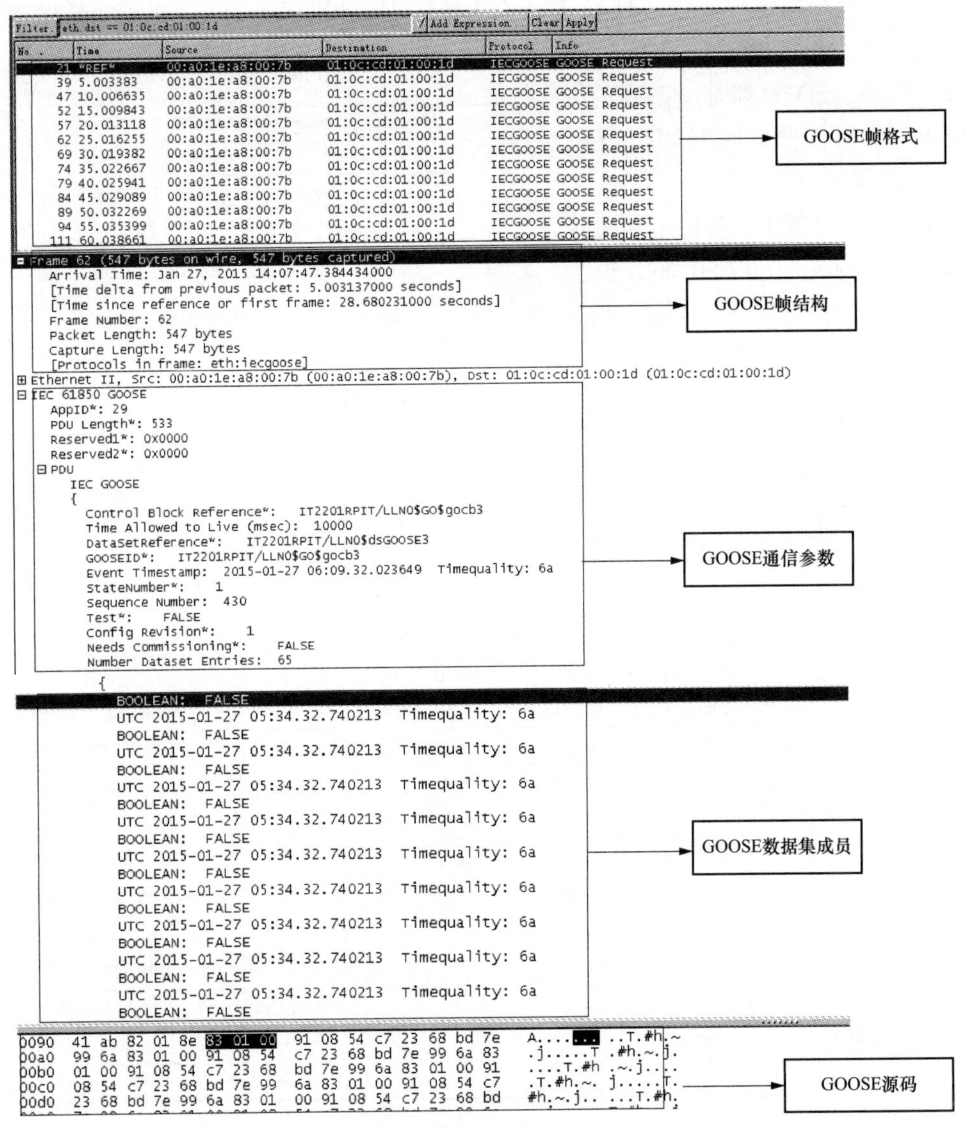

图 4-4　GOOSE 报文结构图

对截获的 GOOSE 报文做结构性的解析测试。如图 4-4 框图部分标注，GOOSE 报文分为 5 个大的结构体：GOOSE 帧格式、GOOSE 帧结构、GOOSE 通信参数、GOOSE 数据集成员、GOOSE 源码。

① GOOSE 帧格式包括该帧报文接收的时间、源 MAC 地址、目的 MAC 地址、报文规约类型。源 MAC 地址为单播地址，目的 MAC 地址为组播（多播）地址。在工程应用中目的 MAC 地址是发布订阅接收关系建立的重要参数。

② GOOSE 帧结构记录了该帧报文到达时间，与上帧报文时间间隔，与第一帧报文时间间隔，报文帧字节数及规约类型。

③ GOOSE通信参数是报文的重要组成部分。包含大量参数信息，具体含义及功能如表4-3所示。

表4-3　　GOOSE通信参数定义表

参数名称	含义	功能
APPID	应用标识	通信建立的重要参数。发布和订阅方需匹配
PDU Length	PDU字节长度	表示该帧报文的字节长度
Control Block Reference	控制块路径	发布和订阅方需匹配
Time Allow to Live（TTL）	允许生存时间	表示GOOSE帧实际存在的最大允许时间。单位为ms
DatasetReference	数据集路径	通信建立的重要参数。发布和订阅方需匹配
GOOSEID	GOOSE标识	通信建立的重要参数。发布和订阅方需匹配
Event Timestamp	事件时间戳	表示GOOSE报文的时间。采用UTC（格林威治时间）时间表示。时间品质Timequality决定对时状态
State Number	状态号	初始值为1发生变位后+1
Sequence Number	顺序号	初始值为1发生变为后清0
Test	检修标识位	检修态时为TRUE
Config Revision	版本	通信建立的重要参数。发布和订阅方需匹配
Needs Commisioning	是否需要授权	保留字段，默认为FALSE。GOOSE解析时暂不处理
Number Dataset Entries	数据集成员数	通信建立的重要参数。发布和订阅方需匹配

④ GOOSE数据集成员表示GOOSE帧所包含的数据集信息。数据成员类型包括BOOL类型、BITSTRING类型、INT类型、FLOAT类型。不同类型表示的应用场合不同。GOOSE数据集成员类型如表4-4所示。

表4-4　　GOOSE数据集成员类型表

类型	值	应用
BOOL	1、FALSE：0 2、TRUE：1	单点信息。一切非0及1非的信号采用BOOL类型表示。例如：保护动作信号、普通遥信信号，告警自检信号
BITSTRING	1、00（00）中间态 2、01（40）分位 3、10（80）合位 4、11（C0）无效态	双点信息。一次开关刀闸的位置信号在电力系统检测中十分重要。由于开关刀闸在分与合过程中存在中间状态，需用十六进制字节表示
INT	0、1、2…16…	表示变压器本体档位值
FLOAT	20.0000	检测外部环境温度、湿度、主变压器绕组油温等状态监测信息

不同GOOSE类型报文如图4-5所示。

值得注意的是，对于BITSTRING的表示方法，不同报文解析工具表达方式不同。其原因如下：

中间态：00 00 00 00

分位：　01 00 00 00

合位：　10 00 00 00

无效态：11 00 00 00

```
Data
{
  BOOLEAN:  TRUE
  BOOLEAN:  TRUE
  BOOLEAN:  FALSE
  BOOLEAN:  FALSE
  BOOLEAN:  TRUE
  BOOLEAN:  FALSE
  BOOLEAN:  FALSE
  BOOLEAN:  FALSE
  BOOLEAN:  FALSE
  BOOLEAN:  FALSE
```

(a)

```
Data
{
  INTEGER:  16
  BOOLEAN:  FALSE
  BOOLEAN:  FALSE
  BOOLEAN:  FALSE
  BOOLEAN:  FALSE
  BOOLEAN:  FALSE
  BOOLEAN:  FALSE
  BOOLEAN:  FALSE
  BOOLEAN:  FALSE
```

(b)

```
Data
{
  FLOAT:  18.032000
  FLOAT:  22.650999
  FLOAT:  12.732000
  FLOAT:  0.000000
  FLOAT:  0.000000
  FLOAT:  0.000000
  FLOAT:  0.000000
```

(c)

```
allData: 18 items
  Data: bit-string (4)
    Padding: 6
    bit-string: 00
  Data: bit-string (4)
    Padding: 6
    bit-string: 40
  Data: bit-string (4)
    Padding: 6
    bit-string: 80
  Data: bit-string (4)
    Padding: 6
    bit-string: c0
```

(d)

```
Data
{
  BITSTRING:
      BITS 0000 - 0015: 0 0
  BITSTRING:
      BITS 0000 - 0015: 0 1
  BITSTRING:
      BITS 0000 - 0015: 1 0
  BITSTRING:
      BITS 0000 - 0015: 1 1
```

(e)

图 4-5　GOOSE 报文数据类型

(a) BOOL 类型；(b) INT 类型；(c) FLOAT 类型；(d) BITSRING 类型 (MMS Etheral)；
(e) BITSRTING 类型 (Wireshark)

高字节的 2 位为实际有效位。其余为保留位，补 0 处理。MMS Etheral 工具解析时只处理高字节有效位，因此解析出的双点信息表达为：00、01、10、11。Wireshark 工具解析处理所有字节。因此解析出的双点信息表达式为：00、40、80、C0。

⑤ GOOSE 源码遵循 ASN. 1 编码规则，编码规则同 SV，如表 4-5 所示。

表 4-5　　GOOSE 报文 PDU 字段 ASN. 1 编码解析表

GOOSE PDU	61	L	值		
GOOSE 控制块路径 Control Block Reference			80	L	值
允许生存时间 Time Allow to Live (TTL)			81	L	值
数据集路径 DatasetReference			82	L	值
GOOSE 标识 GOOSEID			83	L	值
时标 Event Timestamp			84	L	值
状态号 State Number			85	L	值

续表

GOOSE PDU	61	L	值				
顺序号 Sequence Number			86	L	值		
检修位 Test			87	L	值		
版本 Config Revision			88	L	值		
授权信息 Needs Commisioning			89	L	值		
数据集成员数 Number Dataset Entries			8A	L	值		
					83	L	BOOL 值
					83	L	BOOL 值
					83	L	BOOL 值
					…	…	…
					83	L	BOOL 值
					84	L	BITSTRING 值
					86	L	INT 值
					87	L	浮点值

（2）GOOSE 发送机制。GOOSE 发送有两个关键时间参数。T_0 时间间隔（心跳时间）和 T_1 时间间隔（变位时间）。当 GOOSE 映射的状态量信息不发生变化时，GOOSE 报文按照 T_0 时间发送报文，即心跳报文。当 GOOSE 状态量发生变化（保护动作跳闸，遥信变位等）时，GOOSE 启动重发变位报文机制，即变位报文。变位报文为保证订阅方可靠接收，需连续发送 5 帧报文，报文时间间隔为 T_1、T_1、$2T_1$、$4T_1$。在 IEC 61850 标准中原引了下图所示的原理来描述 GOOSE 事件传输时间。

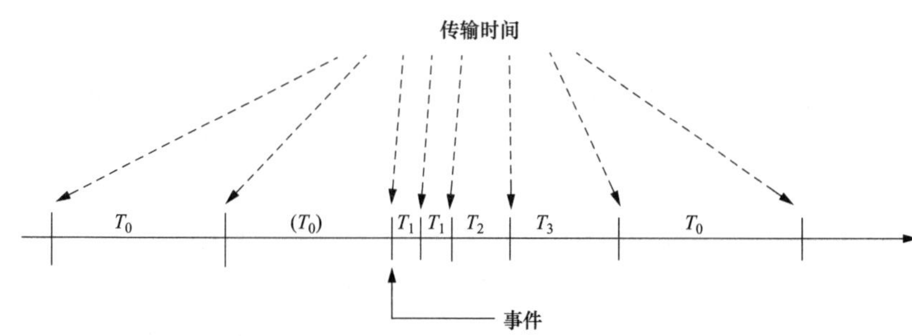

图 4-6　GOOSE 发送机制

在工程标准化应用中进一步明确定义了 $T_0=5s$，$T_1=2ms$。

设备上电，GOOSE 初始化。State Number（stNum）=1，Sequence Number（sqNum）=1。当 GOOSE 在心跳阶段时，变量满足

$$\begin{cases} stNum'=stNum \\ sqNum'=sqNum+1 \end{cases}$$

GOOSE 发生变位时，第一帧变位报文变量满足

$$\begin{cases} stNum'=stNum+1 \\ sqNum=0 \end{cases}$$

GOOSE心跳及变位报文的动态处理机制如图4-7所示。

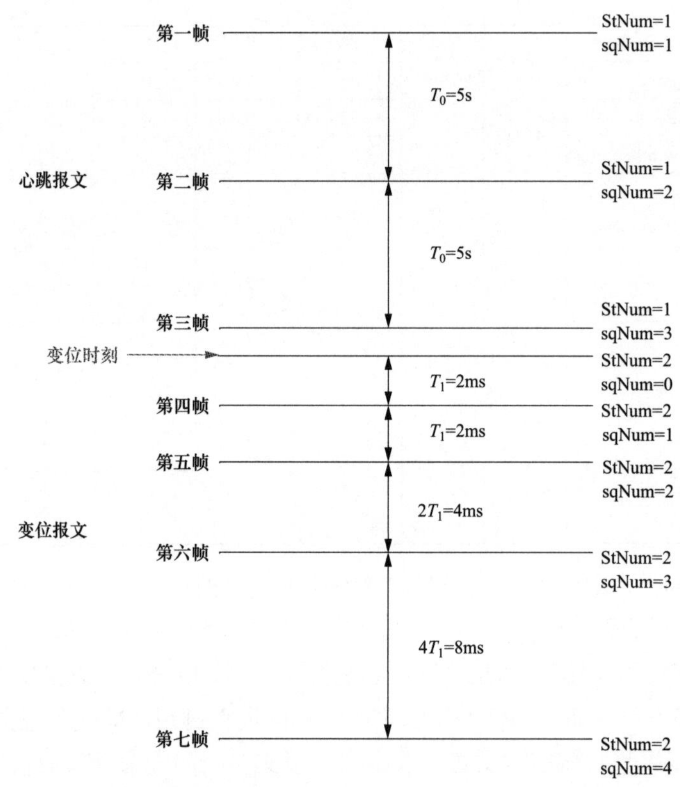

图4-7　GOOSE报文动态处理机制

（3）GOOSE接收机制。

1）GOOSE订阅的关键性参数包括：MAC地址、AppID、GOID、GOCBRef、DataSetReference、ConfRev。这些参数发布方和订阅方必须完全匹配才能保证GOOSE报文正确接收。

2）GOOSE报文接收时应考虑通信中断或者发布者装置故障的情况，当GOOSE通信中断或配置版本不一致时，GOOSE接收信息宜保持中断前状态。

3）装置的GOOSE接收缓冲区接收到新的GOOSE报文，首先比较新接收帧和上一帧GOOSE报文中的StNum参数是否相等。若两帧GOOSE报文的StNum相等，继续比较两帧GOOSE报文的SqNum的大小关系，若新接收GOOSE帧的SqNum大于上一帧的SqNum，丢弃此GOOSE报文，否则更新接收方的数据。若两帧GOOSE报文的StNum不相等，更新接收方的数据。GOOSE接收机制如图4-8所示。

4.2.2　虚拟二次回路标准化配置

智能变电站应用的二次设备都是IED智能电子设备，设备间的数据交互基于SCL（变电站结构语言）配置文件。智能变电站的SCL配置文件共五类，如表4-6所示。

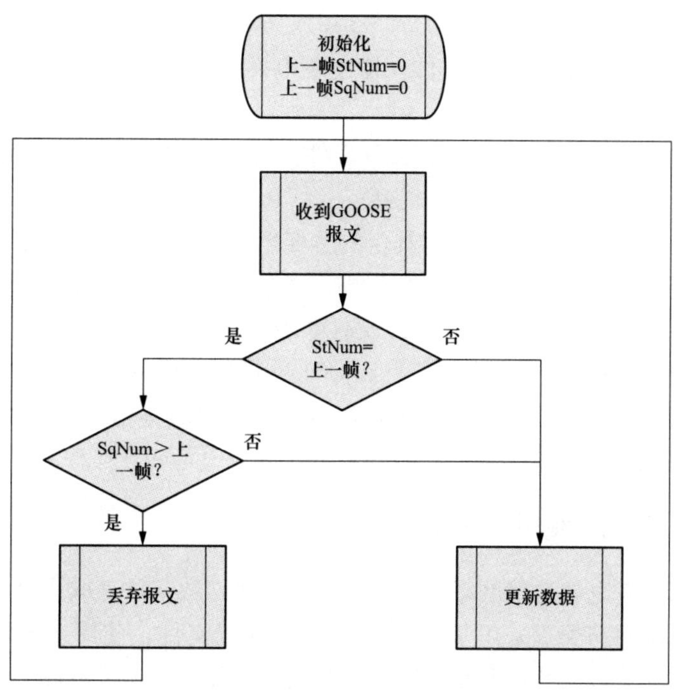

图 4-8　GOOSE 接收机制

表 4-6　　智能变电站 SCL 配置文件

序号	配置文件	含义
1	ICD	IED 能力描述文件
2	CID	IED 实例化配置文件
3	SSD	一次系统规格化配置文件
4	SCD	全站系统配置文件
5	CCD	IED 回路实例配置描述文件

需要加载工程实例化配置，才能构建虚拟二次回路连接关系。标准化配置流程图如图 4-9 所示。

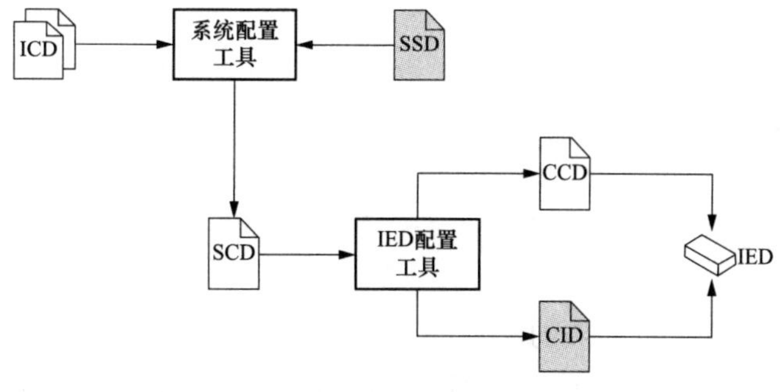

图 4-9　标准化配置流程图

虚拟二次回路配置顺序为：

(1) 系统配置工具配置 SSD 文件，描述变电站一次系统结构。形成全站一次系统主接线图。

(2) 装置实例组态配置工具制作 ICD 文件，描述 IED 设备的功能配置。这一过程由设备供应商独立完成并提供系统集成商。

(3) 系统集成商使用系统组态工具，汇总变电站全部 IED 设备的 ICD 模型，完成通信参数的分配和 IED 实例化命名，依据虚端子连线的设计要求配置 SCD 虚端子回路连线。最终完成 SCD 文件的制作。SCD 文件必须全站唯一。

(4) IED 配置工具将 SCD 导出 CID 和 CCD。再将配置下装到 IED 设备。CID 文件应用于站控层通信，CCD 文件应用于过程层 SV、GOOSE 通信。

(5) 各 IED 设备建立通信连接，搭建系统并完成设备间互操作验证。

4.2.3 虚拟二次回路的可视化

虚拟二次回路变电站通信网络中以光纤介质传递，数字信号取代电缆。二次回路变虚拟化，虚拟二次回路配置采用基于 SCL 语言的配置文件，使用系统配置工具建立虚拟二次回路数据连接，因此在配置阶段，可对配置文件进行虚拟可视化展示，方面工程运维人员对二次回路的有效管控。

以某 220kV 智能变电站为例，其一次系统规格化配置文件 SSD 可视化展示如图 4-10 所示。展示的主接线方式为双母线接线，包括线路间隔、变压器间隔、母联间隔。

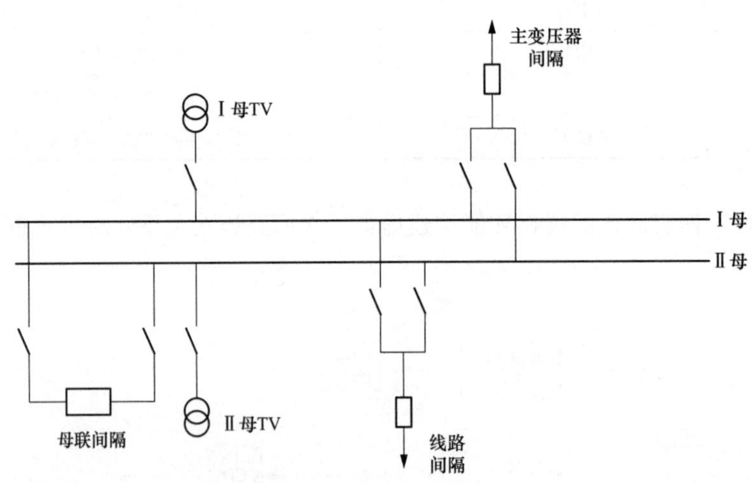

图 4-10　一次系统接线图

根据一次主接线图，各间隔的虚拟二次回路配置及可视化如下。

(1) 母线合并单元虚拟二次回路配置。母线合并单元采集母线电压，通过点对点方式接收母联智能终端的断路器位置 GOOSE 报文，完成电压并列后，通过点对点方式输出 SV 报文至线路、主变、母联等间隔合并单元以及母线保护。

母线合并单元虚拟二次回路可视化展示如图 4-11 所示。

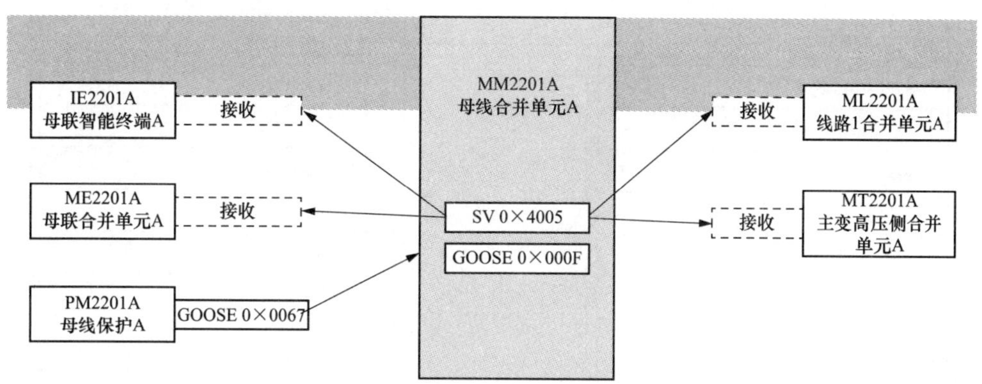

图 4-11 母线合并单元虚端子连线图

(2) 线路保护虚拟二次回路配置。母线合并单元电压通过点对点方式级联至线路合并单元，线路合并单元通过 GOOSE 网接收线路智能终端隔离开关位置信号。线路合并单元 SV 点对点输出至线路保护，线路保护通过点对点直跳方式发送 GOOSE 跳闸信号跳线路智能终端。

线路保护虚端子配置可视化展示如图 4-12、图 4-13 所示。

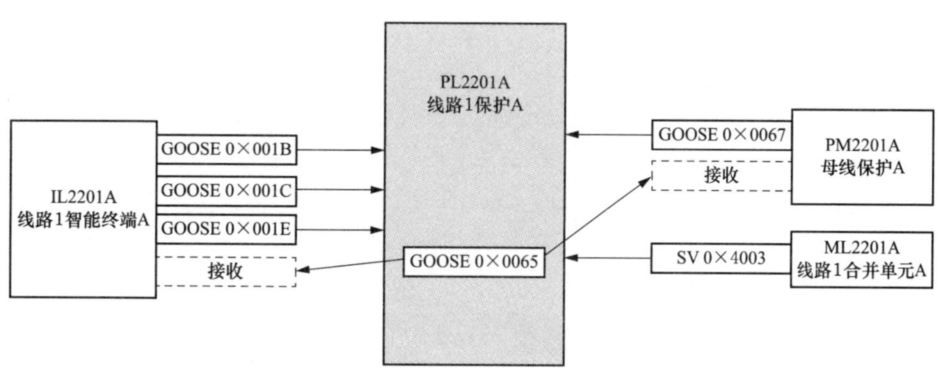

图 4-12 线路间隔虚端子连线图（一）

(3) 主变间隔虚拟二次回路配置。母线合并单元电压通过点对点方式级联至变压器合并单元，变压器合并单元通过 GOOSE 网接收线路智能终端隔离开关位置信号。变压器合并单元 SV 点对点输出至变压器保护，变压器保护通过点对点直跳方式跳变压器智能终端。

主变压器间隔虚拟二次回路可视化展示如图 4-14 所示。

(4) 母联保护虚拟二次回路配置。母联保护采用点对点方式接收母联合并单元采样信号，母联保护通过点对点方式跳母联智能终端，虚端子连接配置方案如图 4-15 所示。

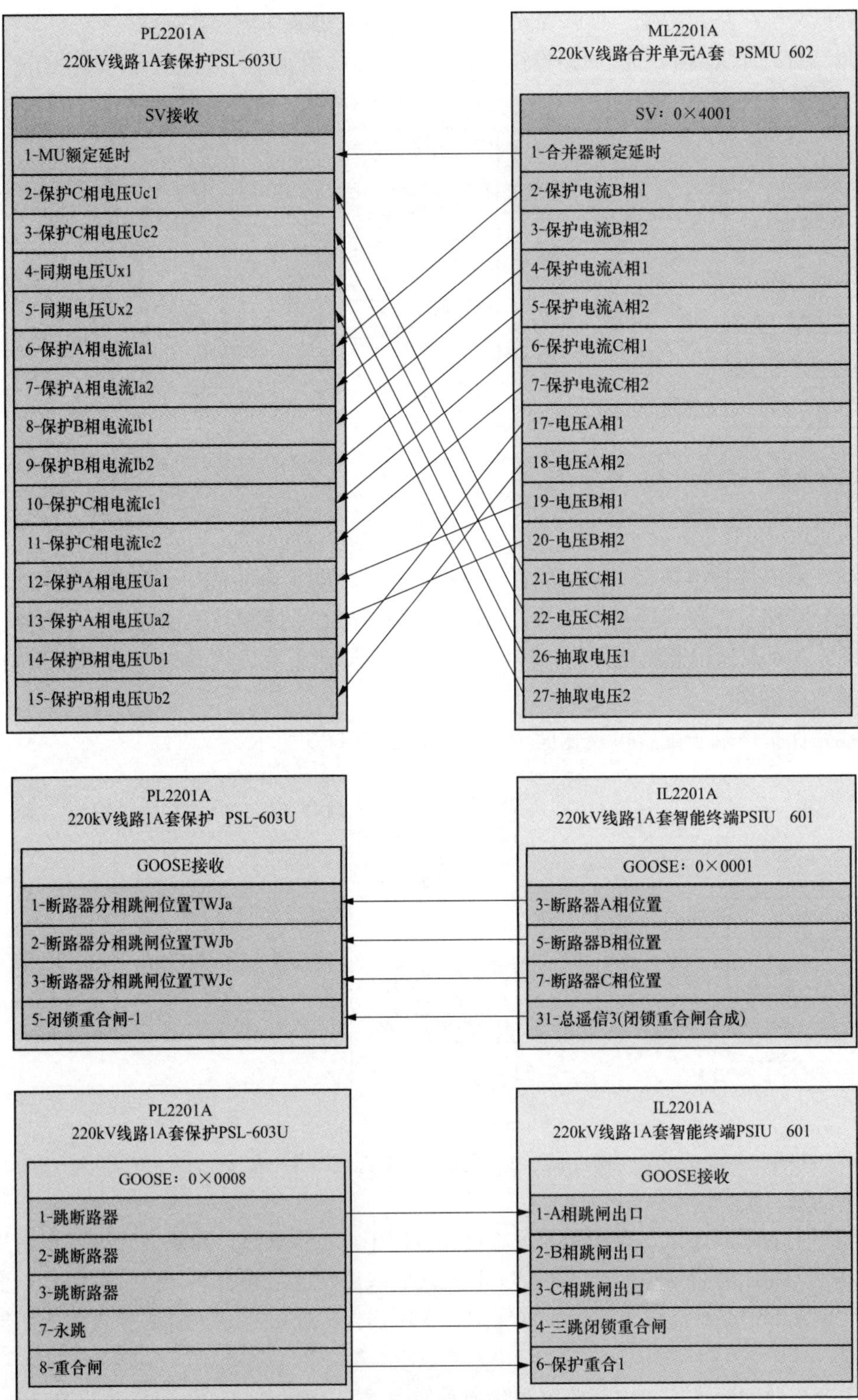

图 4-13 线路间隔虚端子连线图（二）

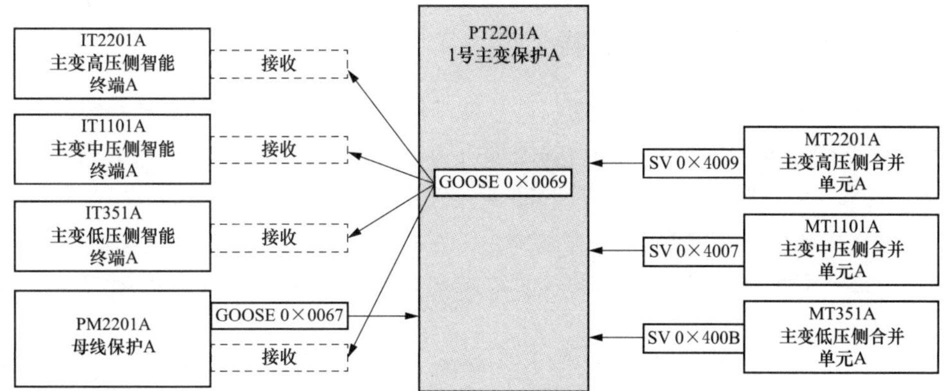

图 4-14　主变压器间隔虚端子连线图

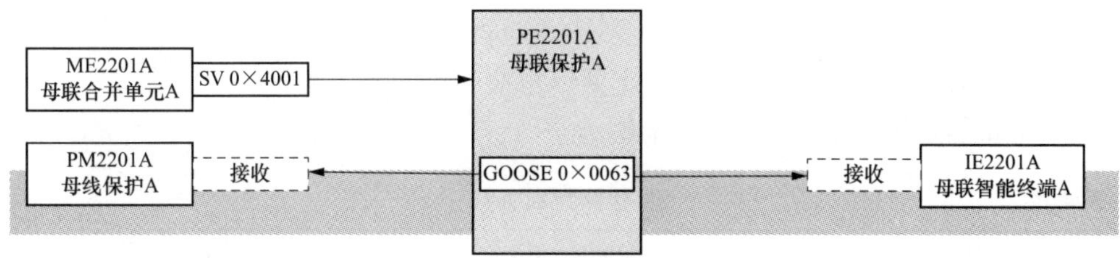

图 4-15　母联间隔虚端子连线图

(5) 母线保护虚端子配置。母线保护采用点对点直采方式接收各支路合并单元的采样信号。通过点对点方案采集智能终端的刀闸位置信号，同时实现点对点跳闸。母线保护与线路保护失灵/远跳信号、母线保护与变压器保护的失灵/失灵联跳信号采用 GOOSE 网络方式传递。

母线保护虚拟二次回路可视化展示如图 4-16 所示。

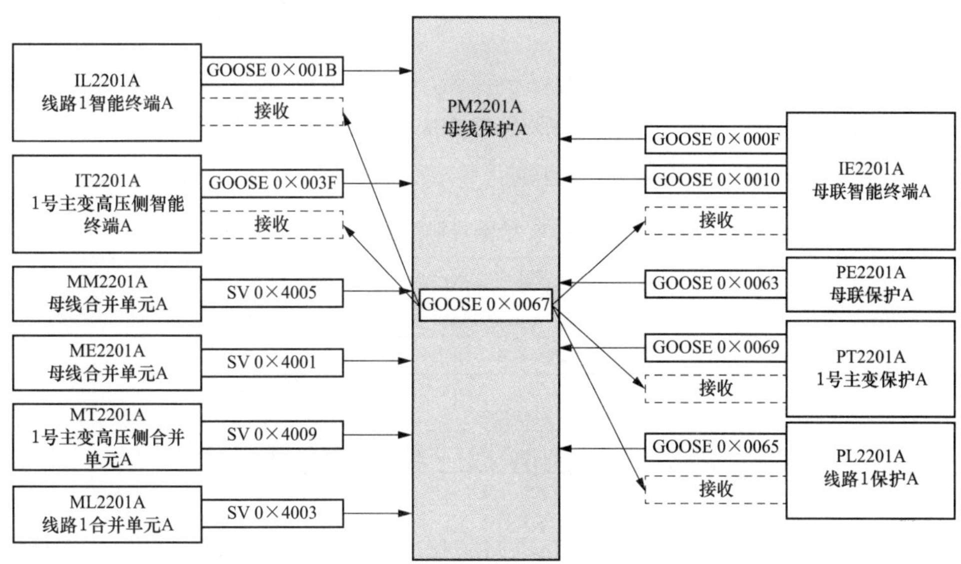

图 4-16　母线保护虚端子连线图

4.2.4 虚拟二次回路检修机制

常规站保护检修仅针对站控层通信，智能站保护检修除针对站控层通信外，还涉及了过程层诸多设备间的虚拟二次回路的闭锁机制，因此二次设备检修机制有所不同。以下对保护装置、合并单元、智能终端的检修机制进行说明。

（1）SV 检修机制实现如下：

1）当合并单元装置检修压板投入时，发送采样值报文中采样值数据的品质 q 的 Test 位应置 True。

2）SV 接收端装置应将接收的 SV 报文中的 test 位与装置自身的检修压板状态进行比较，只有两者一致时才将该信号用于保护逻辑，否则应按相关通道采样异常进行处理，并报修不一致告警。

3）保护装置配置 SV 接收软压板，对于多路 SV 输入的保护装置，一个 SV 接收软压板退出时应清除该路采样值，该 SV 中断或检修均不影响本装置运行。

4）SV 检修判别机制判别如表 4-7 所示。

表 4-7　　SV 检修判别机制

状态	合并单元不检修	合并单元检修
保护装置不检修	正常判别	检修异常，闭锁保护
保护装置检修	检修异常，闭锁保护	正常判别，报文置检修

GOOSE 检修机制实现如下：

1）当发送端装置检修压板投入时，发送 GOOSE 报文中品质 q 的 Test 位应置 True，否则，发送的 GOOSE 报文 Test 位应置 FALSE。

2）接收端装置应将接收的 GOOSE 报文中的 test 位与装置自身的检修压板状态进行比较，只有两者一致时才将该信号用于逻辑运算，否则应按检修异常进行处理，闭锁相关功能，并报检修不一致告警。

3）对于多路 GOOSE 报文接收的保护装置，一个 GOOSE 接收软压板退出时则装置将不再接收该 GOOSE 报文，该 GOOSE 报文中断或检修均不影响本装置运行。

GOOSE 检修判别机制如表 4-8 所示。

表 4-8　　GOOSE 检修判别机制

状态	智能终端不检修	智能终端检修
保护装置不检修	正常判别	检修异常，闭锁保护
保护装置检修	检修异常，闭锁保护	正常判别，报文置检修

4.3 智能站虚拟二次回路检测

相比于常规变电站、智能变电站二次回路在检测工具、检测方法方面存在明显差异。常规站与智能站二次回路检测的差异如表 4-9 所示。

表 4-9　　常规站与智能站二次回路检测的差异

	常规变电站	智能变电站
检测工具	万用表	手持网络分析仪
	常规测试仪	数字测试仪
检测方法	按照二次回路设计图纸验证电缆连接正确性	SCD 虚回路与 CCD 配置文件一致性检测
	整组传动实验验证	整组传动实验验证

4.3.1　虚回路一致性检测

按照 SCD 中虚端子回路连接关系验证。

(1) SV 一致性测试。测试模型中 SV 数据集、SV 控制块与装置发送的 GOOSE 报文解析一致性。ICD 参与制作 SCD，再由 SCD 导出 CCD，合并单元解析 CCD 后发送 SV 报文，重点验证报文各参数与 CCD 配置的一致性。

(2) GOOSE 一致性测试。测试模型中 GOOSE 数据集、GSE 控制块与装置发送的 GOOSE 报文解析一致性。ICD 参与制作 SCD，再由 SCD 导出 CCD，保护解析 CCD 后发送 GOOSE 报文，重点验证报文各参数与 CCD 配置的一致性。

当智能变电站的二次设备下装了相应的 CCD 配置文件，并按照设计图纸将装置之间的光纤正确连接之后，则装置之间的二次回路基本建立，在相关 SV 接收、GOOSE 发生、GOOSE 接收投入的情况，则装置间可正常收发数据，采样数据和开入开出状态应正常。

4.3.2　虚回路通信链路测试

保护装置具备 SV 接收软压板、GOOSE 接收软压板、GOOSE 跳闸出口、GOOSE 重合出口、GOOSE 启动失灵压板。这些压板属于 GOOSE、SV 通信链路压板。

SV 接收软压板测试系统如图 4-17 所示。

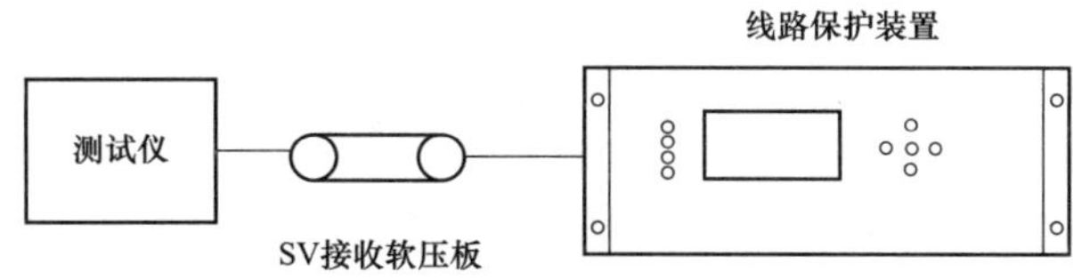

图 4-17　SV 接收软压板测试系统

测试点 1：无负荷状态下投退 SV 接收软压板测试。将 SV 压板退出，线路保护因退出该链路 SV 数据判别，此时通过测试仪给线路保护加量，保护应不动作。分别给线路保护施加品质异常（无效、检修），测试线路保护行为。此时线路保护不解析外部 SV 采样数据。SV 压板的测试表明该软压板退出可有效隔离采样数据链路。将 SV 接收软压板投入，线路保护对 SV 链路做解析，当外部 SV 数据无效时，测试线路保护应显示“SV 采样数据无效”，当 SV 数据检修时，测试线路保护应显示“SV 采样检修异常”，SV 压板投入时，通过测试仪给线路保护加量，测试线路保护应能正确显示采样值。

测试点 2：有负荷状态下投退 SV 接收软压板测试。通过测试仪给线路保护加负荷电流，所加值大于保护有流门槛。此时退出 SV 压板，装置应能检测到为非正常状态退出，线路保护在 HMI 人机交互液晶上显示提示信息："有流状态下是否继续执行退出 SV 压板操作"。如选择否则不退出，选择是则退出压板成功。

GOOSE 接收压板测试系统如图 4-18 所示。

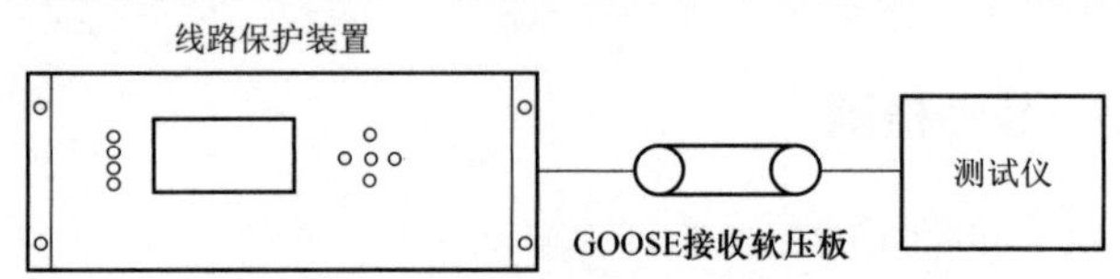

图 4-18　GOOSE 接收压板测试系统

测试点 3：GOOSE 接收压板测试。GOOSE 接收压板投入，测试线路保护能够正确解析 GOOSE 链路数据状态。当链路中断时，线路保护能够显示"GOOSE 链路中断"告警信息。GOOSE 恢复后，线路保护能够显示"GOOSE 链路通信恢复"信息。通过测试仪模拟 GOOSE 报文，测试线路保护能够正确接收和显示。GOOSE 接收压板退出，测试 GOOSE 链路数据有效隔离，此时线路保护屏蔽 GOOSE 数据，不再显示 GOOSE 链路数据变位，不再判别 GOOSE 通信中断与恢复。

GOOSE 出口压板测试系统如图 4-19 所示。

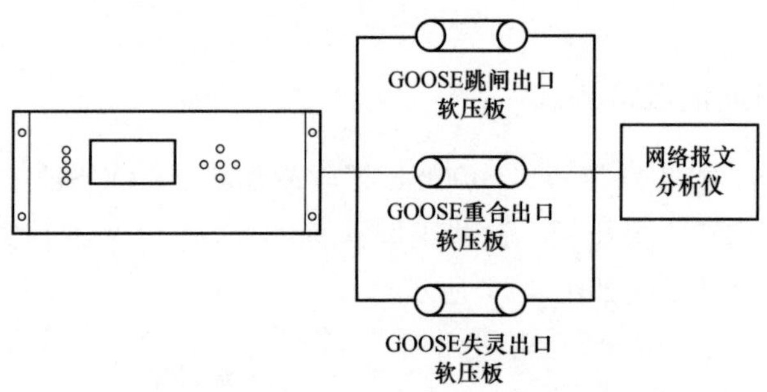

图 4-19　GOOSE 出口压板测试系统

测试点 4：GOOSE 发送软压板测试。GOOSE 发送软压板投入。通过网络分析仪测试，能检测到线路保护装置发送的 GOOSE 报文。在线路保护模拟发送跳闸命令、重合出口命令、失灵出口压板，在网络分析仪上能够检测到对应变位信号 GOOSE 报文。退出 GOOSE 出口压板，在线路保护模拟发送相同变位报文，在网络分析仪上能够检测到 GOOSE 报文，但不显示变位信息。

4.3.3　虚回路状态监测测试

1. 光功率、光衰耗测试

按照图 4-20 所示搭建测试系统。智能终端通过光衰耗器接入保护装置，保护装置接入光功率计，同时保护装置通过站控层接入监控客户端。

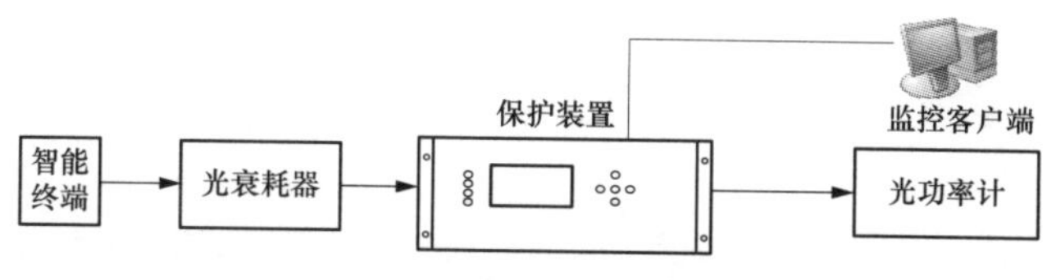

图 4-20　功率测试系统

测试方案为光功率计实测保护装置发送功率，同时监控客户端读取保护装置上送的实时光功率检测值，比较二者数据应在－20～－14dBm 范围内。

调节光衰耗器，直到保护装置接收智能终端 GOOSE 链路中断，测试接收端光功率接收灵敏度在－31～－14dBm 范围内。依据此方案测试如下 4 个测试点。

测试点 1：装置自检测试。通过观察装置模拟量显示界面下的光功率监测菜单，可以记录实时值。本次测试监测装置光口 1～光口 4。装置显示值如图 4-21 所示，装置侧功率单位为 dBm。

光功率

SV模件 | 主CPU板 | 从CPU板 |

装置显示的发送/接收功率

	名称	发送功率	接收功率
001	光口1	-16.86dBm	-19.43dBm
002	光口2	-16.29dBm	-16.62dBm
003	光口3	-16.36dBm	-17.30dBm
004	光口4	-16.31dBm	-18.73dBm
005	光口5	-16.70dBm	无

退出

图 4-21　装置自监测实时值

测试点 2：光功率计测试。通过光功率计测试的数值如表 4-10 所示。

表 4-10　　光发送功率测试表

光波长（nm）	光口编号	光发送功率（dBm）
1310	1	－16.68
1310	2	－16.18
1310	3	－16.42
1310	4	－16.36

测试点 3：通信功能测试。使用两种不同厂家的 61850 服务客户端工具模拟与保护装置建立 MMS 通信，验证装置上送功率值与实际显示值的一致性，如图 4-22、图 4-23 所示。

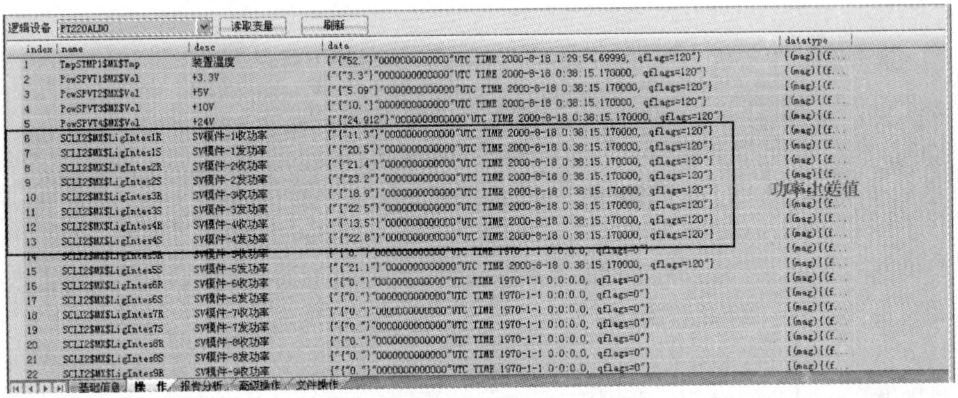

图 4-22　61850 客户端 1 监测值

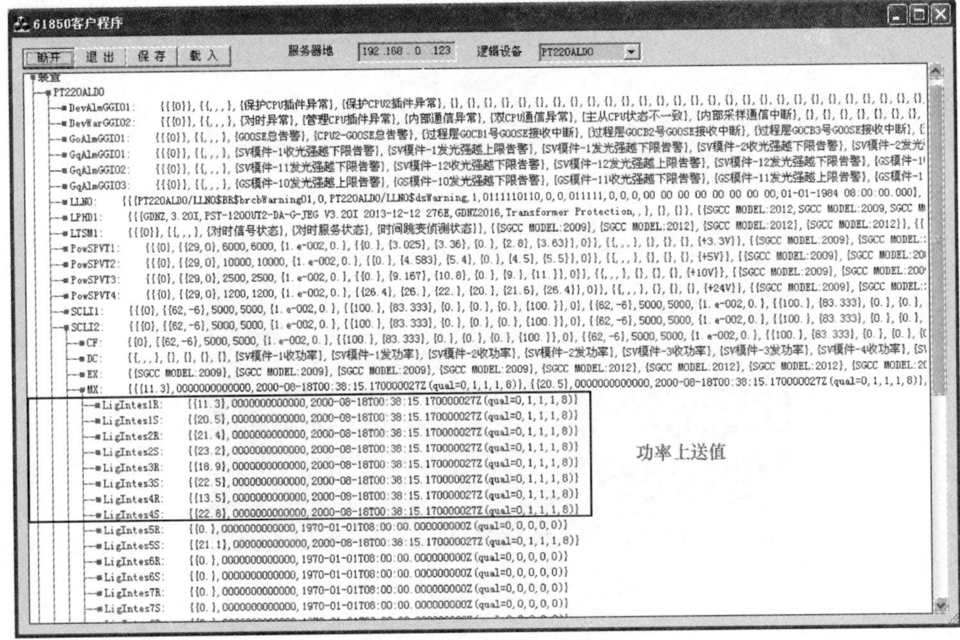

图 4-23　61850 客户端 2 监测值

测试结果显示，两种客户端测试数据值完全一致。测试数据如表 4-11 所示。由于装置显示单位为 dBm，监控端显示的单位为 μW。需完成单位转换，转换如式（4-1）所示。

$$10\lg(x\mathrm{mW}/\mathrm{mW}) = y\mathrm{dBm} \tag{4-1}$$

测试结论如表 4-11 所示。

表 4-11　　光功率测试参数对照表

光功率 61850 路径值	上送值（单位 μW）	上送值（dBm）	装置显示值
SCLI $ MX $ LigIntes1R	11.3	−19.46	−19.43
SCLI $ MX $ LigIntes1S	20.5	−16.88	−16.86
SCLI $ MX $ LigIntes2R	21.4	−16.69	−16.62

续表

光功率 61850 路径值	上送值（单位 μW）	上送值（dBm）	装置显示值
SCLI $ MX $ LigIntes2S	23.2	−16.34	−16.29
SCLI $ MX $ LigIntes3R	18.9	−17.23	−17.30
SCLI $ MX $ LigIntes3S	22.5	−16.48	−16.36
SCLI $ MX $ LigIntes4R	13.5	−18.69	−18.73
SCLI $ MX $ LigIntes4S	22.8	−16.31	−16.42

测试点 4：光衰耗测试。保护装置与智能终端间串接光衰耗器。将光衰器初始状态值调整为 0，此时保护装置与智能终端 GOOSE 通信链路正常。不断调整光衰耗值，使得保护接收端光功率值持续下降，直到保护装置接收智能终端 GOOSE 通信链路中断。此时所测值为光最小接收功率。同时还需测试规范标准规定的光功率上限−14dBm 和下限−31dBm 时刻 GOOSE 通信正确性。测试结果如表 4-12 所示。

表 4-12　　光衰耗测试参数表

光波长（nm）	光口编号	光最小接收功率（dBm）	光接收上限＝−14dBm	光接收上限＝−31dBm
1310	1	−36.13	正确接收	正确接收
1310	2	−36.70	正确接收	正确接收
1310	3	−34.05	正确接收	正确接收
1310	4	−35.46	正确接收	正确接收

2. 光端口独立性、一致性测试

保护装置在实际运行中需要使用多个光口建立不同通信链路。例如通过组网光口连接至过程层交换机，实现信息组网共享；通过点对点光口与智能终端连接，实现保护的直采直跳，保证保护动作稳定、可靠。因此搭建如下测试系统，其中端口 1 作为组网口，端口 2 作为点对点口。测试内容包括三方面：端口独立性、数据一致性、时间一致性。

端口测试系统如图 4-24 所示。

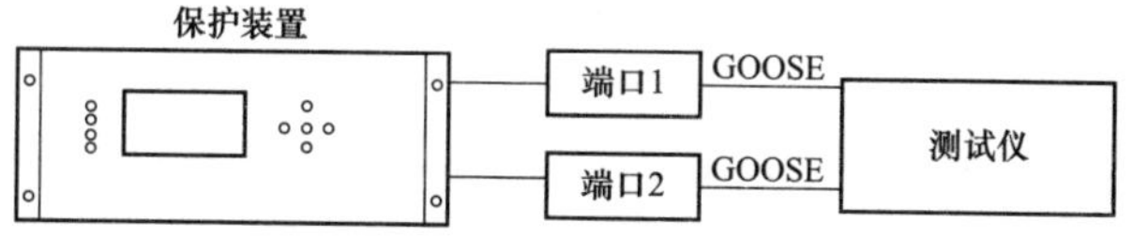

图 4-24　端口测试系统图

端口独立性：端口 1 和端口 2 数据必须完全独立。当端口 1 作为组网口，端口 2 作为点对点口时，保护接收的点对点数据仅能从端口 2 接收，不能从端口 1 接收。

测试点 1：通过测试仪模拟发送保护装置所需接收的点对点 GOOSE 信息，当数据接入端口 1 时，保护装置不显示 GOOSE 通信恢复，模拟 GOOSE 变位，保护装置无响应。当数据接入端口 2 时，保护装置显示 GOOSE 通信恢复，模拟 GOOSE 变位，保护装置正确响应。

数据一致性：保护装置通过端口 1 和端口 2 发送 GOOSE 信息，端口 1 通过网络交换机接入网络分析仪和故障录波等检测设备；端口 2 接入智能终端，实现点对点跳闸。为检测设备监视数据准确，必须保证端口 1 和端口 2 数据一致性。

测试点 2：端口 1 和端口 2 接入数字测试仪。订阅接收保护装置同一个信号点。此时在装置侧模拟该信号点变位，测试仪能够接收到 GOOSE 变位信息，且端口 1、端口 2 变位信息一致。

时间一致性：保证端口 1 和端口 2 发送数据内容一致，还需保证端口 1 和端口 2 变位时间一致性。测试要求两个独立端口发送变位数据时间间隔不大于 1ms。经过测试，端口 1 和端口 2 发送数据间隔时间差应满足此要求。

4.3.4 虚回路检修机制测试

1. 检修判别机制测试

测试智能站保护检修判别机制。按图 4-25 构建测试系统，包括合并单元、线路保护、智能终端、监控客户端。合并单元与保护间传输 SV 信号，线路保护与智能终端间传输 GOOSE 信号，线路保护与监控客户端传输 MMS 信号。按照检修机制原理开展如下测试。

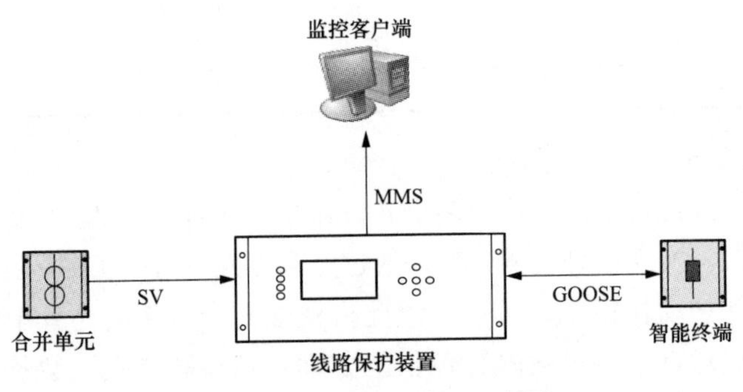

图 4-25 检修功能验证示意图

测试点 1：合并单元、线路保护、智能终端均不置检修。此时通过测试仪给合并单元加模拟量，保护可以正确动作，智能终端能够正确跳闸出口。保护动作报文能正确上送监控客户端。

测试点 2：合并单元置检修，线路保护、智能终端不置检修。此时合并单元与线路保护检修状态不一致。线路保护显示采样检修不一致报文，并上送 MMS 告警信息至监控客户端，同时线路保护装置驱动“运行异常”指示灯。此时通过测试仪给合并单元加故障量，保护能够显示采样数据，但不动作出口。同时检测采样值数据品质应为检修态。

测试点 3：合并单元、线路保护置检修，智能终端不置检修。此时合并单元与线路保护检修状态一致，通过测试仪给线路保护加故障量，线路保护能够正确动作，上送 MMS 报文带检修品质。但智能终端不接收处理保护跳闸命令。

测试点 4：合并单元、线路保护、智能终端均置检修。此时通过测试仪给合并单元加模拟量，保护可以正确动作，智能终端能够正确跳闸出口。保护动作报文能正确上送监控客户端，并带有检修品质。

2. 检修误操作影响性测试

测试系统中模拟检修压板误操作案例，进一步分析和测试检修压板误操作对相关保护设备功能的影响。

模拟仿真 220kV 线路间隔，系统如图 4-26 所示。该系统包括线路保护、线路间隔合并单元、线路间隔智能终端、母线电压合并单元、母线保护。保护与合并单元、智能终端采用直采直跳方式。跨间隔保护间数据采用组网方式传递。

测试点 1：误投入母线合并单元检修压板测试

（1）母线合并单元的影响测试：母线合并单元为检修态，通过网络分析仪测试母线合并单元 SV 发送光口，发送的采样值报文带检修品质。

（2）间隔合并单元的影响测试：如图 4-26 所示间隔合并单元级联母线合并单元。由于母线合并单元为检修态，间隔合并单元为正常态，因此此时将网络分析仪测试间隔合并单元采样值报文，电流信号为正常态，电压信号为检修态。

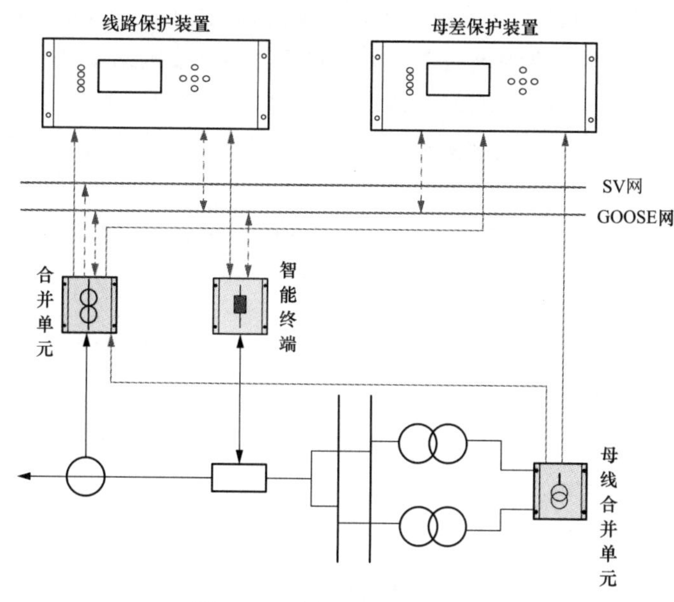

图 4-26　检修系统验证示意图

（3）线路保护的影响测试：线路合并单元接收间隔合并单元采样，其中电流信号为正常态，电压信号为检修态。测试仪给合并单元加故障，测试线路保护动作行为。此时线路保护由于电压检修不一致，逻辑按 TV 断线处理，闭锁电压元件相关保护（距离、零序保护）。

（4）母线保护的影响测试：由于电压检修不一致，母线保护按 TV 断线逻辑处理，此时差动电压和失灵电压元件均动作，开放两段母线电压闭锁。

测试点 2：误投入间隔合并单元检修压板测试

（1）间隔合并单元的影响测试：间隔合并单元为检修态，通过网络分析仪测试间隔合并单元 SV 发送光口，发送的采样值报文带检修品质。

（2）对线路保护装置的影响测试：间隔合并单元发送的 SV 采样数据为检修，通过测试仪给合并单元加故障量，测试线路保护的动作行为。此时线路保护与间隔合并单元由于检修不一致，闭锁线路保护所有保护功能。

（3）对母线保护的影响：闭锁母线差动保护。

测试点 3：误投入间隔智能终端检修压板测试

（1）对本智能终端的影响：发送的报文为检修态，只处理检修态报文。

（2）对间隔合并单元的影响：保持 TV 切换状态。

（3）对线路保护装置的影响：线路保护装置收到的位置信息保持为检修前状态，线路保护逻辑正常动作，但不能跳开断路器。

（4）对母线保护的影响：母线保护装置收到的位置信息保持为检修前状态，保护逻辑正常动作，但不能跳开该间隔断路器。

4.3.5 虚回路可视化测试

虚回路可视化技术通过工具软件，将智能站过程层 SV、GOOSE 报文间的微观抽象数据发布、订阅关系以图形化界面形式宏观展现，对于变电站调试、验收、运维、检修具有重要意义。测试重点在于分析 SCD 配置文本中虚端子字段与系统配置工具解析的图形间的对应关系，同时也需要测试装置加载配置后的数据映射与虚端子图形间的一致性。

测试通过 SCD 配置工具解析虚端子关联，并图形化展示。通过设备虚回路验证保证虚端子可视化正确性。测试流程如图 4-27 所示。

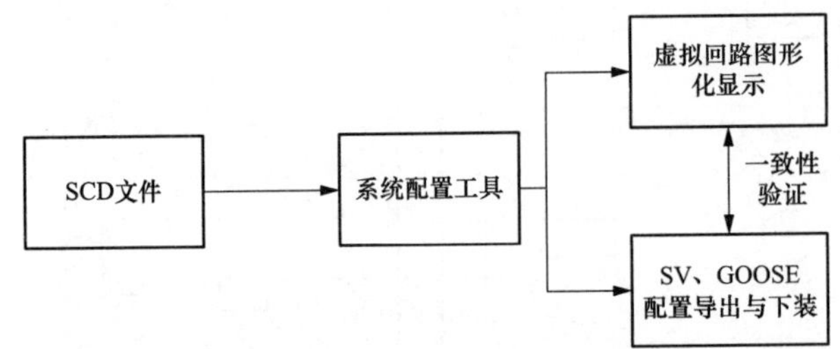

图 4-27　虚端子可视化流程图

系统配置工具解析 SCD 文件，形成虚端子可视化连接视图，如图 4-28 所示，可以清晰分析出保护与合并单元、智能终端的数据通信拓扑关系。

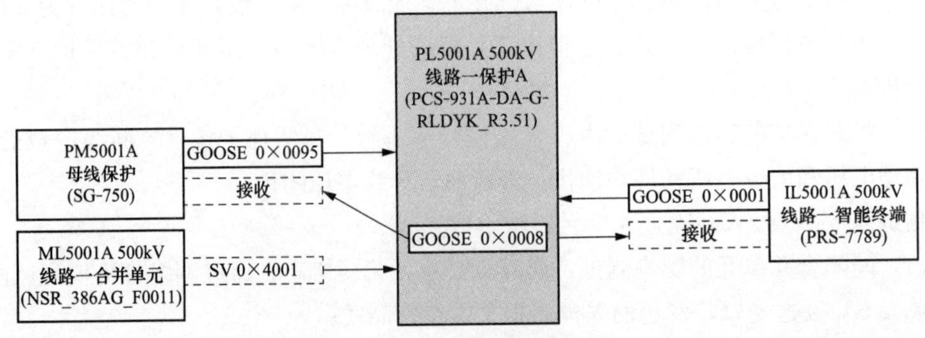

图 4-28　虚端子连线拓扑图

拓扑连线中，每一条数据链路连线具体的数据信息如图 4-29 所示。SV 虚端子图展示了 SCD 中合并单元发送采样值至保护装置接收采样值的数据映射关系；GOOSE 虚端子图 4-30 展示了保护动作后跳闸信号发送至智能终端接收完成跳闸的数据映射关系。

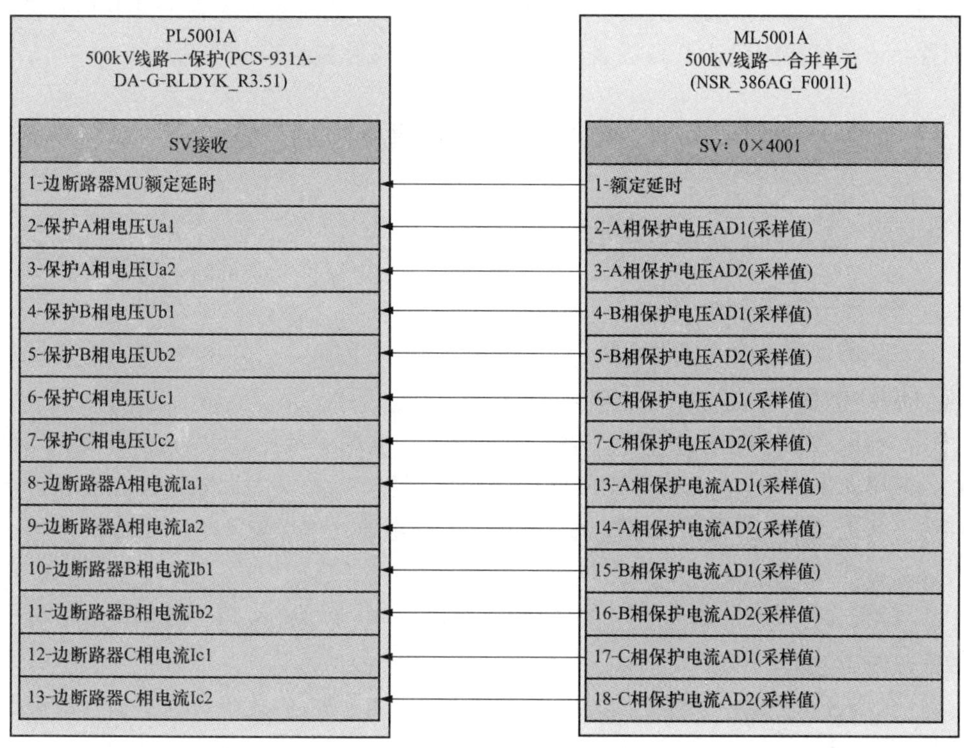

图 4-29　SV 虚端子连线图

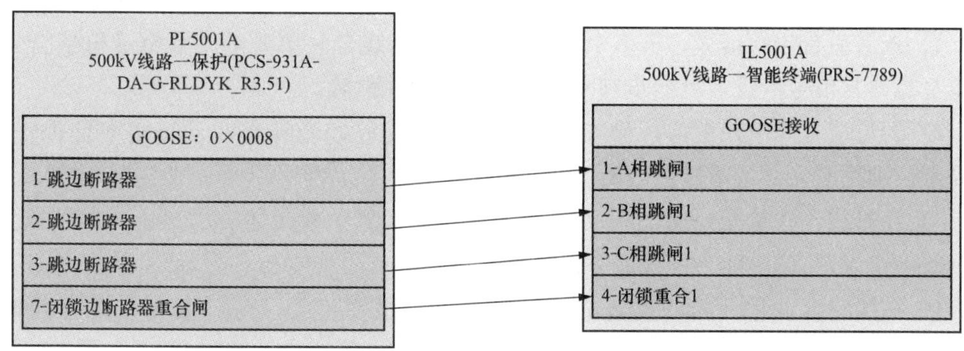

图 4-30　GOOSE 选端子连线图

依据 SCD 配置导出线路保护、合并单元、智能终端的过程层 SV、GOOSE 配置，完成配置的下装和系统搭建。以 SV、GOOSE 虚端子可视化视图为蓝本，测试每一条回路的正确性。

测试验证结果应符合以下结论：

（1）系统配置工具正确解析 SCD 文件并图形化展示虚端子；

（2）系统配置工具导出的过程层配置与 SCD 虚回路一致；

（3）虚回路可视化图可作为二次回路蓝图，验证工程中虚回路正确性。

虚端子可视化测试重点验证系统配置工具宏观展现抽象配置中虚端子映射字段的正确性和一致性，通过工具可视化界面打开虚端连接图；同时通过配置工具下装装置过程层配置，依据连接图验证 IED 设备间的过程层配置映射关系的一致性。

4.4 二次回路故障类型及检测方法

4.4.1 虚拟回路链路中断类

1. SV 链路接收中断

（1）故障现象：合并单元面板“SV 接收”信号灯闪烁，合并单元发“SV 链路接收中断”GOOSE 信号。

（2）缺陷影响：间隔合并单元 SV 链路接收中断时，与电压合并单元级联数据异常，合并单元发送的 SV 采样数据中电压采样数值为 0，品质为无效。接收侧保护电压采样通道数据无效，按照 PT 断线逻辑处理，闭锁电压元件保护。

（3）可能原因。

1）母线合并单元：软件原因、CPU 板件故障、电源板件故障、通信板件故障、其他插件故障。

2）线路合并单元：软件原因、CPU 板件故障、电源板件故障、通信板件故障、其他插件故障。

3）光纤回路故障。

（4）检查分析。

1）查看后台告警信号，若多个合并单元都与母线合并单元链路断链或母线合并单元本身有异常信号上送，可初步判断为母线合并单元故障。

2）若母线合并单元正常，检查级联光纤是否完好，光纤衰耗、光功率是否正常，若异常，则判断光纤或熔接口故障。

3）在母线合并单元处监测报文，若无报文或报文异常（如 mac、appid、svid、数据个数等错误），可判断为母线合并单元故障。

4）在线路合并单元接收光纤处监测报文，若报文正常，可判断为线路合并单元故障。

（5）消缺及验证。

1）母线合并单元故障：若电源板故障，更换后做电源模块试验，并检查所有与母线合并单元相关的链路通信正常及采样正常；若程序升级或更换 CPU 板 、通信板，更换后进行完整的合并单元测试；若其他插件故障，更换后测试该插件的功能。

2）线路合并单元故障：若电源板故障，更换后做电源模块试验，并检查所有与线路合并单元相关的链路通信正常；若程序升级或更换 CPU 板 、通信板，更换后进行完整的合并单元功能测试；若其他插件故障，更换后测试该插件的功能。

3）光纤回路故障：更换备用光纤或光模块，检查链路通讯状态是否恢复，并进行光功率测试。

（6）预防措施。

1）定期组织装置巡检。

2）发现异常信息及时上报。

3）对光纤损耗进行测量，需要满足功率衰耗要求。

4）插拔光纤时注意光纤头和法兰盘的清洁，防止灰尘或其他磨损导致接头污损产生较大的衰耗。整理光纤时，注意弯曲处留有一定的裕度，防止光纤折损。

2. GOOSE 链路接收中断

（1）故障现象：合并单元面板“GOOSE 通信”信号灯灭，装置发“GOOSE 链路接收中断”GOOSE 报文。

（2）可能原因。

1）合并单元故障：软件运行异常、CPU 插件或 GOOSE 插件故障。

2）智能终端故障：软件运行异常、电源插件故障、CPU 插件或 GOOSE 插件故障。

3）交换机故障。

4）光纤回路故障。

（3）检查分析。

1）检查后台信号，确定此智能终端该 GOOSE 的其他接收方（母差、测控、网分、录波等）通信是否正常。若只有合并单元装置有 GOOSE 中断信号则初步判断为交换机与合并单元通信故障；若组网接收此 GOOSE 信号的装置都报此中断信号，则初步判断为智能终端与交换机通信故障。

2）在间隔合并单元 GOOSE 接收端光纤处监测报文，若报文正常则间隔合并单元故障。首先检查光纤是否完好，光纤衰耗、光功率是否正常，若异常，则判断光纤或熔接口故障；若光纤各参数正常，在智能终端发送端光纤处监测报文，若报文异常则智能终端故障。

（4）消缺及验证：

1）合并单元故障：若 CPU 插件或 GOOSE 插件故障，更换后试验 GOOSE 开入、开出功能；若升级程序或更换 CPU 插件，检查所有与合并单元相关的链路通信正常及相关保护的采样值正常，更换后进行完整的合并单元测试。

2）智能终端故障：若电源插件故障，更换后做电源插件试验；若 CPU 插件或 GOOSE 插件故障，更换后试验 GOOSE 开入、开出功能；若程序升级或更换 CPU 插件，更换后进行完整的智能终端测试。

3）交换机故障：检查交换机运行状况，交换机告警指示灯交换机；检查交换机的参数配置；检测交换机通讯光模块光功率值是否符合要求。

4）光纤回路问题：更换备用光纤或光模块，检查链路通信是否正常，并进行光功率预测测试。

（5）预防措施。

1）定期组织装置巡检，发现异常信息及时上报。

2）对光纤损耗进行测量，需要满足功率衰耗要求。

3）注意光纤头和法兰盘的清洁，防止灰尘或其他磨损导致接头污损产生较大的衰耗。整理光纤时，注意弯曲处留有一定的裕度，防止光纤折损。

4.4.2 虚拟回路配置错误类

1. SV 虚回路配置错误

（1）故障现象：保护接收到的采样值与合并单元发送的采样值不一致。

（2）缺陷影响：接收侧保护装置采样通道数值错误，可能引起保护误动或拒动。

（3）可能原因。

1）SCD 虚端子配置错误。

2）检查合并单元配置是否与 SCD 一致。

3）检查保护配置是否与 SCD 一致。

（4）检查分析。

1）检查 SCD 虚端子是否配置正确。

2）检查合并单元的导出配置是否与 SCD 虚端子完全一致。

3）检查保护装置的导出配置是否与 SCD 虚端子完全一致。

（5）消缺及验证。

重新配置 SCD 虚端子，导出配置下载装置，验证采样回路正确性。

（6）预防措施。

1）加强 SCD 配置文件管控。

2）发现问题及时消缺处理。

3）加强设备验收和检修试验验证。

2. GOOSE 虚回路配置异常

（1）故障现象：保护接收侧 GOOSE 信号与智能终端发送的 GOOSE 信号不一致。

（2）缺陷影响：接收侧保护信号状态异常，可能引起保护误动或拒动。

（3）安全措施。

1）应申请相关保护改信号状态，并停用智能终端，投入检修硬压板。

2）更改 GOOSE 配置，需要进行相应的智能终端试验。

（4）可能原因。

1）SCD 文件虚回路配置错误。

2）智能终端 GOOSE 配置错误。

3）保护装置 GOOSE 配置错误。

（5）检查分析。

1）检查 SCD 虚端子是否配置正确。

2）检查智能终端的导出配置是否与 SCD 虚端子完全一致。

3）检查保护装置的导出配置是否与 SCD 虚端子完全一致。

（6）消缺及验证。

重新配置 SCD 虚端子，导出配置下载装置，验证 GOOSE 回路正确性。

（7）预防措施。

1）加强 SCD 配置文件管控。

2）发现问题及时消缺处理。

3）加强设备验收和检修试验验证。

4.4.3 检修不一致类

1. SV 回路检修不一致

（1）故障现象：接收合并单元 SV 采样值检修不一致，保护设备向监控后台发“检修不一致”告警信号。

（2）缺陷影响：采样值检修不一致，保护设备接收采样不参与逻辑判别，可能引起保护拒动。

（3）现场措施：相关设备退出功能压板、出口压板。

（4）可能原因。

1）误投检修压板。

2）检修位置开入异常。

（5）检查分析。

1）运行设备检测到报文发送侧设备投入检修压板，导致与运行设备检修状态不一致时，由运行设备上送检修不一致告警信号。

2）根据运行设备检修不一致报文，可检测到检修不一致的设备，检测该设备检修压板的投入状态与实际状态是否一致。

（6）预防措施。

1）定期组织装置巡检。

2）发现异常信息及时上报。

2. GOOSE 回路检修不一致

（1）故障现象：保护设备接收智能终端 GOOSE 信号检修不一致，向监控后台发“与智能终端检修不一致”告警信号。

（2）缺陷影响：保护设备接收 GOOSE 信号无效，智能终端闭锁出口引起拒动。

（3）现场措施：相关设备退出功能压板、出口压板。

（4）可能原因。

1）误投检修压板。

2）检修位置开入异常。

（5）检查分析。

1）运行设备检测到报文发送侧设备投入检修压板，导致与运行设备检修状态不一致时，由运行设备上送检修不一致告警信号。

2）根据运行设备检修不一致报文，可检测到检修不一致的设备，检测该设备检修压板的投入状态与实际状态是否一致。

（6）预防措施。

1）定期组织装置巡检。

2）发现异常信息及时上报。

4.5 虚回路综合监视管控及诊断技术

智能变电站的二次回路不再是以电缆传输单一信号构成的纯电路结构，而是以光纤数字通信为基础的网络化结构，每一根光纤中同时传输多路信号，无法再从外部直接的物理连线去分析整个回路，取而代之的则是二次虚拟回路。如何对二次回路进行监测，以及当回路发生故障时，如何快速的定位故障点，是智能变电站建设过程中急需解决的问题。其次，当智能变电站二次回路发生故障时，由于通信链路的复杂性，常会产生大量告警报文。这些报文都是基于各装置自身判断做出的，运维人员面对这些分散的局部性质的告警，很难快速精确定位故障点并尽快采取措施。第三，智能变电站虚回路通信链路的监视功能是在接收方完成的，在通信链路异常时，接收方将无法正常的接收数据，从而判断通信链路发生了异常，但是实际上接收方无法直接判断是链路的哪个环节出现了问题，因为发送方光纤接口、通信链路或者接收方光纤接口都有可能发生异常。为了实现对智能变电站二次虚回路故障的监视、判断、诊断和故障定位，辅助运维人员快速发现故障、快速解决故障、快速恢复系统正常，保证电网安全可靠运行，对智能变电站二次回路的综合监测管理运维技术的研究是很有其必要性的。

对于虚回路监测，虚端子之间的回路关联关系，通过对过程层信息的采集，可视化展示其虚端子之间的交互数据、压板的状态信息、过程层侧发送端口的链路状态、过程层交换机的链路状态，这样可以将整个回路的信息直观的进行场景展示。

智能变电站二次回路的综合监测管理运维技术研究的相关方面，包括二次网络故障定位和智能诊断理论的研究，故障定位基于交换机链路拓扑生成，支持SCD解析和虚链路物理路径识别技术的实现。此外，对智能变电站二次回路的综合监测管理运维技术的研究，还将开展装置故障定位技术研究，使得装置硬件故障时，在综合监视中能够直接定位置装置的插件。

4.5.1 二次虚回路故障诊断定位流程

过程层GOOSE、SV接收端设备在一定时间内没有收到有效的GOOSE、SV信息后，会发布“×××设备GOOSE链路中断”“×××设备SV链路中断”等告警。因此二次虚回路的监视功能是在接收方完成的，在通信环节异常时，接收方无法正常接收数据，从而可判断二次虚回路发生了异常，发出断链告警。

断链告警表示过程层通信链路中存在故障点，故障点可以是参与通信的任何单元，例如装置本身、装置的某个板卡、板卡上的某个光口及光纤、交换机、交换机端口等。图 4-31 描述了虚回路综合监视系统收到虚回路断链告警后故障诊断定位的流程。过程层组网配置信息可以在 SCD 文件中进行补充描述，首先通过分析 SCD 文件建立信息发送端和接收的网络链路对象及拓扑连接关系以及虚拟二次回路对象及虚拟二次回路连接关系，然后基于虚回路的物理端口关联，实现虚实链路的关联映射，建立虚链路的物理路径通道，并能标识该路径上的物理节点。当发现虚链路告警时，驱动智能故障诊断定位，基于对虚链路所流经的物理实链路的各个节点的状态，及多条虚链路对应实回路的故障区域差分逼近诊断分析，定位出故障点可能的发生的地方或区域，方便运维人员快速发现故障、快速处理故障。二次虚回路故障诊断定位流程如图 4-31 所示。

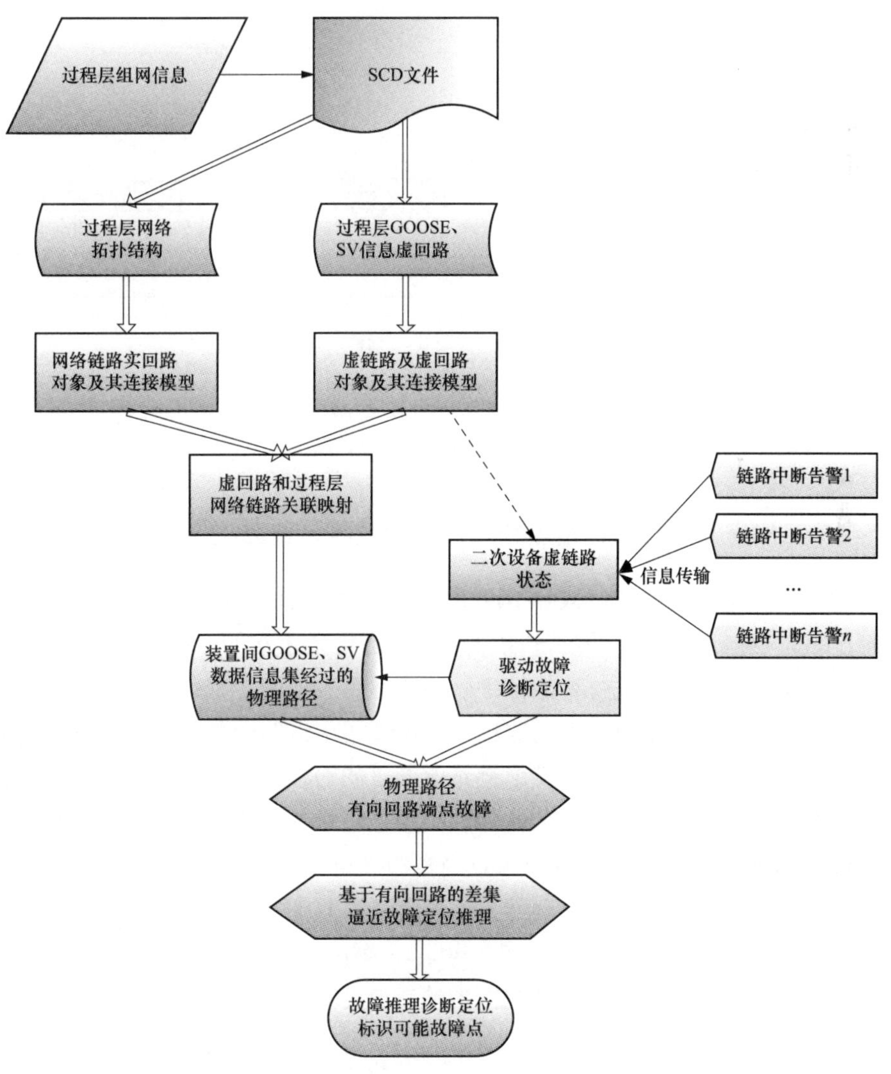

图 4-31　虚回路故障诊断定位流程示意图

4.5.2 基于实链路节点状态监测的故障定位法

智能变电站物理二次虚回路链路故障定位监视分析过程如下，以保护P和智能终端I之间的一条虚链路为例，其实际承载的实链路如图4-32所示，对于虚链路2-A—3-B，理论上应该存在一条实际的承载链路，这条实际的承载链路可以以实际链路上各个装置如IED、交换机的端口序列来标识，这个端口序列可以根据模型对象中的链接关系计算出来，如图4-32中的虚链路2-A—3-B可以根据端口的链接关系得到实际链路的端口连接为：2-A，S1-2，S1-16，…，Sn-2，Sn-16，…，S2-16，S2-2，3-B，如果保护装置报该条虚链路中断，则驱动查找该链路承载的实链路各端口状态，根据链路上各个交换机端口的状态，可以确定定位到具体出问题的实际链路段。

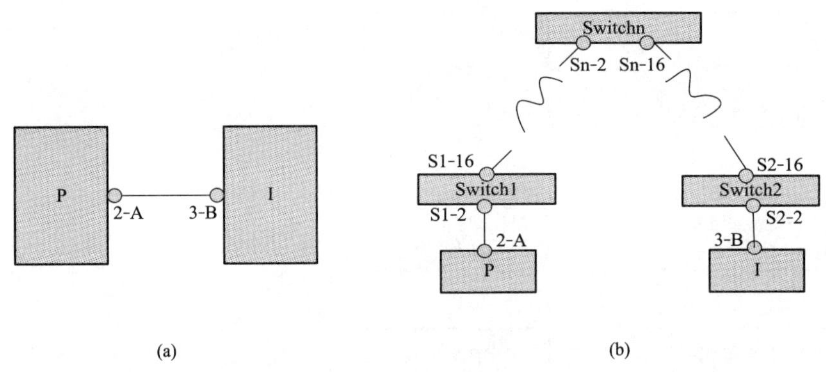

图4-32 虚实链路对应与诊断

(a) 虚链路图；(b) 实链路图

4.5.3 二次虚链路物理链路差分逼近推理故障定位算法

上述中，描述了当物理端口故障引起的虚链路中断时的故障定位与诊断，其中的一种特殊情况就是变电站内所有的物理端口连接状态均是正常的，此时存在虚链路状态，则需要对物理链路的故障点进行智能推理，缩小运维人员的排查范围，提高运维效率。

如果不存在物理链路故障，但是监控系统出现了虚链路中断的告警，则监控系统遍历所有的正常虚链路，如果某条正常虚链路所经过的物理路径与中断的虚链路经过的物理链路有重叠，则可推断出重叠部分的物理链路是正常的，依次遍历所有的虚链路，得到可能故障的物理链路。如图4-33所示，当左边虚链路中断，而右边的虚链路正常时，可以推断两条虚链路重叠的物理链路部分是正常的，只需要检查非重叠的部分即可。

在“直采网跳”“网采网跳”的智能变电站环境中，通过在配置阶段进行如下3方面的虚、实链路关联：①装置包含交换机之间的端口连接配置；②装置GOOSE、SV开出信号的开出端口配置；③装置开入信号的开入端口配置。通过虚、实链路关联配置后，装置之间任一虚链路所经过的物理链路可由开出信号所关联的开出端口到开入信号所关联的开入端口之间的一系列端口序列表示。差分逼近推理的虚链路故障定位方法推理过程如下：

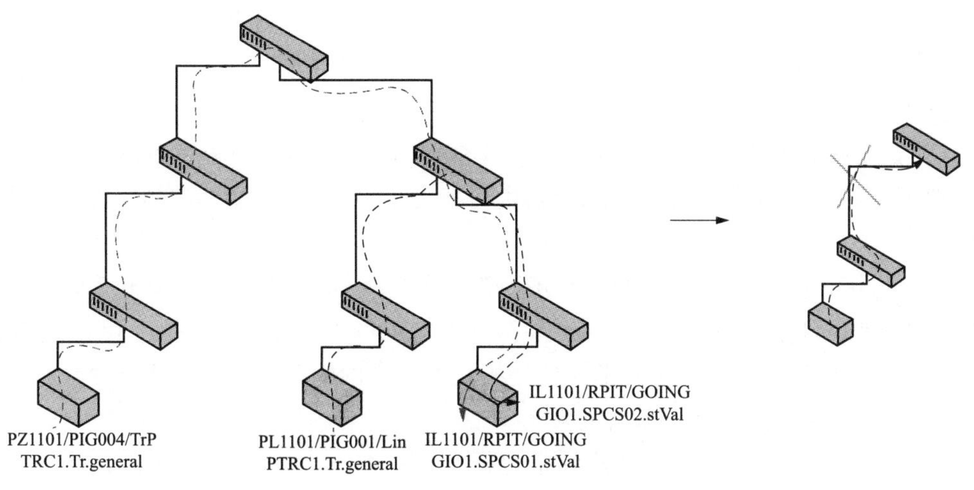

图 4-33 二次链路故障智能推理

1）假设有虚链路 V_i 所经过的物理端口序列为 $\{P_1, P_2, P_3, \cdots, P_i\}$，虚链路 V_k 所经过的物理端口序列为 $\{P_1, P_2, P_3, \cdots, P_K\}$，如果虚链路 V_i 状态正常，而虚链路 V_k 状态中断，则根据 V_i、V_k 经过的物理链路所对应的物理端口序列的差集可初步断定 $\{P_i, \cdots, P_K\}$ 之间；

2）在系统中查找另一虚链路 V_j 所经过的物理端口序列为 $\{P_1,P_2,P_3,\cdots,P_i,\cdots,P_j\}$，再结合虚链路 V_j 的状态来进一步定位故障位置，若虚链路 V_j 状态正常，则可进一步缩小故障点的范围在 $\{P_j,\cdots,P_K\}$ 之间，若虚链路 V_j 状态中断，则可推断 $\{P_i,\cdots,P_j\}$ 之间有故障，可判断引起虚链路 V_k 中断的原因是由于 $\{P_i,\cdots,P_j\}$ 之间的故障点引起的概率较大；继续在 $\{P_i,\cdots,P_j\}$ 之间重复步骤 2），逐步缩小故障范围，逐步逼近故障点，直到不能继续执行步骤 2）为止。

智能变电站过程层二次回路中光纤交换机承担着智能终端、合并单元与保护、测控等设备间的信息交换工作，是通信网络的核心设备，其中除了保护装置点对点直接获取 GOOSE、SV 数据外，测控、录波等设备采用组网方式通信。过程层装置间通过 GOOSE、SV 报文进行通信，报文接收方根据报文有效时间的 2 倍时长判断通信状态，过程层装置链路状态通过 GOOSE 报文发给间隔层测控装置，间隔层测控再将状态通过制造报文规范（manufacturing message specification，MMS）送站控层虚回路综合监视系统。若某个发送装置通信异常，多个接收装置都会向综合监视系统发送断链告警，虚回路综合监视系统还可根据多个断链告警综合诊断推理出故障的通信单元。

4.5.4 虚回路综合监视及管理

在实现过程层虚回路实时监视的同时，获取虚回路开入开出软压板信息，同时根据过程层信息采集的数据，可在虚回路实时监视图上显示，方便使用人员直观观测过程层虚回路的实时数据。

二次虚回路状态信息范围和来源应该包含装置 SV/GOOSE/MMS 链路异常告警信

号等，对于现场运行来说，虚回路上从数据起点到终点，每个环节都很重要。因此虚回路监视应该包括从数据发送装置到接收端的各个环节。根据实际的运行经验，虚回路监视内容如下：

1）交换机及物理网络链路状态监视。实现虚回路流经的物理路径的状态监视，包括物理回路上的各交换机状态和端口状态的监视，并能实现二次虚回路的物理路径的识别监视。

2）GOOSE 虚回路异常。GOOSE 虚回路异常包括 GOOSE 断链异常和配置不一致异常。GOOSE 断链异常，包括间隔层装置的 GOOSE 断链异常和过程层装置的 GOOSE 断链异常。GOOSE 配置不一致是指收发双方的配置版本、数据集数目等不一致、收发报文中数据类型不匹配等异常。

3）SV 虚回路异常。SV 虚回路异常包括 SV 断链、配置不一致、SV 不同步、SV 延时越限。SV 不同步，是指 SV 信号源装置的时间与主时钟失去同步。SV 延时越限，是指在组网形式下，装置收到的 SV 延时越限值超出了延时越限配置的限值。

4）虚回路上的软压板。智能变电站安全措施由智能终端跳合闸出口压板、检修压板、GOOSE 发送/接收软压板等多种安措技术组合而成，其特点是安措种类多、空间分布广、不直接可观。接收压板退出时，所关联通道上送的数据将不再被处理；出口软压板投入时，所关联通道上的数据才能发送出去。因此，软压板也属于虚回路的一部分，也应对其状态进行监视。

虚回路综合监视平台以及 SCD 模型，构建变电站二次虚回路状态监测对象模型，并实现各间隔二次回路的自动成图，实现各虚回路链路状态和链路异常的信息采集，在运行时通过实时库维护当前二次回路的实时状态，并配合数据采集和画面展示实现二次回路的状态监测。此外，二次回路动态显示界面还包含了装置软压板等过程层信息采集及展示。

虚回路综合监视系统基于物理网络拓扑、在线获取交换机端口状态以及设备状态数据，通过可视化网络接线画面，可直观地向继电保护运行人员展现当前智能站过程层的物理网络运行状况。基于软压板状态采集、在线网络报文分析，通过可视化的虚端子画面，可直观地向继电保护运行人员展现当前智能站过程层的逻辑链路运行状况。

虚回路监视过程其实就是异常信号生成、异常信号传递、异常信号解析、最后通过画面展示的过程。虚回路综合监控系统实现了数据从过程层传递到间隔层再到站控层的数据通道，而且，过程层装置和间隔层装置具备判断虚回路异常的功能，是基于站控层的虚回路综合监视系统实现虚回路的综合监视。

虚回路异常信号由接收装置产生，过程层装置通过 GOOSE 信号把异常告警传输给间隔层测控装置，测控装置将过程层的虚回路异常信号及自身的虚回路异常信号以遥信的形式传送到站控层。站控层监控系统根据配置文件解析这些信号并以可视化的方式展示给用户。利用站控层虚回路综合监视系统从过程层到站控层的数据传输通道，不需要在间隔层增加额外的设备，也不用从站控层直接连到过程层交换机上获取报文，避免了破坏现有三层两网结构。

4.6 SCD 文件管控及变更涉及分析

SCD 文件俗称变电站配置描述文件，它包含了整个变电站所有设备模型及工程配置信息，是变电站设备运行、日常运维、工程管理依赖的重要数据。总结和分析智能变电站工程模型实施和应用情况，当前，SCD 文件可以很好地满足智能变电站二次设备及系统集成应用的需求。

在变电站调试后期、运维检修、改扩建涉及 SCD 文件的修改和升级时，由于 SCD 文件存在不同应用类型信息耦合和设备间二次虚回路复杂关系配置等原因，很难界定 SCD 文件修改后的影响范围，客观上造成了“牵一发而动全身”的现象。在调试阶段，SCD 文件哪怕只是修改局部信息往往造成重新全部调试，调试工作反复进行。改扩建阶段，由于新增或改建间隔，SCD 文件必然要更改，由于改动风险不好确定，往往通过扩大停电范围或全站停电来调试和确认功能的正确性，才能投运。同时变电站日常运维管理中，由于 SCD 模型过于专业且不同业务配置信息混合在一起，变电站运维管理或专业管理人员无法快速理解并找到所关注业务的信息，模型维护和管控只能依赖设备厂家或系统集成商进行，不利于变电站检修管理、专业管理和监督等工作。

从变电站改扩建对配置文件的管控需求出发，SCD 解耦采用面向间隔对 SCD 进行逻辑解耦，解析 SCD 文件，根据间隔划分规则提取出以间隔为单位的配置数据，根据一、二次拓扑关系智能识别和管理跨间隔配置信息的关联关系，改扩建时通过锁定或开放不同间隔配置数据以减少传统无防范地直接修改 SCD 对已投运间隔模型造成误改或错改风险，满足变电站改扩建时 SCD 文件变更的安全管控需求。

SCD 模型解耦的总体方案示意如图 4-34 所示。

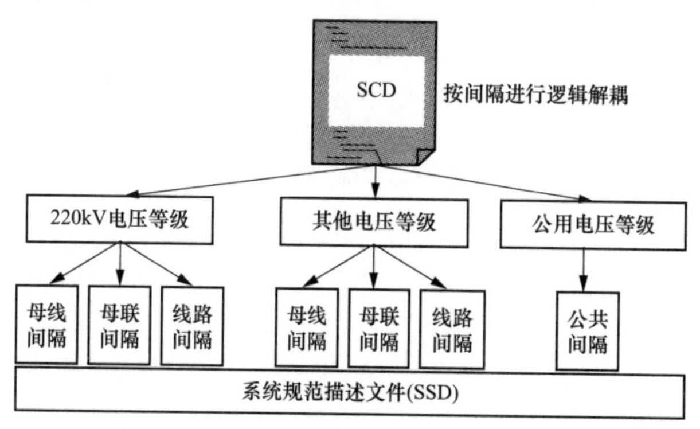

图 4-34 SCD 模型解耦的总体方案示意图

改扩建情况下，为了最大程度地减少因改扩建间隔变更 SCD 文件导致可能影响到其他投运间隔进而全站需要停电后重新调试的风险，采用面向间隔进行 SCD 解耦方案，进而实现 SCD 文件的分间隔配置更改管控。

通过将需要比较的历史版本的 SCD 文件“和当前 SCD 文件”，进行解析。通过相互比较这两个文件的变电站拓扑结构，可以获得增删改间隔，以及 IED 增删改信息。

比较时，首先将当前 SCD 文件与历史版本 SCD 文件进行比较，可以得知增加的间隔和修改的间隔，以及 IED 增加和修改信息，然后将历史版本 SCD 文件与当前 SCD 文件比较，可以获得删除的间隔以及删除的 IED 信息。将相互比较的结果进行结合，得到变电站改造与扩建二次设备拓扑结构，如图 4-35 所示。

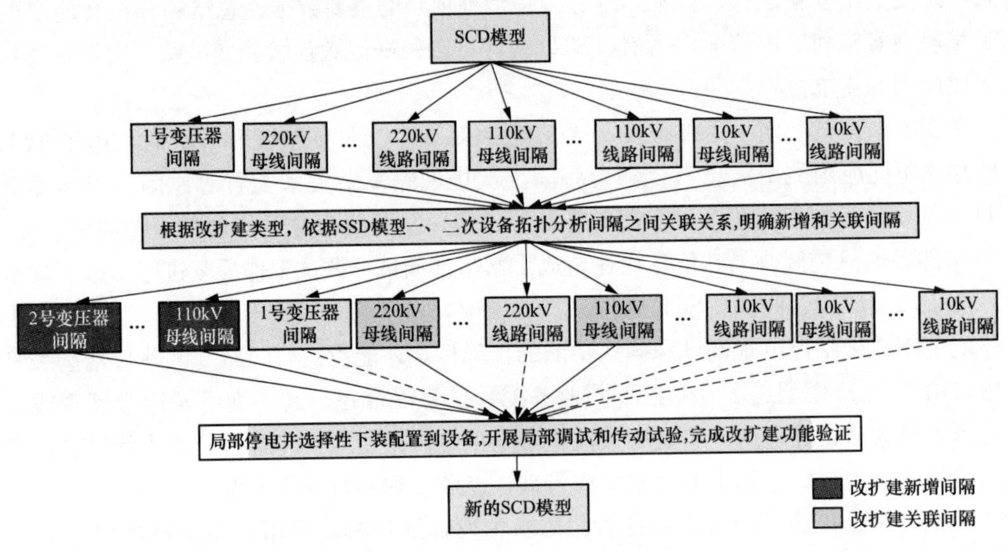

图 4-35 面向间隔的 SCD 解耦流程

继电保护二次回路试验场景及应用

5.1 高频通道试验

5.1.1 高频通道简介

目前我国电力系统中载波通道（又称高频通道）是用得最普遍的一种通道类型。在继电保护中使用时有专用和复用通道两种，其基本结构如图 5-1 所示。

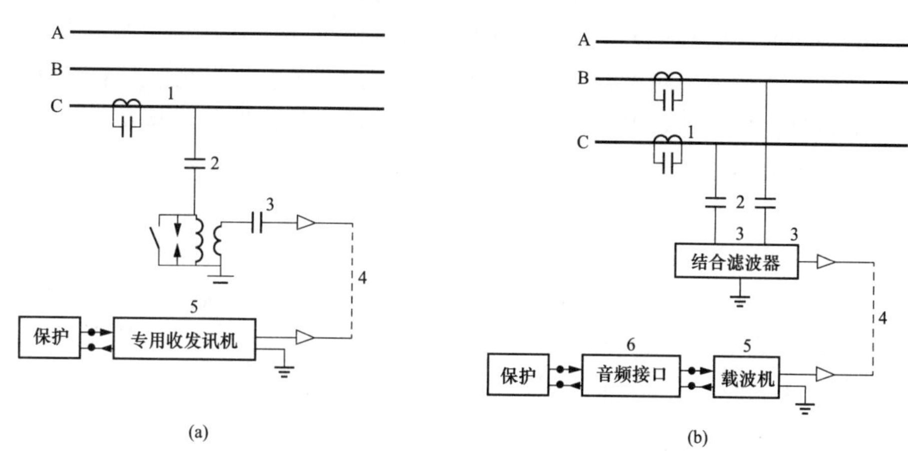

图 5-1 高频通道结构

（a）专用通道；（b）复用通道

专用通道用相-地耦合，一般用在闭锁式中，收发信机用继电保护专用收发信机。复用通道采用相-相耦合，一般用在允许式中，收发信机用复用的载波机。

相-相耦合通道中的高频电流衰耗较小但投资大，相-地耦合通道的高频电流衰耗较大、受到的干扰也较大但投资小。

由于输电线路是高压设备，继电保护专用收发信机或载波机是低压设备，为确保人身与设备安全，并实现阻抗匹配以减少传输衰耗，所以在输电线路和收发信机或载波机之间还有耦合电容器、结合滤波器、高频电缆这样一些连接设备，此外还有阻止高频电流向母线分流而设的阻波器，这些设备统称为高频加工设备。所以载波通道是由输电线路和高频加工设备两部分构成的。

（1）阻波器。它的作用是阻止高频电流向母线分流而增加衰耗。以一个单频阻波器为例，它是一个调谐于发信机工作频率的 LC 并联谐振电路。对高频频率来说其阻抗很大（大于 800～1000Ω），以防止高频电流的外泄。尤其是当母线或其他线路出口发生故障时，高频电流向母线分流将造成信号短路。而对工频频率来说其阻抗很小（仅为 0.04Ω 左右），不影响工频电流的流通。

（2）耦合电容器。它的作用是：①由于其电容量很小，对工频频率呈现很大的容抗，因而很高的工频电压都降在电容器两端，保证了电容器后设备及人身的安全。②它与结合滤波器一起构成以高频频率为中心频率的带通滤波器，使高频电流能顺利流通。

（3）结合滤波器。它由有电磁耦合的两个电感线圈组成。它的作用是：①进行阻抗匹配。220kV 输电线路的波阻抗约 400Ω 左右，330kV 和 500kV 输电线路的波阻抗约 300Ω 左右，而高频电缆的波阻抗为 75Ω（早期为 100Ω）。为了防止高频电流的反射减少衰耗，应有阻抗转换环节以实现阻抗匹配。连接滤波器用改变两个线圈的匝数比来完成这种阻抗转换工作。结合滤波器对输电线路来说波阻抗为输电线路的波阻抗，对高频电缆的波阻抗为 75Ω，因而可使高频电流可以通畅地经由高频加工设备流入收发信机（载波机）。②与耦合电容器一起构成带通滤波器，使高频电流能顺利流通。在结合滤波器线路侧的线圈两端还并接避雷器和接地开关。当有高电压从输电线路侵入时，可通过避雷器入地，保护了高频电缆和高频收发信机设备以及人身安全。当工作人员在结合滤波器上工作时或结合滤波器退出工作时将接地开关合上，以保障人身安全。

（4）高频电缆。它将户外的结合滤波器与户内的收发信机（载波机）联系起来。高频电缆有对称电缆和不对称电缆两种。对称电缆常用于相-相耦合方式，其波阻抗为 150Ω。不对称电缆（即单芯同轴电缆）常用于相-地耦合方式，其波阻抗为 75Ω，早年为 100Ω。使用单芯同轴电缆传输衰耗较小，抗干扰能力强。

5.1.2 高频通道加工设备测试

一、阻波器测试

1. 阻塞阻抗测试

阻塞阻抗测试目的是测试阻波器的阻塞阻抗是否满足要求：对于宽带阻波器阻塞阻抗要求不低于 570Ω，窄带阻波器阻塞阻抗要求不低于 800Ω。

（1）阻波器拆卸方式（电平法），如图 5-2 所示。

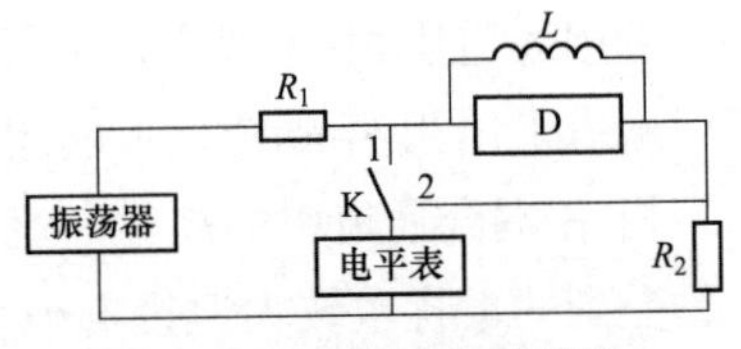

图 5-2 电平法试验接线

采用 R_1 是为了减小谐波对测量结果的影响，可用 2～3kΩ 的碳膜电阻。R_2 一般取 100～300Ω。测量时，改变振荡器的频率，在所测频率上倒换开关位置 1 和 2，逐一测出电平 L_1 和电平 L_2，并用以下公式算出阻抗值

$$Z = [\lg^{-1} \frac{1}{20}(L_1 - L_2) - 1] \times R_2$$

注：①阻抗测试方法除电平法外，还有电桥法、比较法。一般制造厂采用电桥法，用户则采用电平法。②测试时应使环路尽可能地小，以排除外部阻抗的影响。此外，测试中的设备（包括仪表）应远离金属表面和金属物体，至少隔开一个直径的距离（包括离地面）。

（2）阻波器不拆卸方式。阻波器不拆卸测试如图 5-3 所示。

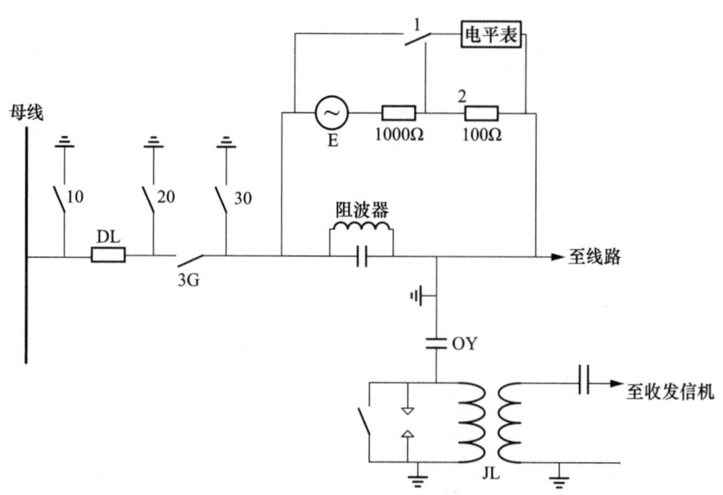

图 5-3 阻波器不拆卸测试

图 5-3 中 E 为振荡器。测量时，改变振荡器的频率，在所测频率上倒换开关位置 1 和 2，逐一测出电平 L_1 和电平 L_2，得阻抗值计算式为

$$Z=[\lg^{-1}\frac{1}{20}(L_1-L_2)]\times 100$$

注：①线路转检修状态，临时接地线接地可靠良好。减少感应电对测试结果的影响并保证人身安全及设备不受损坏。图 5-3 中 30 接地开关必须在断开状态，以避免分流，对测试结果造成影响。②检查阻波器两端试验线的接触良好，测量这两点间的交流电压，确定无感应电压，才将试验线接入测试仪端口进行测试，以避免损坏测试仪和保证测试结果的准确性。试验中所选电阻均为无感电阻。

2. 分流衰耗测试

在线路转检修状态及出现隔离开关打开的条件下，也可以用直接测量分流损耗的方法检查阻波器是否存在故障。测试时，可由高频收发信机向高频通道发送出高频信号，用选频电平表测量结合滤波器二次侧值，阻波器后面的隔离开关打开和闭合两种状态下的电平之差，便是阻波器的分流损耗。

二、结合滤波器测试

1. 结合滤波器参数测试（阻抗特性、工作衰耗、回波衰耗）

结合滤波器参数测试目的是测试结合滤波器的阻抗匹配特性以及衰耗特性是否满足要求；

(1) 阻抗及工作衰耗特性测试。

1) 结合滤波器二次侧测试：

图 5-4 中 E 为振荡器。测量时，改变振荡器的频率，在所测频率上逐一测出 1、3 之间电平 L_1，1、2 之间电平 L_2，2、3 之间电平 L_3，4、5 之间电平 L_4。

输入阻抗 $Z=\left[\lg^{-1}\frac{1}{20}(L_3-L_2)\right]\times 75$

工作衰耗 $bg=(L_1-L_4)+10\times\lg\left[300/(4\times 75)\right]=L_1-L_4$

注：①在进行 1、2 点之间电平测试时表计应采用平衡方式，其他点的测试表计可用不平衡方式。②在新安装和全检时应进行此项试验并建立技术档案。如工作衰减与出厂试验值有出入以及 Z 不在（75±20%）内应进行更换。③试验所选电阻均为无感电阻。

2) 结合滤波器一次侧测试：

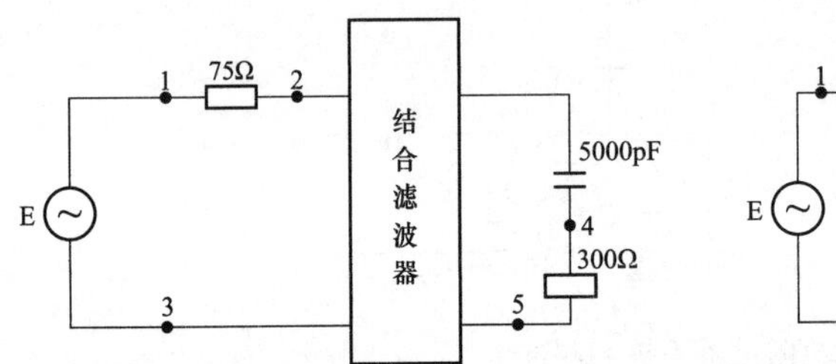

图 5-4　二次侧阻抗及工作衰耗特性测试

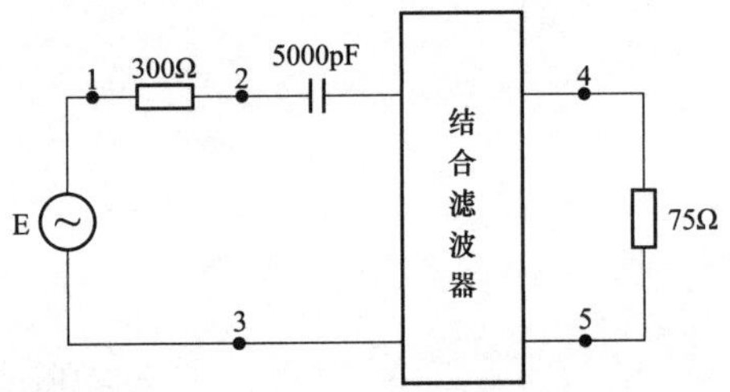

图 5-5　一次侧阻抗及工作衰耗特性测试

图 5-5 中 E 为振荡器。测量时，改变振荡器的频率，在所测频率上逐一测出 1、3 之间电平 L_1，1、2 之间电平 L_2，2、3 之间电平 L_3，4、5 之间电平 L_4。

输入阻抗 $Z=\left[\lg^{-1}\frac{1}{20}(L_3-L_2)\right]\times 300$

工作衰耗 $bg=(L_1-L_4)+10\times\lg\left[75/(4\times 300)\right]$

注：①在进行 1、2 点之间电平测试时表计应采用平衡方式，其他点的测试表计可用不平衡方式。②在新安装和全检时应进行此项试验并建立技术档案。如工作衰减与出厂试验值有出入以及 Z 不在（300±20%）内应进行更换。③试验所选电阻均为无感电阻。

(2) 回波衰耗特性测试。

图 5-6 中 E 为振荡器，内阻为 0。测量时，改变振荡器的频率，在所测频率上测出开关 K 开、合时，相应的电压电平 L_1、L_2，并用以下公式算出回波衰耗

结合滤波器回波衰耗　　　　$AW=|L_1-L_2|$

标注 1：①电平表应选用平衡方式进行测量。②在新安装和全检时应进行此项试验并建立技术档案。如回波衰耗小于出厂试验值应进行更换。③试验所选电阻均为无感电阻。

标注 2：在对运行的结合滤波器进行试验时，应做好安全措施，一定要保证耦合电

容器下端头接地情况良好才能进行试验，必要时可在耦合电容器下端头加装一至两组接地线。

三、收发信机测试

1. 发信回路测试

发信回路测试目的是检测并调整收发信机的发信回路；将通道切换到“本机一负载”，此时装置与外通道断开。在负载测试孔处进行测量。电平表为高阻、不平衡、窄带方式。新安装及全检时应进行此项试验。

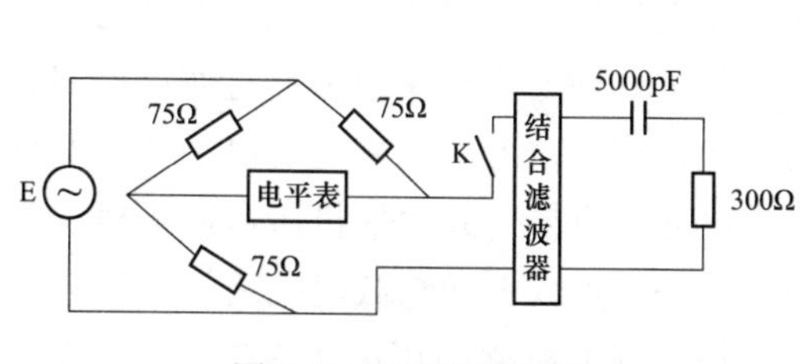

图 5-6　回波衰耗测试

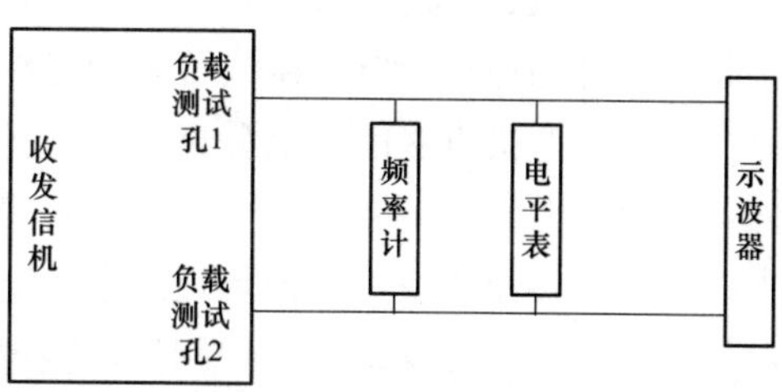

图 5-7　发信回路测试

（1）载漏输出测试：将电平表调整为收发信机工作频率，在不发信状态下测试输出电平应小于－29dB。

（2）发信输出电平测试：将电平表调整为收发信机工作频率，短接发信节点，此时测量到的发信电平为 31dB±0.5dB（对于发信功率 10W±1W）或 34dB±0.5dB（对于发信功率 20W±1W），如不满足要求应根据说明书进行调整。

注：对于有的收发信机如 LFX-912 在负载输出内部已加装固定衰耗，这时需将此衰耗值加上电平表指示值。

（3）发信频率测试：将电平表调整为收发信机工作频率，短接发信节点，此时频率计显示的频率应与工作频率相同，其误差应小于 10Hz。

（4）发信输出波形测试：短接发信节点，用示波器观察输出波形应为正弦波，无畸变现象。

2. 收信回路测试

收信回路测试目的是检测并调整收发信机的收信回路；将通道切换到“本机—负载”，此时装置与外通道断开，退掉远方启信功能，退掉收发信机内部衰耗器。在负载测试孔处进行测量。电平表为高阻、不平衡、窄带方式，振荡器为 75Ω 不平衡方式。新安装及全检时应进行此项试验，并建立技术档案进行存档。

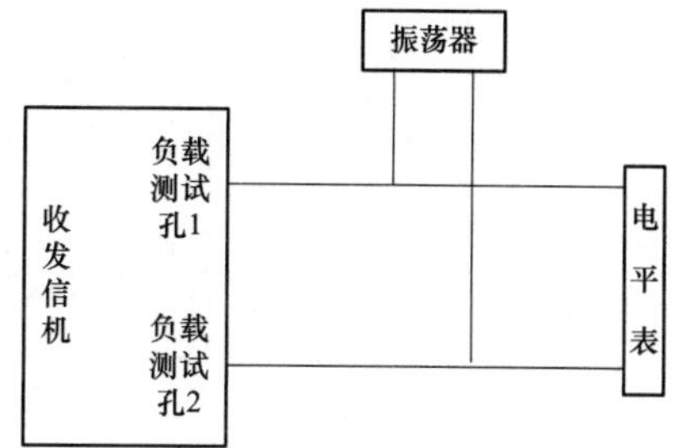

图 5-8　收信回路测试

（1）收信灵敏度测试。将振荡器与电平表的频率调为收发信机工作频率。振荡器输出电平由－10dB 逐渐增大，至面板收信指示灯亮，与此对应的电平表指示电平值即为收信灵敏启动电平，要求此电平为－5dB±0.5dB，如不满足要求应根据说明书进行调整。

(2) 收信电平指示灯指示值测试。将振荡器与电平表的频率调为收发信机工作频率。振荡器输出电平由－5dB逐渐增大，当电平表指示为0dB时，这时面板9dBm指示灯应亮，继续增加振荡器输出，当电平表指示每增加3dB时，收信电平灯应顺序点亮(误差不超过±0.5dB)，如不满足要求应根据说明书进行调整。

5.1.3 高频通道测试

当载波机放在通信机房，且保护装置与通信机房之间的距离较远时，通常保护装置与载波机之间通过光电转换装置采用光纤连接，以提高保护载波通道的抗干扰能力。目前保护与载波机直接的非电缆直连有两种方式，其中一种方式是保护装置与通信机房各配置一台光电装换装置，光电转换装置之间通过光纤连接；另一种方式是保护装置上集成一个光电转换模块，保护装置出来的光信号通过光纤直接传到通信机房，通信机房配置一个光电装换装置。有时一侧保护装置与通信机房较远，保护与载波机之间采用光纤连接，另一侧保护与载波机之间的距离较近，保护与载波机之间用电缆直连。图5-9列出了目前使用的三种连接方式。

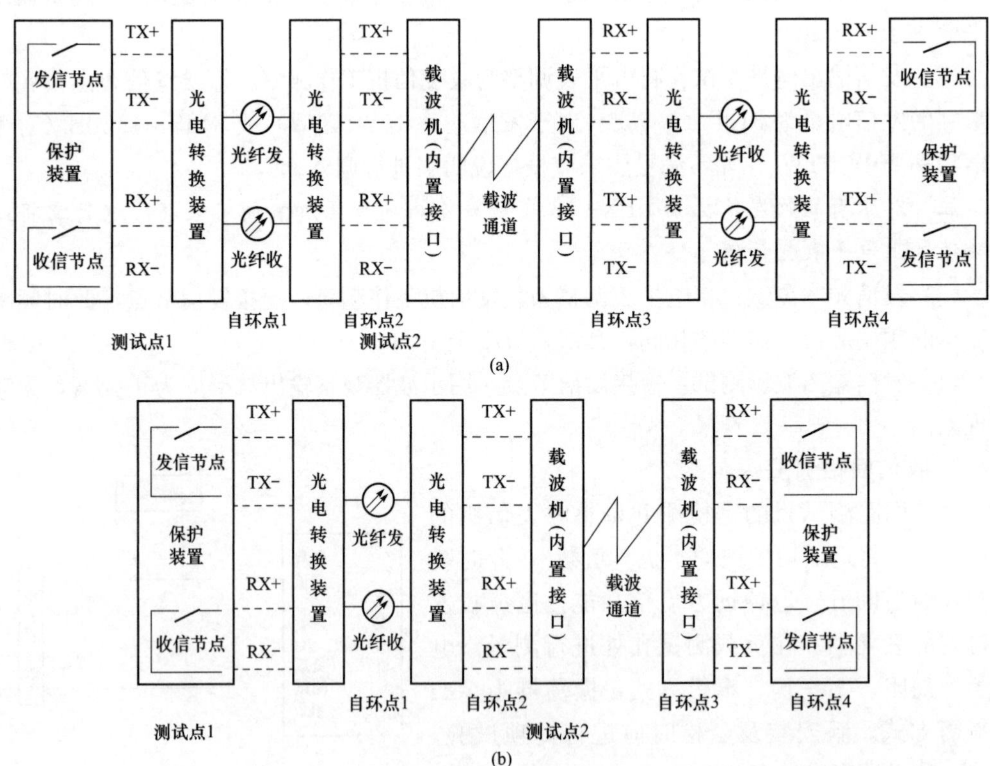

图5-9 高频通道连接示意图（一）
(a) 线路保护两侧均经光电装换装置上载波通道；
(b) 线路保护一侧经光电转换一侧不经光电转换装置上载波通道

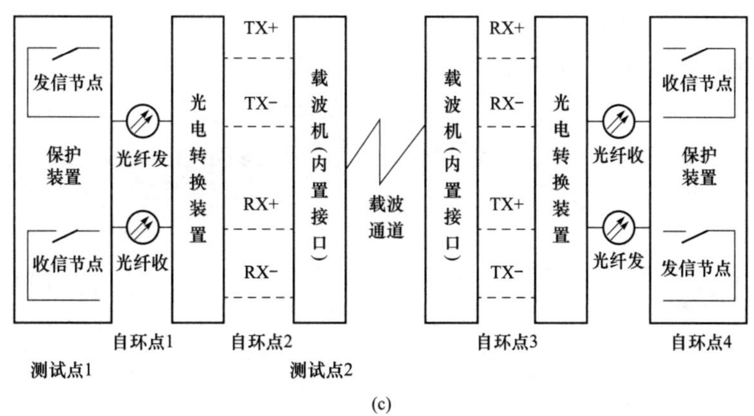

图 5-9　高频通道连接示意图（二）

（c）保护装置中集成有光电转换模块

一、光电装换装置的转换延时测试

1. 单个光电转换装置转换延时试验

将光电装换装置（保护装置）的光纤收发信端口自环（自环点 1）。测试单个光电装换装置的转换延时及展宽时间。光电装换装置转换延时及展宽测试如图 5-10 所示。

注意：为了避免自环对光电转换装置的收信有损害，请根据厂家要求进行。

2. 一对光电转换装置转换延时试验

将通信机房内的光电装换装置的各命令的收发信端口自环（自环点 2）。在保护装置收发信端口处（测试点 1），测试一对光电装换装置的转换延时及展宽时间如图 5-11 所示。

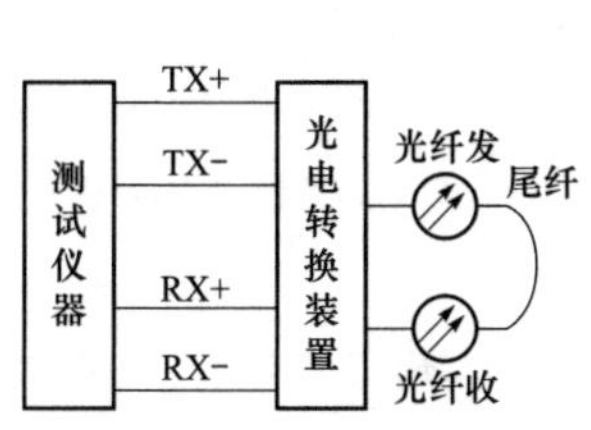

图 5-10　光电转换装置转换延时及展宽测试

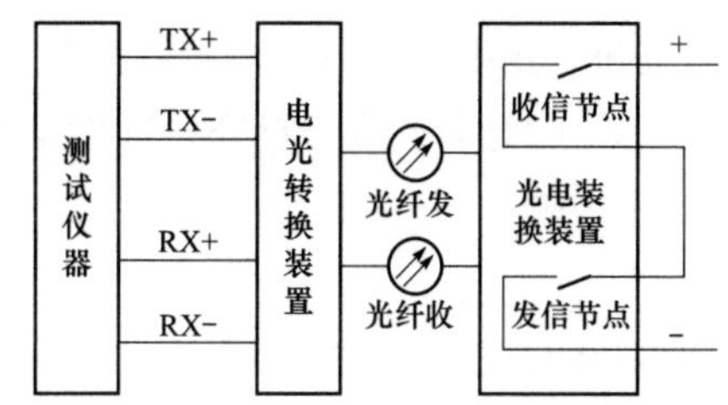

图 5-11　一对光电转换装置的转换时间及展宽时间

二、载波通道传输延时试验

1. 载波通道本身传输延时及展宽时间测试

将一侧在载波机接口处将载波通道各命令自环（自环点 3），在另一侧（载波机接口处，测试点 2）测量载波机接口测量各命令的收发信的时间差和脉宽。若测试仪上有各命令的自环模式可用测试仪将各命令自环，若测试仪无此项功能可直接在载波机接口处将各命令的收发信自环。

2. 保护使用的载波通道传输延时及展宽时间测试

将一侧在保护装置的收发信接口处将各命令自环（自环点 4），在另一侧（纵联保护及远跳装置收发信端口，测试点 1）测量保护接口处测量各命令的收发信的时间差和脉宽，接线图如图 5-12 所示。

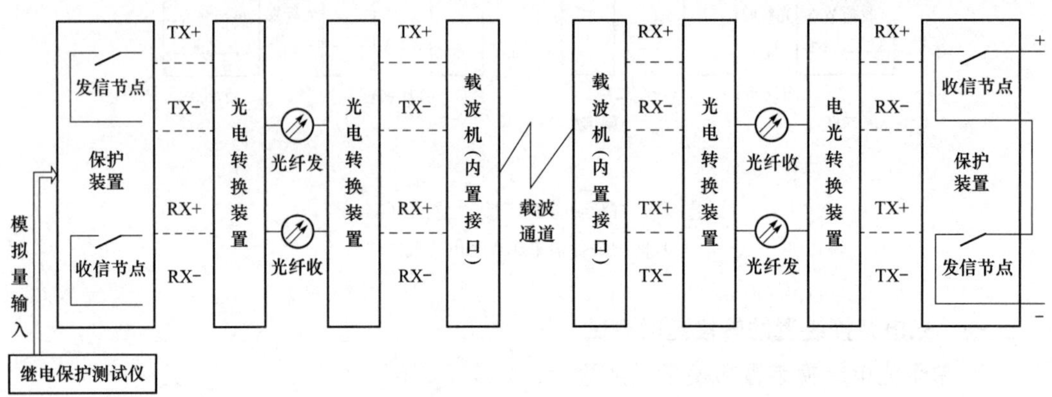

图 5-12　保护使用的载波通道传输延时及展宽时间测试图

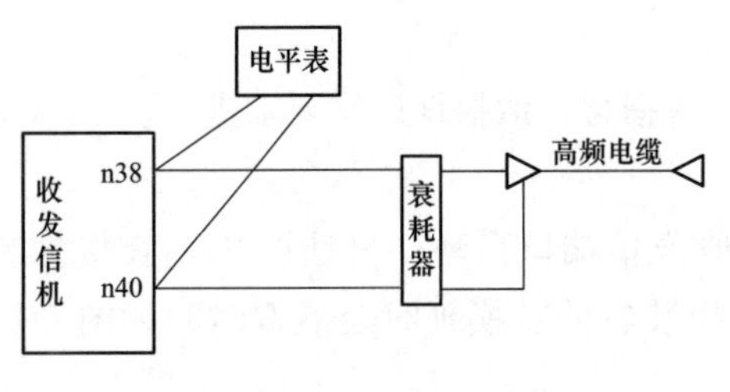

图 5-13　高频通道对调

三、高频通道对调

将通道切换到“本机一通道”，投入远方启信功能。在高频电缆进行测量。电平表为高阻、不平衡、窄带方式。高频通道对调如图 5-13 所示。

（1）收发信电平测试。衰耗器不投，电平表的频率调为收发信机工作频率，按下“通道试验”按钮，用电平表测量本侧收发信电平并计算两侧通道传输差。如两侧通道传输差大于 3dB，应对通道进行检查；如发信电平与单机调试时差 10%，应对通道进行检查。两侧通道传输差=(本侧发信电平－对侧收信电平)－(本侧发信电平－对侧收信电平)。

（2）收信裕度测试。根据收发信电平测试测试结果，调整收信输入衰耗器，使得本侧接受电平指示灯 9～18dBm 亮，而 21dBm 不亮。对侧常发信，本侧远方启信退出，本侧逐步投入衰耗器并连续案信号复归按钮，使“收信指示”灯刚好亮，此时衰耗器投入的衰耗值就是通道收信裕度。

（3）3dB 通道告警测试。根据收发信电平测试测试结果及产品说明书的要求，调整 3dB 通道告警值，逐步投入衰耗器使得通道告警灯亮，此时衰耗器投入的衰耗值就是通道告警值，要求通道告警值为 3dB±1dB。

本项试验并不针对具体型号的收发信机。对于具体型号的装置，现场应根据产品说明书的要求进行针对性试验。

5.1.4 高频通道检查实际案例

2013 年 06 月 18 日，某城区有雷声闪电但未下雨，06 月 19 日 10 时，220kV 甲站值班员进行通道交换试验时发现 220kV 甲乙线主一、主二保护“通道异常”，收发信机插件上收信、发信灯都不亮，接到通知后保护班人员分别到达 220kV 甲乙线两端对高频通道进行了检测并更换了结合滤波器，但更换后与更换前数据相差不大。06 月 22 日，专业人员对甲乙线高频通道进行了更为详细的检测，数据如下：

一、设备参数

(1) LFX-912 数字收发信机参数。

电源电压，DC220V；

工作频率，162kHz。

(2) 结合滤波器参数。

型号，JL-400-10-T8D；

线路侧阻抗，400Ω；

耦合电容器容量，10000pf；

工作频带，40～500kHz；

电缆侧阻抗，75Ω；

结合方式，相-地；

峰值包络功率，400W；

生产厂，天津水利水电机电研究所。

(3) 阻波器。

型号，XZK1250-0.2/31.5-T；

额定持续电流，1250A；

额定电感，0.2mH；

额定频率，50Hz；

工频电感，0.22mH；

生产厂家，水利部电力工业部机电研究所工厂。

二、检查试验

(1) 高频电缆检查。

电缆测试：电缆阻值（75Ω），点频测量频率 162kHz，如表 5-1 所示。

小结：通过对高频电缆检查，电缆特性阻抗 Z_C 满足国标要求，但输入阻抗 Z_i 和工作衰减有点偏大，但应不是通道告警的主要因素。

(2) 阻波器检查。

阻波器测试：点频测量频率 162kHz，如表 5-2 所示。

小结：通过对阻波器检查，阻塞阻抗 Z_b 和阻塞电阻 R_b 均不满足国标要求，所以需要通过合分甲乙线地刀对阻波器的性能进行进一步检查。

（3）耦合电容器检查。

耦合电容器测试：CVT 电容量测试，如表 5-3 所示。

表 5-1　　高频电缆检查

测试项目	实测值	
	甲站	乙站
输入阻抗 Z_i（Ω）	85.81	85.47
特性阻抗 Z_C（Ω）	66.95	69.63
工作衰减测量 bp（dB）	0.42	0.75

注　输入阻抗的最大误差不超过±10%，特性阻抗与标称阻抗的最大误差不超过±10%，工作衰耗的损耗值应小于 0.3dB/km。

表 5-2　　阻波器检查

测试项目	实测值	
	甲站	乙站
阻塞阻抗 Z_b（Ω）	2525	88
阻塞电阻 R_b（Ω）	546	66

注　阻塞要求，为了明确频带的概念，建议以 2.6dB 作为分流损耗和以阻塞电阻为基础的分流损耗的最大值，相当于阻塞电阻为输电线特性阻抗的 1.41 倍（即 220kV 线路大于 564Ω）。

表 5-3　　耦合电容器检查

测试项目	实测值（甲站）	实测值（乙站）
分压电容 C_1（nF）	15	9.873
分压电容 C_2（nF）	15	9.814

注　耦合电容量由两个分压电容 C_1 和 C_2 串联使用。

小结：通过对耦合电容器的检查，耦合电容量符合结合滤波器 3500～10000pF 要求，排除耦合电容器电容与结合滤波器不匹配。

（4）结合滤波器检查。

① 回波损耗测试（点频法），如表 5-4 所示。

表 5-4　　回波损耗测试

测试项目	实测值	
	甲站	乙站
高频电缆侧损耗 d_{p_1}（dB）	13.87	13.78
线路侧损耗 d_{p_2}（dB）	14.2	9.23

注　回波损耗，结合设备工作频带内线路侧和电缆侧的回波损耗应不小于 12dB（用于继电保护专用通道时不小于 20dB）。

② 工作损耗测试（点频法），如表 5-5 所示。

小结：通过对结合滤波器的测试结果可以看出：回波损耗特别是乙站线路侧有些偏小；工作损耗满足国标要求。

表 5-5　　工作损耗测试

测试项目	实测值	
	甲站	乙站
高频电缆侧损耗 $d_{P_{11}}$ (dB)	0.01	0.00
线路侧损耗 $d_{P_{12}}$ (dB)	0.61	0.25

注　工作损耗，结合设备工作频带内的工作衰减应不大于 2dB（用于继电保护专用通道时不大于 1.3dB）。

（5）收发信机功能检查。

①甲站收发信机收信功能检查（检查甲站收信功能时，断开乙站侧收发信机电源，启动甲站通道检查试验按钮），如表 5-6 所示。

表 5-6　　甲站收发信机收信功能检查

	收信裕度指示灯（dB）	收信指示灯
甲站	+6	+6dB 收信裕度灯点亮
	+9	+9dB 收信裕度灯点亮
	+12	+12dB 收信裕度灯点亮
	+15	+15dB 收信裕度灯点亮
	+18	+18dB 收信裕度灯点亮

②乙站收发信机收信功能检查（检查乙站收信功能时，断开甲站收发信机电源，启动乙站通道检查试验按钮），如表 5-7 所示。

表 5-7　　乙站收发信机收信功能检查

	收信裕度指示灯（dB）	收信指示灯
乙站	+6	+6dB 收信裕度灯点亮
	+9	+9dB 收信裕度灯点亮
	+12	+12dB 收信裕度灯点亮
	+15	+15dB 收信裕度灯点亮
	+18	+18dB 收信裕度灯点亮

③收发信机发信功能检查，如表 5-8 所示。

表 5-8　　收发信机发信功能检查

内容	通道入口处电平	
发信时的测量值（dBm）	甲站	乙站
	34.47	36..33

小结：通过对收发信机收信裕度测试以及发信功能检查，证明了收发信机功能正常。

三、通道联调检查分析

实测该线路高频通道各点发信电平，用选频表高阻档跨接测量通道中各点电平值。

按图 5-14 接线，测量高频通道上各关键点的发信电平，结果见表 5-9、表 5-10 和表 5-11。

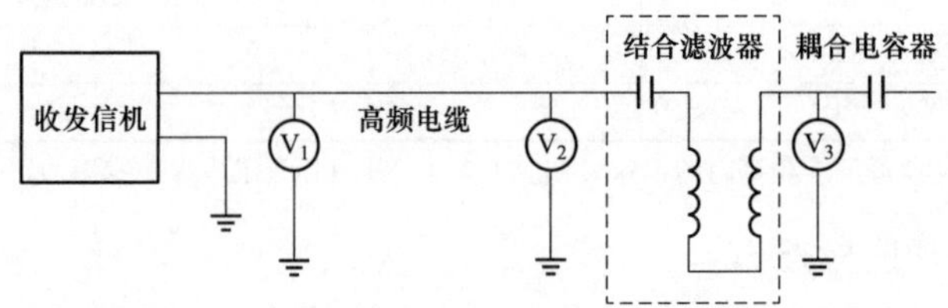

图 5-14 高频通道各关键点电平检查接线图

表 5-9 两侧通道上各关键点的发信电平检查结果表（线路两侧接地开关断开）

	乙站		甲站		备注
乙站发信		发信电平（dB）		收信电平（dB）	—
	收发信机出口处高频电缆侧 V_1	—	收发信机出口处高频电缆侧	22.3	—
	结合滤波器高频电缆侧 V_2	—	结合滤波器高频电缆侧	23.5	—
	结合滤波器耦合电容器侧 V_3	—	结合滤波器耦合电容器侧	30.8	—
	甲站		乙站		—
甲站发信		发信电平（dB）		收信电平（dB）	
	收发信机出口处高频电缆侧 V_1	—	收发信机出口处高频电缆侧	20.3	—
	结合滤波器高频电缆侧 V_2	—	结合滤波器高频电缆侧	23.81	—
	结合滤波器耦合电容器侧 V_3	—	结合滤波器耦合电容器侧	31.28	—

表 5-10 两侧通道上各关键点的发信电平检查结果表（乙站侧线路接地开关合上）

	乙站		甲站		备注
乙站发信		发信电平（dB）		收信电平（dB）	
	收发信机出口处高频电缆侧 V_1	—	收发信机出口处高频电缆侧	—	乙站接地开关合
	结合滤波器高频电缆侧 V_2	—	结合滤波器高频电缆侧	18.9	乙站接地开关合
	结合滤波器耦合电容器侧 V_3	—	结合滤波器耦合电容器侧	26	乙站接地开关合
	甲站		乙站		—
甲站发信		发信电平（dB）		收信电平（dB）	
	收发信机出口处高频电缆侧 V_1	—	收发信机出口处高频电缆侧	17.5	乙站接地开关合

续表

	乙站		甲站		备注
甲站发信	结合滤波器高频电缆侧 V_2	—	结合滤波器高频电缆侧	—	乙站接地开关合
	结合滤波器耦合电容器侧 V_3	—	结合滤波器耦合电容器侧	—	乙站接地开关合

表 5-11　两侧通道上各关键点的发信电平检查结果表（甲站侧线路接地开关合上）

	乙站		甲站		备注
乙站发信		发信电平（dB）		收信电平（dB）	
	收发信机出口处高频电缆侧 V_1	—	收发信机出口处高频电缆侧	—	甲站接地开关合
	结合滤波器高频电缆侧 V_2	—	结合滤波器高频电缆侧	15.6	甲站接地开关合
	结合滤波器耦合电容器侧 V_3	—	结合滤波器耦合电容器侧	23.8	甲站接地开关合
甲站发信	甲站		乙站		—
		发信电平（dB）		收信电平（dB）	
	收发信机出口处高频电缆侧 V_1	—	收发信机出口处高频电缆侧	17.3	甲站接地开关合
	结合滤波器高频电缆侧 V_2	—	结合滤波器高频电缆侧	—	甲站接地开关合
	结合滤波器耦合电容器侧 V_3	—	结合滤波器耦合电容器侧	—	甲站接地开关合

小结：通过表 5-9、表 5-10 和表 5-11 可以看出，分别合上甲乙线线路两侧地刀对通道的影响是明显的，合上接地开关后，收发信机出口处下降 3dB 左右，结合滤波器两侧下降得更多，在 5dB 以上。

四、小结

通过此次通道检查，发现甲乙线两侧阻波器的阻塞电阻和阻塞阻抗均不满足国标要求，且在 162kHz 和 178kHz 的工作频率下，线路侧接地开关的合分对于通道有很大的影响，建议更换两侧阻波器至少更换阻波器的调谐元件。

在本案例中，为了对高频通道的故障进行定位，进行了很多试验与检查，从生产实际的角度展示了现场高频通道检查的全过程。

5.2　光纤通道测试

5.2.1　光纤通道简述

近年来，继电保护与安全自动装置越来越多地采用光纤通道来传输信息、命令，掌握光纤通道测试方法，才能对光纤通道进行正确的测试，准确判断光纤通道的优劣。

光纤保护装置（光纤差动、光纤距离、光纤方向、光纤命令、光纤稳控等）内部光纤通信接口的原理框图如图 5-15 所示。

从串行通信控制器（SCC）来的数据经过光纤发送码型变换后，去调制光发射器(LD)，将连续变化的数据码流变成连续变化个光脉冲。

在接收时，对弱的光信号，进行放大、整形、再生成数据码流，送给串行通信控制器，供 CPU 读取。

继电保护用光纤通道种类比较多，以光纤差动保护为例来描述有专用光纤（纤芯）传输通道和复用通信设备传输通道。

专用纤芯方式相对比较简单，运行的可靠性也比较高，保护动作性能能够得到保障，日常的运行维护工作量也很少，已经得到了广泛的使用。有条件的地区，220kV 及以下线路光纤保护多采用专用纤芯方式，目前专用纤芯工作方式完全可以运行在 120km 及以下的光缆长度上。专用光纤传输通道如图 5-16 所示。

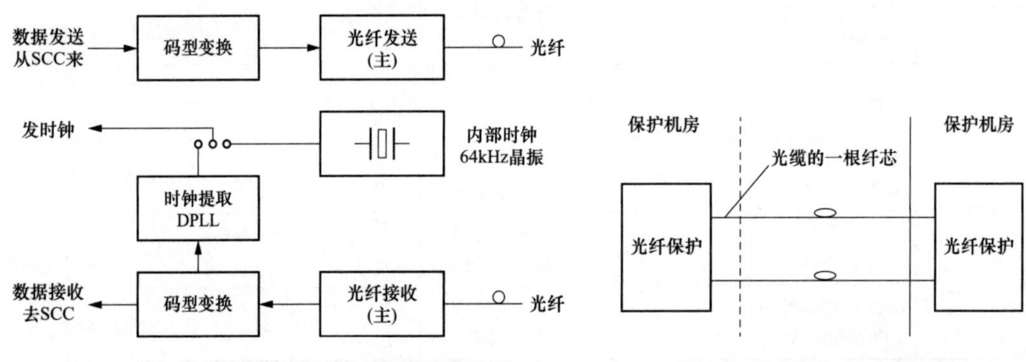

图 5-15　光纤通信接口的原理框图　　图 5-16　专用光纤传输通道

复用通信设备传输通道涉及的中间设备较多，通信时延也较长，运行的可靠性较低，保护动作性能不能得到保障，日常的运行维护工作量也比较大，问题查找不易。是以牺牲保护装置的性能，来换取通信资源的利用率的。复用光纤传输通道如图 5-17 所示。

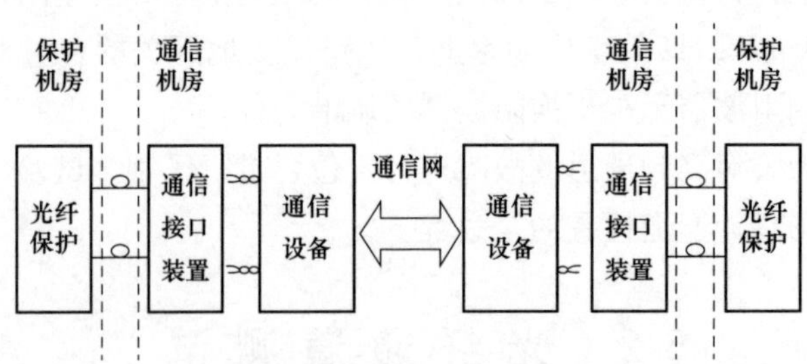

图 5-17　复用光纤传输通道

5.2.2　光纤保护通道测试方法

一、常见线路保护光纤接口装置主要技术参数

常见线路保护光纤接口装置主要技术参数如表 5-12 所示。

表 5-12　　常见线路保护光纤接口装置主要技术参数

厂家	型号	波长（nm）	发光功率	接收灵敏度	时延要求
南京南瑞继保电气有限公司	RCS-931	1310	−5～−16dBm(64bit/s) −8～−16dBm(2048bit/s)	−45dBm(64bit/s) −35dBm(2048bit/s)	<15ms
		1550	−5～−16dBm(64bit/s) −8～−16dBm(2048bit/s)	−45dBm(64bit/s) −40dBm(2048bit/s)	
	FOX-41A	1310	−7dBm/−12dBm	−38dBm	
	MUX2M	1310	−10dBm	−35dBm	
国电南京自动化股份有限公司	PSL-603	1310 1550	−6～−11dBm	−33dBm	<16ms
	GXC-01	1310 1550	−10dBm	−33dBm	
四方公司	CSA-103 CRC-103	1310 1550	−6dBm	−38dBm	<18ms
许继电气股份有限公司	WXH-803	1310	−5dBm/−14dBm	−34dBm	
		1550	−11dBm	−34dBm	
ABB 公司	REL561	1310	−16～−28dBm	−40dBm	
ALSTOM 公司	P591	850	−19.8dBm	−25.4dBm	

注　本表所列为常见装置的典型参数，测试时应以现场装置的出产标签及内部跳线情况确定标称值。

二、试验项目及试验方法

1. 全检、部检项目（见表 5-13）

表 5-13　　全检、部检项目

序号	测试项目	全检	部检
1	光发射器功率测试	√	√
2	光接收器灵敏度测试	√	√
3	光接收功率测试	√	√
4	通道传输时间测试	√	√
5	正常工作状态检查	√	√
6	临界接收灵敏度时电流差动保护功能测试	√	
7	通道中断时电流差动保护功能测试	√	

2. 光发射器功率测试

目的：测试光发射器功率是否满足要求。

试验接线如图 5-18 所示，用尾纤一端接保护装置（或信号接口装置）的光发射口，一端接光功率计测试端，读出光功率计上显示的稳定值。发光器功率应为测量值与 2 个连接器的衰耗（2×0.5dB）之和，应与通道插件上的标称值一致（误差±3dBm）。

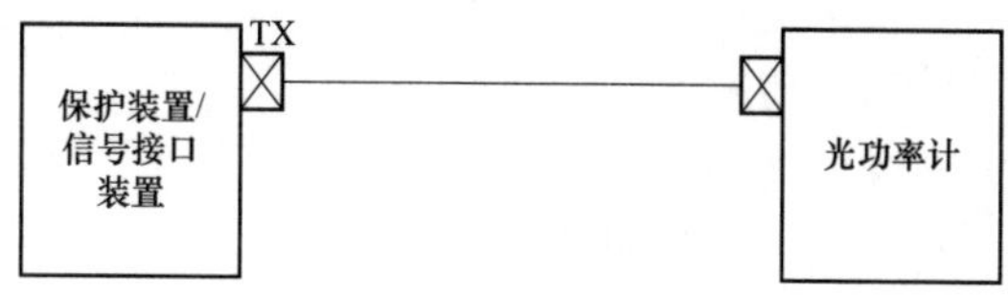

图 5-18　光发射器功率测试

3. 光接收灵敏度测试

目的：测试接收器灵敏度是否满足要求。

按图 5-19（a）所示接线，被测设备用尾纤自环，串接光衰耗器，选择光衰耗器的光波长，其应与保护装置的波长一致，缓慢调节光衰耗器的衰耗，使其从 0dB 逐渐增加至装置的误码出现且通道异常告警继电器动作。然后再将光衰耗器回调至通道异常告警刚好恢复。随后，如图 5-19（b）所示，将保护装置收信端尾纤拔出，用光功率计测量光功率，所测功率值即为光接收灵敏度。接收灵敏度应满足装置技术要求。

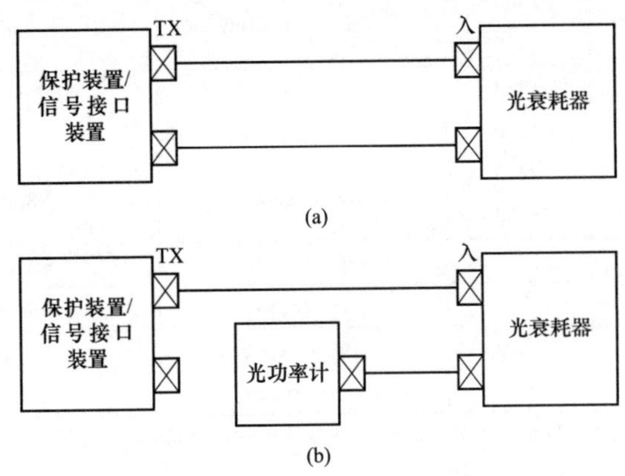

图 5-19　光接收灵敏度测试

4. 光接收功率测试

目的：测试光接收端接收功率及通道裕度是否满足要求。

两侧保护装置（或信号接口装置）均设置在正常工作方式，光纤通道正常接入。测试时将保护装置收信端尾纤拔出，接入光功率计，所测功率即为光接收功率。接收功率应大于接收灵敏度，并要求有大于 6dB 的裕度。

5. 通道传输时间测试

目的：对于光纤电流差动保护，测试光纤通道传输时间否满足保护装置要求。

在实际测试中，对于两侧保护装置（或信号接口装置）有显示通道传输时间功能的，可以直接记录传输时间，并且对两侧测得的数据进行比较，要求两侧的通道传输时间相差不能大于 1ms。对于保护装置（或信号接口装置）没有显示通道传输时间功能的，可以用继保测试仪带通道进行测试。测试时，在对侧保护装置（或信号接口装置）上自环，本侧启动保护远跳（或远传）接点同时启动计时，测试收远跳（或远传）开出接点动作的时间，这一段的时延可以用 t' 表示。考虑到这种方式测得的时间包括保护装置中间继电器的动作时间，所以真实的通道传输时间为

$$T = t' - t_1 - t_2$$

式中　t'——测试仪测得的通道传输时间；

　　　t_1——本侧保护中间继电器动作时间；

　　　t_2——对侧保护中间继电器动作时间。

通道延时应满足光纤电流差动保护装置的技术要求。

6. 正常工作状态检查

两侧保护装置（或信号接口装置）均设置在正常工作方式，光纤通道正常接入。装置正常运行灯亮，无任何告警。清空装置内部通信报文，误码数为零，两侧装置带通道运行一段时间后，检查两侧内部通信报文误码数，其值应为零。

7. 电流差动保护功能试验

（1）临界接收灵敏度下保护功能测试。在通道中间串接光衰耗器，改变衰耗的大小，使其从 0dB 逐渐增加至装置的误码出现且通道异常告警继电器动作。然后再将光衰耗器回调至通道异常告警刚好恢复。此时做差动试验，模拟各种区内外故障，保护装置动作行为应正确可靠。

（2）通道中断时保护功能测试。在线路一侧保护装置上断开通道 1min 以上，线路另一侧保护装置发出接收告警报文，并闭锁保护功能，同时告警灯亮。在双通道控制模式下，分别依次中断其中一个通道，而另一通道正常，本侧和对侧均给出相应通道的接收中断报文，且发送通道中断告警信号，此时做差动试验，保护应该正确动作。同时中断两个通道，本侧和对侧均给出相应通道的接收中断报文，且发送两个通道中断告警信号，闭锁保护，此时做差动试验，模拟区内外故障，保护应不动作。

8. 试验注意事项

（1）试验时，应检查光纤头是否清洁，并将拔出的尾纤用橡皮套套好，防止灰尘弄脏光纤端口。

（2）光纤连接时，一定要注意测试时检查 FC 连接器上的凸台和珐琅盘上的缺口对齐，然后旋紧 FC 连接器。当连接不可靠或光纤器不清洁时，测试数据就会有偏差。

（3）检查所使用的连接器类型，它们应符合厂家技术要求。

（4）测试中光功率计及光衰耗器的光波长选择与被测设备的光波长一致。

（5）试验前应检查通信设备中屏蔽双绞线（同轴电缆的外壳）屏蔽线可靠接地。

9. 测试结果分析

（1）根据实测的光接收功率和接收灵敏度计算通道裕度，通道裕度＝光接收功率－接收灵敏度。通道裕度应不低于 6dB，最好不低于 10dB。

（2）根据本侧发送功率和对侧接收功率计算光通道衰耗，两侧计算的光通道衰耗之差应小于 2～3dB。

（3）对于专用光纤方式，实测的光通道衰耗，应与按实际线路长度估算的衰耗相一致。

光缆衰耗：1310nm 波长下小于 0.4dB/km，1550nm 波长下小于 0.22dB/km。

法兰盘衰耗：一般按 0.5dB/点估计。

熔接衰耗：一般按 0.03dB/点估计。

5.2.3 不同光纤通道的测试要求

对于保护装置而言，通常用到专用光纤方式与复用光纤方式，两种通道传输方式下，测试要求与测试地点均有差异，需要加以区分。以差动保护为例。

一、专用光纤方式的测试要求

差动保护装置的专用光纤通道连接图如图 5-20 所示，专用光纤方式下需要对保护装置及保护通信接口装置发送功率和接收功率进行测试。

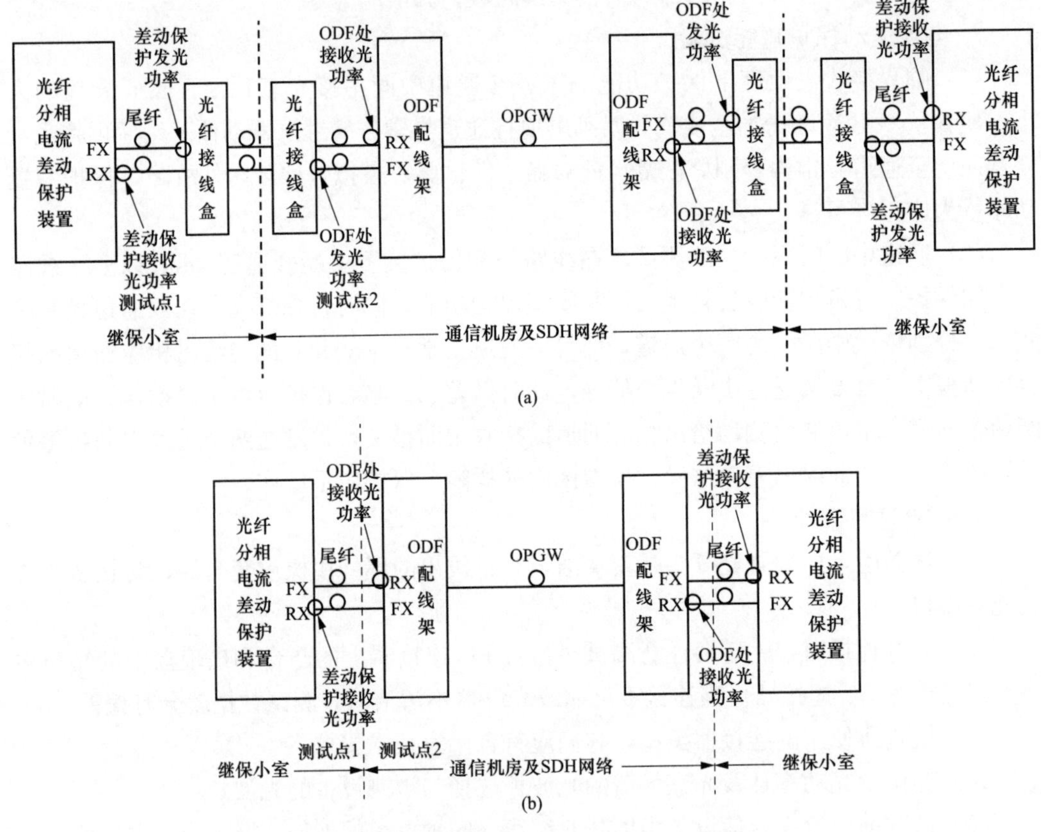

图 5-20 差动保护专用光纤通道连接示意图

(a) 配有光纤接线盒的专用光纤通道连接图；(b) 未有光纤接线盒的专用光纤通道连接图

测试要求：在保护装置光纤端口和光纤接线盒光纤端口及 ODF 架处分别用光功率计测量保护装置发信端（FX）尾纤的光功率——保护装置的发光功率和保护装置收信端（RX）尾纤的光功率——保护装置接收到的光功率。

注意事项：

1）了解保护装置和保护通信接口装置的发光功率是否在厂家的给定范围内，同时测试尾纤及接头的损耗是否满足要求。

2）新安装试验、全检及部检时测试点 1 和测试点 2 都应进行测试，并建立技术档案。部检时若收信功率与投产时相比不低于 5dBm 即可，发信功率若变化超过±3dBm，需要与厂家联系，确认装置是否存在问题。

3）由于保护装置及保护接口装置的发光功率通常无法直接测量，需要借助尾纤，测量到的发光功率实为经过尾纤后的光功率。有光纤接线盒时，由于尾纤较短，尾纤的光衰耗较小，就将发信端口尾纤测量得到的光功率看作装置的发光功率；无光纤接线盒时，由于尾纤较长，光衰耗较大，测量得到的保护装置的发光功率与装置的标称发光功率就有一定的差距，若测得的发光功率与装置的标称发光功率有较大的差距，就需要向厂家询问，以确保装置及尾纤是否正常。

4）无光纤接线盒时，测试点 1 仅可以测量到保护装置的接收到的光功率，测试点 2 仅可测量到 ODF 处接收到的光功率（即保护装置经过尾纤后的发光功率）。

5）测试时两侧保护正常运行，光纤通道连接正常。对于 RCS931、CSC103、PSL603 保护，通道时延可在保护装置面板上进行查看。WXH803 保护无此功能。

二、复用通道方式下的测试要求

差动保护装置的复用光纤通道连接图如图 5-21 所示，复用光纤方式下需测试两侧同轴电缆之间的传输时延以及通道误码率，测试保护装置、保护通信接口装置以及光纤接线盒处的发光功率以及接收功率。

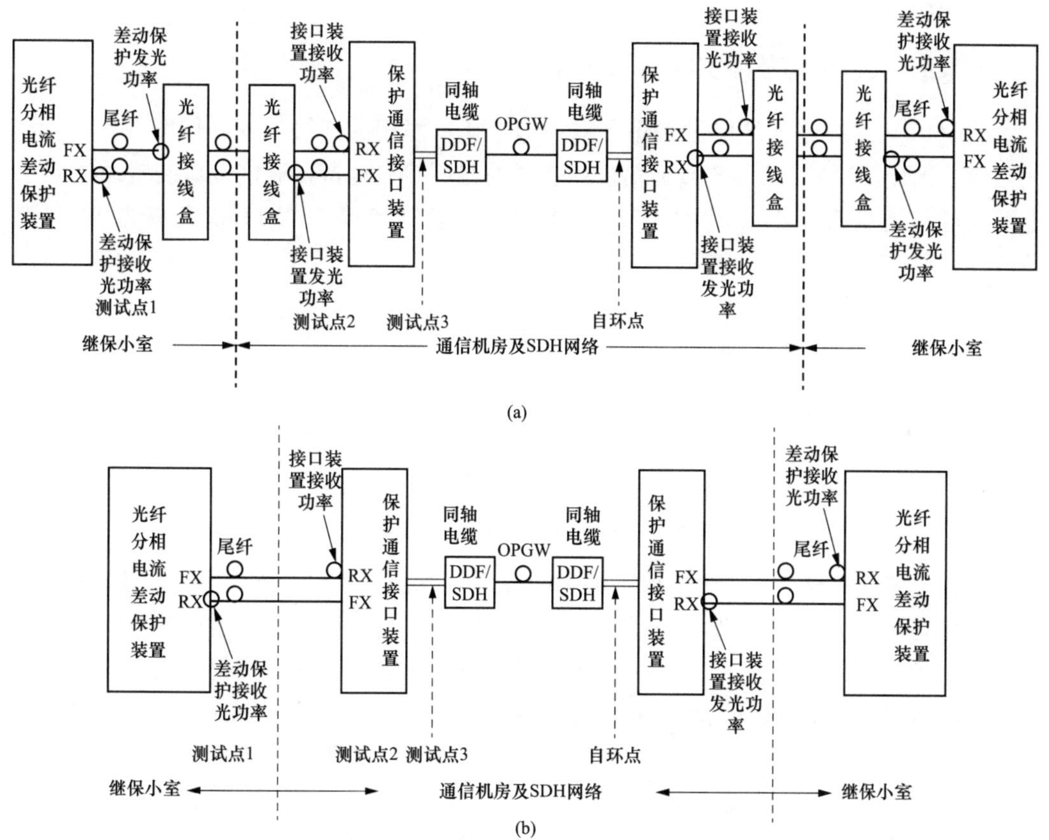

图 5-21 差动保护复用光纤通道连接示意图

（a）配有光纤接线盒的复用光纤通道连接图；（b）未配光纤接线盒的复用光纤通道连接图

测试要求：在本侧保护装置、保护通信接口装置处进行测试，测试点 1 及测试点 2 的测试方法同专用光纤方式下测试。测试点 3 进行测试时应将对侧自环点自环，2M 通道时测试 2M 自环的通道延时，64k 通道时测试经 PCM 后 64k 通道自环的通道延时。

注意事项：

1）了解保护装置和保护通信接口装置的发光功率是否在厂家的给定范围内，同时测试尾纤及接头的损耗是否满足要求。

2）新设备投产前的安装试验及全检时测试点 1、测试点 2、测试点 3 都应进行测试，并建立技术档案。部检时只需在测试点 1、2 进行测试，数据合格即可。通信对通道进行定检或通信通道发生变化时，通信人员应对通道传输延时进行测量，测量结果应在保护专业存档。在通信通道发生变化时，通信人员应及时通知保护人员。

3）在测试点 1、测试点 2 进行测试时，保护装置、保护通信接口装置正常运行，保护通道正常连接。在测试点 3 对通信通道延时进行测量由通信人员完成。对于 RCS931、CSC103、PSL603 保护，通道时延可在保护装置面板上进行查看。WXH803 保护无此功能。

4）请注意保护装置的时钟设置是否正确。

5.2.4 光纤通道故障实际案例分析

某 500kV 站线路光纤保护采用了双通道 2M 口复用的连接方式，如图 5-22 所示。线路保护光纤接口与 CSC-186B 通信接口装置的光纤接口连接，通信接口装置通过同轴电缆线对与通信设备的 2M/E1 接口相连，通信接口装置 CSC-186B 完成光电/电光转换。

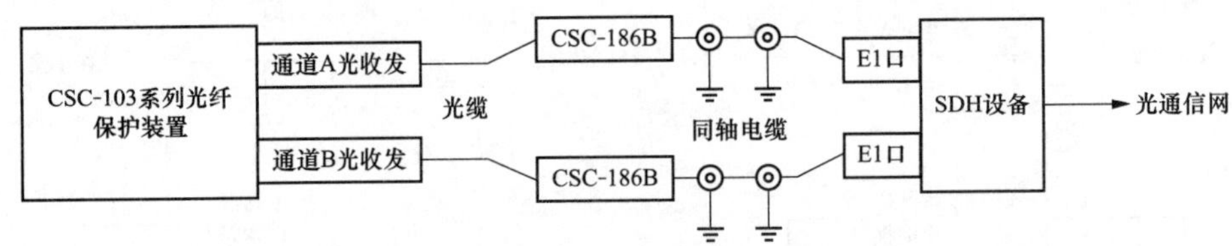

图 5-22 双通道 2M 口复用连接方式

某日，该站出现“××线主保护通道故障”声光报警信号，××线主二保护 A 通道故障灯亮，主保护装置 CSC-103A “通道告警”灯点亮，保护装置运行异常报文显示“通道 A 通信中断”，同时××线对侧也有相同的告警信号。现场检查时还发现：保护装置“通道信息”菜单显示通道 A 的丢帧（误码）数 600 帧。保护装置的通道误码监视功能，是对每 600 帧报文中累计丢帧数进行计算并相应地发出告警信号。据此可以判断通道 A 处于完全中断状态。随即申请退出××线主二保护，对 A 通道进行检查。

首先检查通信接口装置，无告警信号，装置正常；查看了 SDH 光通信网络终端设备，无告警信息，通过测试未发现误码等情况。线路对侧与本侧情况相同，无法立即判断故障原因及故障点。第二步进行通道自环，分步缩小判断故障点。对于 2M 复用通信，通过给本侧自环或给对端自环来判断大致故障区域，

实现步骤：

(1) 线路保护装置处自环。确认保护装置的通信时钟为内时钟方式，修改“通道环回试验”控制字为“1”，用尾纤将通信插件的“光发”和“光收”短接后，通道 A 中

断告警消失。

(2) 在通信机房，对通信接口装置自环。保持保护装置自环方式的设置，保护装置的光纤正常连接，在通信接口装置的同轴电缆连接端自环。CSC-186B 装置提供通道环回测试功能，只需要将“环回选择”拨码开关打到相应的位置即可。自环后，保护装置报文仍显示“通道 A 中断”告警，失帧数依然是 600 帧。可以初步判断故障点在本侧，并且在通信接口装置到保护装置光纤接口之间。

(3) 检查保护小室到通信机房这段光缆。光纤通道经常因光纤接触不良、光纤熔接不良、尾纤头变脏、光纤被破坏、光纤法兰口接触不良等原因造成通道异常。更换保护室到通信机房这段光缆的备用光纤芯线，并清洁尾纤头，更换后，仍然报警。由此，故障点可以定位到通信接口装置上。

(4) 最后更换通信接口装置，恢复保护装置设置，报警消失，保护装置正常工作。××线主二保护恢复正常运行。

通过对该线路主二保护通道故障的处理和分析可见，光纤通道优点明显，但由于通道中涉及的设备环节较多，故障处理比较复杂。一般可通过自环来缩小、锁定故障点区域，根据故障现象分析判断故障点。

基于光纤通道的保护已经应用的越来越广泛，但是现场试验时试验人员不是都能正确掌握光纤通道的测试方法。使用合格的光纤测试设备，采用正确的测试方法，方能准确的评估光纤通道的状态，确保保护装置的正常运行。

5.3 继电保护二次回路综合测试

随着电网的不断建设与发展，系统规模的扩大，电网安全稳定运行的要求越来越高，导致对继电保护及安全自动装置的要求也越来越高。继电保护装置及二次回路的故障相比以前会造成更大的系统事故。同时也随着变电站的不断增多，二次系统的装置缺陷、二次回路接线错误也越来越多。近几年，南网系统内由于 TA 二次回路接线错误、TA 极性错误、装置间联系回路接线错误等问题造成保护误动、拒动的事故时有发生。比如 500kV 某变 TA 接线错误导致事故扩大，220kV 某变电站因电流回路接错误动引起 4 个牵引变压器 14 列车停运等等。

现在变电站二次系统的检查与测试一般分三个部分，第一部分是继电保护与安全自动装置本身的单体调试。第二部分是相关二次回路的检查，包括在二次回路上通流、加压来检查相关回路的正确性。第三部分就是变电站投产前一次通流来检查极性及回路接线。

现在的测试方法或多或少都存在一些问题。第一，在变电站的投产启动试中是带一次负荷来检测站内“电流、电压二次回路”的变比、极性、相位、相序的正确性，但是经常由于一次负荷电流较小，不能正确检查电流相位、极性。第二，继电保护与安全自动装置本身的单体调试不能完全保证装置间联系回路的正确性。第三，现在使用的一次通流加压的产品，体积庞大、笨重、操作复杂、效率低下，还存在安全风险，同时由于电压一般不能太大，对于某些变压器来说，一次通流的电流会太小，造成二次电流也非常小，经常为毫安级别，同样不能确定相位与极性。而保护装置之间的连接在变电站无法通过实验的方式进行检查，只能单纯依靠工作人员对线。在继电保护等二次调试检修中，工作质量很大程度上依赖技术人员的工作经验、技术能力和工作态度，在设计错误、对线不认真等情况下，错误不能得到及时发现修正。

基于以上现实情况，本文介绍一种继电保护二次回路综合测试系统，可以模拟一次系统接地、短路等复杂故障，来对一个或多个间隔的二次系统进行整体检测，验证各装置性能、动作正确性以及相关电流、电压、联系回路的正确性。

5.3.1 二次回路综合测试系统架构

本二次回路综合测试系统通过模拟实际一次系统接地、短路等复杂故障，来对一个或多个间隔的二次系统进行整体检测，验证各装置性能、动作正确性以及相关电流、电压、联系回路的正确性。

为了实现一次系统故障模拟，测试系统架构如图 5-23、图 5-24 所示。

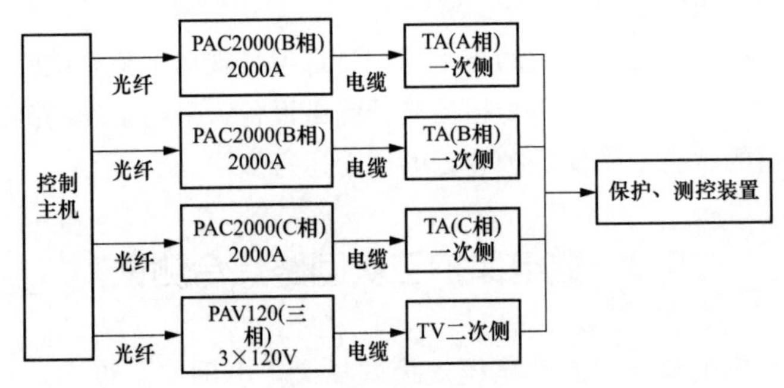

图 5-23　系统方案

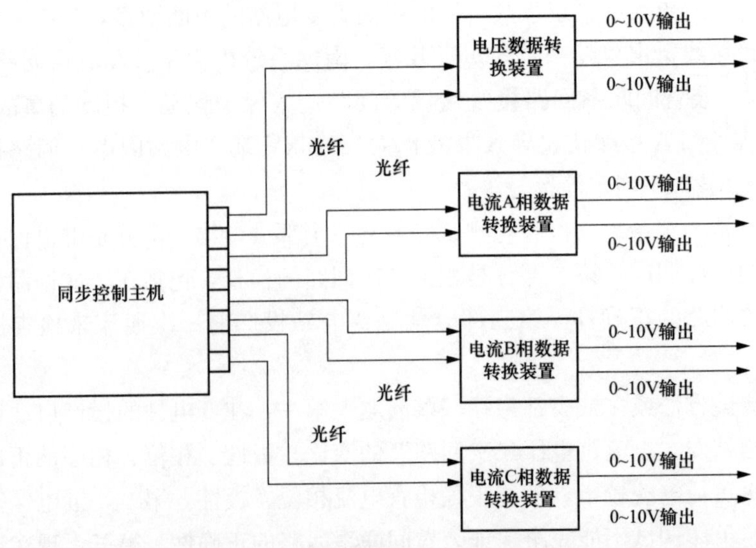

图 5-24　故障模拟系统技术方案原理图

采用控制主机加单相大电流功率放大器和三相电压功率放大器模式构成故障模拟系统。控制主机同时控制三相电压放大器与各相电流放大器输出，软件系统通过控制输出单相电流大小可以模拟一次系统短路、接地等各种复杂故障。电流输出范围为0～2000A，输出精度为0.5%，输入输出延时20μs，电流上升时间小于500μs。电压输出范围为0～120V，输出精度为0.1%，输入输出延时20μs，电压上升时间小于100μs。

优点：该系统方案采用分布式设计模式，电流放大器采用单相模式，能保持较高电流输出，技术上容易实现。二次系统低电压能够满足保护设备基本故障需求，变电站调试检修人员人身安全得到极大保证。控制主机直接控制电压电流输出，大电流可以真实模拟各种类型一次系统故障，操作方便，稳定性好。整套故障模拟系统拆装简单，利于变电站现场使用。

5.3.2 二次回路综合测试系统介绍

一、新型大电流发生器

PF2000基于大功率MOSFET的快速放大器，是专为电力系统一次测试仿真的高性能线性功率放大器，具有十分优异的性能，并解决了功率放大器大功率、大电流输出的准确度，并能适应各种容性、感性负载。

PF2000是单相输出的功率放大器，每相输出电流达到2000A，输出功率最大达100kW。

（1）装置和功能。1路0～2000A电流输出模式，对于每一路输出的幅值、相角、频率可独立设置。

电流放大器采用带直流耦合的线性放大器实现。

对电流输出的保护：针对开路、过热所有的电流输出都有相应的保护。当输出开路时，面板上的指示区对应电流相的“开路”指示灯点亮并闪烁，测试软件界面的相应模拟指示灯也会点亮并闪烁（电流输出开路不会损坏测试仪本身，端口不产生高电压）；当输出功率过大导致过热时，指示灯“过热”点亮，软件界面相应模拟指示灯点亮，同时关闭电流电压输出。

电流不间断输出限时参数如表5-14所示。

表5-14　　电流不间断输出限时参数

单相输出范围	＜100A	100～500A	500～1000A	1000～2000A
输出时间	连续输出	＞120s	＞60s	＞30s

设备优势：①极高的可靠性。②输出波形光滑真实，没有开关放大器容易产生的高次谐波，波形无毛刺。对现在广泛使用的高性能快速保护（有毛刺的波形会引起定值设置不准）有很高的测试精度。③真实准确的小电流波形，无电磁污染，不会干扰测试现场的电气设备，国内现有的开关电源及开关放大器方案的大电流放大器输出电流波形严重失真畸变。

(2) 面板说明。

1) 前面板，如图 5-25 所示。

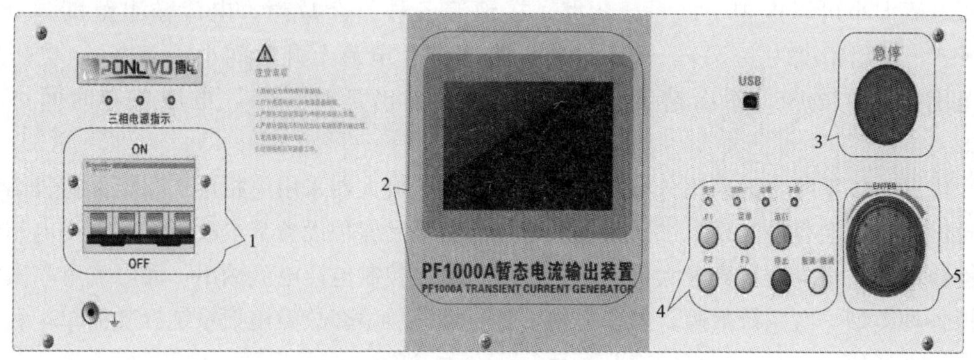

图 5-25　前面板

1—开关；2—屏幕；3—急停按钮；4—手动设置按钮；5—参数设置波轮

2) 背板，如图 5-26 所示。

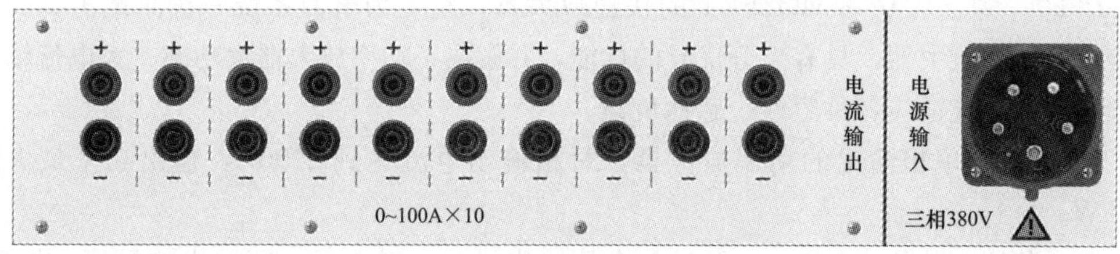

图 5-26　背板

①10 组接线端子，每组电流幅值为 0～100A，使用时采取并联方式连接；②电源输入口，采用三相 380V 电源。

二、控制系统

控制系统包含控制主机部分和数据转换装置。控制系统主要用于故障模拟计算、对时功能处理、时间测量等功能。数据转换装置主要用于接收控制主机的数字信号，通过 FPGA 处理，经过高性能 DA 转换输出 0～7V 模拟量电压信号。控制系统如图 5-27 所示。

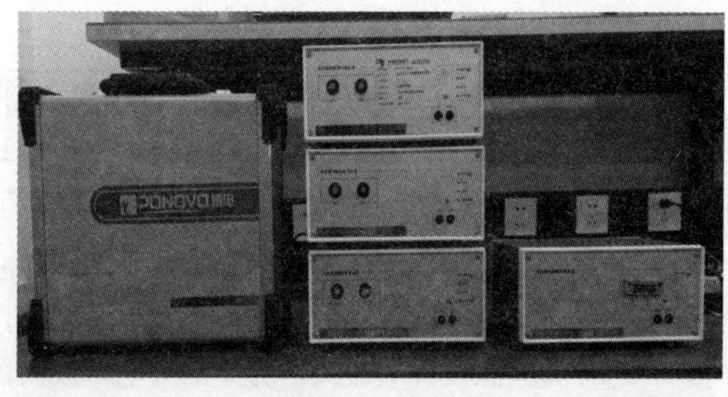

图 5-27　控制系统

三、主控软件功能

（1）手动试验。手动试验通过对电压、电流的幅值、相位、频率等电气量的直接设置，实现了不同电气量的静态或递变输出，可进行多种不同特性保护的动作值、动作时间等快捷测试。由于模块测试仪具有高输出精度的特性，在静态输出状态下，该模块可用于各种类型常用测量表计的校核。

1）界面概述。测试界面主要分为输出设置区、参数设置区、物理量监视区、运行状态显示区，如图 5-28 所示。

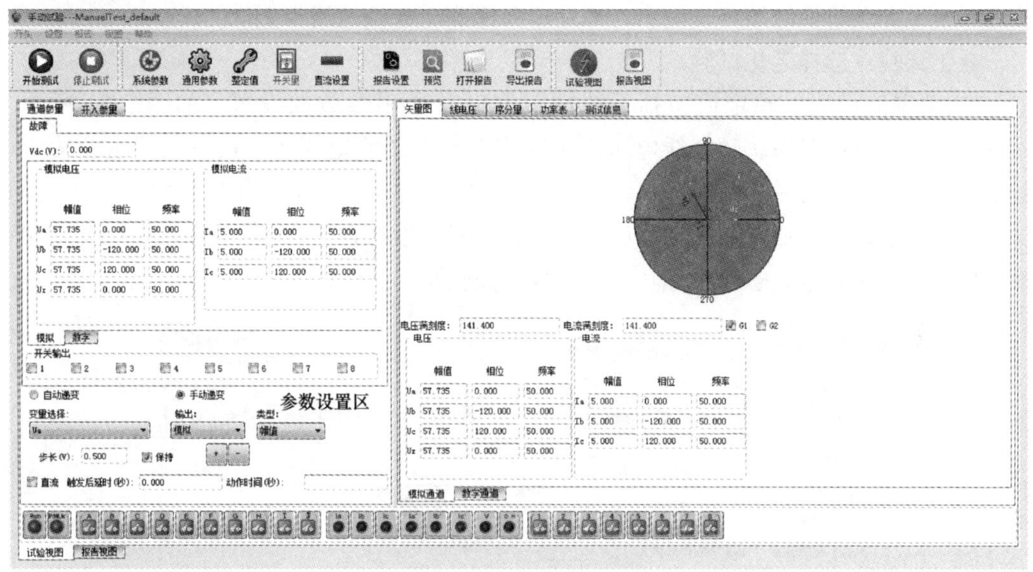

图 5-28　手动试验测试界面

2）系统参数。系统参数设置包括交流输出限制、网络参数以及语言设置，如图 5-29 所示。

交流输出限制可限制最大输出电压和电流，网络参数为服务端及控制板的 IP 地址设置，语言设置可切换中文版本以及英文版本，每次更改配置都在下次启动时生效。

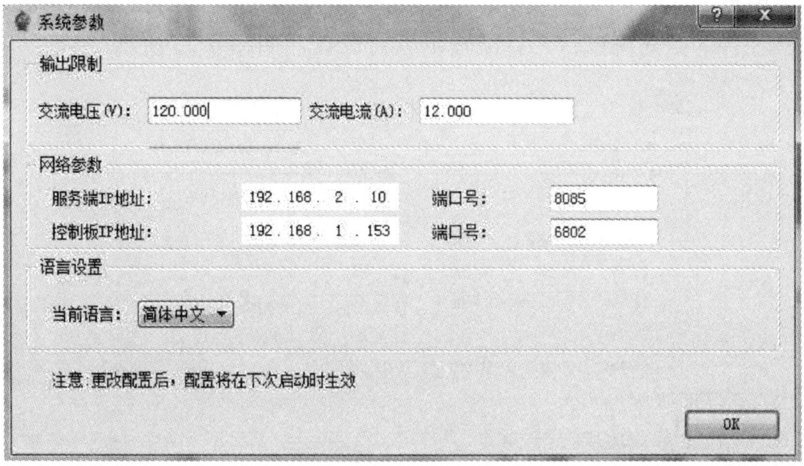

系统参数

输出限制

交流电压(V)：120.000　交流电流(A)：12.000

网络参数

服务端IP地址：192 . 168 . 2 . 10　端口号：8085

控制板IP地址：192 . 168 . 1 . 153　端口号：6802

语言设置

当前语言：简体中文

注意：更改配置后，配置将在下次启动时生效

OK

图 5-29　系统参数

图 5-30　通用参数

3）通用参数。通用参数中可设置变化方式及老化试验，如图 5-30 所示。

变化方式：主要用于自动递变的设置，包括始值-终值和始值-终值-始值两种变化方式。选择始值-终值变化，测试仪输出从起始值开始，自动递变至终值停止；选择始值终值-始值变化，测试仪输出从起始值开始自动递变，当递变至终值时不停止输出，而是反向递变至起始值后停止。

老化试验：选择老化试验。

4）整定值设置。整定值包括系统额定值以及通用参数的设置，如图 5-31 所示。①系统参数：可设置系统额定线电压、额定相电流以及额定频率，点击立即生效按键，电压/电流的输出值将按额定值设置。②通用参数：可设置整定动作值、整定动作时间以及其他参数。③其他参数：选择后，在停止时发送零数据。④信号翻转后停止：选择后，当开关量输入量状态发生翻转时测试仪停止输出。

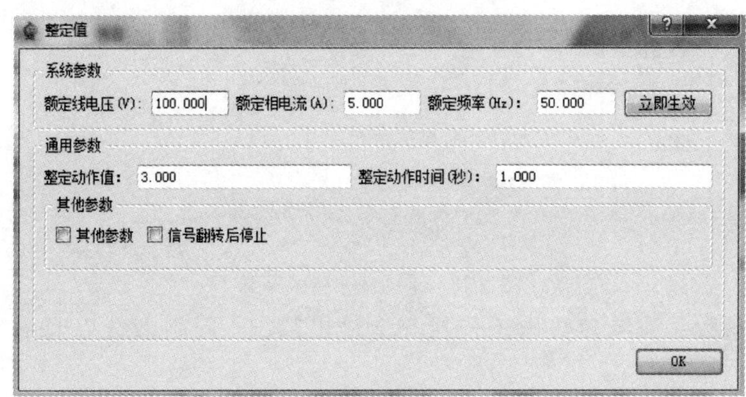

图 5-31　整定值

5）输出设置。

①直流输出 V_{dc}。对测试仪的直流输出进行设置，如图 5-32 所示。

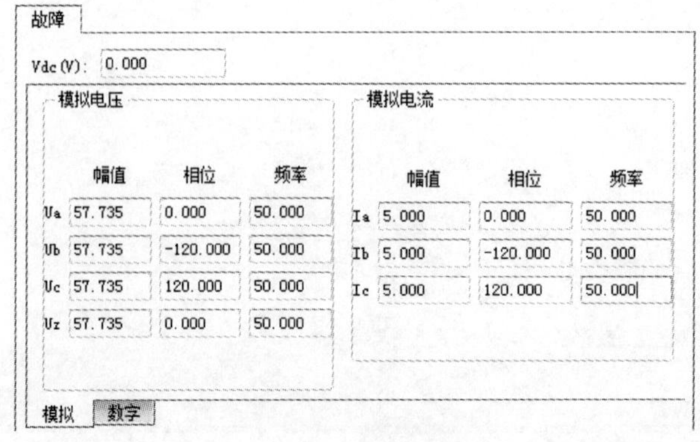

图 5-32　输出设置

② 交流输出。测试仪可同时输出四路电压及三路电流，在输出设置区可同时对测试仪输出电压/电流的幅值、相位、频率进行设置。

当在参数设置中选择了增加稳态时，输出设置区增加一个故障前的输出设置，如下图，可对故障前的电压/电流值进行设置，在故障前时间输入框内可设置稳态量的输出时间，如图 5-33 所示。

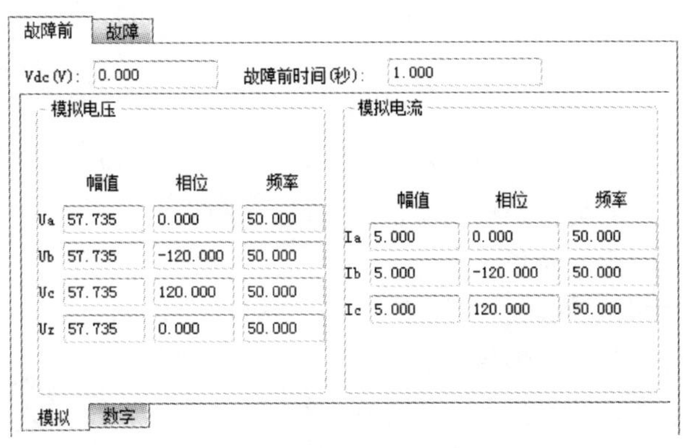

图 5-33 稳态量输出设置

6）参数设置。参数设置包括开关量输入量、开关量输出量、递变的设置、交直流的切换以及触发延时设置。

①开关量输入量设置。点击开关量输入参量，切换至开关量输入量设置界面，如图 5-34 所示，A～J 分别对应与测试仪的十个开关量输入量 A～J。在该界面内可对各开关量输入量进行定义，当选择未使用时，该开关量输入量无法使用。逻辑组合方式可根据实际需求自主选择“逻辑与”和“逻辑或”。

②开关量输出量设置。图 5-35 中的 7～20 分别对应于测试仪的十个开关量输出量 1～10，当选择开关量输出量时，测试仪对应的开关量输出端口为闭合状态。当选择增加稳态时，需分别对故障前和故障时的开关量输出进行设置，如图 5-36 所示。

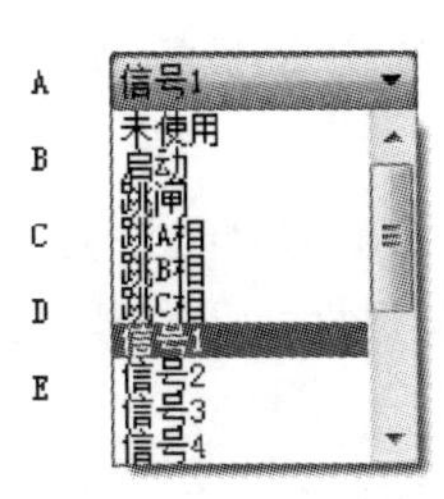

图 5-34 开关量输入量定义

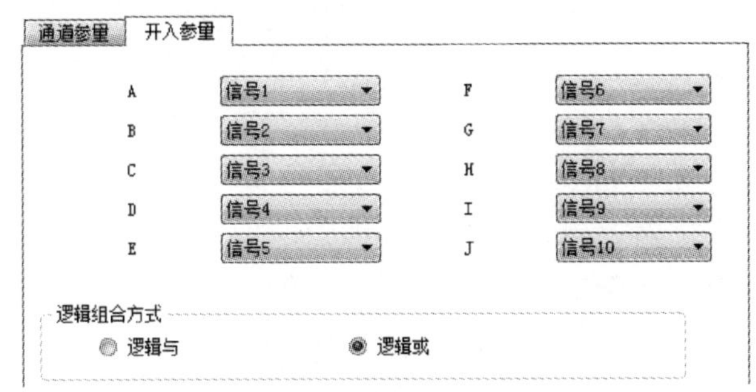

图 5-35 开关量输出量设置

③自动递变。选择自动递变，如图 5-37 所示，测试仪的输出将按设置的始终值进行自动变化。

通道：可选择递变的通道变量，包括各路电压、电流及其组合形式。

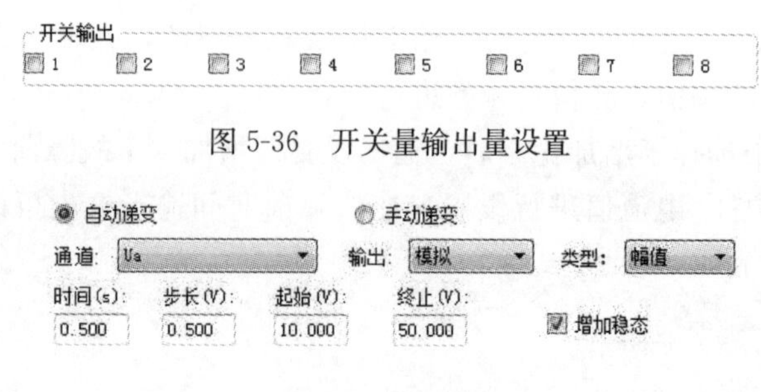

图 5-36 开关量输出量设置

图 5-37 自动递变

输出：可选择输出的类型，包括模拟量、数字量以及模拟量＋数字量组合形式。

类型：可选择递变的类型，包括幅值、相位、频率。

时间：设置每次输出的时长。

步长：设置每次变化的步长。

起始：设置变量变化的起始值。

终止：设置变量变化的终值。

增加稳态：选择时增加一个故障前的输出状态，对故障前时间进行设置可控制故障前状态的输出时间。

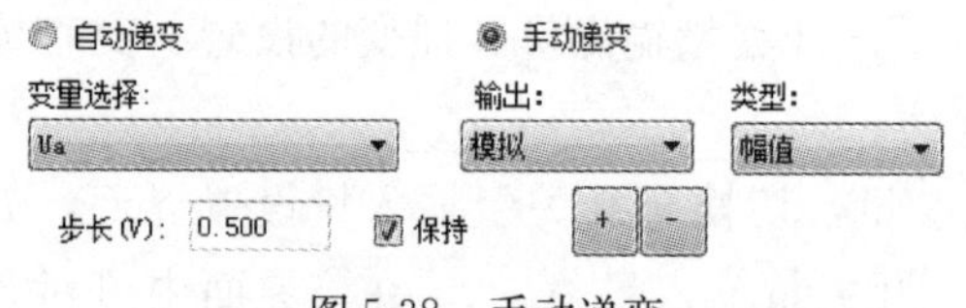

图 5-38 手动递变

④ 手动递变。选择手动递变，如图 5-38，可对测试仪的输出进行实时修改。

变量选择：可选择变化的通道变量，包括各路电压、电流及其组合形式。

输出：可选择输出的类型，包括模拟量、数字量以及模拟量＋数字量组合形式。

类型：可选择递变的类型，包括幅值、相位、频率。

步长：设置每次变化的步长。

＋/－按键：点击＋按键，所选变量增加一个步长，点击-按键，所选变量减小一个步长。

保持：当选择保持时，可同时对多个变量的输出进行修改，此时测试仪的输出不实时发生变化，当取消保持时，测试仪按修改后的大小进行输出。

⑤ 交直流切换。☑ 直流 选择直流时，测试仪各输出端口均输出直流值，取消直流时输出交流值。

⑥ 触发延时。触发后延时(秒): 0.000 可设置触发后延时输出的时间。当通用参数中选择了信号翻转后停止时，触发后延时生效，如延时 5s，当接收到开关量变化时，延时 5s 后测试仪停止输出。

⑦ 动作时间。动作时间(秒): 动作时间的结果显示区。

（2）状态序列。输出多个连续状态的序列，用于用户自定义测试过程。对于每个单独的状态，允许设置该状态下的幅值、相位和频率以及相应的触发条件，并指定触发条件来控制状态的切换，每个状态单独测量和记录测试对象的动作时间。试验开始后，各独立状态依次输出，用于执行完整的测试过程。

1）界面概述。测试界面主要分为状态列表、输出设置、参数设置、触发设置、物理量监视区、运行状态显示区，如图 5-39 所示。

图 5-39　状态序列界面

2）工具栏。以下为手动触发及通用参数按键的简单介绍。

①手动触发。手动触发按键：当触发方式选择手动触发时，该按键为可用状态。②通用参数，如图 5-40 所示。

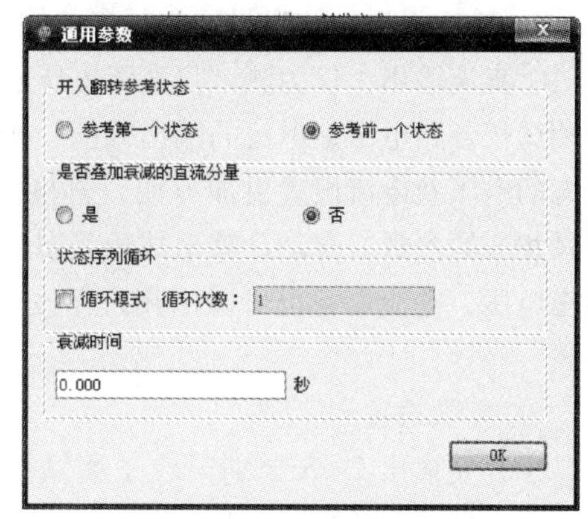

图 5-40　通用参数

开关量输入翻转参考状态开关量输入翻转参考状态有“第一个状态”和“上一个状态”两种选择。如果选择前者，那么，试验中在后面的状态内开关量输入量的状态如果与第一个状态不一致（翻转），即认为开关量输入产生翻转。如果选择后者，试验中开关量输入状态只要与上一个状态不一致即认为开关量输入产生翻转。前一种情况一般用于保护使用非保持接点时，后一种则用于测试保护的返回时间或保护使用保持接点如开关位置接点时。无论选择哪种方式，第一个状态不能测量保护动作时间。第一个状态一般定义为故障前正常状态。

叠加衰减的直流分量。可进行静态特性或瞬态特性的测试，每一个状态均可选择叠加非周期分量电流，非周期分量根据所设置的衰减时间衰减。非周期分量的大小按照电流不能突变的原则计算得出。因此其初值的大小与上一个状态结束时刻和本状态开始时刻电流瞬时值有关。

状态序列循环。当选择循环模式时，按所设置的循环次数进行循环输出。

3）状态列表，如图 5-41 所示。

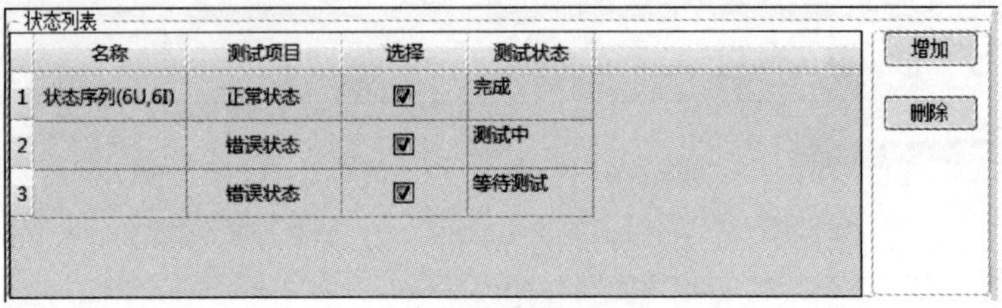

状态列表

	名称	测试项目	选择	测试状态
1	状态序列(6U,6I)	正常状态	☑	完成
2		错误状态	☑	测试中
3		错误状态	☑	等待测试

增加

删除

图 5-41　状态列表

①状态列表由多个试验项组成，可通过增加及删除按键对列表中的状态进行新增或删减。增加：在列表的最后一项添加新的状态，可按需要添加多个状态，但最多可选择 40 个，若添加的状态超过 40 个，系统自动选择最后 40 个可执行状态。删除：删除光标选中的状态，若光标未选择，默认删除最后一个状态。②在“选择”一列中，“☑”表示选中状态，联机后所有处于选择状态的测试项目将逐个按顺序执行。而“□”则表示未选中状态。在“选项”一列上点击鼠标左键实现状态切换。③试验过程中，测试状态列显示各状态的运行状况，如图 5-41 所示，已完成项显示“完成”，当前测试项显示“正在测试”，未进行项显示“等待测试”。

4）输出设置。输出设置包括直流输出设置以及交流输出设置。

①直流输出：仅为测试仪直流电压输出端的设置。②交流输出：输出参数界面中可对测试仪各路电压、电流的输出幅值、相位以及频率进行设置。③短路计算按键，使故障态的电压及电流设置更加方便、直接。如图 5-42 为短路计算界面，通过设置故障类型及相应的参数，自动计算出故障状态的各参数大小，并显示在输出参数界面中。对故障态电压、电流设置也可以由用户手动自行设置。短路计算仅提供了一种快速设置的方式。

5）参数设置。

①开关输出 1～8 分别对应于测试仪的八个开关量输出量 1～8。②开关量保持时间：当选择了开关量输出状态翻转时，开关量保持时间输入有效。试验中，当一个状态满足触发条件后，将延时输出所设置的保持时间，然后再进入下一状态，如图 5-43 所示。③dU/dt、df/dt 以及递变：该项功能仅在触发设置选择“低值触发”时能有效使用。当选择某一项时，设置按键可用，打开设置界面对变化参数进行设置，如图 5-44 所示。其中 dUdt、df/dt 为滑差变化，通过设置斜率系数及终止值来实现变量的变化，两者可单独选择，也可同时选择；递变为递变变化，通过设置变化步长、变化时间及变化终值来实现变量的变化。

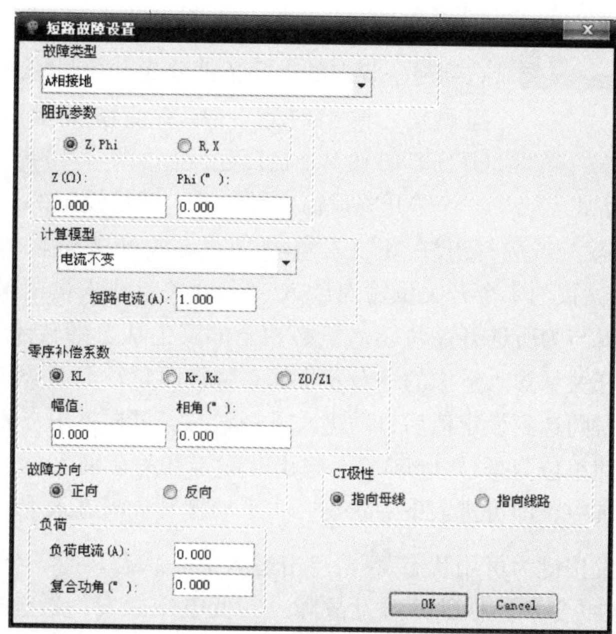

图 5-42 短路计算

状态1 状态2 状态3

开关量输出量 1~8

动作时间 保持时间 动作时间 保持时间

图 5-43 开关量保持时间

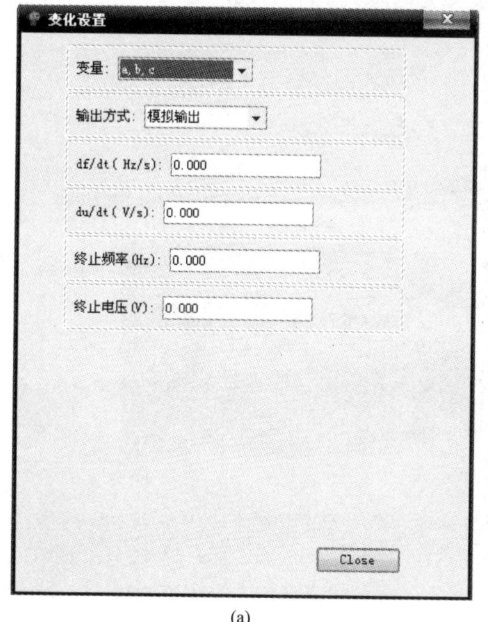

(a)

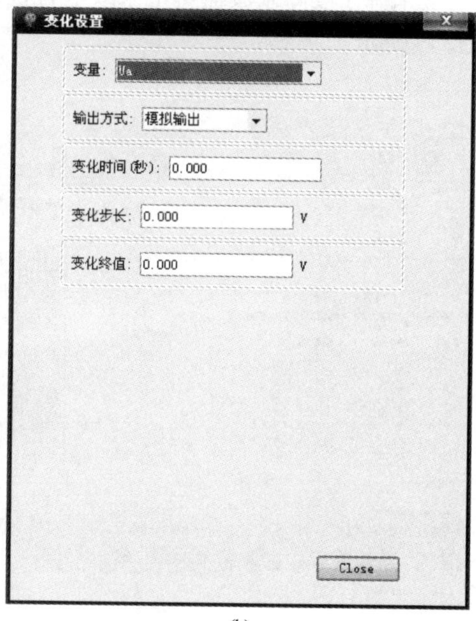

(b)

图 5-44 dU/dt、df/dt、递变设置

（a）同时选择 dU/dt+df/dt；（b）递变

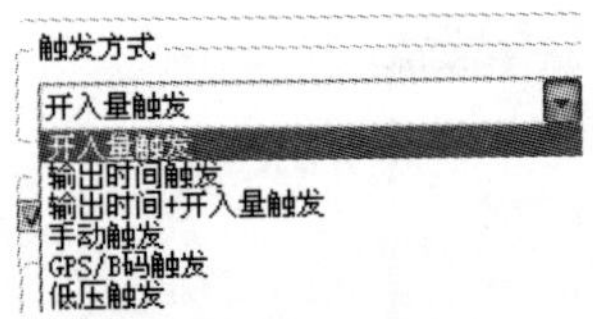

图 5-45　触发方式

6）触发设置。用于控制测试的逻辑过程，从一个状态到另一状态的触发条件分为开关量输入量触发、输出时间触发、输出时间＋开关量输入量触发、手动触发、GPS/B 码触发、低压触发，如图 5-45 所示。

①开关量输入量触发：满足设定的开关量输入量翻转条件后进入下一状态。当选择开关量输入量触发时，各开关量输入量为可选状态，A～J 分别对应于测试仪的十个开关量输入量 A～J。开关量输入量逻辑组合方式包括逻辑与和逻辑或，逻辑与为所选开关量输入量必须全部发生状态翻转才触发至下一状态，逻辑或为只要所选开关量输入量中的一个发生状态翻转即触发至下一状态。②输出时间触发：本状态输出时间达到设定值后自动进入下一状态。可根据用户需求定义输出时间时长，注意输出时间单位为毫秒（ms）。③输出时间＋开关量输入量：时间条件和开关量输入量条件满足其一，即可进入下一状态。④手动触发：当进入手动触发状态时，界面左上角的手动触发按键为可用状态，点击进入下一状态。⑤GPS/B 码触发：使用外接 GPS 时钟分脉冲或 B 码秒脉冲触发故障。⑥低电压触发：当选择低电压触发时，dU/dt、df/dt 以及递变有效。如选择电压变化时，如果电压变量低于或高于触发值（根据电压变化方向），则触发进入下一个状态。⑦触发后保持时间：若有设置有触发后保持时间，当满足触发条件时，并不直接触发至下一个状态，而是保持当前状态，延时输出所设时间后再触发至下一状态。

（3）故障回放。该组件用于现场电网事故分析，也是保护开发过程中测试的得力工具。它导入、浏览、编辑和输出暂态数据文件，这些暂态数据为实际或模拟故障数据文件，一般来源于故障录波器所记录或电力暂态系统暂态计算程序如 EMTP 等计算软件，如图 5-46 所示。

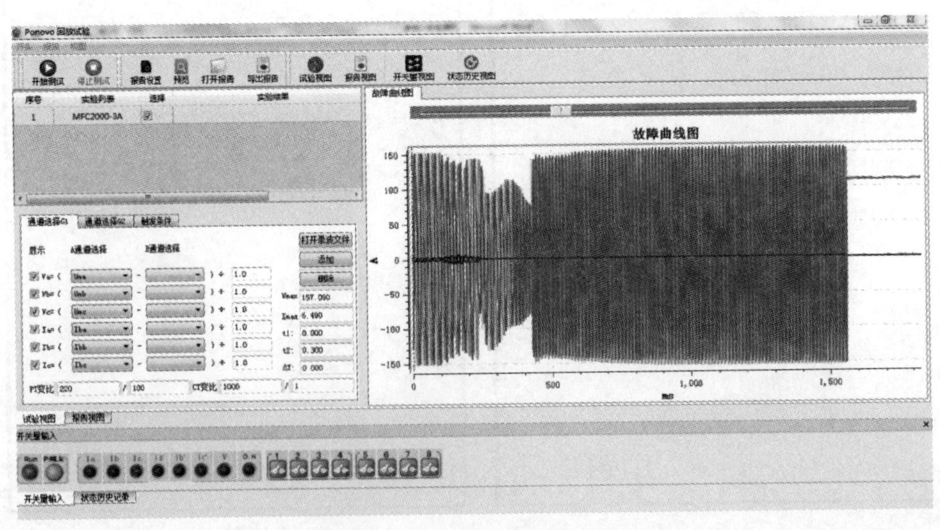

图 5-46　故障回放界面

可添加或删除多个波形文件，导入的暂态信号要求支持 COMTRADE 格式。COMTRADE 格式一般包含三个文件：

①CFG：描述故障报告通道（信号名称、采样频率等）配置文件。②DAT：记录故障报告各通道采样值的 COMTRADE 文件。③HDR：数据相关文本（该组件不使用该文件）。

1）通道选择。打开故障回放单元后，单击打开录波文件选择被加载的 COMTRADE 文件将其打开，如图 5-47 所示。

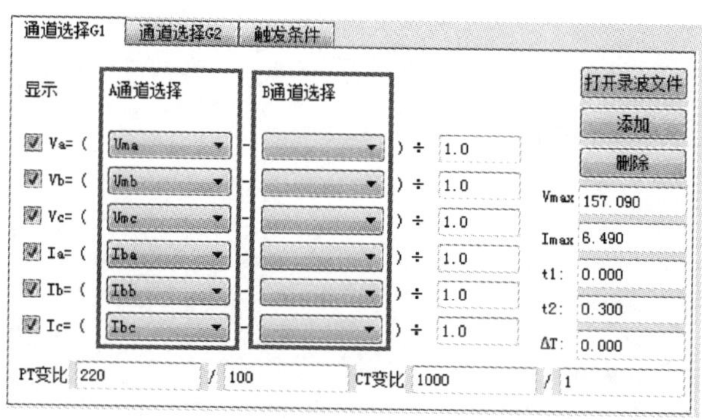

图 5-47　通道选择

加载数据文件后，以通道名称为基础将信号按电压量和电流量分类并分配到即将输出的 6 个/12 个模拟量通道内供输出。用户也可自己选择并修改各输出通道的分配。通道的组合输出：软件提供 A 通道选择和 B 通道选择，可实现模拟量线值与相值或变压器高压侧与低压侧值间转换。

如变压器采用△形接线时，相电流 I_a，I_b，I_c 及线电流 I'_a，I'_b，I'_c。如果录波数据为相电流，则线电流通过以下计算公式获得：$I'_a=I_c-I_a$；$I'_b=I_a-I_b$；$I'_c=I_b-I_c$。

TV 变比、TA 变比：当文件记录的是一次侧数据时，需正确设置 TV 和 TA 变比。

V_{max}和 I_{max}：分别表示各通道输出的最大电压和电流瞬时值。当此值大于测试仪能输出的最大值时，需调整一下变比。

t_1、t_2、Δt：与波形视图相对应，t_1 为红色光标位置，t_2 为绿色光标位置，Δt 为它们之间时间差。

2）触发条件。在“触发条件”属性页定义暂态信号输出启动条件及对信号进行编辑，如图 5-48 所示。

手动触发：在此选项下，测试仪循环输出等待区域的数据，直到用鼠标点击触发按钮后连续输出后面的波形。

开关量输入变位触发：在此选项下，测试仪循环输出等待区域的数据，直到接收到开关量变化后连续输出后面的波形，如图 5-49 所示。

GPS 触发：在此选项下，测试仪循环输出等待区域的数据，当接收到 GPS 的分脉冲信号后连续输出等待区域终点后面的波形。在接收到 GPS 的分脉冲之前，由 PPS 信号实现多端输出同步，多端同步时需要精确定义等待区域的时间段，如图 5-50 所示。

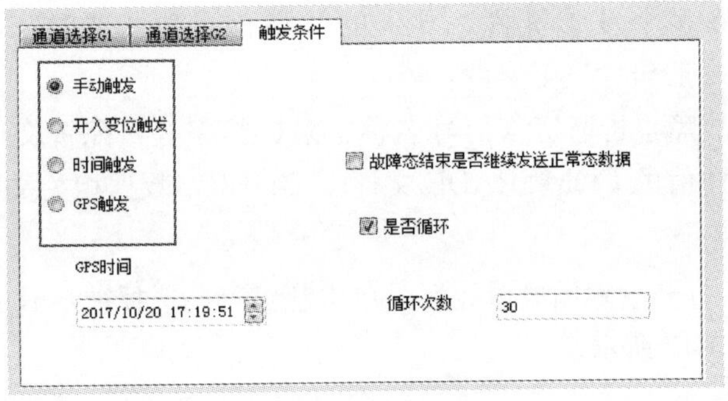

图 5-48　触发条件

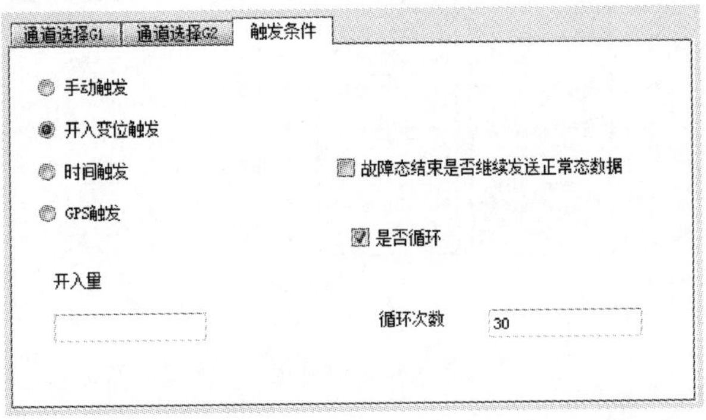

图 5-49　开关量输入变位触发

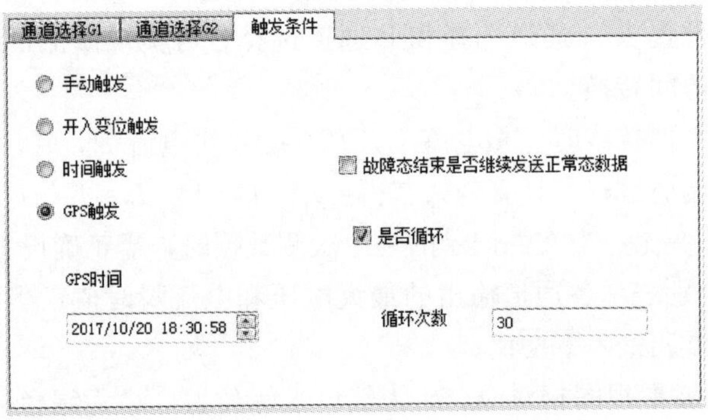

图 5-50　GPS 触发

循环：可实现暂态数据的重复输出，每段需重复输出的数据可通过设置起点（重复开始时刻）、终点（重复结束时刻）和重复次数来定义。当回放到该数据段终点时，会回到段起点继续输出，直到再到达段终点，这样来回重复 N 次（循环次数）后在段终点进入到下一个数据，如图 5-51 所示。

5.3.3　二次回路现场测试方法

一、稳态通流试验

系统连接如图 5-52 所示，控制单元与数据转换单元通过光纤相连，每个数据转换单元控制一个大电流发生器或电压发大器。大电流发生器电流输出线接在电流互感器一次导电杆两端。电压发大器发出二次电压，接在 TV 二次回路中或直接接在继电保护装置二次电压输入端。

现场实际接线如图 5-53 所示。

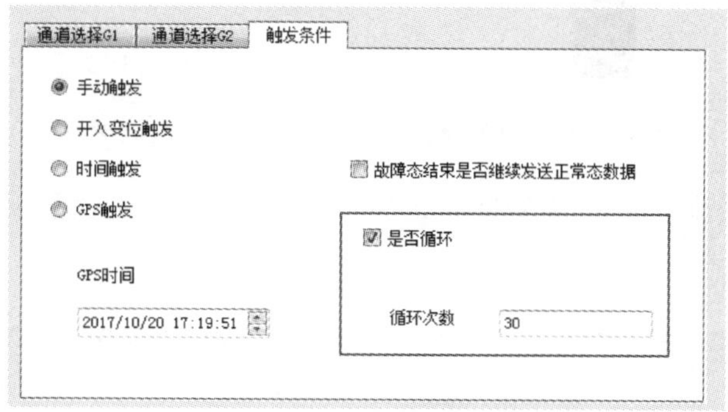

图 5-51　循环设置

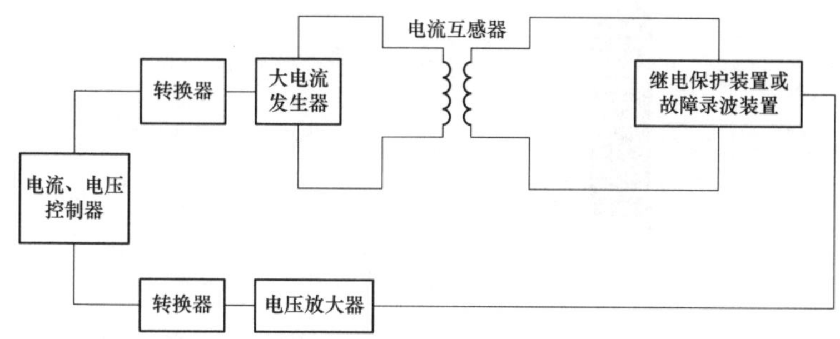

图 5-52　通流加压试验接线图

图 5-53　现场试验图

TA A 相一次通流 200A，TA 变比 4000/1，现场继电保护装置录取到的电流波形如图 5-54 所示。

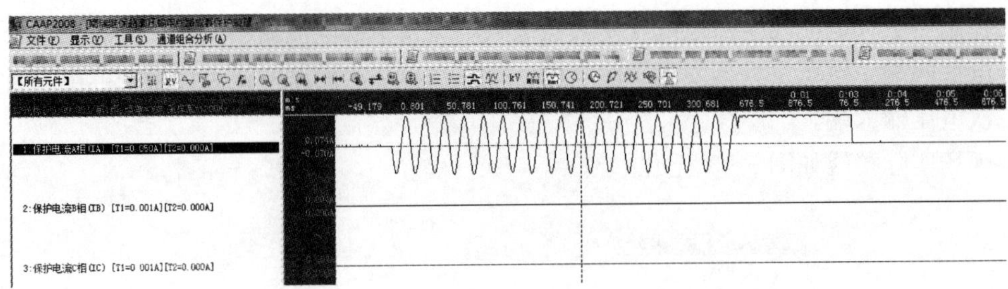

图 5-54 A 相一次通流 200A 时二次电流波形

TA B 相一次通流 200A，TA 变比 4000/1，现场继电保护装置录取到的电流波形如图 5-55 所示。

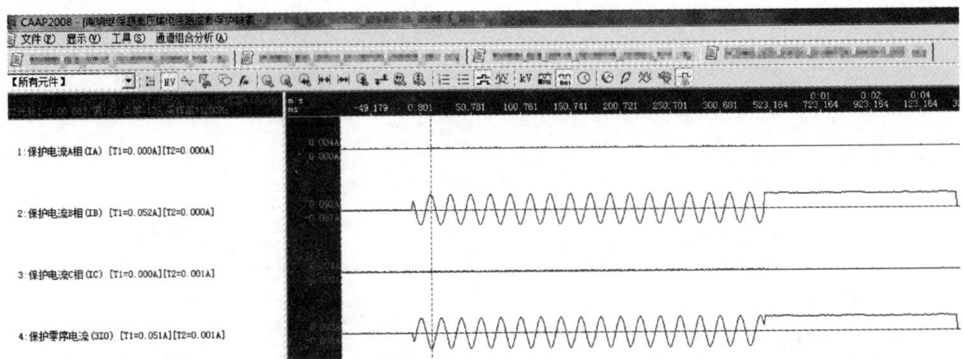

图 5-55 B 相一次通流 200A 时二次电流波形

TA C 相一次通流 200A，TA 变比 4000/1，现场继电保护装置录取到的电流波形如图 5-56 所示。

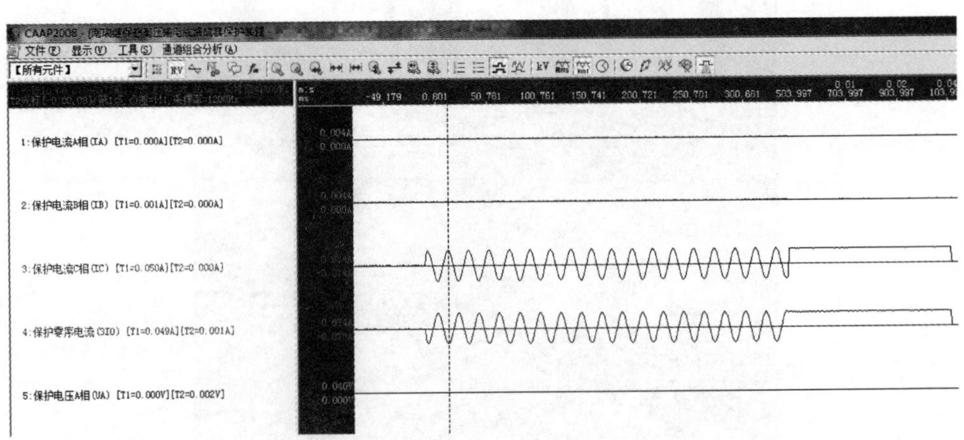

图 5-56 C 相一次通流 200A 时二次电流波形

TA 三相一次通流 200A，TA 变比 4000/1，如图 5-57 所示。

TV 二次加压，现场继电保护装置录取到的电流波形如图 5-58 所示。

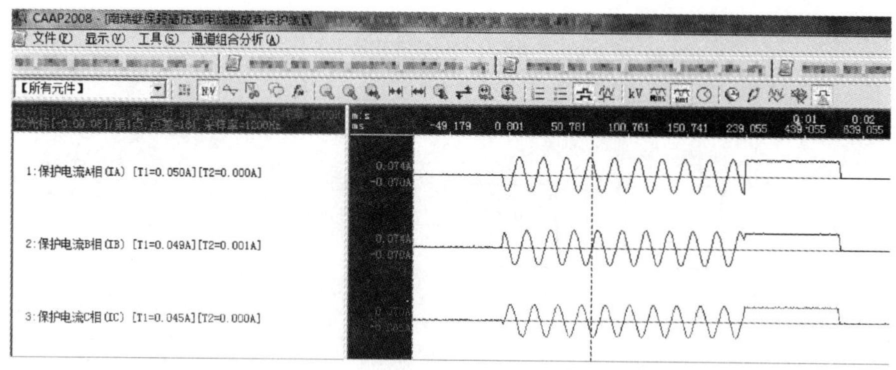

图 5-57　三相一次通流 200A 二次电流波形

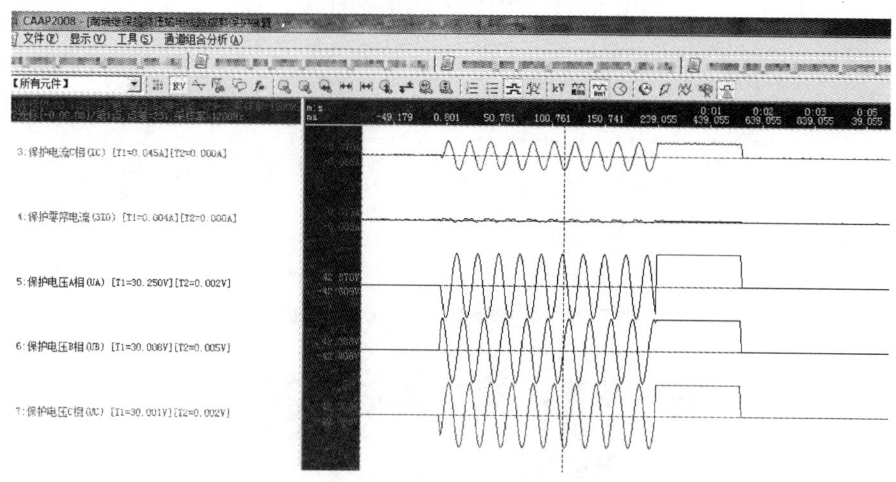

图 5-58　二次加压时电压波形

二、故障模拟与波形回放试验

试验方法如图 5-59 所示。现场试验如图 5-60 所示。

试验结果：

模拟 A 相故障（一次电流 400A）现场继电保护装置录取到的波形如图 5-61 所示。

模拟 B 相故障（一次电流 400A）现场继电保护装置录取到的波形如图 5-62 所示。

模拟 C 相故障（一次电流 400A）现场继电保护装置录取到的波形如图 5-63 所示。

模拟 AB 相间故障（一次电流 400A）现场继电保护装置录取到的波形如图 5-64 所示。

现场故障波形回放时，现场继电保护装置录取到的波形如图 5-65、图 5-66 所示。

三、电流互感器二次绕组混用检测

（1）电流互感器二次绕组混用检测方法的确立。电流互感器（Current Transformer，TA）是用于测量电力系统正常运行和故障状态下一次电流的设备，TA 输出的二次

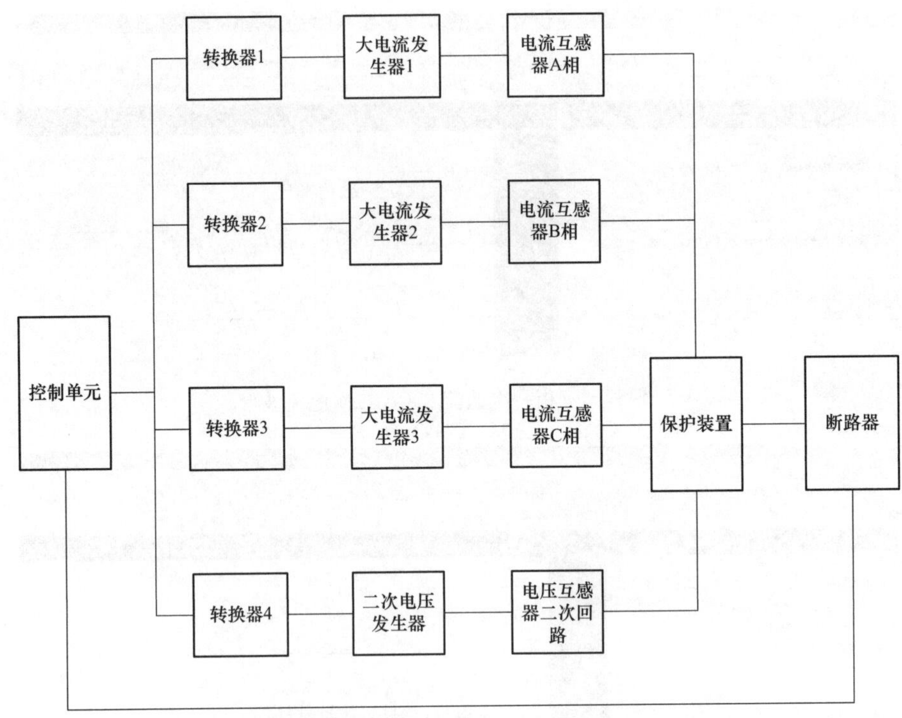

图 5-59　故障模拟、波形回放接线图

图 5-60　故障模拟、波形回放现场图

侧电流是电力系统计量设备、自动化设备、继电保护装置运行的基础，二次电流输出准确与否，直接关系到电力系统的安全、稳定运行。同时，在生产实际中，也遇到过由于二次绕组接线错误，造成的测量绕组用于保护装置的情况。云南电网就曾经发生过，主变压器某侧 TA 测量绕组由于接线错误用于差动保护的情况，当近区短路时穿越电流直接导致主变压器差动保护误动作，影响恶劣。如何准确鉴别测量绕组与保护绕组，除了 TA 误差试验和伏安特性试验外，也在探索其他新的方法。

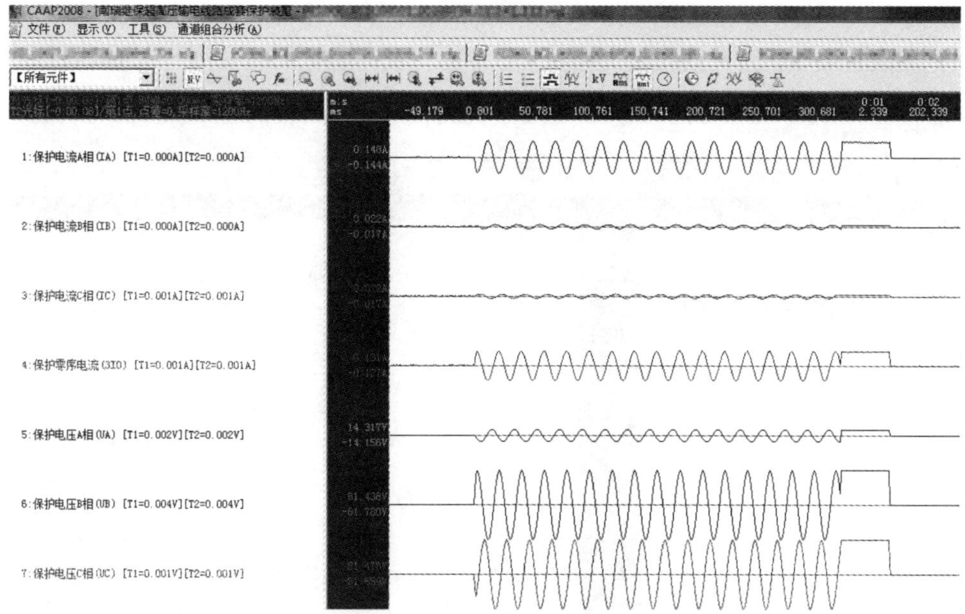

图 5-61　模拟 A 相故障

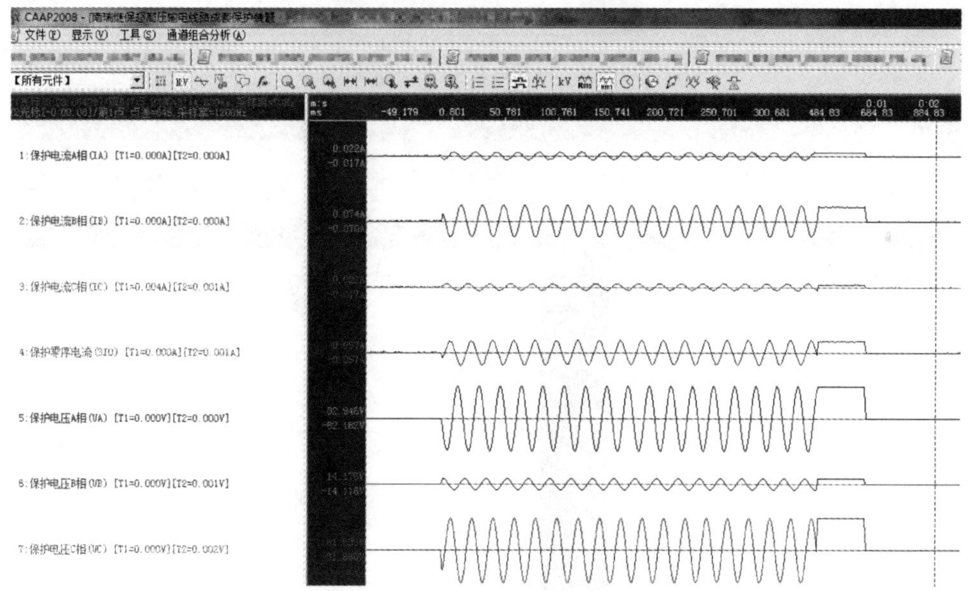

图 5-62　模拟 B 相故障

由于 TA 运行中普遍存在剩磁，剩磁一旦产生，不会自动消失，在正常运行条件下将长期存在。剩磁会导致 TA 饱和现象，而且 TA 饱和到一定程度后，二次电流会发生波形畸变；又由于测量、计量绕组与保护绕组相比，由于特性不一样，更易饱和，可以考虑以此设计检测方法。

原理分析：在实际运行中，TA 剩磁主要由以下原因造成：停电检修做直流电阻测试时，由于在 TA 二次侧长时间注入直流电流，不可避免地会造成铁芯饱和；做 10%误差曲线测试的过程中，二次侧逐渐增加交流电压的输入，使铁芯进入饱和或是严重饱和区域，测试结束后，会在铁芯内部存在大量剩磁。铁芯磁化曲线如图 5-67 所示。

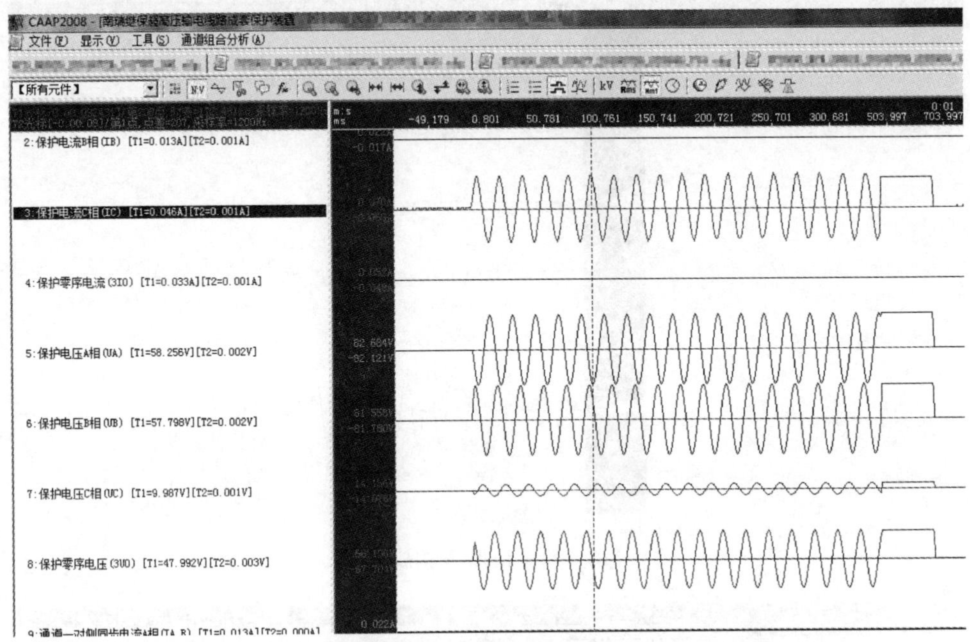

图 5-63　模拟 C 相故障

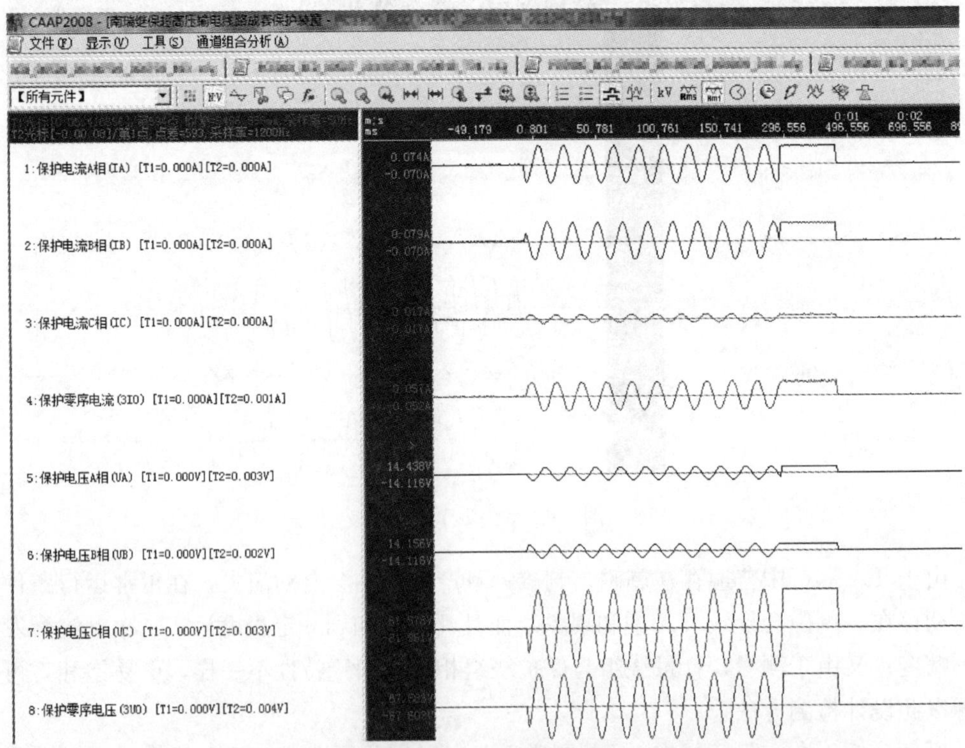

图 5-64　模拟 AB 相间故障

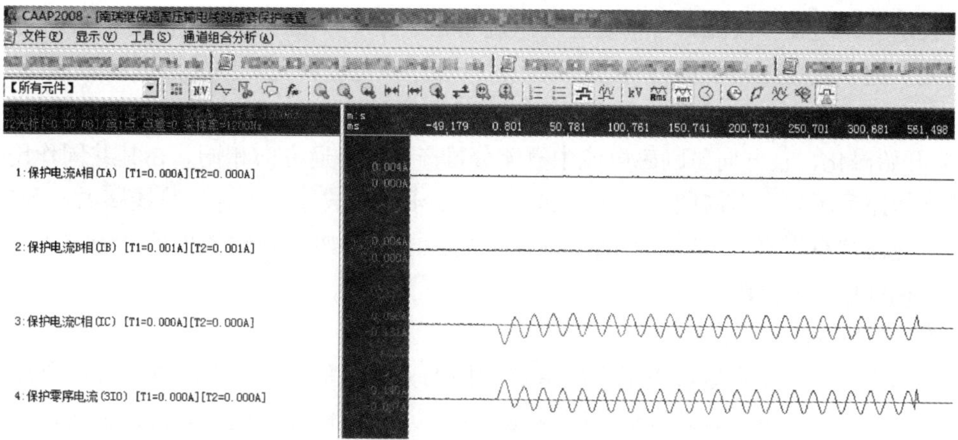

图 5-65 故障波形回放

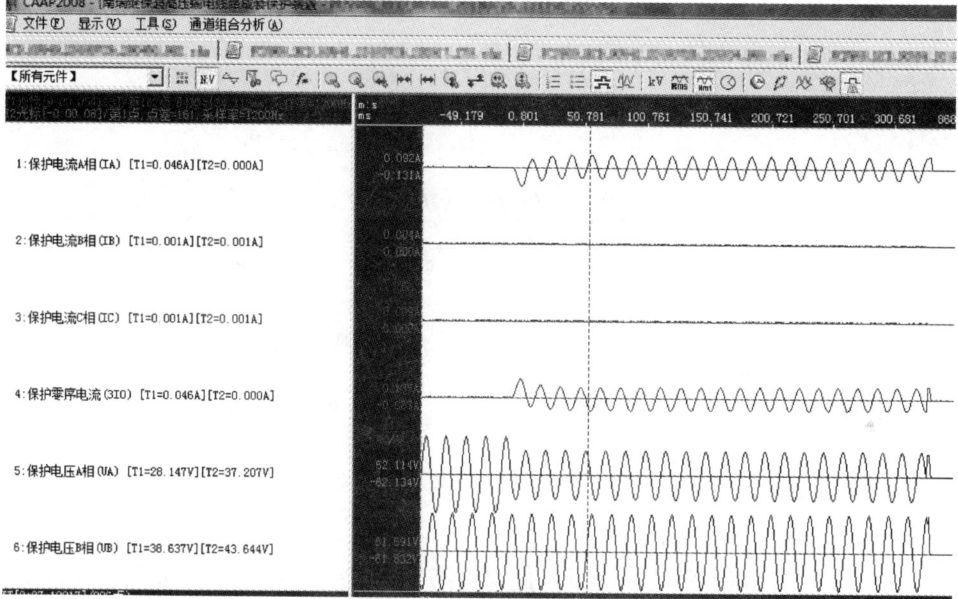

图 5-66 故障波形回放

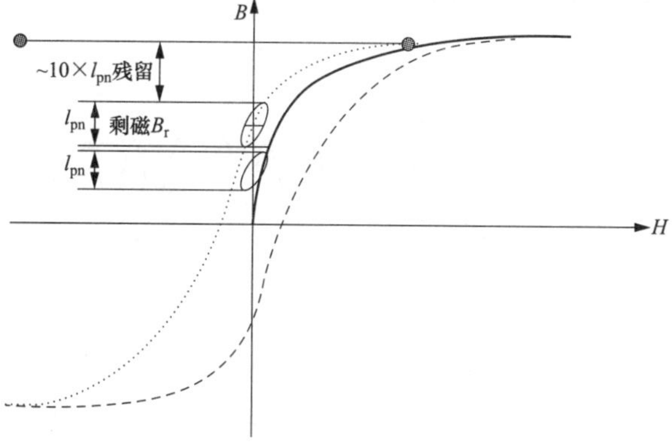

图 5-67 铁芯磁化曲线

在电力系统发生故障，特别是近端出现三相短路时，由于短路电流的冲击，使 TA 铁芯处于饱和或高磁密度运行状态，跳闸时外接励磁电流消失，但铁芯内部磁通不会消失，从而形成剩磁。如果重合成功，实际磁滞回线如图 5-67 所示。铁芯磁密度将从剩磁 B_r 开始磁化，且方向与励磁电流中直流分量产生的磁通方向相同，在其共同作用下，铁芯在短路后不到半个周期就达到饱和。如果是永久性故障，重合故障线路后，剩磁造成二次电流严重失真，TA 将不能正确反映故障电流。如果剩磁消失后，额定工况下，小磁滞回线应在原点附近。

TA 饱和特性分析：

由仿真可知，正常运行情况下电流的非周期分量近似为 0。开始仿真后，观察 TA 的一次电流和二次电压，其波形如图 5-68 所示。可见，电流和电压均为正弦波，TA 的电阻和漏抗所引起的测量误差并不明显。

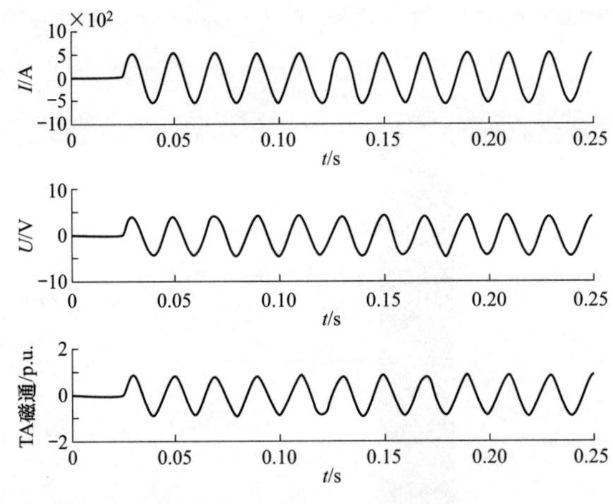

图 5-68　TA 正常运行波形图

含有非周期分量作用下的饱和特性：

在 TA 铁芯不存在剩磁的情况下，使得电路电流中产生最大的非周期分量，波形如图 5-69 所示。可见，在前几个周期内，磁通远低于饱和磁通，TA 的二次侧电压 U 随着一次电流变化，几个周期后，一次侧电流中的非周期分量引起 TA 饱和，故 TA 二次侧电压出现畸变。

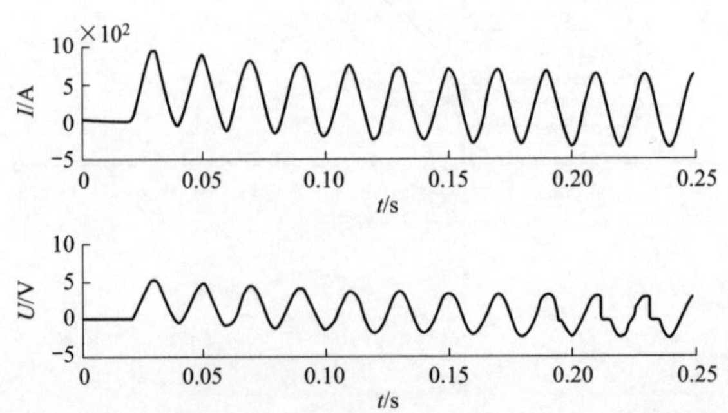

图 5-69　含有非周期分量电流作用下（无剩磁）饱和特性（一）

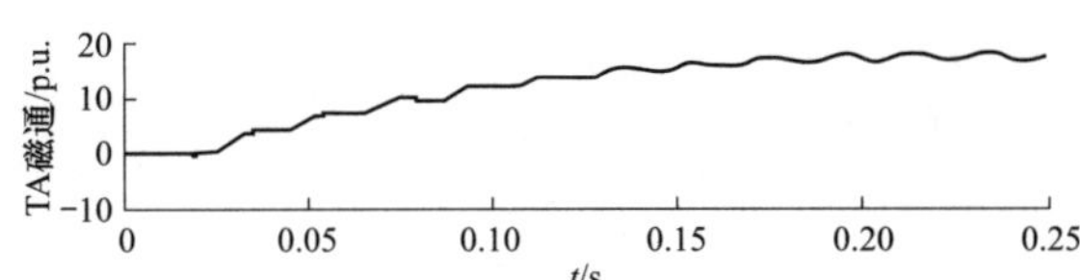

图 5-69　含有非周期分量电流作用下（无剩磁）饱和特性（二）

在 TA 铁芯存在剩磁的情况下，波形如图 5-70 所示。由图 5-70 可以看出，由于存在剩磁，TA 更容易饱和，并且达到饱和的时间更短，在电源电压较低时，铁芯接近于饱和状态。

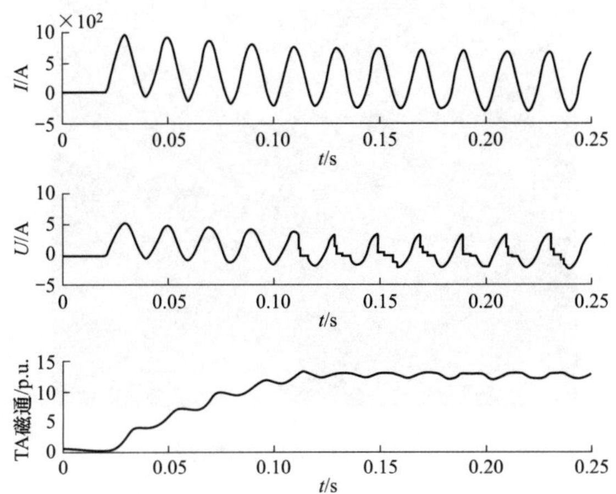

图 5-70　含有非周期分量电流作用下（有剩磁）饱和特性

基于以上分析，结合本项目设备特性，设定试验方法如图 5-71 所示。

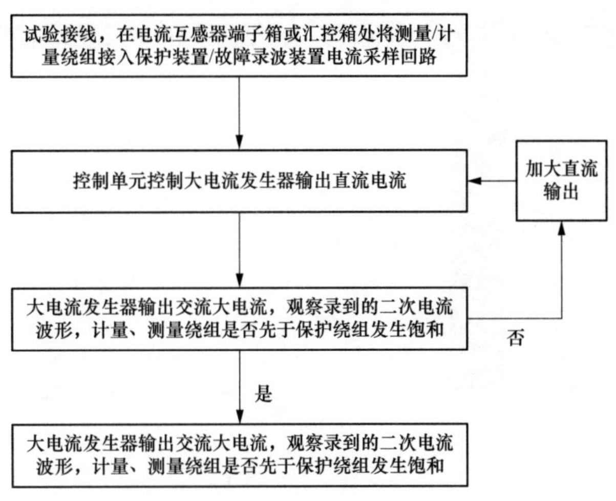

图 5-71　设定试验方法

（2）试验结果。

绕组混用检测接线如图 5-72 所示。

图 5-72　绕组混用检测接线

测试波形如图 5-73 所示。

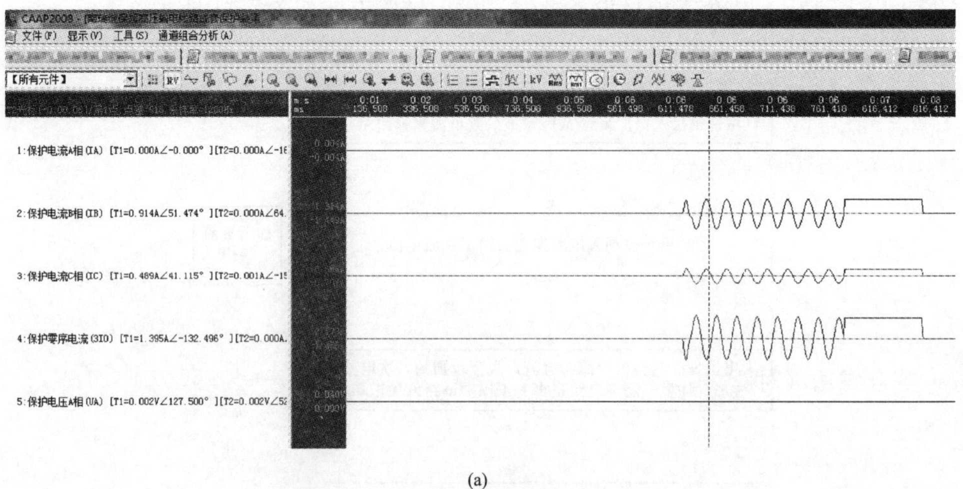

(a)

图 5-73　测试波形

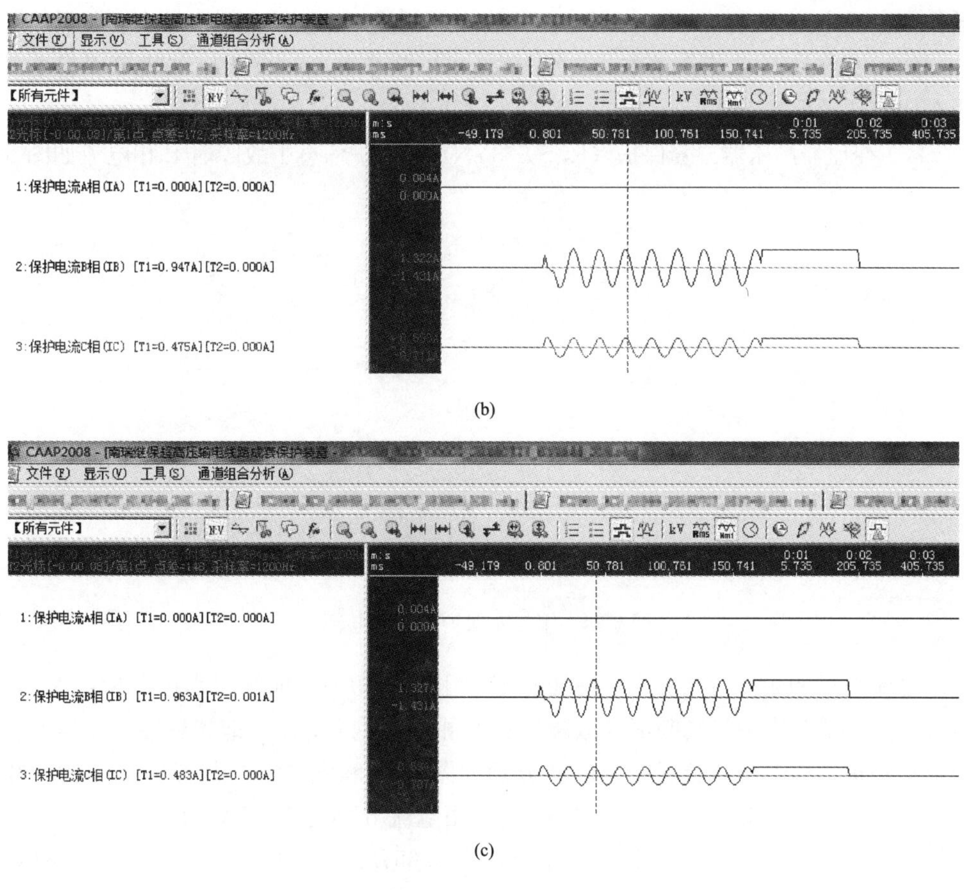

图 5-73　测试波形

5.3.4　二次回路综合测试实际应用场景及案例

事故前运行方式：

220kV 甲站 1、2 号主变压器并列运行供 110kV Ⅰ、Ⅱ 组母线，110kV Ⅰ、Ⅱ 组母线通过母联 112 并列运行，110kV 甲乙 Ⅰ、Ⅱ、Ⅲ 回线并列运行供 110kV 乙站负荷；乙站 110kV 母线所供负荷：110kV1 号、2 号主变压器负荷，110kV 乙丙 Ⅰ、Ⅱ 线运行供空线。

某日，220kV 甲站 2 号主变压器保护动作：220kV2 号主变压器第二套保护纵差比率差动 58ms 动作跳主变压器三侧 202、102、302 开关。

同时刻，110kV 乙丙 Ⅱ 线动作：

乙站：差动保护 15ms、接地距离 Ⅰ 段保护 17ms 动作跳三相，开关 75ms 断弧，2109ms 重合成功（对侧热备用），巡线结果为 4 号塔 B 相绝缘子受损，故障点离乙站 0.636km。

（1）保护动作分析。事件发生后，收集 220kV 甲站主变压器故障录波信息、2 号主变压器第一套、第二套保护录波图、110kV 线路保护故障信息。经过对比发现，在 220kV 甲站主变压器保护动作的同时，乙丙 Ⅱ 回线 B 相故障，导致 110kV 甲乙 Ⅰ、Ⅱ、Ⅲ 回线 B 相有较大故障电流流过。2 号主变压器第二套保护（RCS-978YN）比率差动保护动作，差动电流值1653.37A（3.5I_e），故障录波故障相别B相。2号主变压器第一套保护（RCS-978YN）差流值基本为0A，因此可以初步判断：由于区外故障引起主变压器稳态比率差动保护动作。

2号主变压器第压器二套保护（RCS-978YN）的保护信息中故障时B相电流如图5-74所示。

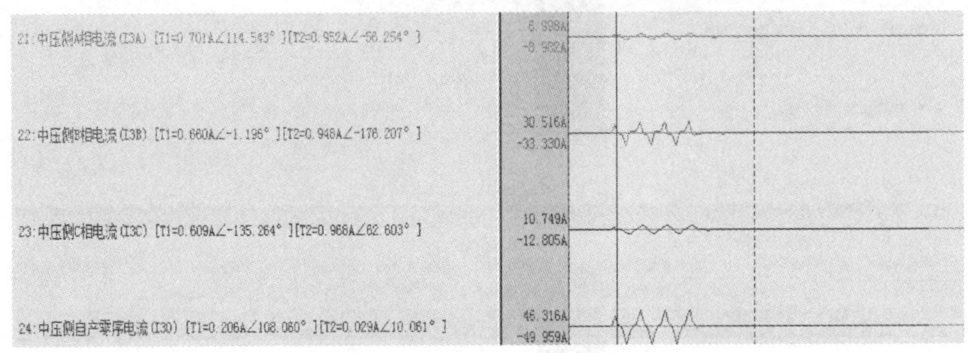

图5-74　第二套保护中压侧电流

从电流波形的角度分析，2号主变压器中压侧B相电流曲线呈锯齿波形，A、C两相电流波形平滑，进一步判断区外故障引起B相TA饱和，TA饱和后导致变压器稳态比率差动保护动作。第二套保护的录波分别如图5-75和图5-76，故障时高压侧三相电流分别为1.96A、8.8A和0.94A；中压侧三相电流分别为5.03A、14.10A和7.34A；低压侧三相电流基本为0；三相差流分别约为1.65I_e、3.37I_e和1.71I_e。A相和C相TA有不同程度的饱和，B相TA严重饱和，导致产生很大差流。

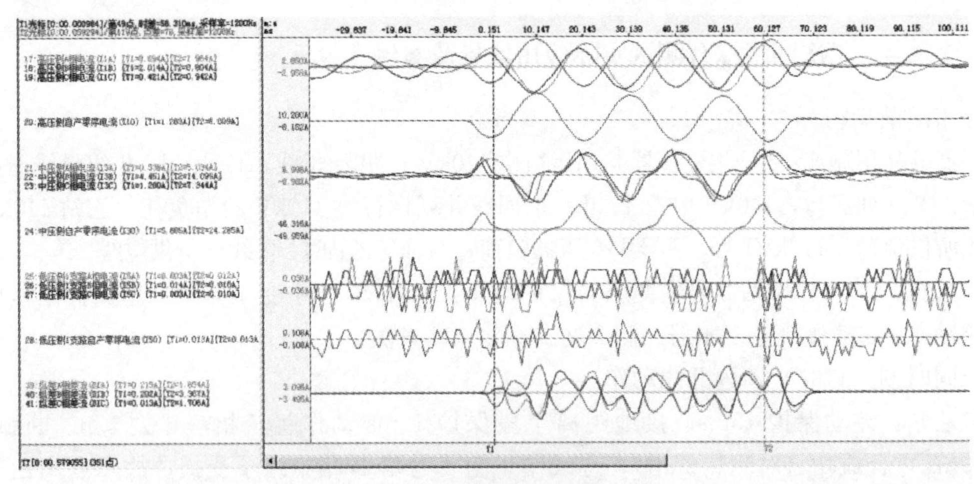

图5-75　第二套保护各侧电流波形

RCS-978YN无饱和判据的比率差动动作方程和动作特性见图5-77，无TA饱和判据区只经过TA断线判别（可选择），励磁涌流判别即可出口，不经TA饱和判别。它利用其比率制动特性抗区外故障时TA的暂态和稳态饱和，而在区内故障TA饱和时能可靠正确动作。

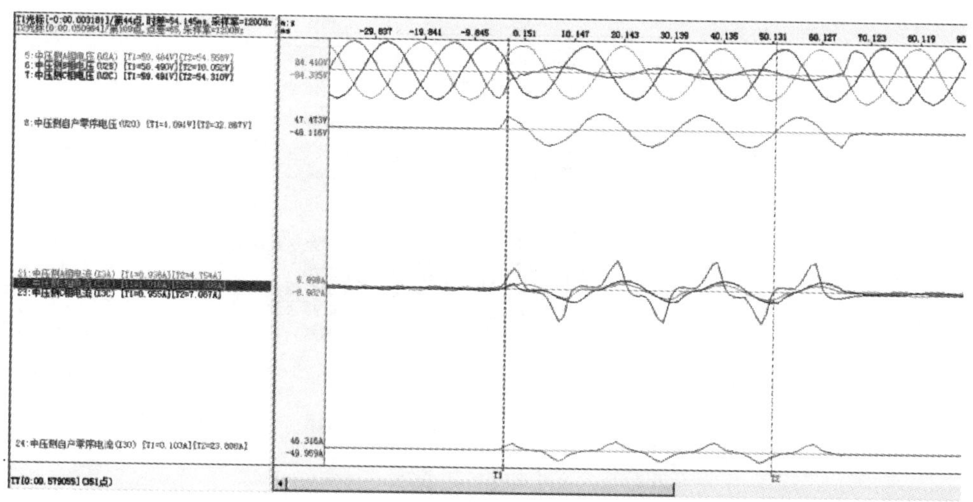

图 5-76　第二套保护中压侧电流电压波形

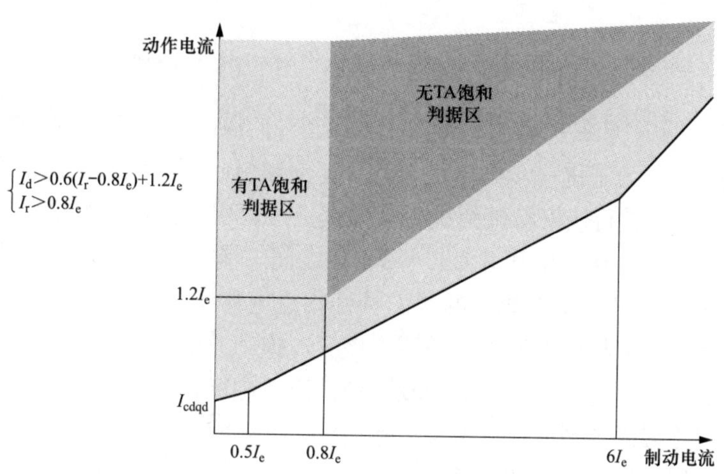

图 5-77　稳态比率差动保护的动作特性

由于区外故障时中压侧 TA 饱和，导致主Ⅱ保护 RCS-978YN 感受到很大差流（见图 5-75 和图 5-76）。起动约 10ms 后，B 相差流达到 $2I_e$，制动电流约 $2I_e$（计算差动制动门槛为 $1.92I_e$），进入无 TA 饱和判据区，此时差流中的二次谐波含量约 47%，涌流判别元件闭锁比率差动保护。故障持续期间，B 相差流约 $3.35I_e$，制动电流约 $2.68I_e$，始终在无 TA 饱和判据区。当差流中的谐波含量下降后，涌流判别元件开放比率差动保护，比率动保护动作。

（2）现场设备检查：通过对以上信息的分析，此次事件是由于 2 号主变压器 110kV 侧 TA 饱和后使得第二套保护稳态比率差动保护动作。梳理 2 号主变压器的电流回路的配置情况，如图 5-78 所示。

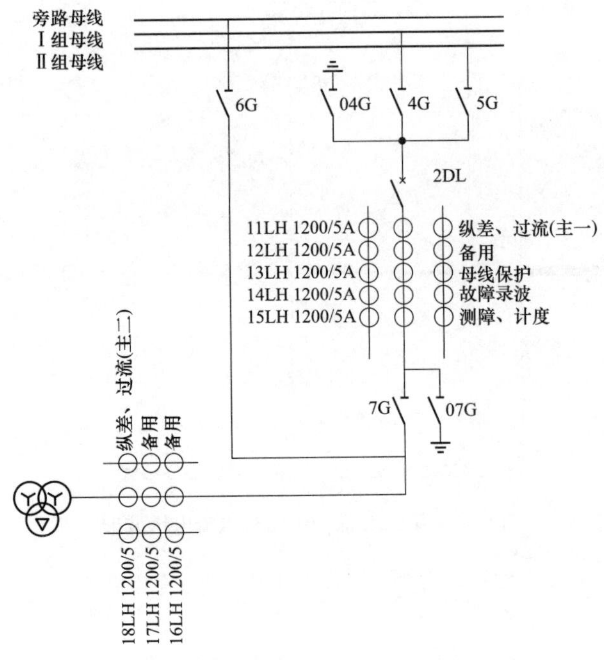

图 5-78 2 号主变压器 110kV 侧保护配置情况

2 号主压器变第一套保护采用 110kV 进线断路器 TA，第二套保护采用的是主变压器 110kV 套管 TA。为了进一步确定是否是 TA 饱和引起主变压器保护动作，现场对进线侧 TA 和套管 TA 进行伏安特性测试。从数据上可以看出：进线断路器 TA ABC 三相电流互感器的伏安特性拐点电压在 230～252V 之间，满足保护抗饱和能力；而进线套管测量级 TA ABC 三相电流互感器的伏安特性拐点电压均为 17～18V，当 110kV 系统发生穿越性故障时，穿越性电流很容易使得该 TA 饱和。由于按照相关标准电流互感器选型时，保护绕组不会选用抗饱和能力较差的。所以判断接入主变压器第二套保护装置的中压侧电流回路接入了测量或计量绕组上。

现场对中压侧套管 TA 回路二次接线（三相接线一致，选单相示意，如图 5-79 所示）进行核实时发现，2 号主变压器第二套保护接入至测量级的二次绕组（抽头标记 1～5）。套管铭牌参数如图 5-80 所示。

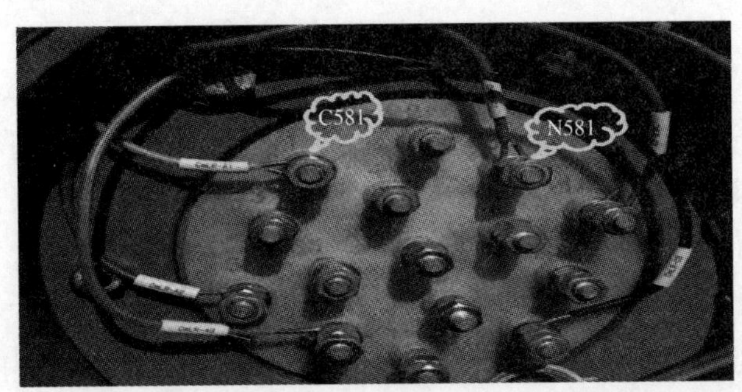

图 5-79 套管 TA 接线盒接线示意图

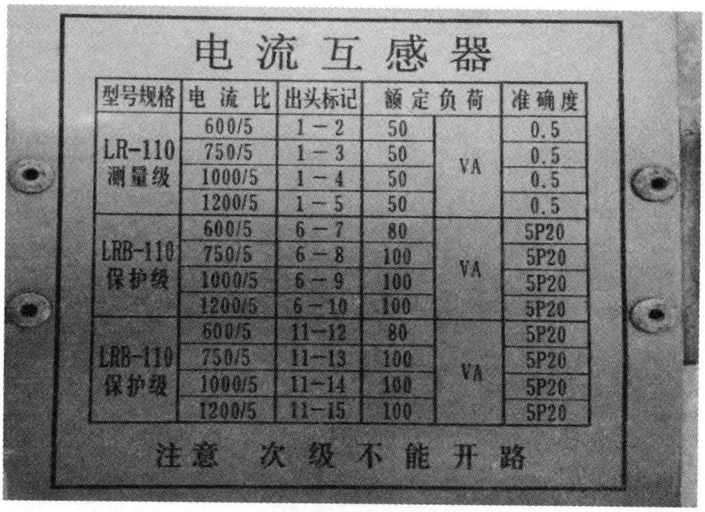

电流互感器

型号规格	电流比	出头标记	额定负荷		准确度
LR-110 测量级	600/5	1－2	50	VA	0.5
	750/5	1－3	50		0.5
	1000/5	1－4	50		0.5
	1200/5	1－5	50		0.5
LRB-110 保护级	600/5	6－7	80	VA	5P20
	750/5	6－8	100		5P20
	1000/5	6－9	100		5P20
	1200/5	6－10	100		5P20
LRB-110 保护级	600/5	11-12	80	VA	5P20
	750/5	11-13	100		5P20
	1000/5	11-14	100		5P20
	1200/5	11-15	100		5P20

注意　次级不能开路

图 5-80　套管 TA 铭牌参数

（3）根本原因分析。

1）设计图纸存在错误，存在图实不符的问题，误将保护用电流回路设计接至测量绕组。

2）施工人员照图施工，未认真核对设计端子图、原理图与变压器厂家内部配线是否相符，也未核对实际设备铭牌及 TA 测试数据，仅按照设计端子图及接线图和经验进行施工接线，导致测量绕组误接于保护回路。主变压器第二套保护装置中压测电流回路如图 5-81 所示。

3）从图 5-82 中也可以看出设计图标注存在标准不清的问题，图 5-82 中标蓝色部分（A/B/Cm）在示意图和接线图中其标注方向均位于主变压器套管进线侧，图 5-82 示意图中靠（A/B/Cm）进线侧第一个绕组为 16LH（A3/C3），图 5-82 接线图中靠（A/B/Cm）进线侧第一个绕组标注为 A1/C1［在示意图中（A1/C1）表示的是 18LH］，并且图 5-82 接线图中未标注绕组编号、变比、准确级等信息，示意图与接线图的标注不一致容易引起施工人员将 16LH 与 18LH 位置混淆。从图 5-81 中也可以看出主变压器本体端子箱是将 A1＼C1 接入主变压器主二保护。

4）验收人员存在有章不循的现象，未按照新设备投运验收规范的相关要求，结合设计图纸、厂家说明书、实际设备铭牌及现场试验报告核实实际接线，导致验收阶段仍然没有消除回路错误的隐患。

综上所述，设计图纸存在错误，存在图实不符的问题，误将保护用电流回路设计接至测量绕组，施工人员未认真核对设计图与实际变压器厂家配线，凭经验及接线图施工接线，验收人员存在有章不循的现象，未按照新设备投运验收规范的相关要求，结合设计图纸、厂家说明书、实际设备铭牌及现场试验报告核实实际接线，导致验收阶段仍然没有消除回路错误的隐患，是造成此次错误接线的直接原因。

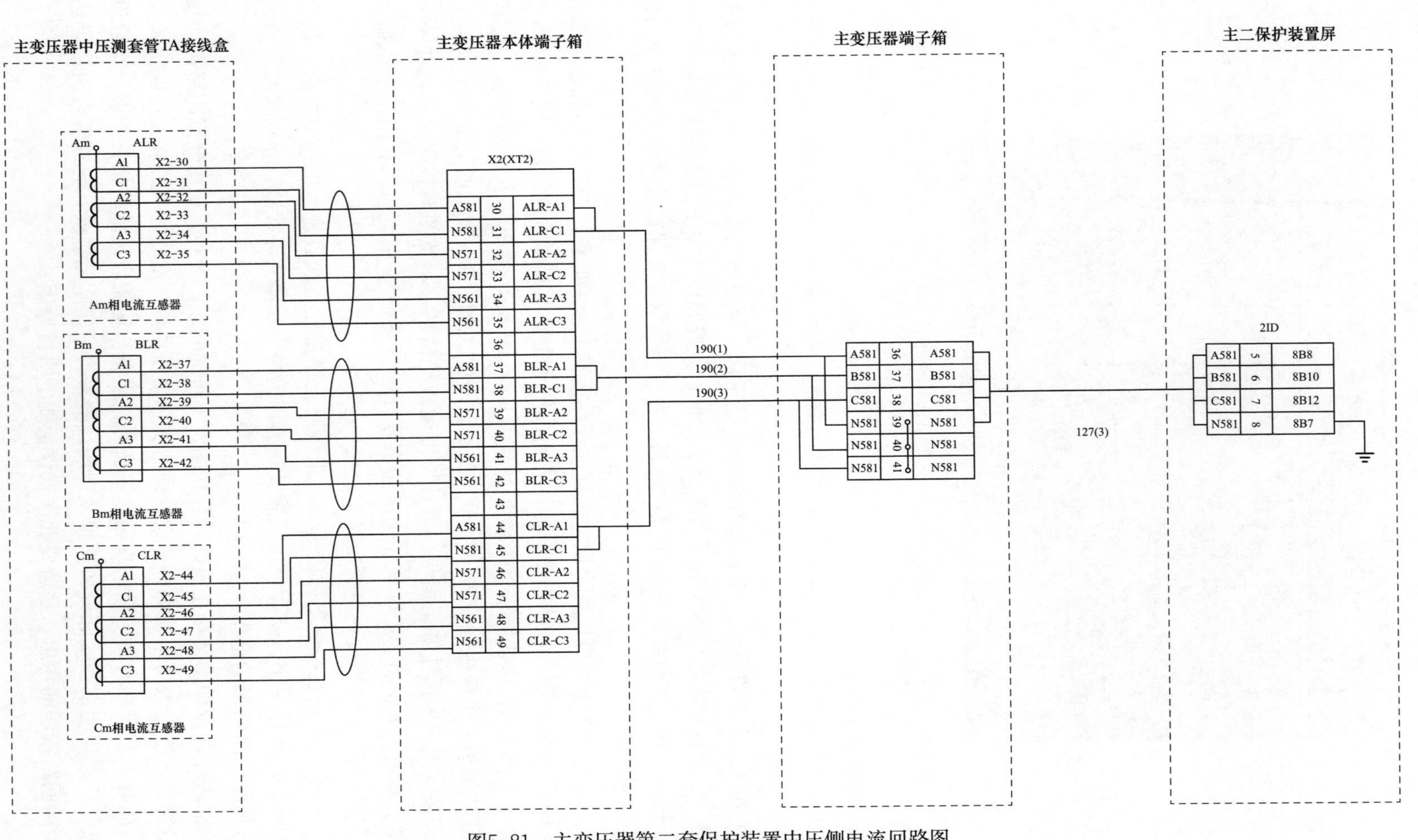

图5-81 主变压器第二套保护装置中压侧电流回路图

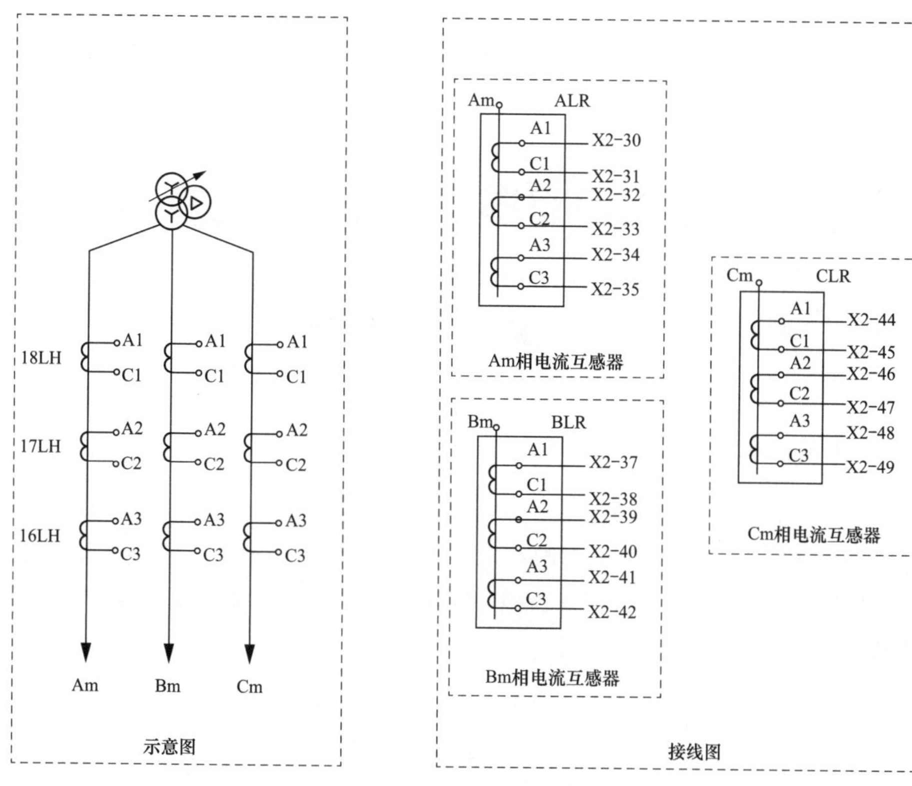

图 5-82　2 号主变压器本体接线箱二次接线安装图部分截图

（4）故障处置。现场对 TA 接线盒上接线进行改接，将第二套主变压器保护 TA 绕组接到端子 6 及端子 10，按图 5-80 铭牌参数图所示，为变比 1200/5 的保护级绕组，整改后套管 TA 接线盒见图 5-83 所示。

图 5-83　套管 TA 接线盒改接线示意图

改接完成后，进行伏安特性试验，ABC 三相电流互感器的伏安特性拐点电压均为 229～241V 之间，具有一定的抗饱和能力，满足保护运行要求。

总而言之，针对这种比较隐蔽电流接线错误，不管是调试还是后期定检，都很不容易发现。但是使用继电保护二次回路综合综合测试系统却能很轻松地发现整个间隔回路的错误，从电流、电压采样回路到保护联锁回路，再到断路器跳合闸回路。继电保护二次回路综合综合测试系统是基于这种整体测试的理念开发的。

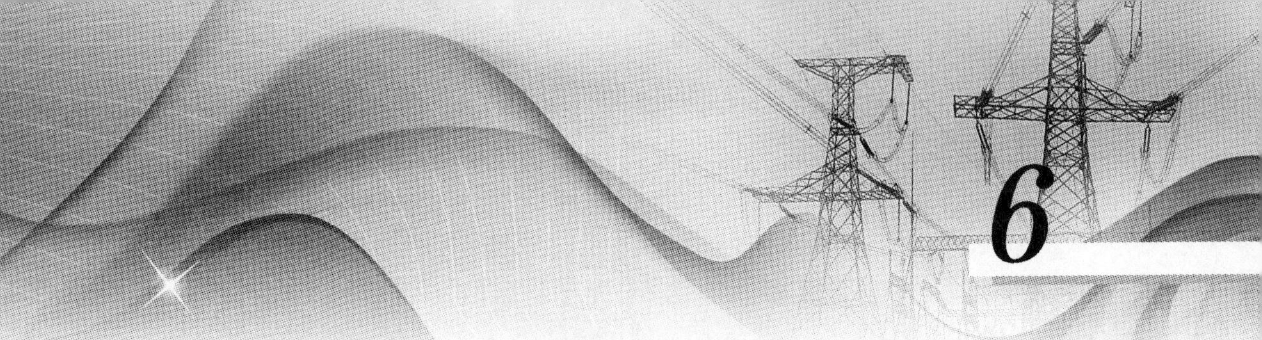

继电保护二次回路典型故障分析方法及处理

6.1 电磁干扰案例

6.1.1 事故概况

××××年××月×日××点××分××秒×××毫秒，5022、5021、5012、5011开关同时跳闸。四个开关操作箱第一组跳A、跳B、跳C红灯亮起，启动备用变压器、发电机主变压器组、电抗器、××I线及相关断路器保护装置均未有保护动作。一次系统简图如图6-1所示。

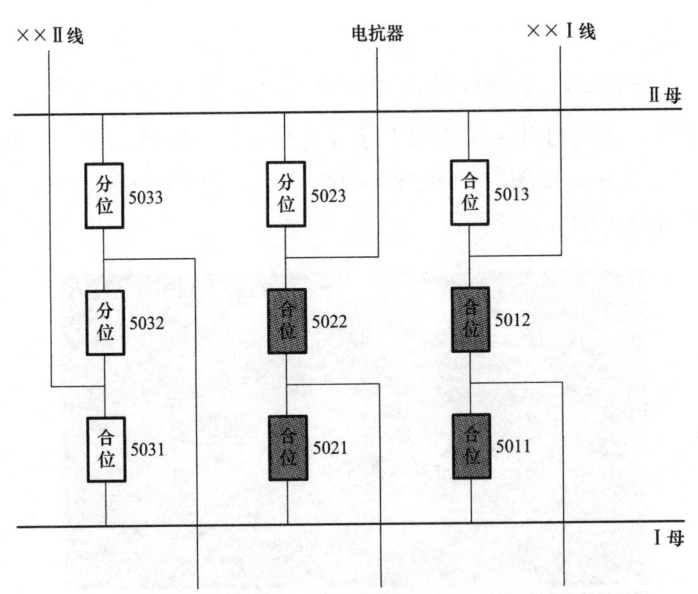

图6-1 一次系统简图

6.1.2 事故经过

1. 事故跳闸前后的现场施工情况

5013、5023、5033、5032断路器正处于检修状态，现场人员正在检修5013断路器，在事故跳闸前进行了多次跳合操作，最后一次合开关操作 1min 后发生跳闸。

2. 操作箱第一组跳闸回路接入的设备

5022 操作箱一组跳闸回路接有：电抗器保护 A、1 号启动备用变压器保护 A、5022 断路器保护（PSL632C）、5021 断路器保护（PSL632C）、5023 断路器保护（PSL632C）。

5023 操作箱一组跳闸回路接有：Ⅰ母母线差动保护 A（RCS915GD）、1 号启动备用变压器保护 A、5023 断路器保护（PSL632C）、5022 断路器保护（PSL632C）。

5012 操作箱一组跳闸回路接有：××Ⅰ线保护 A（PSL603U）、1 号机组发电机主变压器组保护 A（DGT801）、5012 断路器保护（PSL632C）、5011 断路器保护（PSL632C）、5013 断路器保护（PSL632C）。

5011 操作箱一组跳闸回路接有：Ⅰ母线差动保护 A（RCS915GD）、1 号机组发电机主变压器组保护 A（DGT801）、5011 断路器保护（PSL632C）、5012 断路器保护（PSL632C）。

以上保护装置跳闸出口接入操作箱的 TJR、TJQ 继电器回路，非电量保护跳闸出口接入操作箱的 ZJ 继电器回路。四个开关均有 DCS 控制系统接入，接至操作箱的 STJ 回路。

3. 操作箱距离各保护装置的电缆长度

线路保护、断路器保护、母线差动保护和操作箱在同一小室内，发电机主变压器组保护和启动备用变压器保护在距离 1km 左右的另一小室，DCS 控制系统在距离 800m 左右的另一小室。

4. 站内直流系统绝缘情况

跳闸后，现场工作人员查到有Ⅱ段直流电源串接到Ⅰ段直流电源的情况，并且测量Ⅱ段直流母线电压正对地有－30～170V 的摆动，负对地有－20～70V 的摆动。

5. NCS 监控系统报警情况

事故跳闸前后 10s 仅有 5021、5022 断路器由合变分的信息，如图 6-2 所示监控历史记录所示，不排除当时监控系统故障遗漏信号的可能。

40	未确认	2015-11-05	10:55:44.045	遥信合位	1 号发电机测控	1 号机指令增闭锁信号	位置状态	由 分 变为 合
41	未确认	2015-11-05	10:55:30.912	SOE 状态	5022DL（2-6）	5022 断路器合位	SOE 状态	分
42	未确认	2015-11-05	10:55:31.053	遥信分位	5022DL（2-6）	5022 断路器合位	位置状态	由 合 变为 分
43	未确认	2015-11-05	10:55:30.900	SOE 状态	5021DL（1-6）	5021 断路器合位	SOE 状态	分
44	未确认	2015-11-05	10:55:31.035	遥信分位	5021DL（1-6）	5021 断路器合位	位置状态	由 合 变为 分
45	未确认	2015-11-05	10:54:29.321	SOE 状态	5013DL（3-6）	5013 断路器重合闸闭锁	SOE 状态	返回

图 6-2 监控历史记录 1

事故跳闸后 45s 左右曾发生过 UPS 故障及直流Ⅰ段系统故障，如图 6-3 监控历史记录所示。

12 未确认 2015-11-05 10:57:58.963 SOE状态 1号发电机测控 1号发电机断水 SOE状态 合
13 未确认 2015-11-05 10:57:59.149 遥信合位 1号发电机测控 1号发电机断水 位置状态 由 分 变为 合
14 未确认 2015-11-05 10:57:30.304 告警复归 公用测控 网控室UPS市电异常 信号状态 返回
15 未确认 2015-11-05 10:57:30.121 SOE状态 公用测控 网控室UPS柜综合故障 SOE状态 返回
16 未确认 2015-11-05 10:57:30.302 告警复归 公用测控 网控室UPS柜综合故障 信号状态 返回
17 未确认 2015-11-05 10:55:24.333 SOE状态 公用测控 高周切机一装置异常 SOE状态 动作
18 未确认 2015-11-05 10:55:24.528 告警动作 公用测控 高周切机一装置异常 信号状态 动作
19 未确认 2015-11-05 10:55:41.863 SOE状态 1号发电机测控 1号机指令增闭锁信号 SOE状态 分
20 未确认 2015-11-05 10:54:42.046 遥信分位 1号发电机测控 1号机指令增闭锁信号 位置状态 由 合 变为 分
21 未确认 2015-11-05 10:57:32.083 SOE状态 公用测控 网控室110V直流Ⅰ段系统故障 SOE状态 返回
22 未确认 2015-11-05 10:57:32.284 告警复归 公用测控 网控室110V直流Ⅰ段系统故障 信号状态 返回
23 未确认 2015-11-05 10:57:25.365 告警动作 公用测控 网控室UPS旁路故障 信号状态 动作
24 未确认 2015-11-05 10:55:25.165 SOE状态 公用测控 网控室UPS整流器关闭 SOE状态 动作
25 未确认 2015-11-05 10:55:25.289 告警动作 公用测控 网控室UPS整流器关闭 信号状态 动作
26 未确认 2015-11-05 10:55:24.296 SOE状态 公用测控 网控室110V直流Ⅰ段系统故障 SOE状态 动作
27 未确认 2015-11-05 10:55:24.484 告警动作 公用测控 网控室110V直流Ⅰ段系统故障 信号状态 动作
28 未确认 2015-11-05 10:55:15.578 SOE状态 公用测控 网控室UPS柜综合故障 SOE状态 动作
29 未确认 2015-11-05 10:55:15.765 告警动作 公用测控 网控室UPS柜综合故障 信号状态 动作
30 未确认 2015-11-05 10:55:15.577 SOE状态 公用测控 网控室UPS主机报警 SOE状态 动作
31 未确认 2015-11-05 10:55:15.764 告警动作 公用测控 网控室UPS主机报警 信号状态 动作
32 未确认 2015-11-05 10:57:13.576 遥信分位 1号发电机测控 1号机汽机跳闸信号 位置状态 由 合 变为 分

图 6-3 监控历史记录 2

6.1.3 原因分析及整改措施

因为没有任何保护装置动作跳闸，只有操作箱第一组跳闸信号灯亮起，可以排除保护装置自身误动的可能性。操作箱直跳回路均有 800～1000m 的长电缆接入，并且站内直流Ⅰ、Ⅱ母线有串接，产生直流摆动，以及事故跳闸后直流系统曾有故障信息，所以判断是由长电缆分布对地电容和直流系统串接干扰引起的操作箱继电器误动。事故跳闸时同样在合位的 5013、5031 开关未跳闸，而两个开关直跳回路的电缆均在室内，没有长电缆，也侧面说明了长电缆对干扰的影响。

操作箱型号为 FCX-22HP，其中接入直跳回路的继电器有 TJR、TJQ、STJ 和 ZJ，对此四个继电器进行功率测试如表 6-1 所示。

表 6-1　　继电器各参数测量

型号	FCX-22HP		额定电压	DC110V
继电器	动作电压（V）	动作电流（mA）	功率（W）	动作时间（ms）
TJR	约 63	约 111	约 7	10
TJQ	约 67	约 112	约 7.5	10
STJ	约 65	约 116	约 7.4	10
ZJ	约 60	约 6	约 0.3	10

可以看出，接操作箱保护直跳的 TJR、TJQ 回路和手跳继电器 STJ 回路满足大功率要求，用来扩展非电量保护出口的 ZJ 中间继电器原设计非直跳回路，不满足大功率要求。

综上所述，本次事故跳闸应是由外部干扰引起，建议二次设备加强防范措施，即非电量保护直跳回路加装大功率中间继电器增强抗干扰能力。

6.2 TV 二次回路断线案例 1

6.2.1 事故概况

××××年×月××日××时××分××秒左右×号机组跳闸停机，DCS 系统中“发电机变压器组微机保护 A、B 屏发电机匝间跳闸”光子牌以及故录中“微机保护 A、B 屏发电机匝间跳闸”开关量均表明 DGT801UB 保护匝间保护动作，如图 6-4 所示。

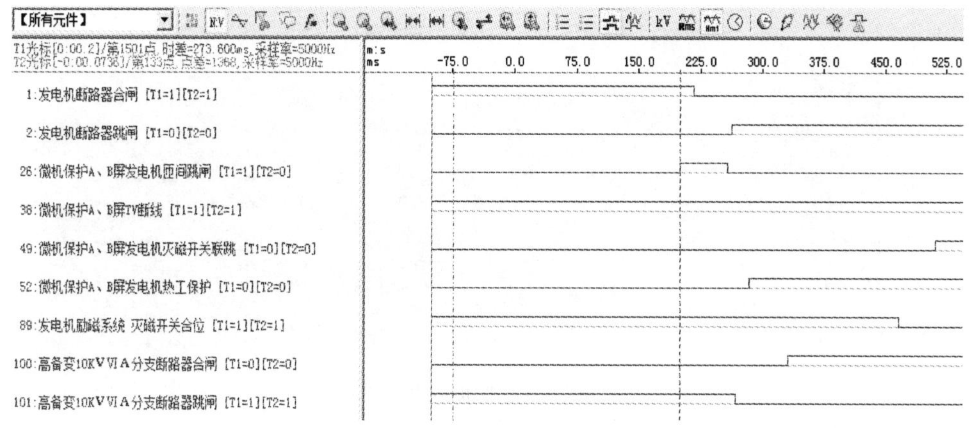

图 6-4　故障录波开关量

6.2.2 事故经过

事故前×号机组的 A 套 DGT801UB 保护装置所接的机端 A 相 TV 已故障很长时间，对于保护来说相当于二次回路断线。经了解事故时系统侧同时有接地故障发生。

6.2.3 原因分析及整改措施

调取 A、B 套保护的内部文件记录显示 A 套保护有匝间保护动作记录，B 套保护没有（如图 6-5、6-6 所示），同时 B 套保护的录波（热工保护启动的该次录波）显示在跳闸停机前后时刻没有匝间保护相关信息，也没有出口跳令（如图 6-7 所示，后面的出口跳令是灭磁联跳动作出口）。

所以，确定 A 套装置匝间保护动作，B 套装置匝间保护未动作。

DGT801UB 匝间保护原理如下：

发电机纵向零序电压式匝间保护，是发电机同相同分支匝间短路及同相不同分支之间匝间短路的主保护。

CPUB_TV断线(逆功率)动作_系统	2017-08-10 07:15:36 844
CPUB_TV断线(定子3U0)动作_系统	2017-08-10 07:15:38 244
CPUA_TV断线(失磁)动作_系统	2017-08-10 07:23:55 395
CPUB_TV断线(失磁)动作_系统	2017-08-10 07:23:55 167
CPUA_发电机匝间灵敏段动作_系统	2017-08-11 12:37:05 999
CPUA_发电机匝间灵敏段返回_系统	2017-08-11 12:37:06 059
CPUA_热工保护动作_系统	2017-08-11 12:37:06 085
CPUA_TV断线(失磁)返回_系统	2017-08-11 12:37:06 139
CPUA_灭磁开关联跳动作_系统	2017-08-11 12:37:06 312
CPUA_TV断线(定子3U0)返回_系统	2017-08-11 12:37:08 425
CPUA_机端TV断线(普通)返回_系统	2017-08-11 12:37:09 872
CPUA_TV断线(3W)返回_系统	2017-08-11 12:37:10 012
CPUA_TV断线(逆功率)返回_系统	2017-08-11 12:37:10 012
CPUB_发电机匝间灵敏段动作_系统	2017-08-11 12:37:05 919
CPUB_发电机匝间灵敏段返回_系统	2017-08-11 12:37:05 972
CPUB_热工保护动作_系统	2017-08-11 12:37:05 999
CPUB_TV断线(失磁)返回_系统	2017-08-11 12:37:06 052
CPUB_灭磁开关联跳动作_系统	2017-08-11 12:37:06 232
CPUB_TV断线(定子3U0)返回_系统	2017-08-11 12:37:08 339
CPUB_机端TV断线(普通)返回_系统	2017-08-11 12:37:09 785
CPUB_TV断线(3W)返回_系统	2017-08-11 12:37:09 945
CPUB_TV断线(逆功率)返回_系统	2017-08-11 12:37:09 945
CPUA_热工保护返回_系统	2017-08-11 12:38:22 622
CPUA_热工保护动作_系统	2017-08-11 12:38:22 769
CPUA_热工保护返回_系统	2017-08-11 12:38:22 874
CPUA_热工保护动作_系统	2017-08-11 12:38:23 022
CPUA_热工保护返回_系统	2017-08-11 12:38:23 094

图 6-5　A 套保护内部记录

CPUB_热工保护返回_系统	2017-08-10 06:43:52 759
CPUA_热工保护返回_系统	2017-08-10 06:43:52 759
CPUA_热工保护动作_系统	2017-08-10 06:56:43 779
CPUB_热工保护动作_系统	2017-08-10 06:56:43 774
CPUA_热工保护返回_系统	2017-08-10 07:02:06 065
CPUB_热工保护返回_系统	2017-08-10 07:02:06 067
CPUA_热工保护动作_系统	2017-08-11 12:36:55 535
CPUA_灭磁开关联跳动作_系统	2017-08-11 12:36:55 762
CPUB_热工保护动作_系统	2017-08-11 12:36:55 534
CPUB_灭磁开关联跳动作_系统	2017-08-11 12:36:55 767
CPUA_热工保护返回_系统	2017-08-11 12:38:12 554
CPUA_热工保护动作_系统	2017-08-11 12:38:12 707
CPUA_热工保护返回_系统	2017-08-11 12:38:12 814
CPUA_热工保护动作_系统	2017-08-11 12:38:12 967
CPUA_热工保护返回_系统	2017-08-11 12:38:13 034
CPUA_热工保护动作_系统	2017-08-11 12:38:13 142
CPUA_热工保护返回_系统	2017-08-11 12:38:13 187
CPUA_热工保护动作_系统	2017-08-11 12:38:13 287
CPUB_热工保护返回_系统	2017-08-11 12:38:12 560
CPUB_热工保护动作_系统	2017-08-11 12:38:12 707
CPUB_热工保护返回_系统	2017-08-11 12:38:12 820
CPUB_热工保护动作_系统	2017-08-11 12:38:12 967

图 6-6　B 套保护内部记录

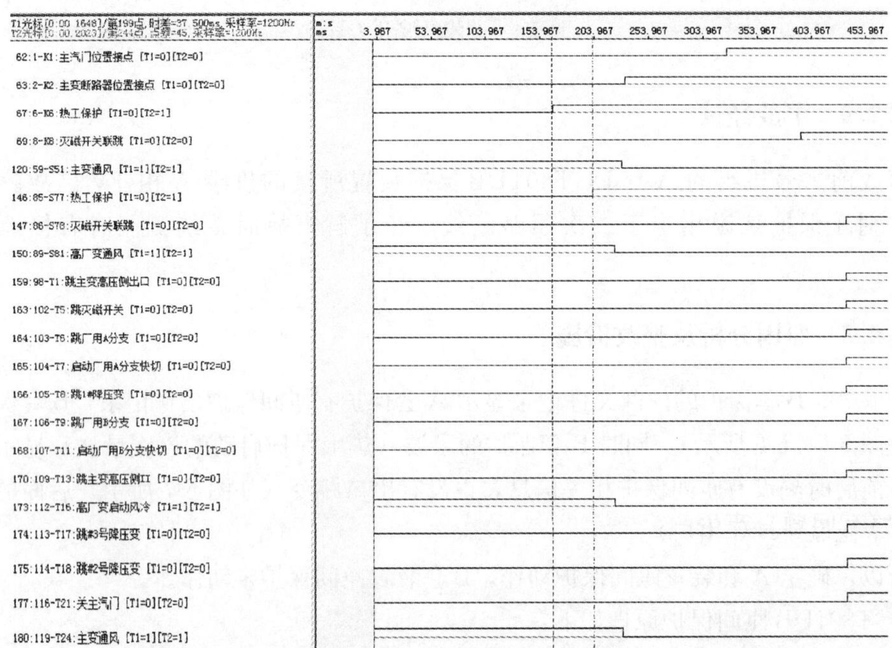

图 6-7　B 套保护录波开关量

该保护反映的是发电机纵向零序电压的基波分量，并用其三次谐波增量作为制动量。

纵向零序电压取自机端专用 TV 的开口三角输出端。TV 应全绝缘，其一次中性点不允许接地，而是通过高压电缆与发电机中性点联接起来。

零序电压基波通道与三次谐波通道相互独立，并采用硬件滤波回路和软件傅氏滤波算法滤去零序电压基波通道的三次谐波分量，滤去三次谐波电压通道的基波分量，保护的交流接入回路如图 6-8 所示。

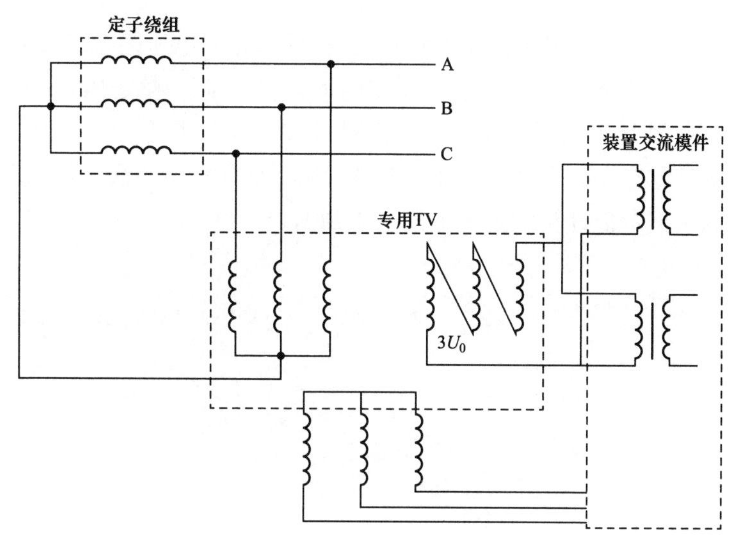

图 6-8　纵向零序电压式匝间保护交流接入回路示意图

保护采用两段式：Ⅰ段为次灵敏段，Ⅱ段为灵敏段。动作方程为

$$3U_0 > 3U_{0h}$$

$$\begin{cases} 3U_0 > 3U_{0l} \\ (3U_0 - 3U_{0l}) > K_Z(U_{03\omega}) - U_{03\omega n} \end{cases} \tag{6-1}$$

式中：$3U_0$、$3U_{03\omega}$为零序电压基波和三次谐波计算值；$3U_{0l}$、$3U_{0h}$、K_z、$U_{03\omega n}$为纵向零序电压式匝间保护整定值。

为防止专用 TV 一次断线时保护误动，引入专用 TV 断线闭锁；另外，为防止区外故障或其他原因（例如，专用 TV 回路有问题）产生的纵向零序电压使保护误动，引入负序功率方向闭锁。负序功率方向判据采用开放式（即允许式）闭锁。

保护的逻辑框图如图 6-9 所示。

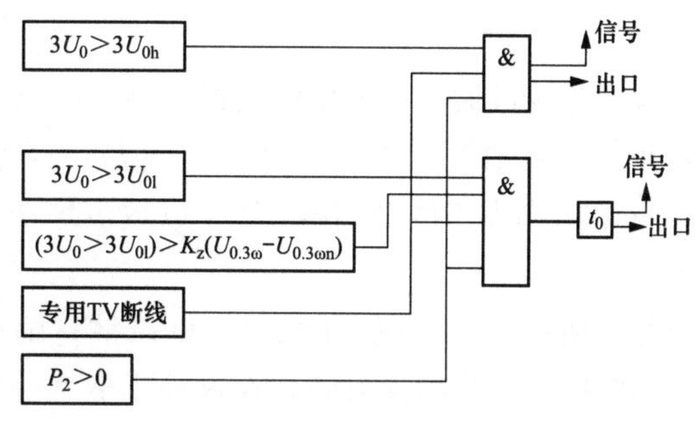

图 6-9　纵向零序电压式匝间保护逻辑框图

P_2—负序功率方向判据；t_0—短延时

专用TV断线判别采用电压平衡式原理。构成框图如图6-10所示。

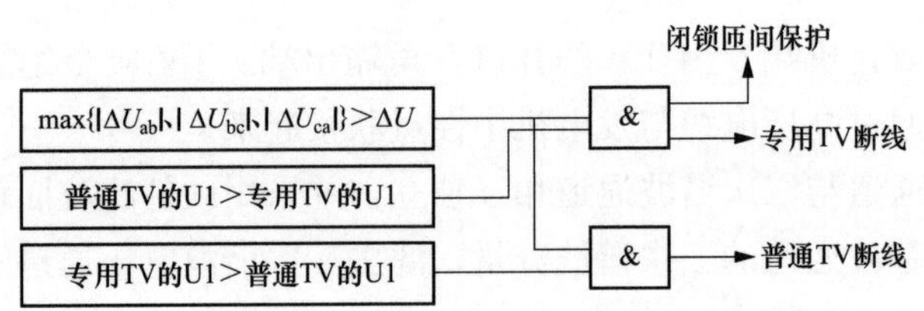

图6-10 电压平衡式TV断线逻辑框图

ΔU_{ab}、ΔU_{bc}、ΔU_{ca}—专用TV与普通TV二次同名相间电压之差；max｛｜ΔU_{ab}｜｜ΔU_{bc}｜｜ΔU_{ca}｜｝—取ΔU_{ab}、ΔU_{bc}、ΔU_{ca}中的最大者；ΔU—整定压差；$U1$—正序电压

由于A套保护装置丢失了匝间保护动作时录波，故从B套录波波形分析，当时区外单相接地故障时专有TV零序基波$3U_0$约为4V，专有零序三次谐波$3U_{03\omega}$约为5.5V（见图6-11），则根据定值计算满足灵敏段电压判据。

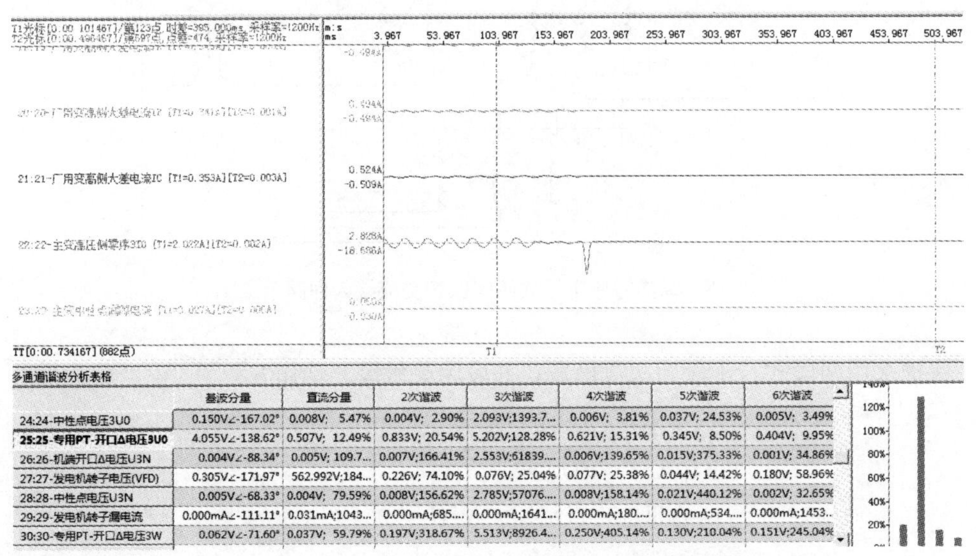

	基波分量	直流分量	2次谐波	3次谐波	4次谐波	5次谐波	6次谐波
24:24-中性点电压3U0	0.150V∠-167.02°	0.008V; 5.47%	0.004V; 2.90%	2.093V;1393.7...	0.006V; 3.81%	0.037V; 24.53%	0.005V; 3.49%
25:25-专用PT-开口Δ电压3U0	4.055V∠-138.62°	0.507V; 12.49%	0.833V; 20.54%	5.202V;128.28%	0.621V; 15.31%	0.345V; 8.50%	0.404V; 9.95%
26:26-机端开口Δ电压U3N	0.004V∠-88.34°	0.005V; 109.7...	0.007V;166.41%	2.553V;61839....	0.006V;139.65%	0.015V;375.33%	0.001V; 34.86%
27:27-发电机转子电压(VFD)	0.305V∠-171.97°	562.992V;184...	0.226V; 74.10%	0.076V; 25.04%	0.077V; 25.38%	0.044V; 14.42%	0.180V; 58.96%
28:28-中性点电压U3N	0.005V∠-68.33°	0.004V; 79.59%	0.008V;156.62%	2.785V;57076....	0.008V;158.14%	0.021V;440.12%	0.002V; 32.65%
29:29-发电机转子漏电流	0.000mA∠-111.11°	0.031mA;1043...	0.000mA;685....	0.000mA;1641...	0.000mA;180....	0.000mA;534....	0.000mA;1453..
30:30-专用PT-开口Δ电压3W	0.062V∠-71.60°	0.037V; 59.79%	0.197V;318.67%	5.513V;8926.4...	0.250V;405.14%	0.130V;210.04%	0.151V;245.04%

图6-11 基波、三次谐波零序电压计算

从故障录波波形中分别假设机端A、B、C相TV断线时计算得到的负序功率（计算结果见图6-12）可知，在本次区外故障类型特征下，只有在A相TV断线的情况下，负序功率大于内部门槛2W，以致负序功率元件开放匝间保护，而导致匝间保护动作。

综上所述，×号机组的A套DGT801UB保护装置所接的机端TV发生了A相断线，同时区外发生接地故障，在这种小概率的复合故障情况下，匝间保护的负序功率、专用TV基波零序电压均同时满足判据，导致匝间保护动作。

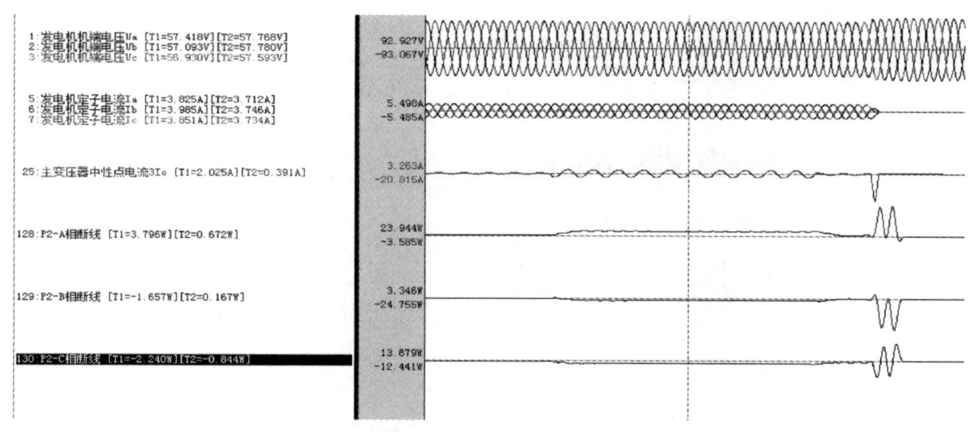

图 6-12　机端 TV 断线时负序功率计算

建议在机端 TV 断线的情况下退出定子匝间保护。

6.3　TV 二次回路断线案例 2

6.3.1　事故概况

××××年××月××日，110kV×××变电站××123 线手合开关时发生三相短路故障，线路保护 PSL 621UD 保护未动作。

6.3.2　原因分析及整改措施

现场打印故障时刻录波图如图 6-13 所示。

如图 6-13 所示，故障为三相短路故障，故障期间线路无零序电流；故障持续时间为 650ms 左右；在开关合闸前，母线三相电压几乎为零，保护始终处于 TV 断线状态。

各保护元件动作情况分析如下：

(1) 差动保护：由于差动保护功能退出，因此差动保护不动作；

(2) 距离保护：由于保护始终处于 TV 断线状态，此时闭锁距离保护和带方向的过流保护功能，因此距离保护和距离加速保护均不动作；

(3) 零序保护：故障为三相短路故障，线路无零序电流，因此零序保护不动作；

(4) 相过流保护：相过流保护Ⅰ段延时为 2.4s，由于故障在 650ms 处已切除，相过流保护不动作。

经查，三相失压的原因是因为接错 TV 二次回路，将线路 TV 接入保护装置，而非母线 TV。

所以，线路发生三相短路故障时，PSL 621UD 线路保护各保护元件均不具备动作条件。

建议重新正确接线，操作前认真检查保护采样、连接片等状态。

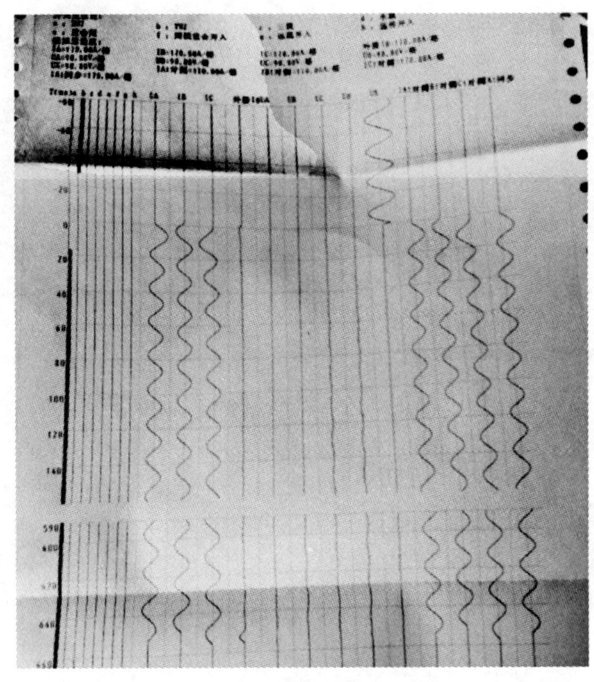

图 6-13　故障时刻录波图

6.4　电流互感器抽头错误案例 1

6.4.1　事故概况

××××年××月××日×××站 220kV 侧线路远端发生 A、B 相间故障，主变压器 A、B 套保护差动保护动作出口。

A 套保护报文如下：

14：17：56：948 差动保护启动

14：17：56：986 差动保护出口　电流 0.92A

B 套保护报文如下：

14：14：38：466 差动保护启动

14：14：38：498 差动保护出口　电流 0.90A

6.4.2　原因分析及整改措施

故障前变压器高、中两侧运行。图 6-14、图 6-15 分别是 A、B 套保护的录波波形及通过软件工具计算的差流波形，可以看出故障时刻发生区外故障，不符合区内故障特征（高、中两侧同相电流始终反向），但在差动保护启动前就存在 0.45A 左右三相差流，所以判断差动保护相关定值整定有误，将定值中“高压侧 TA 变比”整定为 1200

（实际整定为 600），合成三相差流波形如图 6-16 所示，故障发生时刻三相差流几乎为 0。

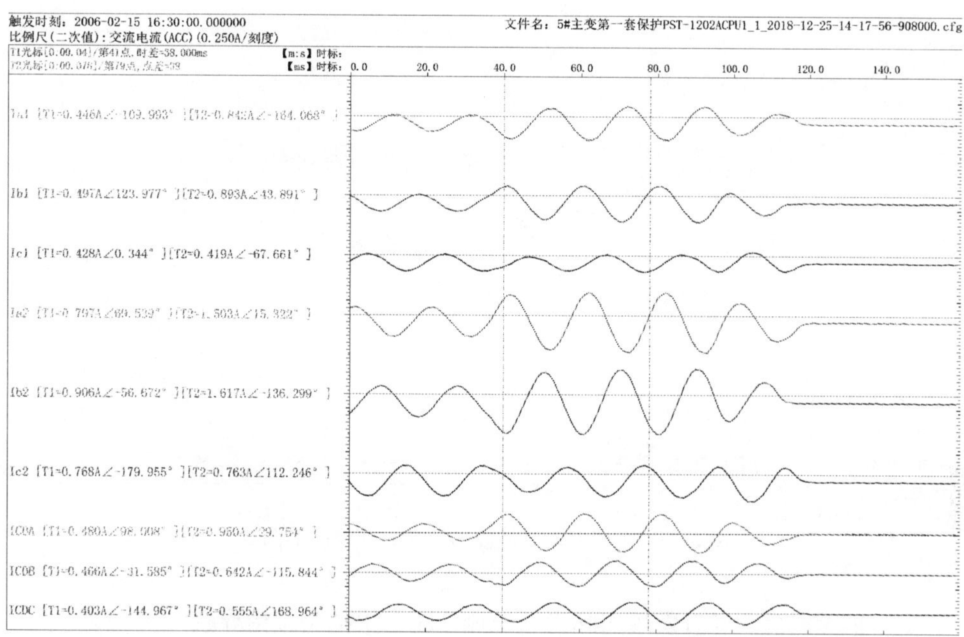

图 6-14　A 屏差动录波波形及计算差流波形图 1

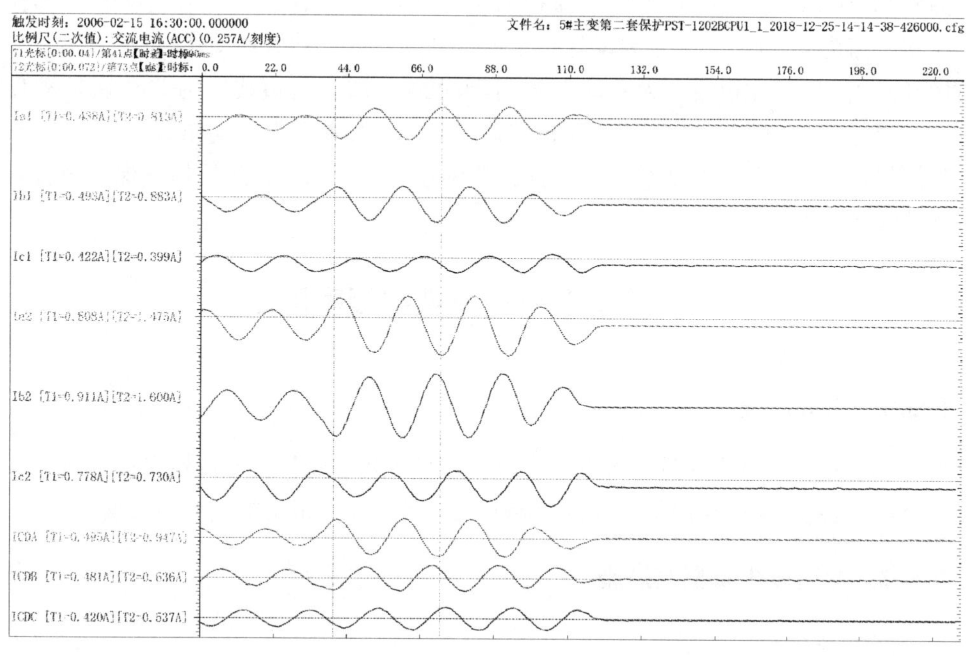

图 6-15　B 屏差动录波波形及计算差流波形图

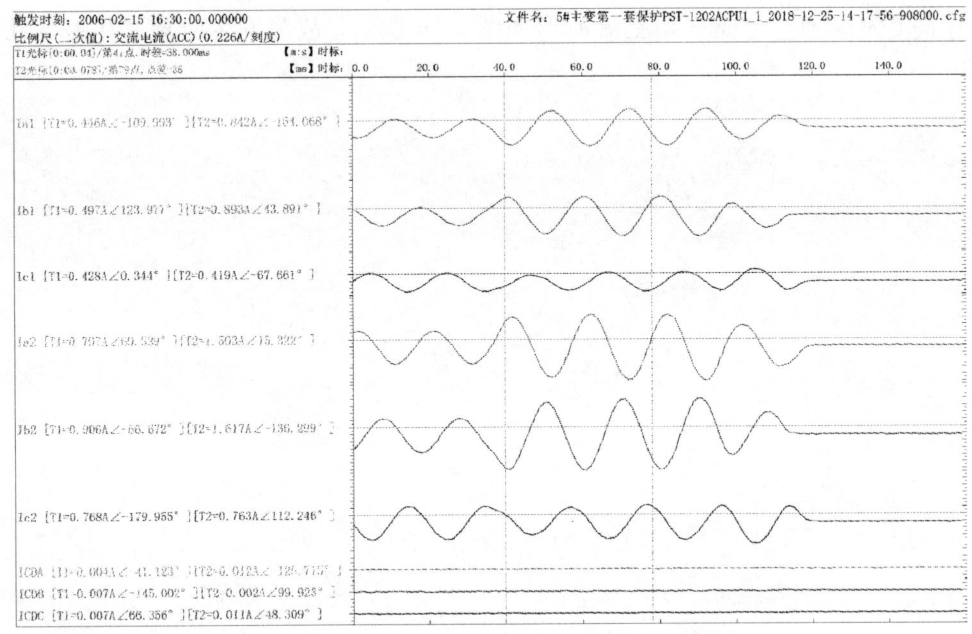

图 6-16　A 屏差动录波波形及计算差流波形图 2

确定定值无误后，经查发现实际为高压侧 TA 二次抽头接错导致。

注：I_{a1}、I_{b1}、I_{c1}分别表示高压侧 A、B、C 三相电流；I_{a2}、I_{b2}、I_{c2}分别表示中压侧 A、B、C 三相电流；I_{CDA}、I_{CDB}、I_{CDC}分别表示软件合成三相差流。

图 6-14 中 T1（左边线）为差动保护启动时刻，T2（右边线）为差动保护动作时刻，A 相差流为 0.950A，大于差动保护定值 0.90A，故差动保护动作。

图 6-15 中 T1（左边线）为差动保护启动时刻，T2（右边线）为差动保护动作时刻，A 相差流为 0.947A，大于差动保护定值 0.90A，故差动保护动作。

建议保护投运前认真核查各二次回路接线的正确性，保护投运后检查保护装置各采样值和差流等计算值。

6.5　电流互感器抽头错误案例 2

6.5.1　事故概况

××××年××月××日××点××分××秒×××毫秒主变压器保护 B 屏主保护启动，18ms 后差动保护动作跳开高低两侧开关。具体动作报文如图 6-17 所示。

6.5.2　原因分析及整改措施

1. 差流产生分析

从图 6-19 和图 6-20 中看出，在保护启动前一直有较大差流存在，且动作时刻也看不出有故障发生，只是在启动时刻负荷明显增加。

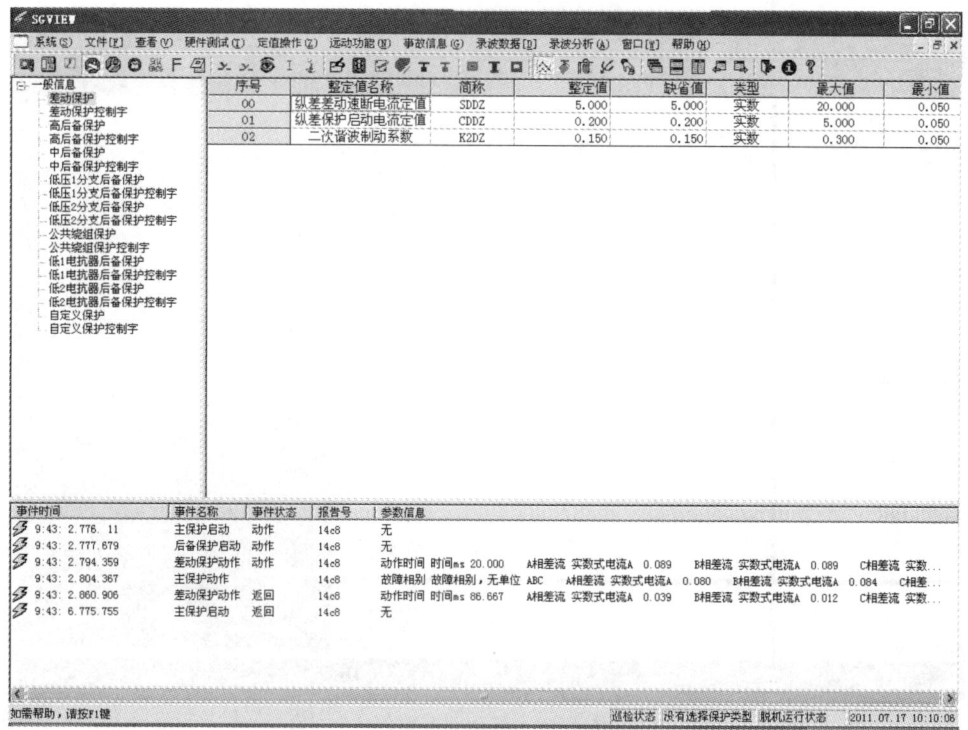

图 6-17　差动定值及动作报文

因现场高压侧 TA 变比为 1000∶1，但录波定值中显示高压侧 TA 变比为 2000∶1，所以我们根据这两个定值及图 6-18 中参数定值分别对波形进行 A 相差流计算，结果如图 6-19 和图 6-20 中差流 1000 和差流 2000。其他两相差流未计算。

序号	内部整定值名称	简称	整定值	类型	最小值	最大值	缺省值	单位
00	定值区号	SETN	未知	32位整数	0	32	0	无
01	被保护设备	BHSB	国网220kV	字符串	0	32	国网220kV	无
02	主变高中压侧额定容量	SHM	180.000	容量MVA	1.000	3000.000	120.000	MVA
03	主变低压侧额定容量	SL	60.000	容量MVA	1.000	3000.000	60.000	MVA
04	中压侧接线方式钟点数	ZDM	12	32位整数	1	12	12	无
05	低压侧接线方式钟点数	ZDL	12	32位整数	1	12	11	无
06	高压侧额定电压	UH	220.000	实数式电压KV	1.000	300.000	220.000	kV
07	中压侧额定电压	UM	121.000	实数式电压KV	1.000	150.000	121.000	kV
08	低压侧额定电压	UL	38.500	实数式电压KV	1.000	75.000	10.500	kV
09	高压侧PT一次值	TVH	220.000	实数式电压KV	1.000	300.000	220.000	kV
10	中压侧PT一次值	TVM	110.000	实数式电压KV	1.000	150.000	110.000	kV
11	低压侧PT一次值	TVL	35.000	实数式电压KV	1.000	75.000	10.000	kV
12	高压侧CT一次值	TAH1	2000.000	实数式电流A	1.000	9999.000	630.000	A
13	高压侧CT二次值	TAH2	1.000	实数式电流A	1.000	5.000	1.000	A
14	高压侧零序CT一次值	THO1	630.000	实数式电流A	1.000	9999.000	630.000	A
15	高压侧零序CT二次值	THO2	1.000	实数式电流A	1.000	5.000	1.000	A
16	高压侧间隙CT一次值	THJ1	630.000	实数式电流A	1.000	9999.000	630.000	A
17	高压侧间隙CT二次值	THJ2	1.000	实数式电流A	1.000	5.000	1.000	A
18	中压侧CT一次值	TAM1	1250.000	实数式电流A	1.000	9999.000	1250.000	A
19	中压侧CT二次值	TAM2	1.000	实数式电流A	1.000	5.000	1.000	A
20	中压侧零序CT一次值	TMO1	1250.000	实数式电流A	1.000	9999.000	1250.000	A
21	中压侧零序CT二次值	TMO2	1.000	实数式电流A	1.000	5.000	1.000	A
22	中压侧间隙CT一次值	TMJ1	1250.000	实数式电流A	1.000	9999.000	1250.000	A
23	中压侧间隙CT二次值	TMJ2	1.000	实数式电流A	1.000	5.000	1.000	A
24	低压1分支CT一次值	TL11	3000.000	实数式电流A	0.000	9999.000	4000.000	A
25	低压1分支CT二次值	TL12	1.000	实数式电流A	1.000	5.000	1.000	A
26	低压2分支CT一次值	TL21	4000.000	实数式电流A	0.000	9999.000	4000.000	A
27	低压2分支CT二次值	TL22	1.000	实数式电流A	1.000	5.000	1.000	A
28	低1分支电抗器CT一次值	TK1	1250.000	实数式电流A	0.000	9999.000	1250.000	A
29	低1分支电抗器CT二次值	TK2	1.000	实数式电流A	1.000	5.000	1.000	A
30	低2分支电抗器CT一次值	TK1	1250.000	实数式电流A	0.000	9999.000	1250.000	A
31	低2分支电抗器CT二次值	TK2	1.000	实数式电流A	1.000	5.000	1.000	A
32	公共绕组CT一次值	TK1	1250.000	实数式电流A	0.000	9999.000	1250.000	A
33	公共绕组CT二次值	TK2	1.000	实数式电流A	1.000	5.000	1.000	A
34	中性点零序CT一次值	TK1	1250.000	实数式电流A	0.000	9999.000	1250.000	A
35	中性点零序CT二次值	TK2	1.000	实数式电流A	1.000	5.000	1.000	A

如需帮助，请按F1键　巡检状态　没有选择保护类型　脱机运行状态　2011.07.17 09:53:24

图 6-18　参数定值

从图 6-19 和图 6-20 中看出，当高压侧 TA 变比为 2000∶1 时算出的 A 相差流波形（即图中差流 2000）和装置录波一致，当高压侧 TA 变比 1000∶1 时算出的 A 相差流（即图中差流 1000）很小，在启动前只有 0.01A，在动作时刻只有 0.02A。确定定值无误后，经查发现实际为高压侧 TA 二次抽头接错导致。

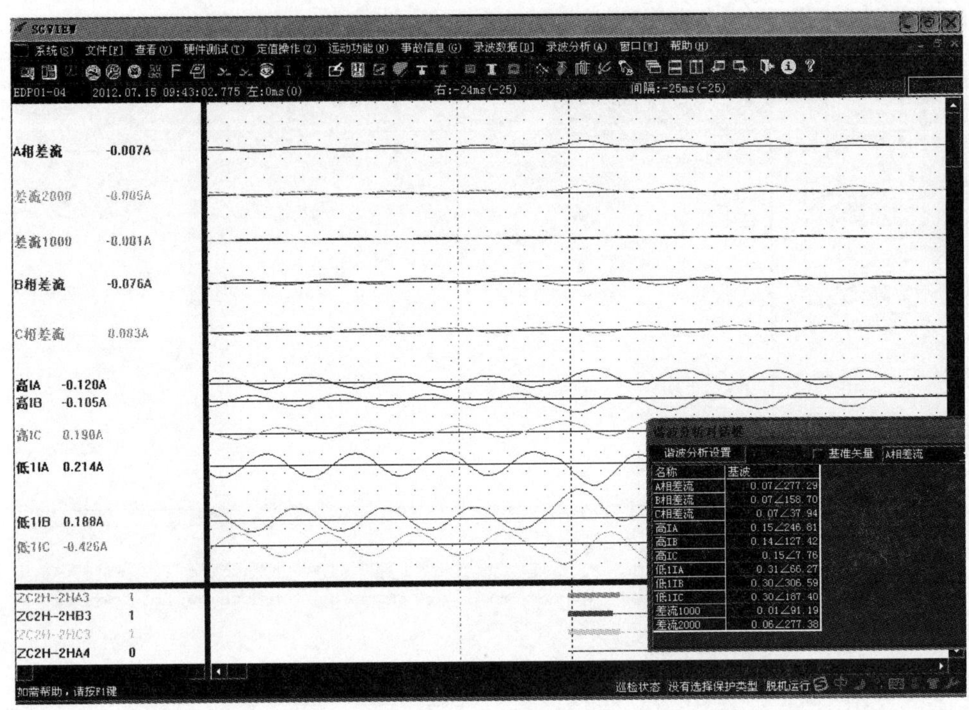

图 6-19 启动前差流值

注：右虚线处于启动时刻即右虚线相对于左上绝对时刻 0ms；

左虚线为显示差流值时刻即左虚线相对于左上绝对时刻－24ms；

差流 2000 和差流 1000 分别为按高压侧 TA 变比为 2000：1 和 1000：1 时算出的差流。

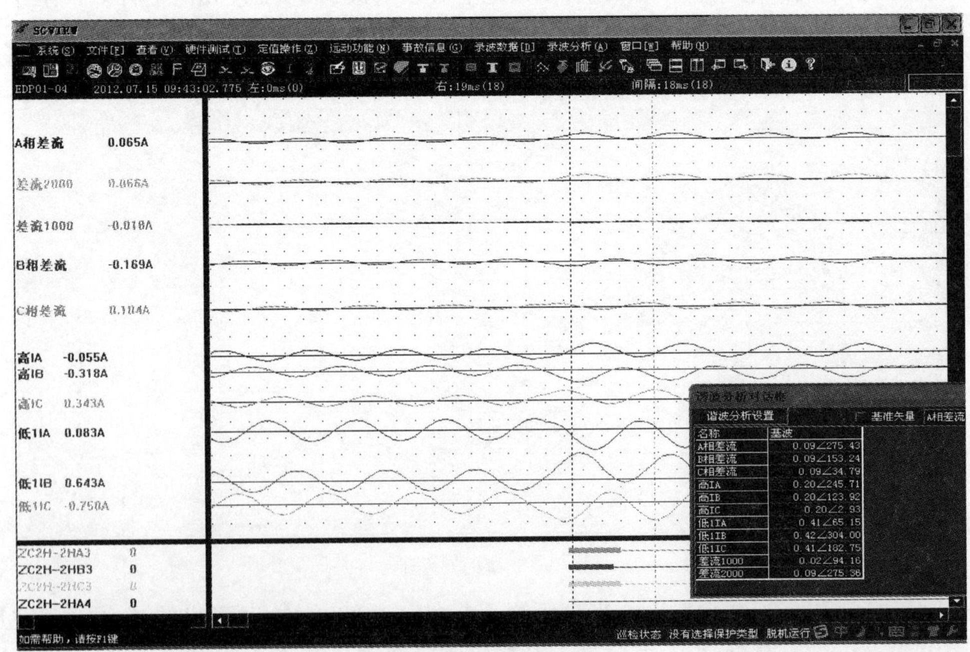

图 6-20 动作时刻差流值

注：——右虚线处于启动时刻即右虚线相对于左上绝对时刻 0ms；

－－－左虚线为显示差流值时刻即左虚线相对于左上绝对时刻 18ms。

2. 动作行为分析

从图 6-18 参数定值中算出变压器高压侧二次额定电流值为 I_e=180000/(220×1.732×2000)=0.236A，而纵差保护电流定值是 0.2，此定值是高压侧二次额定电流值的倍数即纵差保护电流有名值 I_{cd}=0.2×I_e=0.236×0.2=0.0472A。

差电流启动门槛固定为 0.6 倍差动定值即 I_{QD}=0.6×I_{cd}=0.0472×0.6=0.02832A，如果小于 0.08I_n，则按照 0.08In 计算。因为 I_{QD}<0.08I_n=0.08×1=0.08A，所以当差流达到 0.08A 以上差动保护就会动作。

从图 6-19 中看出启动前三相差流值为 0.07A 小于 0.08A，而从图 6-17 和图 6-20 中可看出动作时差流为 0.09A 大于 0.08A。从图 6-19 和图 6-20 中看出在启动时刻增加负荷，差流增大到动作值以上。可见动作行为正确。

综上所述：此次主变压器保护 B 屏差动动作是因为定值中高压侧 TA 变比与实际不符产生较大差流，又因差动定值为 0.2 倍高压侧二次额定电流，在增加负荷后差流增大到动作值，差动动作。

建议：①保护投运前认真核查各二次回路接线的正确性，保护投运后检查保护装置各采样值和差流等计算值。②适当抬高差动定值、无电流输入的通道将 TA、TV 一次值整定为 1。

在图 6-19 和图 6-20 中，差流 2000 和差流 1000 分别为按高压侧 TA 变比为 2000∶1 和 1000∶1 时算出的差流。

6.6 电流互感器二次绕组接错案例

6.6.1 事故概况

110kV 侧线路发生 b 相单相接地故障，主变压器 B 屏差动保护动作出口跳开主变压器三侧断路器，A 屏差动保护未启动。

主变压器 B 屏差动保护动作报告如下：

××××年××月××日××时××分××秒×××毫秒

000000ms　　差动保护启动

000032ms　　差动保护出口

I_{cda}=2.979A　　I_{cdb}=2.985A　　I_{cdc}=0.021A

I_{zda}=5.342A　　I_{zdb}=4.480A　　I_{zdc}=1.036A

差动动作比率制动特性图如图 6-21 所示。

6.6.2 原因分析及整改措施

故障前，变压器只有高中两侧运行，B 屏差动录波波形如图 6-22 所示。

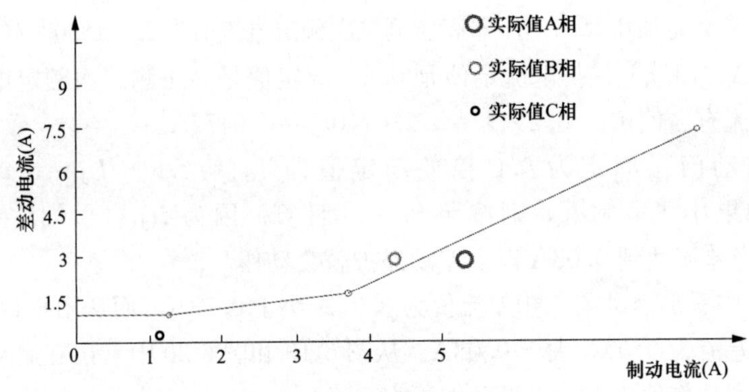

图 6-21　差动动作比率制动特性图

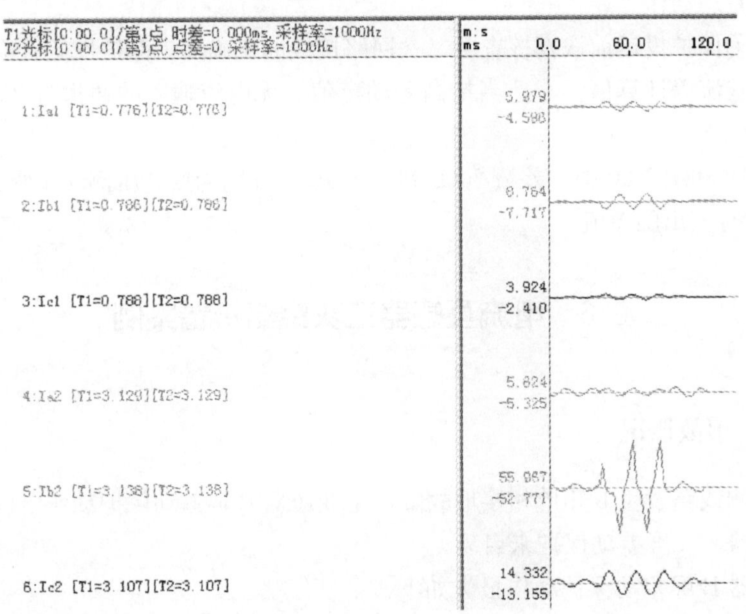

图 6-22　B 屏差动录波波形图

因为 A 屏差动保护未启动，所以对比主变压器 A 屏和 B 屏的中后备录波（主保护和后备保护共用交流回路），发现两面屏的中压侧 b 相交流采样有相当大的差异，B 屏中压侧 b 相为明显的 TA 深度饱和波形（见图 6-23），而 A 屏中压侧 b 相波形正常（见图 6-24），且 B 屏差动录波中中压侧 b 相电流波形和中后备录波中 b 相电流波形一致，所以此次 B 屏差动保护动作是因为 B 屏中压侧 b 相 TA 深度饱和从而出现较大的不平衡电流。因为转角的关系，b 相的畸变电流造成了 a、b 相差流的突然增大。

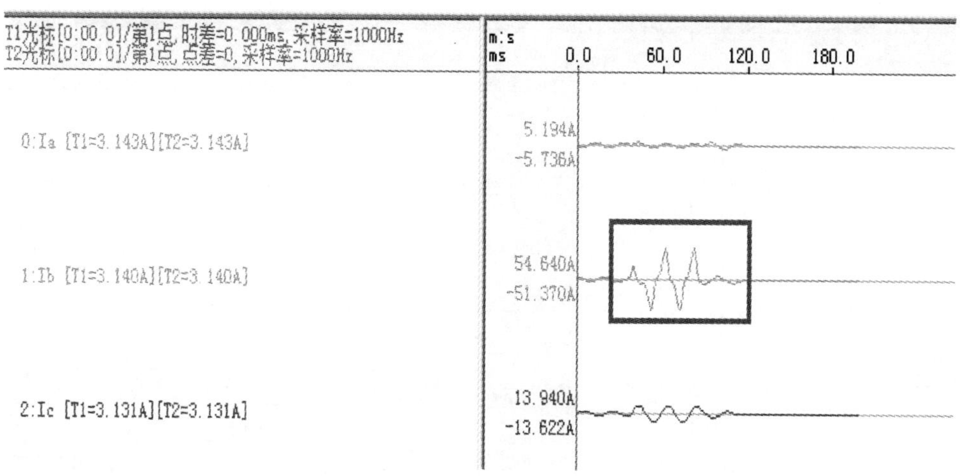

图 6-23 B屏中后备三相电流波形图

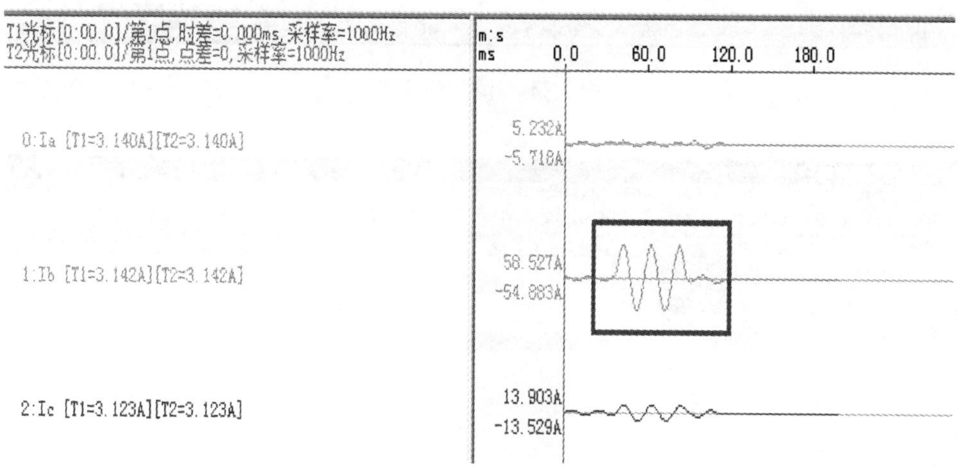

图 6-24 A屏中后备三相电流波形图

图 6-25 是用武汉中元的分析软件 CAAP 根据差动算法计算出的 a、b 相差流波形，图 6-26 是用厂家分析软件从保护装置中调出的录波标志集。比较两图可以看出在图 6-26 中21ms 时刻与图 6-25 中 61ms 时刻（从－40ms 开始录波）两图的差流大小是基本一致的，其中图 6-26 中标志集中的值为实际值的 1.732 倍，即 $I_{acd}=7.462/1.732=4.308$，$I_{bcd}=7.482/1.732=4.320$。

高压侧绕组为 Y 型，高压侧平衡系数为 1/1.732。

中压侧绕组为 Y 型，中压侧平衡系数为

(MCT×MDY)/(HCT×HDY×1.732)＝(600×118)/(1200×230×1.732)＝0.148

式中：MCT 为中压侧 TA 变化；MDY 为中压侧额定电压；HCT 为高压侧 TA 变化；HDY 为高压侧额定电压。

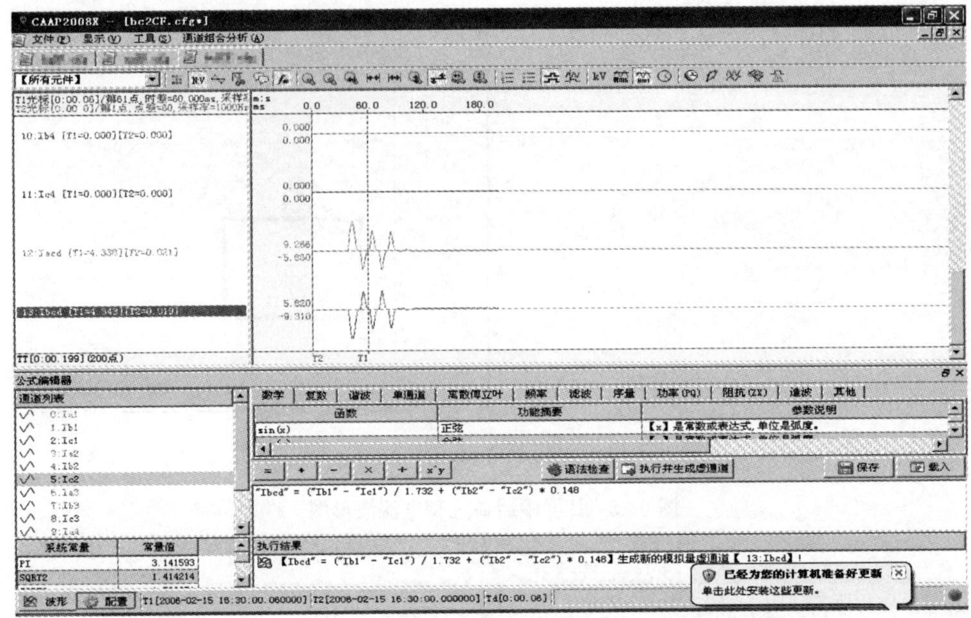

图 6-25　计算差流波形

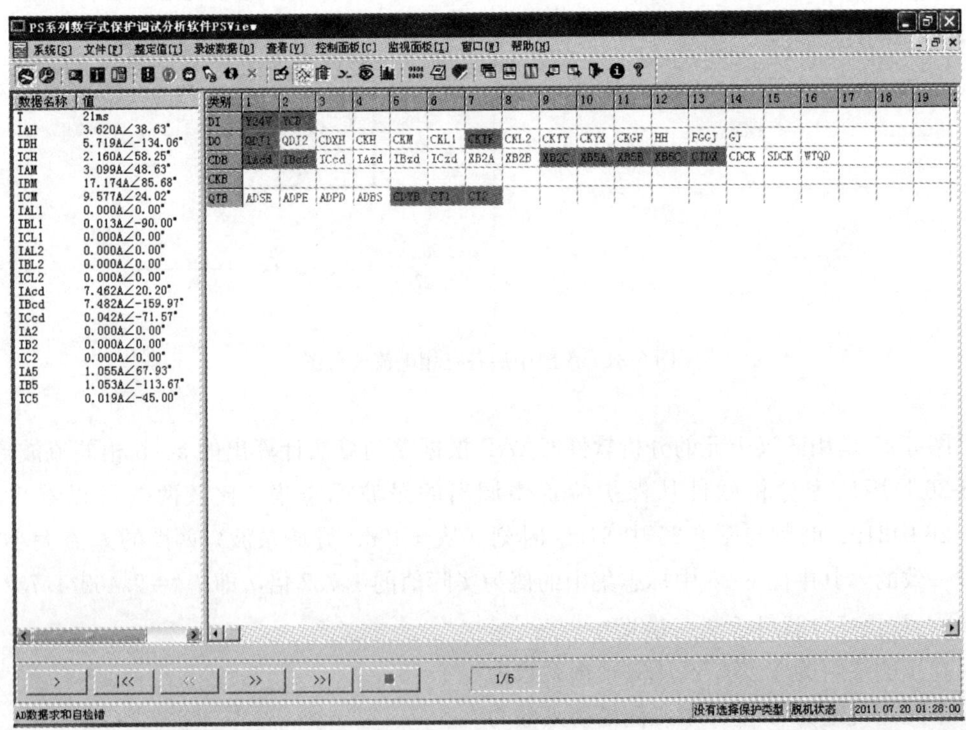

图 6-26　装置录波标志集

综上所述，此次 B 屏差动保护动作是因为 B 屏中压侧 b 相 TA 深度饱和，经查是因为将中压侧 TA 的测量绕组接入了 B 屏保护装置，测量绕组暂态特性差所致。

措施：B 屏中压侧重新接入保护用 TA 二次绕组。

6.7 电流互感器极性接反案例 1

6.7.1 事故概况

××××年××月××日××时××分××秒×××毫秒（装置显示时间）差动保护启动，22ms 后动作出口（见图 6-27），显示差流 1.43A。

PS系列数字式保护调试分析软件PSView

系统[S] 文件[F] 整定值[T] 录波数据[D] 查看[V] 控制面板[C] 监视面板[I] 窗口[W] 帮助[H]

序号	整定值名称	整定值	单位	最小值
01	控制字…………	0C20	无	0000
02	差动动作电流……	1.26	A	0.00
03	速断动作电流……	20.90	A	0.00
04	二次谐波制动系数	0.150	未知	0.000
05	高压侧额定电流…	2.09	A	0.00
06	高压侧额定电压…	115.0	未知	0.00
07	高压侧TA变比……	600	未知	0
08	中压侧额定电压…	37.5	未知	0.00
09	中压侧TA变比……	1600	未知	0
10	低压侧额定电压…	10.50	未知	0.00
11	低压侧TA变比……	1200	未知	0
12	高压侧过负荷定值	2.31	A	0.00
13	中压侧过负荷定值	2.66	A	0.00
14	低压侧过负荷定值	12.66	A	0.00
15	启动通风定值……	2.31	A	0.00
16	闭锁调压定值……	2.31	A	0.00

保护类型	事件时间	事件名称	事件参数	报告号	录波号
差动保护14	08:01:28.734	差动保护启动	无	2153	0
差动保护14	08:01:28.756	差动保护出口	电流 1.43A	2153	0

图 6-27　差动保护整定值及动作报文

6.7.2 原因分析及整改措施

从图 6-28 装置录波波形图可以分析确定低压侧区外发生 AB 相间短路，正常情况下主变压器差动保护不应产生差流。

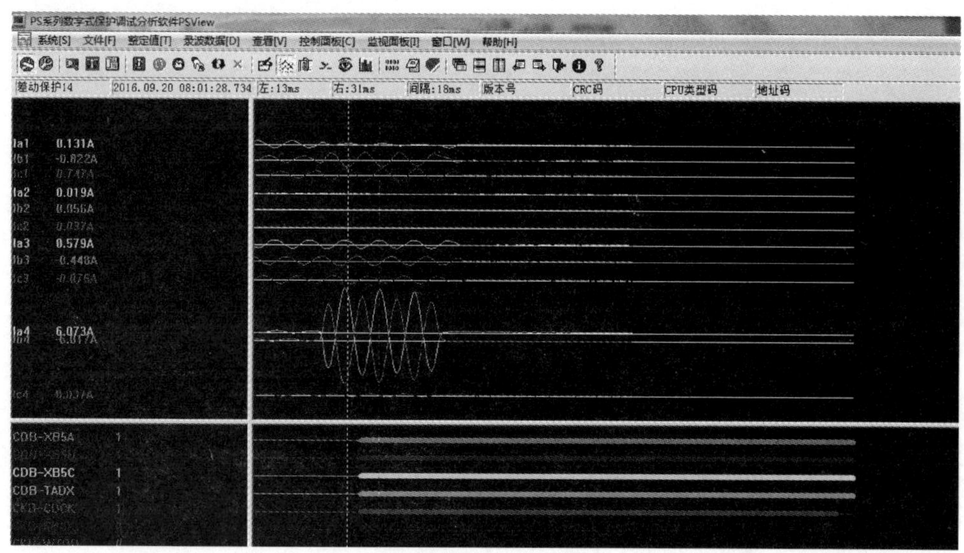

图 6-28　装置录波波形

但根据装置录波波形和定值使用武汉中元CAAP分析软件计算三相差流结果如图6-29所示（I_{ca}-A相差流、I_{cb}-B相差流、I_{cc}-C相差流），从图中可以看到差动保护启动前就存在三相差流（值较小），如图6-29所示中T1时刻0.055A左右（差流越限告警值是差动定值的0.577倍），启动后T2时刻A、B相差流达到1.43A左右（大于差动定值1.26A）、C相差流0.06A左右，与保护装置所报差流基本一致，所以保护动作行为正确。

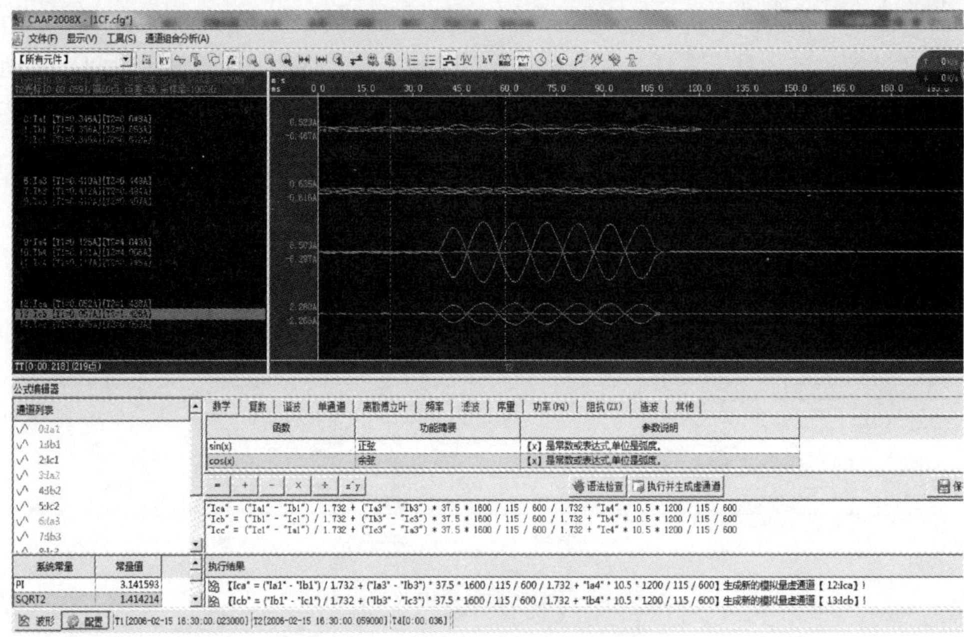

图6-29 各侧电流波形及计算差流波形

如果将低压侧电流反极性计算（即如图6-29中编辑公式的“+”号改为图6-30中的“−”号），得出的差流波形如图6-30所示，启动前三相差流T1时刻为0.01A左右，启动后T2时刻A、B相差流为0.05A左右，C相差流约0.006A。

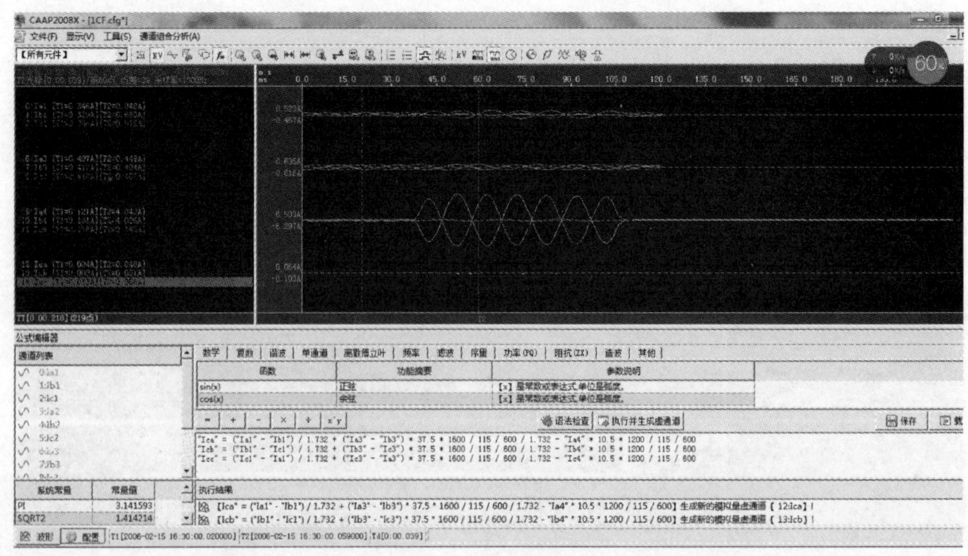

图6-30 各侧电流波形及低压侧反极性计算差流波形

由上分析可知，由于低压侧 TA 极性接反，在低压侧区外发生 AB 相间故障时，产生较大差流，从而导致差动保护动作。而平时由于负荷很小，产生的差流很小，达不到差流越限告警定值，故差流越限不告警。

措施：低压侧重新按正确极性接入 TA 二次绕组。

6.8 电流互感器极性接反案例 2

6.8.1 事故概况

××××年×月××日××时××分××秒×××ms110kV××变电站 2 号主变压器后备保护装置保护动作，报文如下：

0ms 后备保护启动

41ms 低压 1 侧负序电压动作

51ms 低压 1 侧低电压动作

1601ms 高压侧复压过流 1 段 1 时限动作

1601ms 高压侧复压过流 1 段 2 时限动作

1601ms 高压侧复压过流 1 段 3 时限动作

6.8.2 原因分析及整改措施

高低压侧相关保护定值如表 6-2 所示。

表 6-2 相关保护定值

高压侧后备保护定值	
低电压闭锁定值	65V
负序电压闭锁定值	3.64V
复压过流Ⅰ段定值	0.52A
复压过流Ⅰ段 1 时限	1.6s
复压过流Ⅰ段 2 时限	1.6s
复压过流Ⅰ段 3 时限	1.6s
高压侧后备保护控制字	
复压过流Ⅰ段方向指向	0-指向变压器
复压过流Ⅰ段经复压闭锁	1-经复压闭锁
复压过流Ⅰ段 1 时限	1-投入
复压过流Ⅰ段 2 时限	1-投入
复压过流Ⅰ段 3 时限	1-投入

续表

低压1侧后备保护定值	
低电压闭锁定值	65V
负序电压闭锁定值	3.64V
复压过流Ⅰ段定值	0.56A
复压过流Ⅰ段1时限	0.7s
复压过流Ⅰ段2时限	1.0s
低压1侧后备保护控制字	
复压过流Ⅰ段方向指向	1-指向母线
复压过流Ⅰ段经复压闭锁	1-经复压闭锁
复压过流Ⅰ段1时限	1-投入
复压过流Ⅰ段2时限	1-投入

1. 高压侧后备保护动作分析

图6-31中故障发生时刻低压侧A、B相电流大小相等，方向相反，低压侧A、B相电压明显降低，此时发生低压侧区外A、B相间故障。图6-32中虚线时刻为高压侧后备保护复压过流Ⅰ段动作时刻，其中高压侧B相电流0.717A大于高压侧后备保护复压过流Ⅰ段定值0.52A，过流条件满足。方向元件指向变压器，方向元件满足。复合电压元件取三侧或逻辑，中、低压侧复压满足条件，则复压条件满足。故高压侧后备保护复压过流Ⅰ段动作。

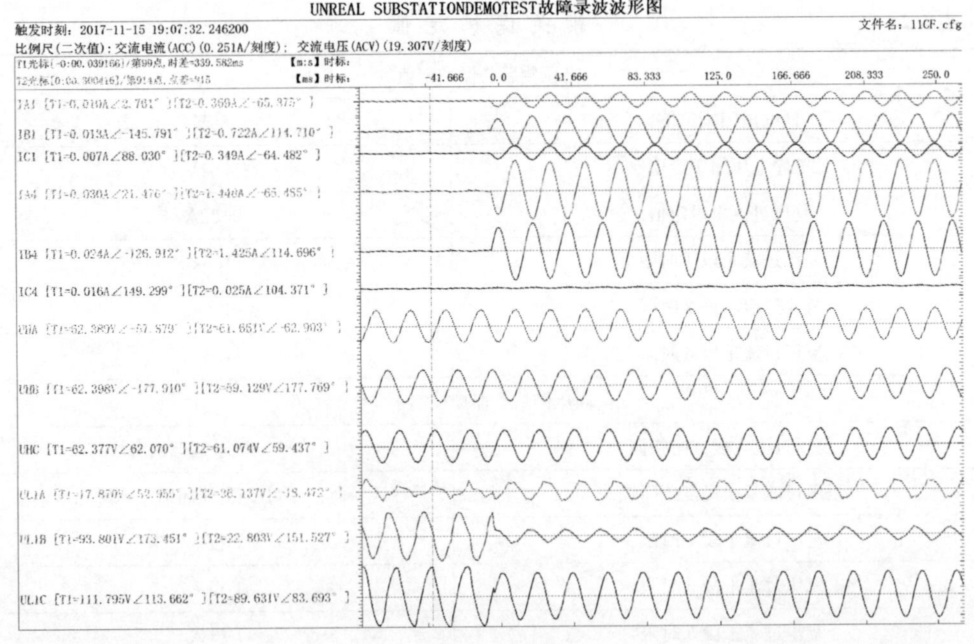

图6-31 故障录波1

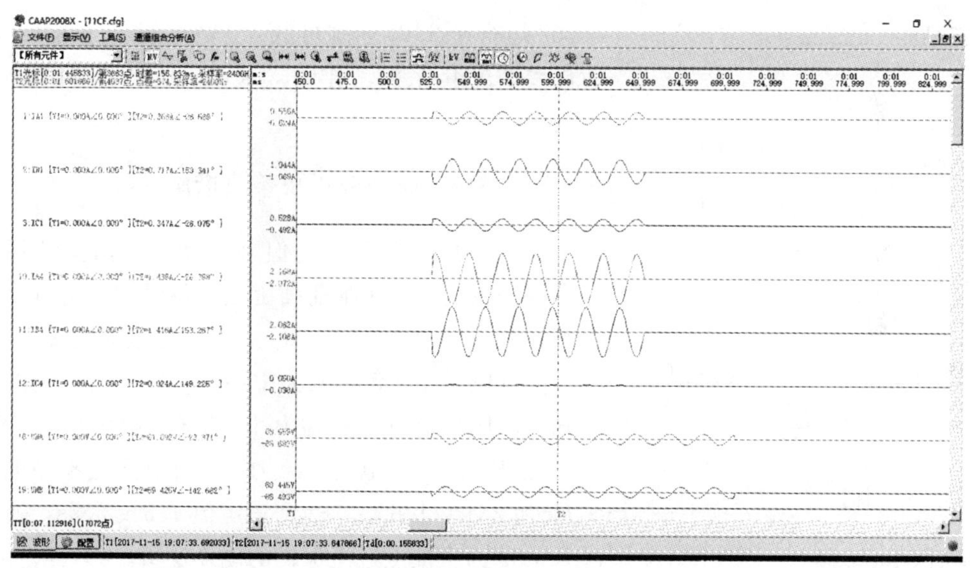

图 6-32 故障录波 2

I_{A1}、I_{B1}、I_{C1}—高压侧三相电流；I_{A4}、I_{B4}、I_{C4}—低压侧三相电流；
U_{HA}、U_{HB}、U_{HC}—高压侧三相电压；U_{L1A}、U_{L1B}、U_{L1C}—低压侧三相电压

2. 低压侧后备保护未动作分析

图 6-32 中低压侧 A、B 相故障电流 1.42A 左右大于低压侧后备保护复压过流Ⅰ段定值 0.56A，过流条件满足。低压侧低电压、负序电压动作，复压条件满足。由录波图中电压、电流的相位关系可以看出，低压侧的极性在变压器侧。而保护装置低后备复压过流方向元件采用 90°接线，规定电流的 TA 极性端在母线侧，方向元件不满足。故低压侧后备保护复压过流Ⅰ段未动作。

综上所述，2 号主变压器高压侧后备保护满足条件保护动作，低压侧后备保护方向元件因 TA 极性接反不满足未动作。建议整改方案如下：

（1）调整低压侧合并单元 TA 极性为母线侧；

（2）低压侧为纯负荷侧，可将低压侧后备保护控制字“复压过流Ⅰ段方向指向”整定为“2-不带方向”。

6.9 电流互感器极性接反案例 3

6.9.1 事故概况

××××年××月××日××时××分××秒×××毫秒 220kV××变电站 A 套主变压器高压侧后备保护启动，××时××分××秒×××毫秒中性点过流保护动作，跳开变压器三侧 2502、702、302 开关。B 套主变压器保护在相同时刻启动，但未动作。故障录波器未启动。保护动作前运行方式如图 6-33 所示：2502 运行于 220kV 副母线，

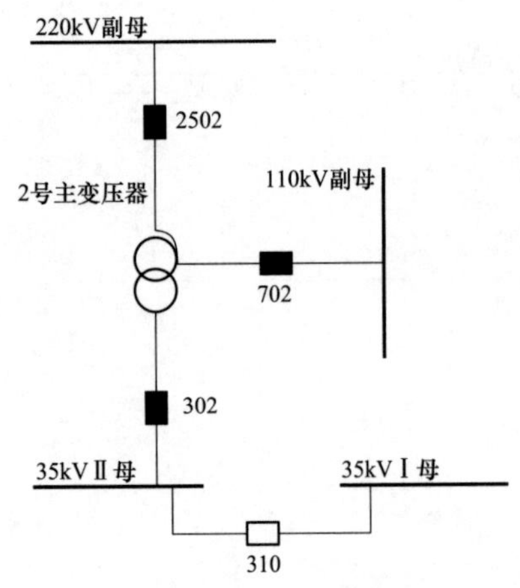

图 6-33　保护动作前系统运行情况

702 运行于 110kV 副母线，302 运行于 35kVⅡ段母线，A 套保护动作时 35kV 分段备投 310 正确动作。

6.9.2　原因分析及整改措施

由于 B 套保护启动但并未动作，初步怀疑 A 套保护属误动。跳闸前高压侧后备保护的电流录波图如图 6-34 所示，I_a、I_b、I_c 为高压侧电流，$3I_0$ 为高压侧零序电流，I_0'为中性点零序电流。由图可知，高压侧负荷电流约为 195A（一次值）/0.39A（二次值）、零序电流 $3I_0$ 为 0，而中性点零序电流 I'_0 为 264A/1.65A，达到整定值 1.5A/5.5s，所以在延时 5498ms 后，保护出口动作，图 6-35 为中性点过流保护的动作逻辑。

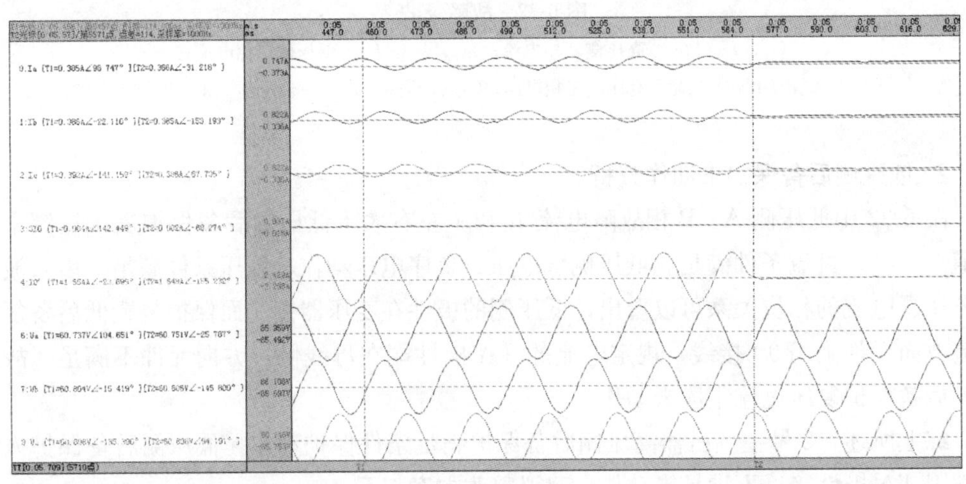

图 6-34　高压侧后备保护故障录波

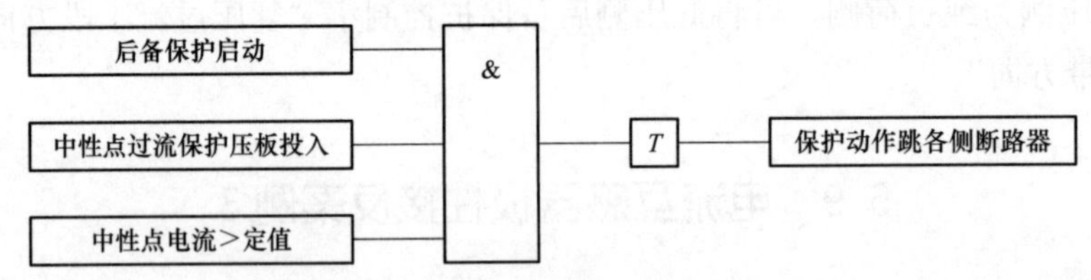

图 6-35　中性点过流保护的动作逻辑

根据录波数据，绘制相量图如图 6-36 所示，I_0'与高压侧 B 相电流 I_b 同相，大小为高压侧负荷电流的 1.35 倍。查看高压侧后备保护前几次负荷变化时的录波记录，公共绕组中性点电流 I_0'就一直存在，并随负荷增大而增大，其电流方向与 B 相电压方向一致。如图 6-37 所示中性点电流互感器接线，保护是用三相电流互感器合成中性点过流，正常运行时不应出现电流，由此可断定中性点电流 I_0'是由于公共绕组交流电流回路三相接线不一致引起的，具体来说是A、C两相极性接错。现场检查了A套保护从电流互感器端子接线盒至保护屏接线，接线正确。所以是A、C两相绕组在电流互感器端子接线盒至电流互感器线圈的极性发生错误，导致在正常运行时，中性点零序电流变为2倍的公共绕组负荷电流。在工程完成投运前期，由于变压器负载小，公共绕组负荷电流小，中性点电流未达到定值，不会误动。当负荷加大时，公共绕组负荷电流增大，中性点零序电流增大，达到整定值后，保护延时出口动作。

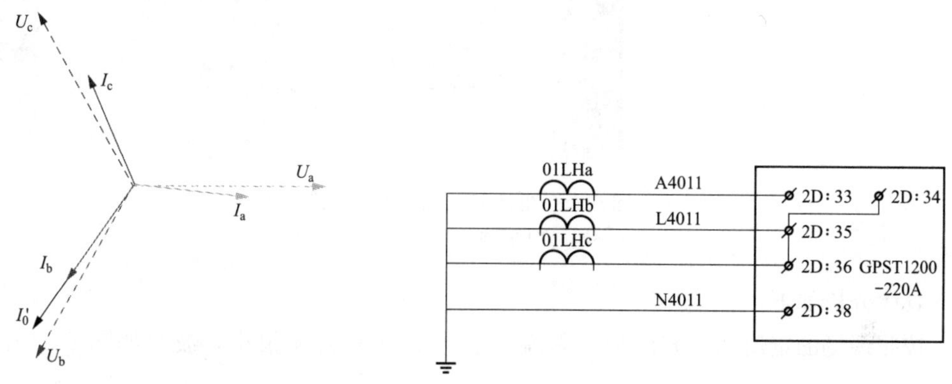

图 6-36　中性点零序电流与高压侧电压、电流相位关系

图 6-37　中性点电流互感器接线

由于套管电流互感器在吊装完毕后不具备检查极性的条件，且中性点过流保护无需方向判据，故根据现场情况将公共绕组电流互感器B相在主变压器本体接线箱（X2-2与X2-5）反接使A、B、C三相电流同极性消除N相电流（即三相和电流）是2倍公共绕组相电流的错误接线。后将2号主变压器投入运行，经带负荷测向量正确，投运正常。

由此，可以肯定B相公共绕组电流互感器1S1、1S2绕组的在电流互感器端子接线盒至电流互感器线圈极性与A、C相不一致造成I_0'出现电流，从而引起2号主变压器A套保护中性点过流保护动作。

6.10　电流互感器相序接反案例

6.10.1　事故概况

××××年××月××日××时××分××秒×××毫秒主变压器保护差动保护启动，27ms后差动保护动作出口，显示差流大小为×××A。

6.10.2　原因分析及整改措施

从差动录波上可以看出低压侧三相电流的相位是负序（T1时刻三相电流幅值相位：I_{a3}－8.966∠82.978°、I_{b3}－9.073∠－158.408°、I_{c3}－9.204∠－37.323°如图6-38所

示），加上差动保护启动时刻高低压侧三相电流突然增大，产生很大的不平衡电流，导致差动保护动作出口。

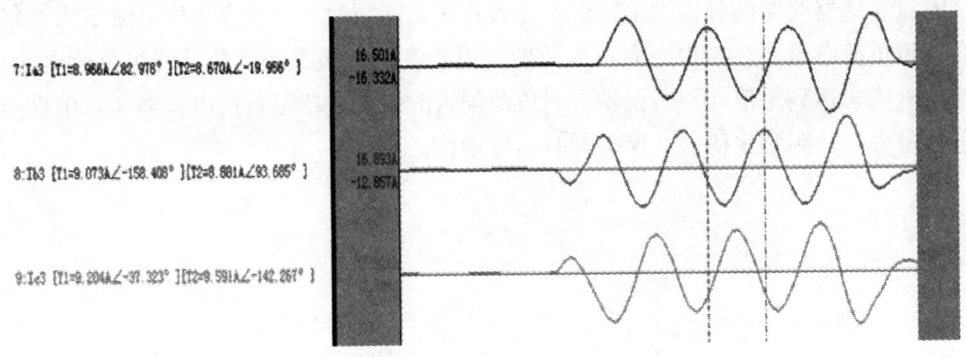

图 6-38　低压侧三相电流波形图

左边竖线—T1 时刻；右边竖线—T2 时刻

具体分析如下：

按照现场的定值和录波波形按差流算法算出 A 相差流很小，波形如图 6-39 中 I_{cda} 所示。

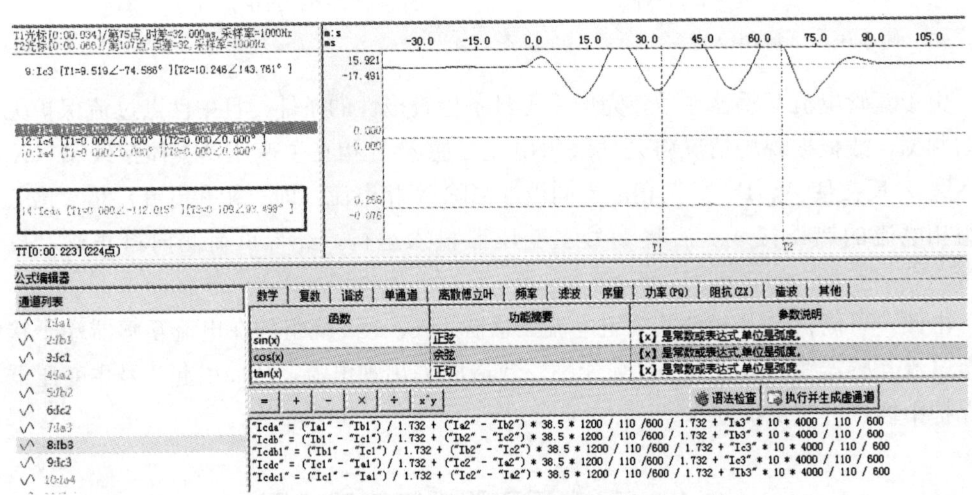

图 6-39　A 相差流波形图

按照现场的定值和录波波形按差流算法算出 B 相差流很大，波形如图 6-40 中 I_{cdb} 所示。

如果按照现场的定值用低压 C 相波形参与 B 相差流计算时算出 B 相差流很小，波形如图 6-41 中 I_{cdb1} 所示。

按照现场的定值和录波波形按差流算法算出 C 相差流很大，波形如图 6-42 中 I_{cdc} 所示。

按照现场的定值用低压 B 相波形参与 C 相差流计算时算出 C 相差流很小，波形如图 6-43 中 I_{cdc1} 所示。

综上所述，确定因低压侧 B、C 相电流相序接反从而造成不平衡电流的产生，最终导致差动保护动作。

措施：低压侧重新按正确相序接入 TA 二次绕组。

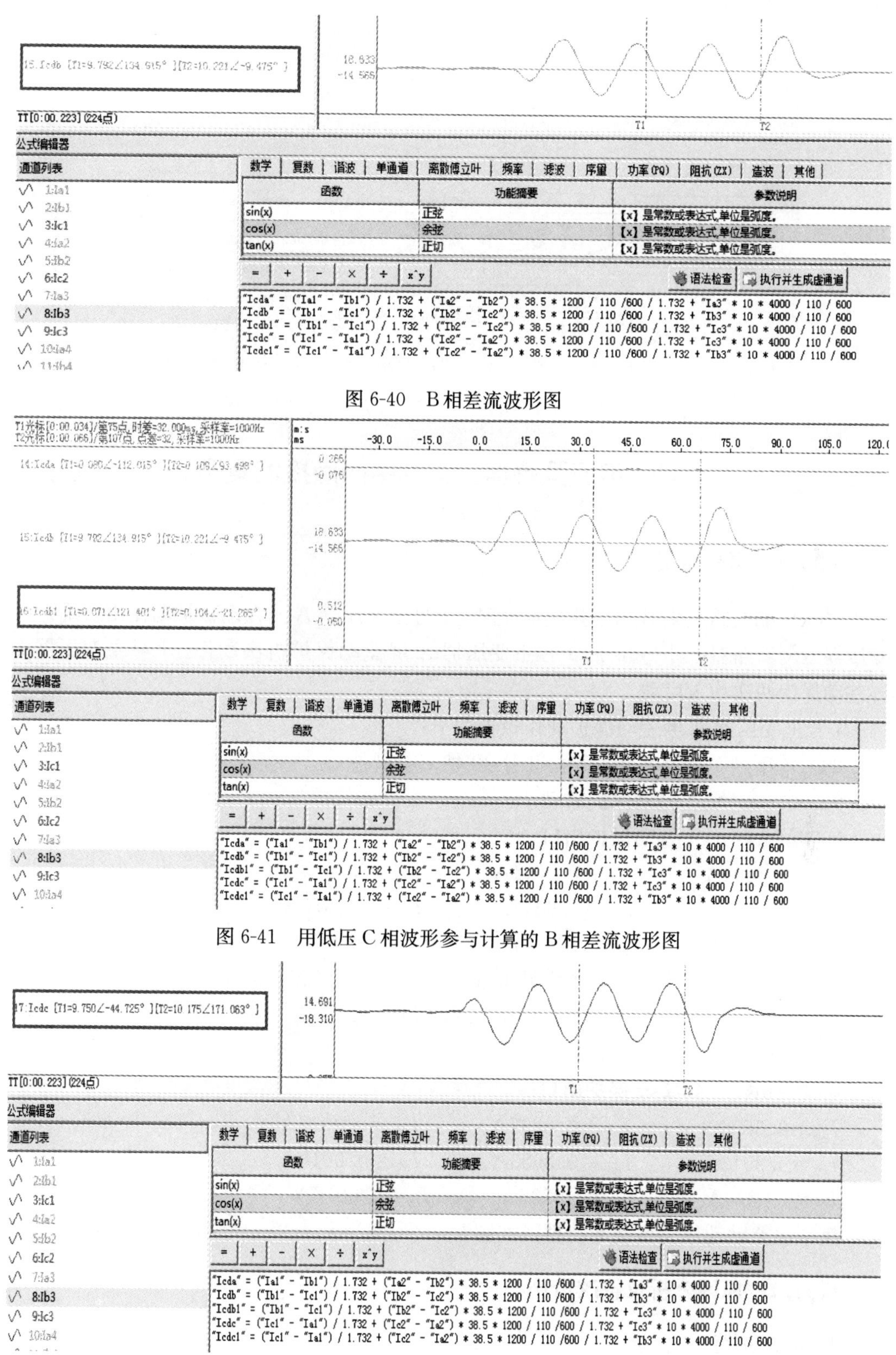

图 6-40 B 相差流波形图

图 6-41 用低压 C 相波形参与计算的 B 相差流波形图

图 6-42 C 相差流波形图

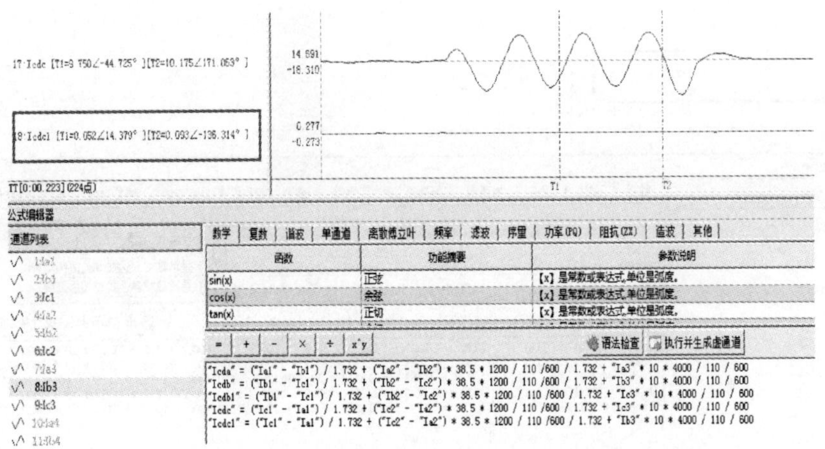

图 6-43　用低压 B 相波形参与计算的 C 相差流波形图

6.11　电流互感器二次回路两点接地案例

6.11.1　事故概况

220kV 侧线路发生 B 相单相接地故障，1 号主变压器 A 屏差动保护动作出口跳开主变压器三侧断路器，5540ms 后 1 号主变压器 A 屏差动保护再次动作。1 号主变压器 B 屏差动保护两次均未启动。

1 号主变压器 A 屏差动保护动作报告如下：

20××年××月××日 12 时 09 分 49 秒 134 毫秒

000000ms　　　差动保护启动

000021ms　　　差动保护出口

I_{cda}=0.7604A　　I_{cdb}=0.7691A　　I_{cdc}=0.0064A

I_{zda}=0.6237A　　I_{zdb}=0.6547A　　I_{zdc}=0.1876A

I_{a2}=0.0416A　　I_{b2}=0.0456A　　I_{c2}=0.000A

第一次差动动作比率制动特性图如图 6-44 所示。

20××年××月××日 12 时 09 分 54 秒 674 毫秒

000000ms　　　差动保护启动

000021ms　　　差动保护出口

I_{cda}=0.3886A　　I_{cdb}=0.3897A　　I_{cdc}=0.0017A

I_{zda}=0.3913A　　I_{zdb}=0.3903A　　I_{zdc}=0.0018A

I_{a2}=0.0370A　　I_{b2}=0.0335A　　I_{c2}=0.0016A

第二次差动动作比率制动特性图如图 6-45 所示。

6.11.2　原因分析及整改措施

1. 差动动作过程分析

(1) 20××年××月××日 12 时 09 分 49 秒 134 毫秒差动动作过程分析如下：

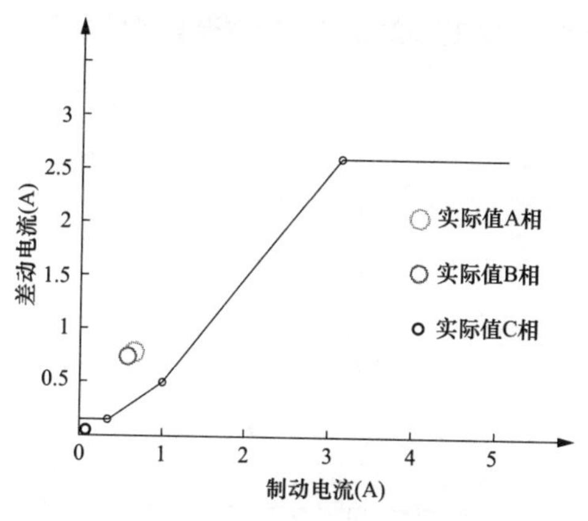

图 6-44　第一次差动动作比率制动特性图

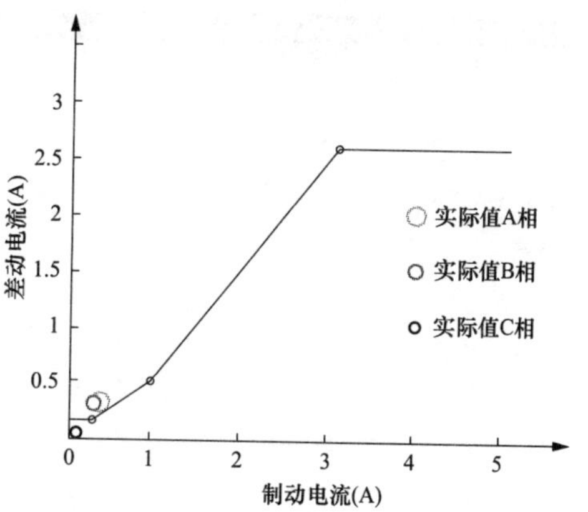

图 6-45　第二次差动动作比率制动特性图

对比 1 号主变压器 A 屏差动录波和 B 屏的高压侧后备保护录波，发现两面屏的 I_{b1} 相电流采样有差异，判断此次差动保护动作可能是因为 A 屏 I_{b1} 相 TA 二次回路两点接地造成的 A 屏 B 相出现较大不平衡电流。但由于此次故障发生在 B 相，B 相本身有比较大的故障电流，所以两面屏的 I_{b1} 相电流波形差异不是很直观，通过软件分析则差异明显，分析过程如下：

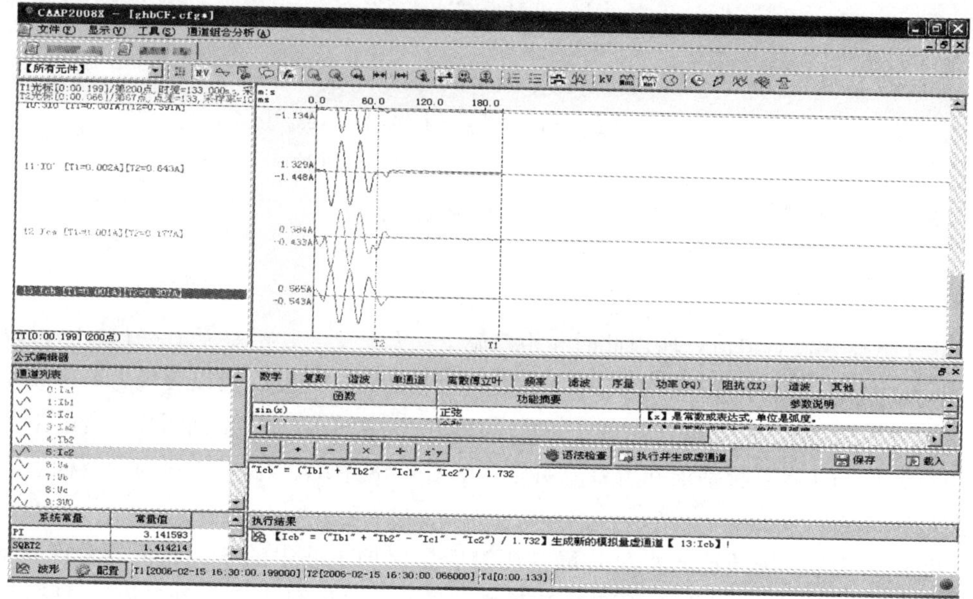

图 6-46　B 屏高压侧后备保护计算波形

高压侧平衡系数为 1/1.732

中压侧平衡系数为 0.243

图 6-46 中 I_{ca}、I_{cb} 为 B 屏高压侧后备保护录波中高压侧电流求得即

$$I_{ca}=(I_{a1}+I_{a2}-I_{b1}-I_{b2})/1.732$$

$$I_{cb}=(I_{b1}+I_{b2}-I_{c1}-I_{c2})/1.732$$

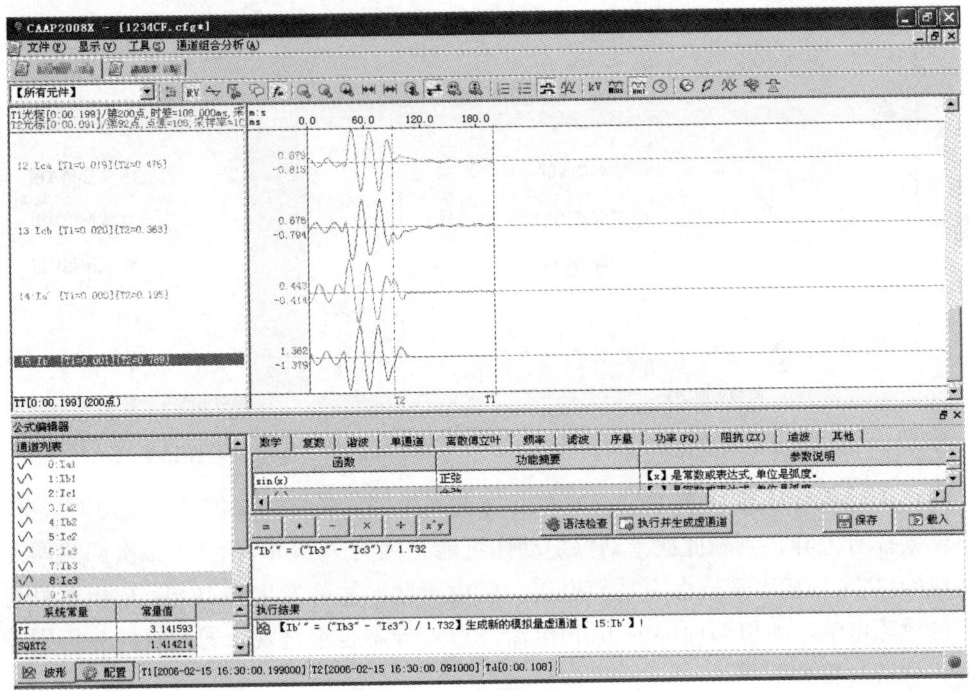

图 6-47　A 屏差动计算波形 1

图 6-47 中 I_{ca}、I_{cb}为 A 屏差动录波中高压侧电流求得

$$I_{ca}=(I_{a1}+I_{a2}-I_{b1}-I_{b2})/1.732$$

$$I_{cb}=(I_{b1}+I_{b2}-I_{c1}-I_{c2})/1.732$$

图 6-47 中 I'_a、I'_b为 A 屏差动录波中中压侧电流求得

$$I'_a=(I_{a3}-I_{b3})\times 0.243$$

$$I'_b=(I_{b3}-I_{c3})\times 0.243$$

由于低压侧没有电流，所以此时 a 相差流 $I_a=I_{ca}+I'_a$、b 相差流 $I_b=I'_{cb+b}$。可以看出图 6-46 中 I_{ca}、I_{cb}分别与图 6-47 中 I'_a、I'_b大小相等方向相反，所以表现为 B 屏差动电流很小，没有启动。而图 6-47 中的 I_{ca}、I_{cb}与图 6-46 中的 I_{ca}、I_{cb}差别明显，所以图 6-47 中的 I_{ca}、I_{cb}与 I'_a、I'_b分别求和后差流明显（见图 6-48 中 I_a、I_b），大小与录波标志集中差流大小一致。

再则，对比 A 屏差动录波和 B 屏高压侧后备保护录波中的 6 相电流，发现其他 5 相电流波形几乎相同，唯有 I_{b1}回路电流采样差异较大（见图 6-49、图 6-50），且当开关跳开后 A 屏 I_{b1}回路仍有电流存在。因为 B 相不平衡电流的存在和转角关系造成了 A、B 相差动元件动作（见图 6-51）。

图 6-49 和图 6-50 中上六路电流为 A 屏差动保护高压侧六相电流采样录波，下六路电流为 B 屏高压侧后备保护高压侧六相电流采样录波（下六路电流采样比上六路电流采样少了一个半周波的正常负荷波形）。

(2) 20××年××月××日 12 时 09 分 54 秒 674 毫秒差动动作过程分析如下：

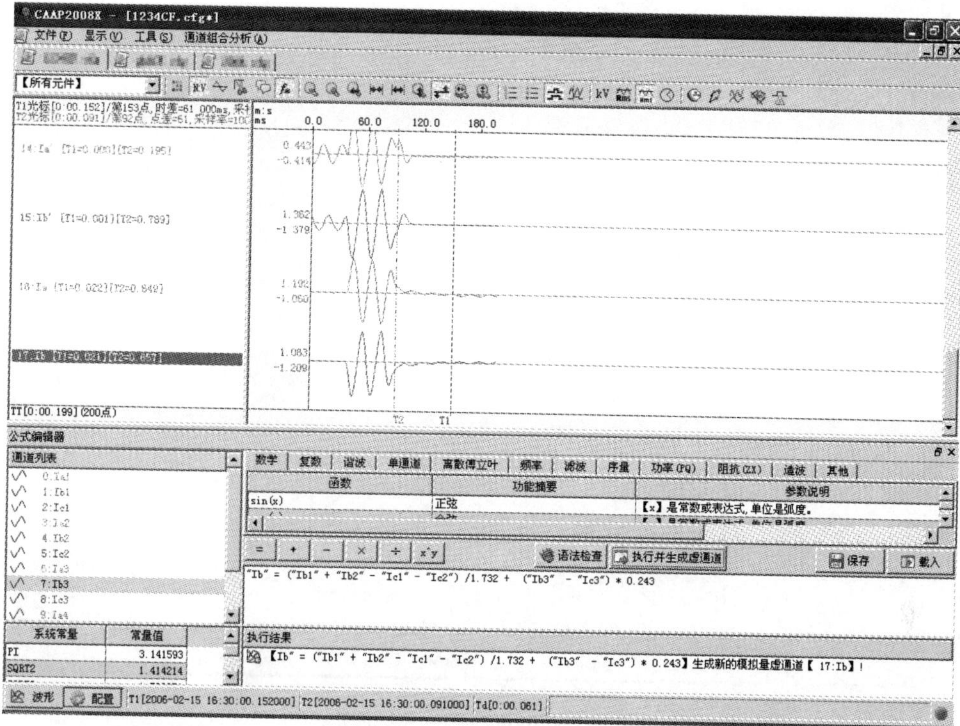

图 6-48　A 屏差动计算波形 2

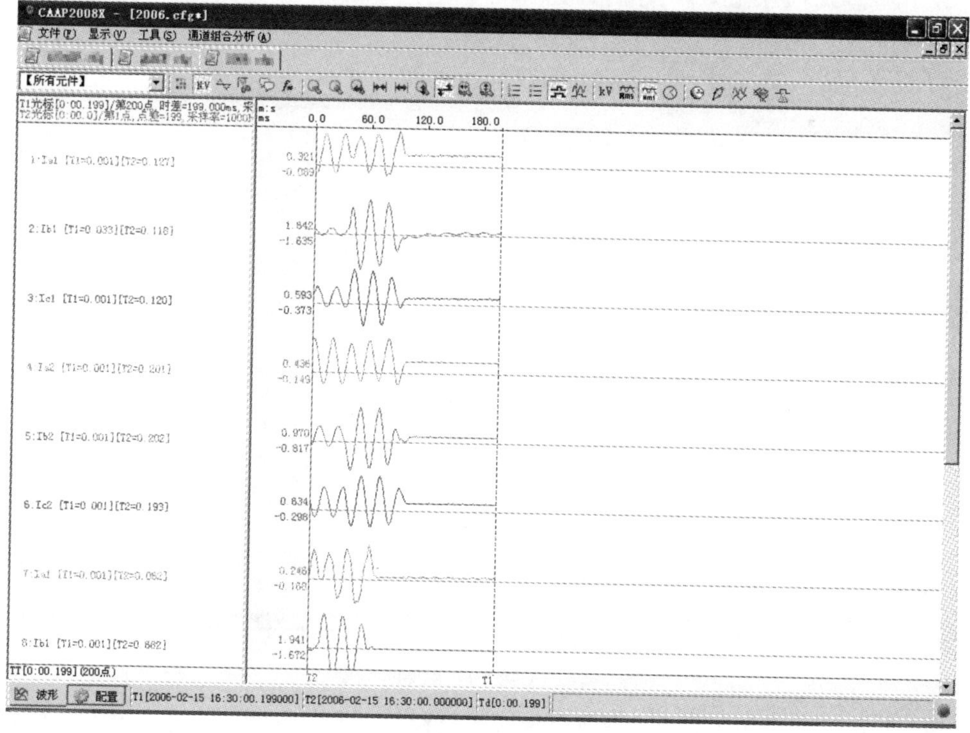

图 6-49　A\B 屏高压侧采样波形 1

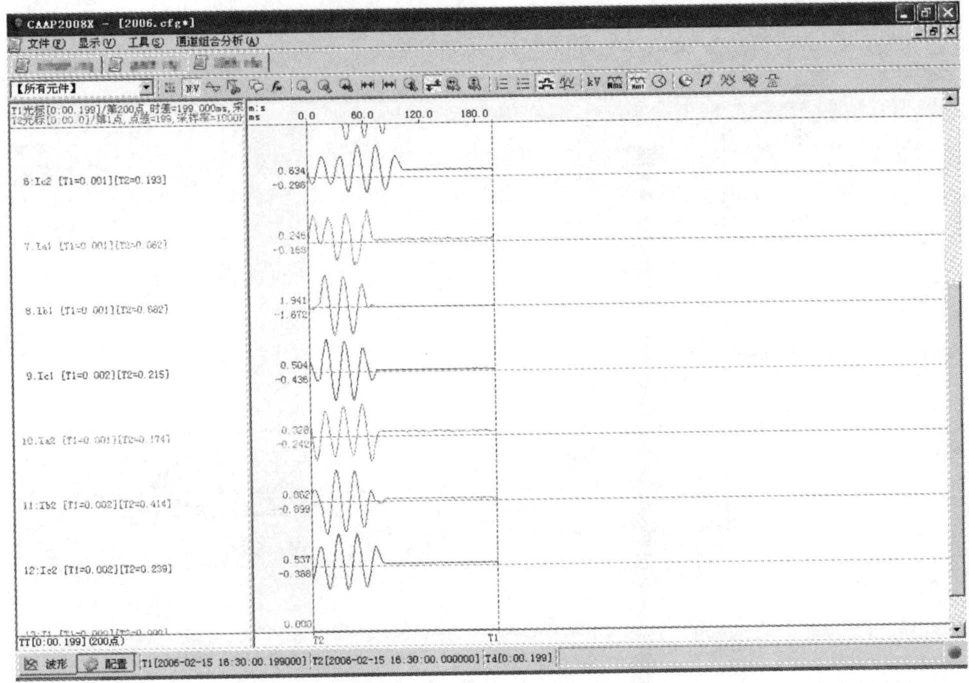

图 6-50　A\B 屏高压侧采样波形 2

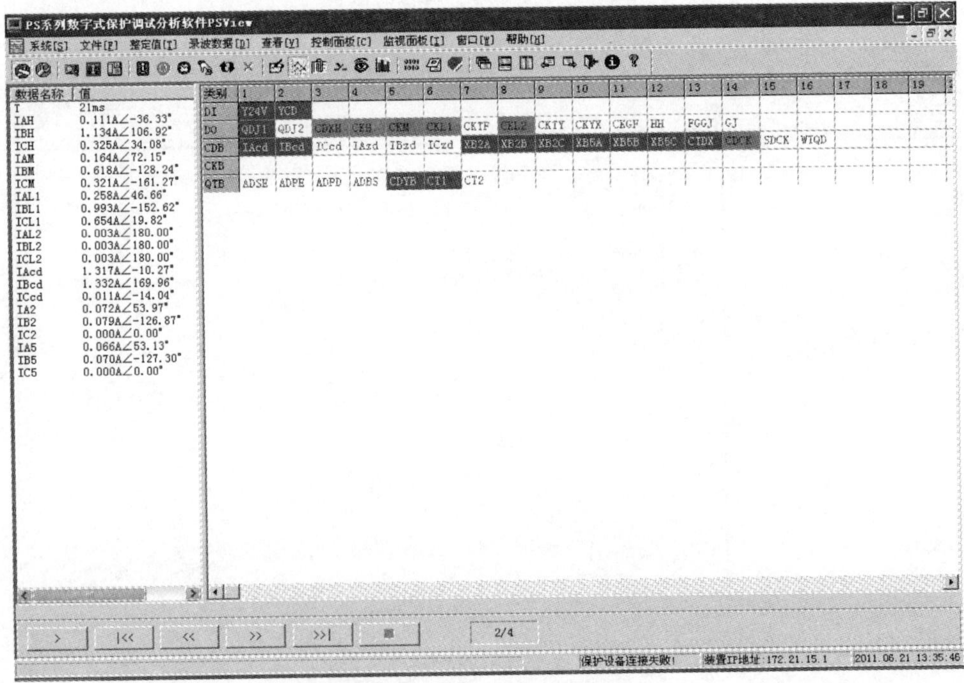

图 6-51　A 屏差动录波标志集

第一次跳闸后由于 1 号主变压器各侧开关已跳开，所以各侧各相已无电流采样，但因为 1 号主变压器保护 A 屏 Ib1 相交流二次回路两地接地仍然存在，所以此相一直有电流采样。到了 20××年××月××日 12 时 09 分 54 秒 674 毫秒时刻，由于 220kV 高压线路重合成功后再次出现故障，导致两接地点的电位差加大，表现为此相电流采样突然增大。正是因为此相不平衡电流的出现，使得 1 号主变压器保护 A 屏差动再次动作（见图 6-52、图 6-53）。

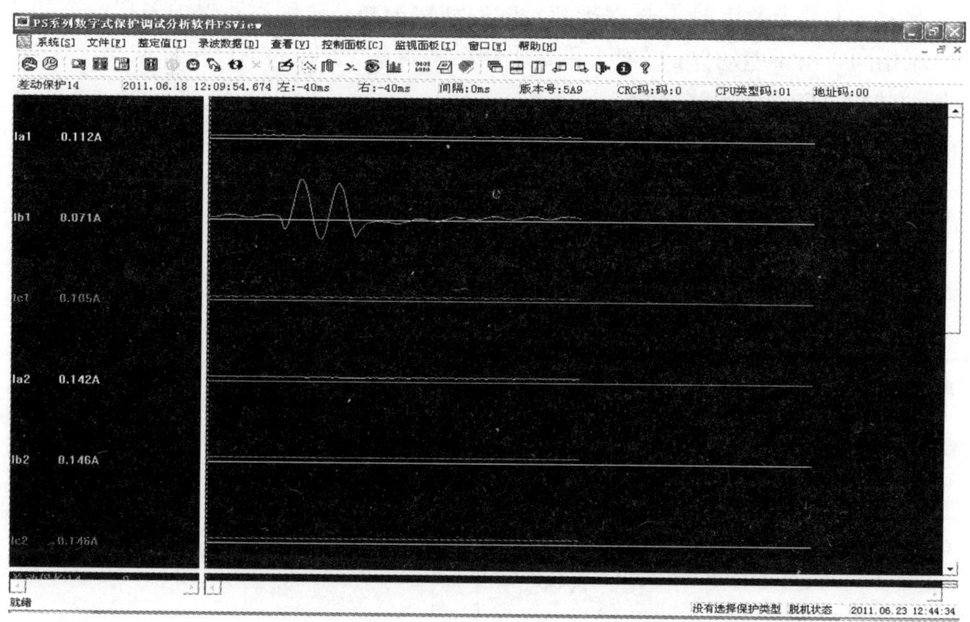

图 6-52 A 屏第二次差动动作录波波形

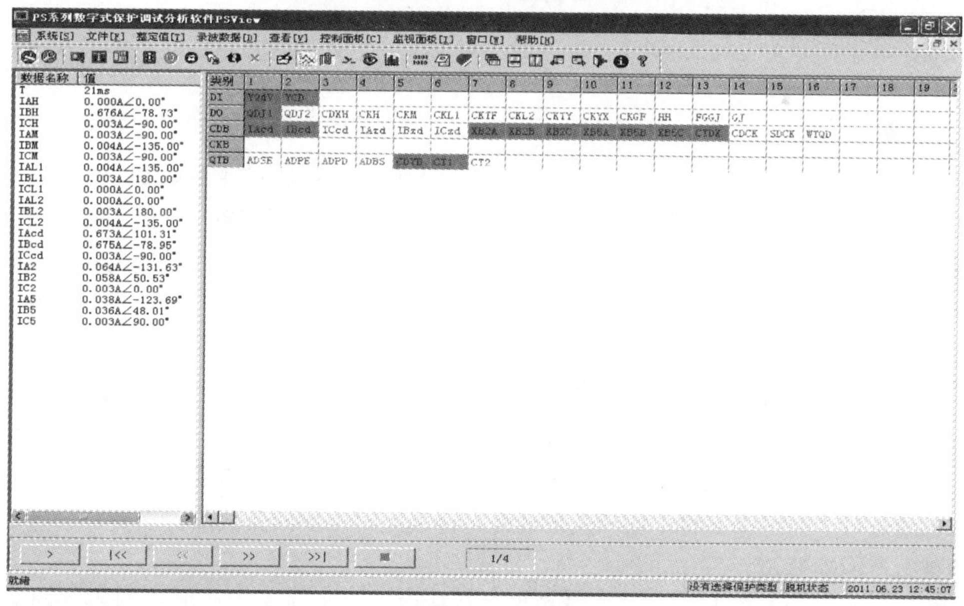

图 6-53 A 屏第二次差动动作录波标志集

2. 1 号主变压器 A 屏高压 1 侧 B 相电流异常增大原因分析

通过对差动保护动作电流的分析，1 号主变压器 A 屏高压 1 侧 B 相电流是造成差动保护动作的原因，同时 1 号主变压器 B 屏高压 1 侧 B 相电流无异常增大现象（A 屏和 B

屏取同一 TA 的不同绕组)，同时断路器保护装置录波也可以看到高压 1 侧 B 相电流也无异常增大，电流幅值与 1 号主变压器 B 屏录波显示电流相同。

对于 1 号主变压器 A 屏保护装置，通过差动保护波形，和高压侧后备启动之后的标志集显示，1 号主变压器 A 屏保护装置的差动保护和高压侧后备保护采集的高压 1 侧 B 相电流相同，由于差动保护 CPU 和高压侧后备保护 CPU 的 AD 采样回路完全独立，排除保护装置 AD 采样回路异常。

1 号主变压器 A 屏高压侧采用 3/2 接线方式，二次电流回路接线如图 6-54 所示。

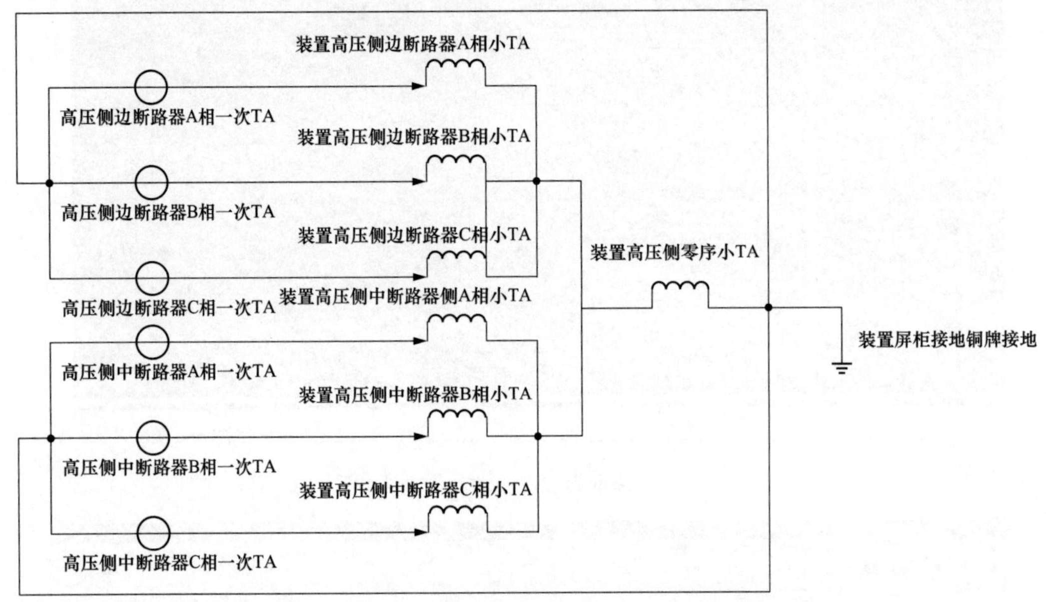

图 6-54　高压侧电流二次接线图

当高压侧边断路器 B 相 TA 二次侧在 TA 端子箱到保护装置屏柜端之间发生接地故障时，由于一次 TA 的二次绕组阻抗较大，而保护装置小 TA 阻抗较小，由于此故障点和原接地点产生的电势差，从而产生的电流流过 1 号主变压器 A 柜高压侧边断路器 B 相电流采样通道，进而造成装置采集到的高压侧边断路器 B 相电流异常增大，如图 6-55 所示。

3. 现场测试与实验

(1) 于 20××年×月××日下午对 1 号主变压器 A 屏装置的交流回路做了详细的通流实验，没有发现装置任何采样异常。

(2) 于 20××年×月××日下午对 1 号主变压器保护 A 屏的采样回路的 TA 每根二次电缆进行了摇绝缘实验，均未发现异常，怀疑此时二次回路故障点在查找故障的过程中被无意消除掉。

(3) 于 20××年×月××日凌晨在带负荷情况下对 1 号主变压器 A 屏装置进行了在高压侧边断路器 B 相 TA 端子箱处及装置小 TA 入口处接地的实验，在高压侧边断路器 B 相 TA 端子箱处接地的实验现象及录波与 20××年×月××日跳闸前的现象及录波相吻合（如下图 6-56 所示，B 相电流明显增大)，佐证了以上的理论分析，在装置小 TA 入口处接地的实验现象是 B 相电流减小。

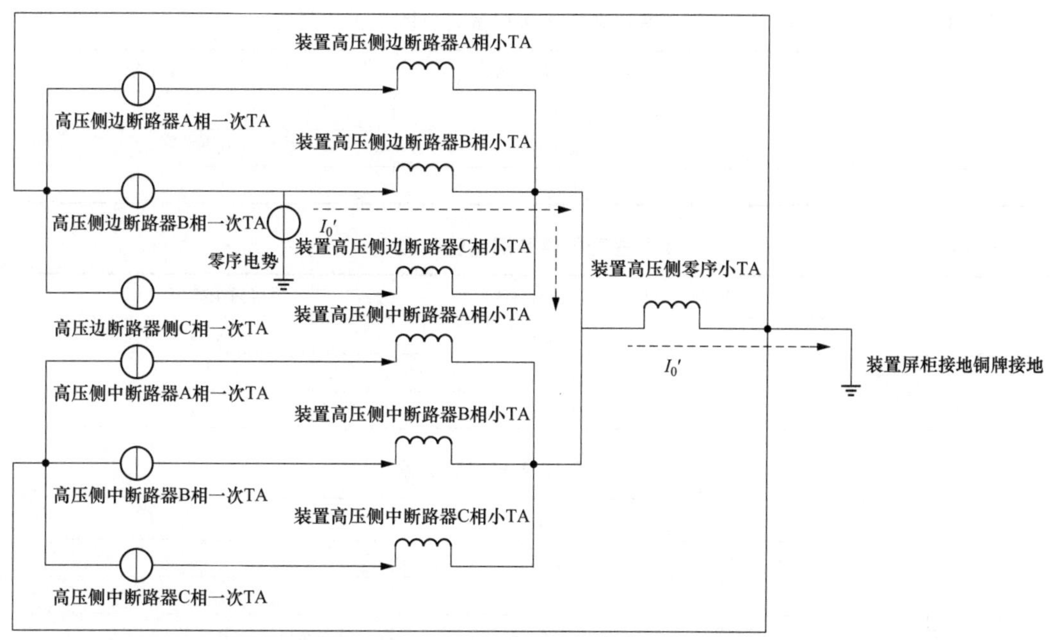

图 6-55　高压侧电流两点接地二次回路图

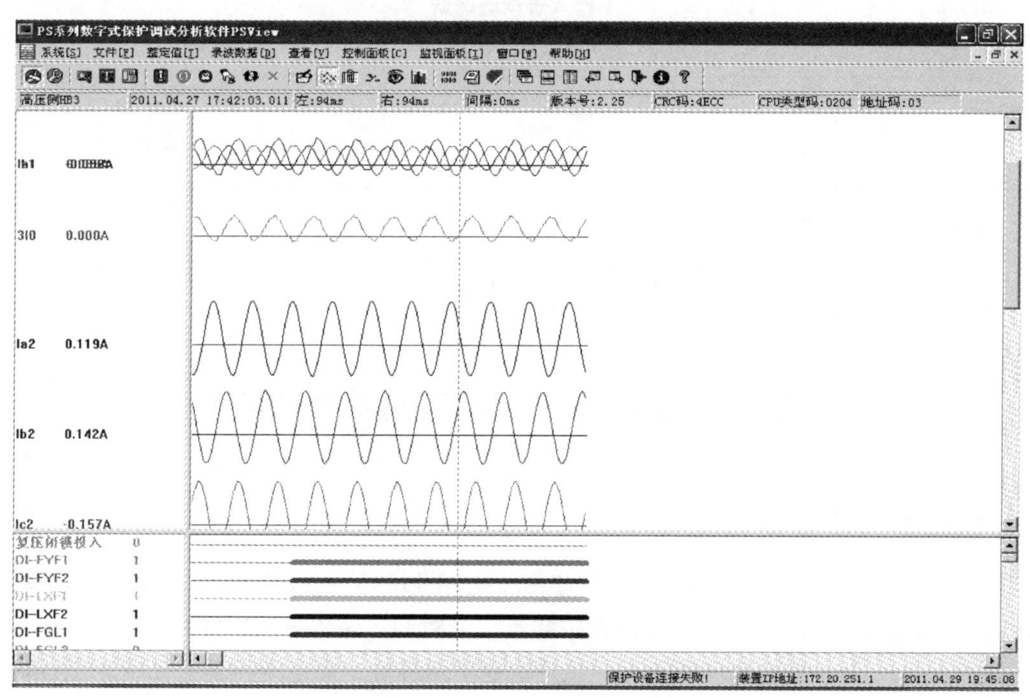

图 6-56　模拟高压侧 B 相电流两点接地试验录波

（4）于 20××年×月××日下午对 1 号主变压器保护 A、B 屏、2 号主变压器 A 屏、Ⅰ母 A 屏在带负荷的情况下进行了 TA 二次电缆在 TA 端子箱处接地实验，数据如表 6-3、表 6-4、表 6-5、表 6-6 所示。

表 6-3　　1 号主变压器 A 屏试验数据

	正常采样值（A）	短接后采样值（A）
I_{a1}	0.035	0.052
I_{b1}	0.026	0.060
I_{c1}	0.036	0.053

表 6-4　　1 号主变压器 B 屏试验数据

	正常采样值（A）	短接后采样值（A）
I_{a1}	0.030	0.042
I_{b1}	0.018	0.052
I_{c1}	0.024	0.047

表 6-5　　2 号主变压器 A 屏试验数据

	正常采样值（A）	短接后采样值（A）
I_{a1}	0.015	0.022
I_{b1}	0.018	0.040
I_{c1}	0.016	0.032

表 6-6　　Ⅰ母 A 屏试验数据

	正常采样值（A）	短接后采样值（A）
I_{a1}	0.040	0.0587
I_{b1}	0.0344	0.0681
I_{c1}	0.0365	0.0590

措施：

（1）接地平台存在电位差，敷设二次等电位接地平台；

（2）更换高压侧对应 B 相 TA 二次回路电缆。

6.12　电流互感器二次回路中性线虚接案例

6.12.1　事故概况

20××年××月××日 16 时左右洋河变电站 110kV 侧线路发生 A 相接地故障，15：49：25：627ms（主变压器差动保护装置记录时间，装置未对时）1 号主变压器差动保护启动，32ms 后差动保护动作，跳开主变压器各侧，而主变压器差动保护范围内无故障。

6.12.2　原因分析及整改措施

1. 差动动作原因分析

从图 6-57 看到高压侧两侧电流波形（I_{a1}、I_{b1}、I_{c1}、I_{a2}、I_{b2}、I_{c2}）符合 110kV 侧

线路 A 相接地故障特征；对比图 6-57 与图 6-58 发现差动保护装置采到的中压侧 C 相电流（I_{c3}）增大明显，不符合 110kV 侧线路 A 相接地故障特征。

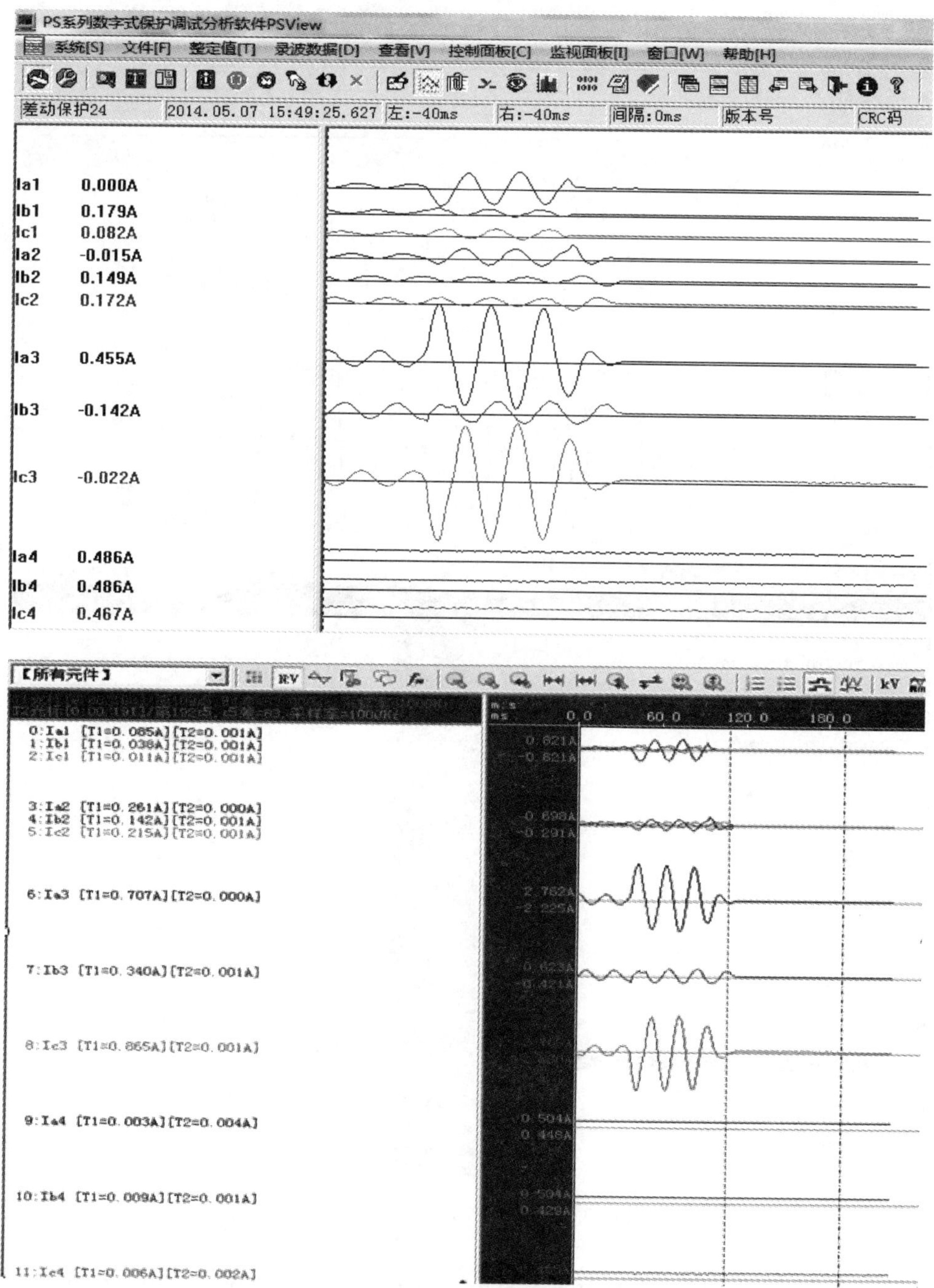

图 6-57　差动保护装置差动录波图

根据保护算法通过武汉中元 CAAP 分析软件计算出的差流波形如图 6-59 所示：可以看到 A 相基本无差流；B、C 相差流值在 0.6A 左右（中压侧 C 相电流异常增大、星形侧转角关系产生 B、C 相差流），大于差动定值，差动动作。

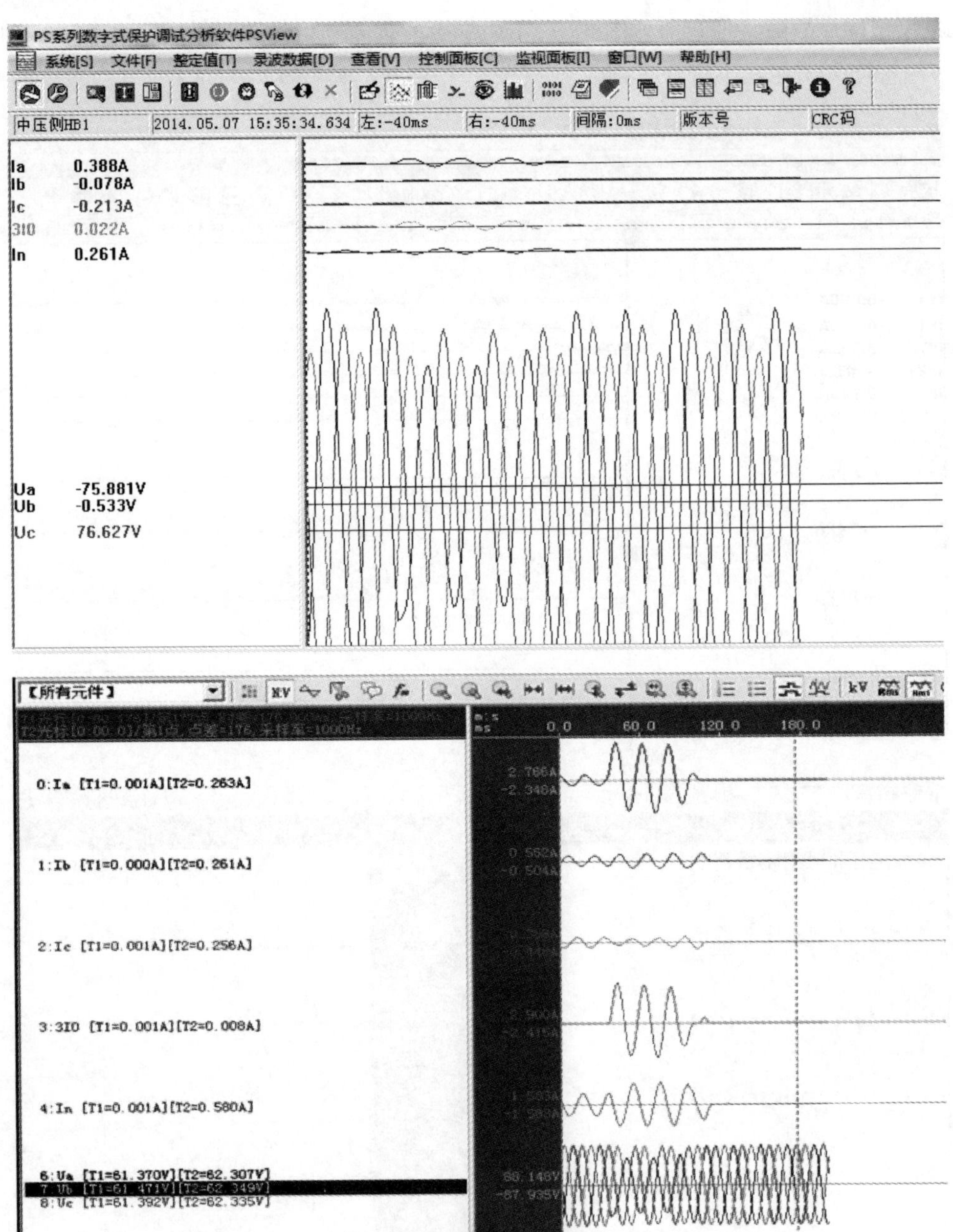

图 6-58 后备保护装置中后备录波图

所以，由于区外故障时差动保护装置采到的中压侧 C 相电流异常增大，导致 B、C 相差动元件动作出口。

2. 差动保护装置中压侧 C 相电流异常增大原因分析

计算差动保护装置高、中压侧自产零序电流波形如图 6-60 所示：高压两侧均有明显的零序电流（I_{01}、I_{02}）；中压侧无零序电流（I_{03}，而从图 6-58 看到明显的中压侧外接零序电流），即中性线上无零序电流不符合单相接地故障特征，说明中压侧 A 相故障电流经 B、C 相 TA 二次回路分流。

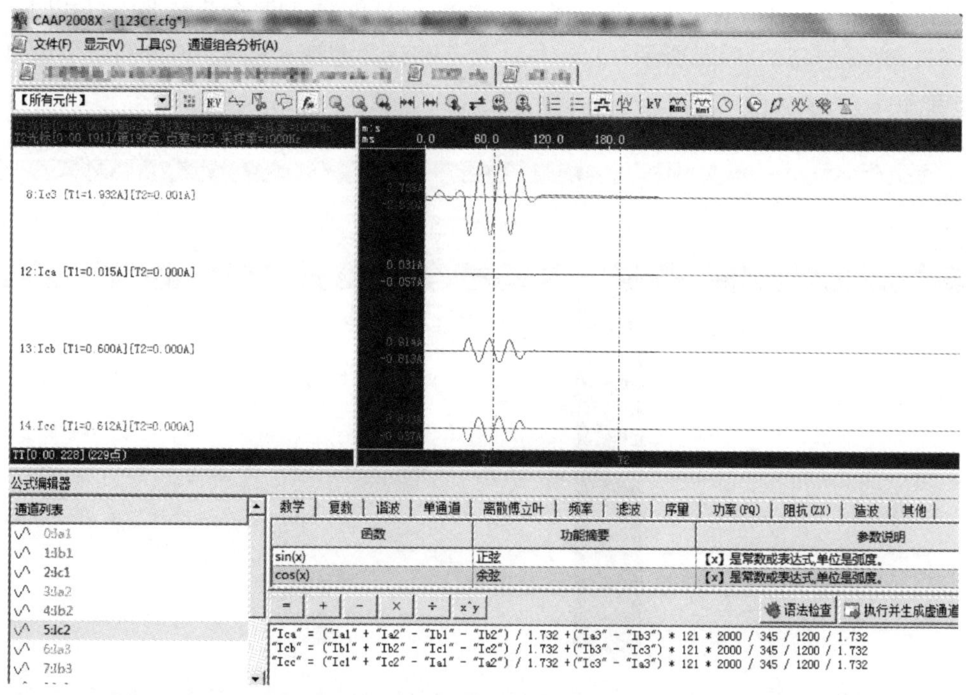

图 6-59 计算差流波形图

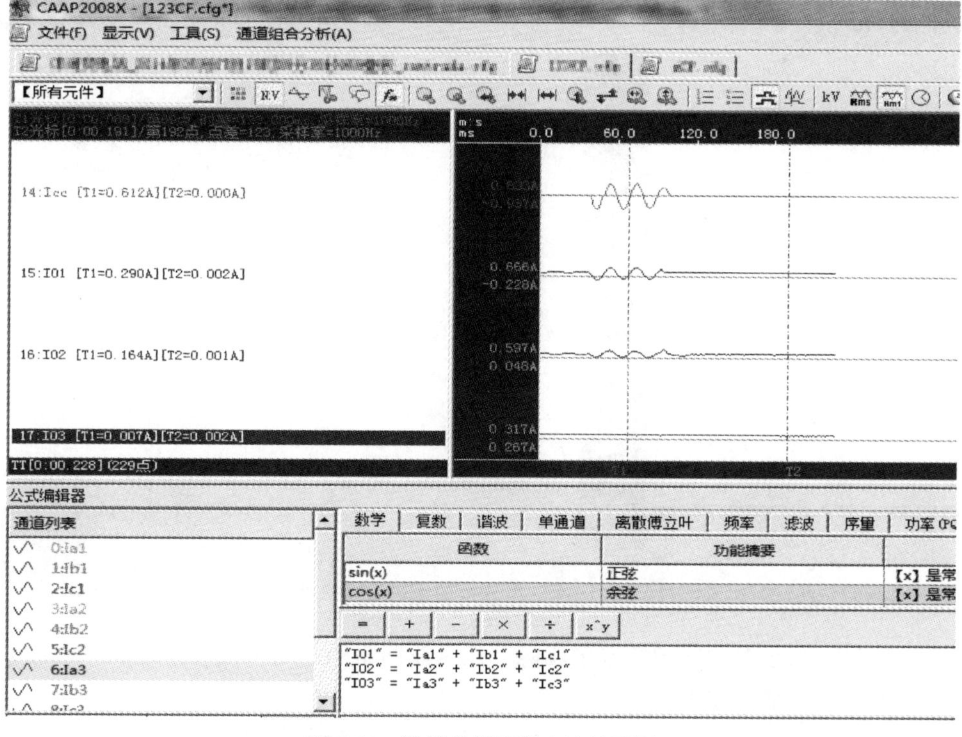

图 6-60 计算各侧零序电流波形图

至于A相故障电流从B、C相分流时，会因为B、C相TA二次回路阻抗不等而分到大小不一样的电流。

对比差动保护启动的历史录波发现，此现象一直存在，只是分流情况不尽相同。如图6-61、6-62、6-63、6-64所示（I_{ca}、I_{cb}、I_{cc}三相计算差流；I0H、I0M高中压侧自产零序电流）。

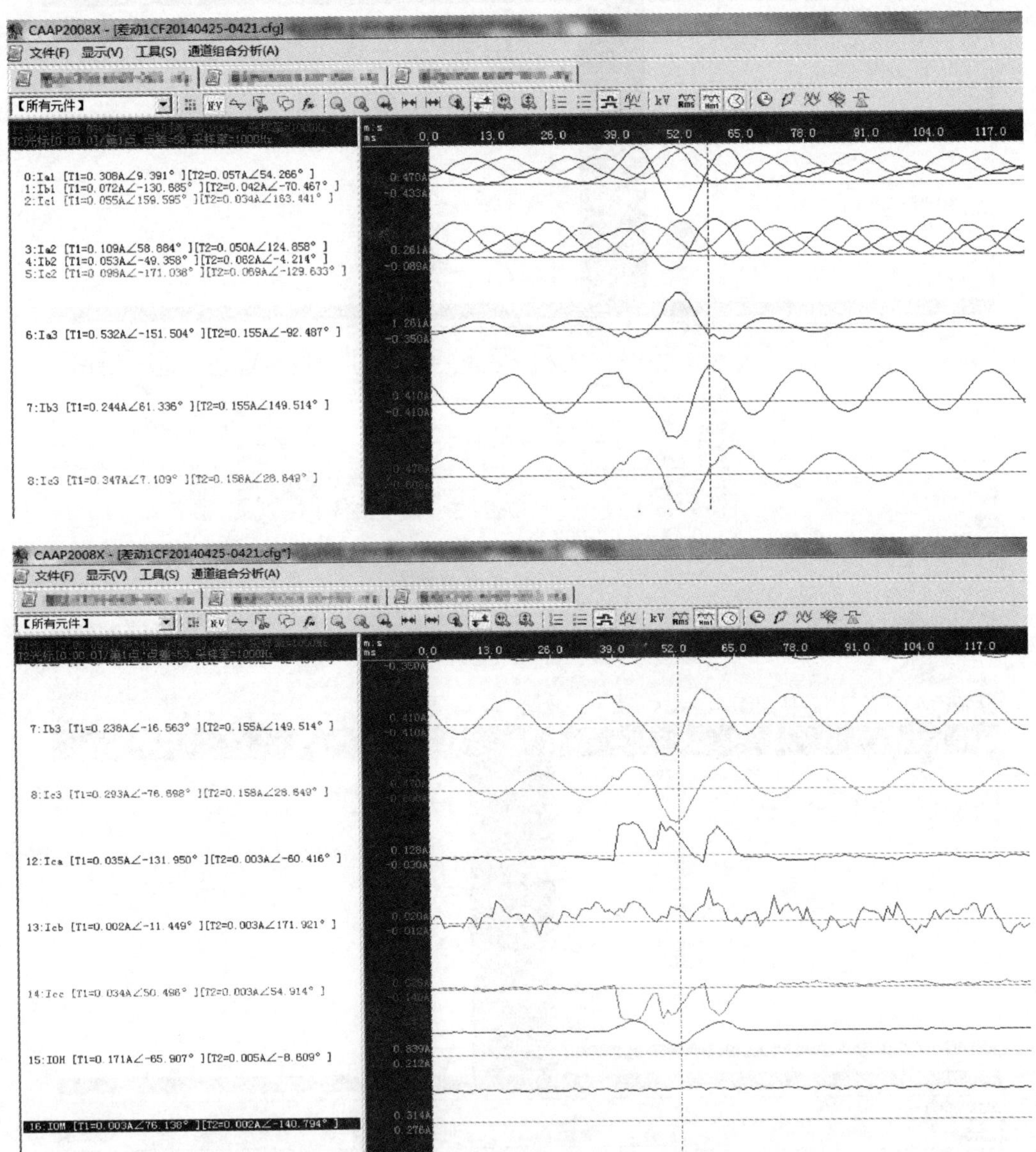

图6-61 20××年××月××日04：21分差动保护启动录波及计算差流和零序电流

综上所述，由于差动保护装置中压侧二次电流回路中性线虚接，导致C相电流异常增大，从而差动保护动作出口。

后经检查差动保护装置中压侧二次电流回路中性线确实虚接。

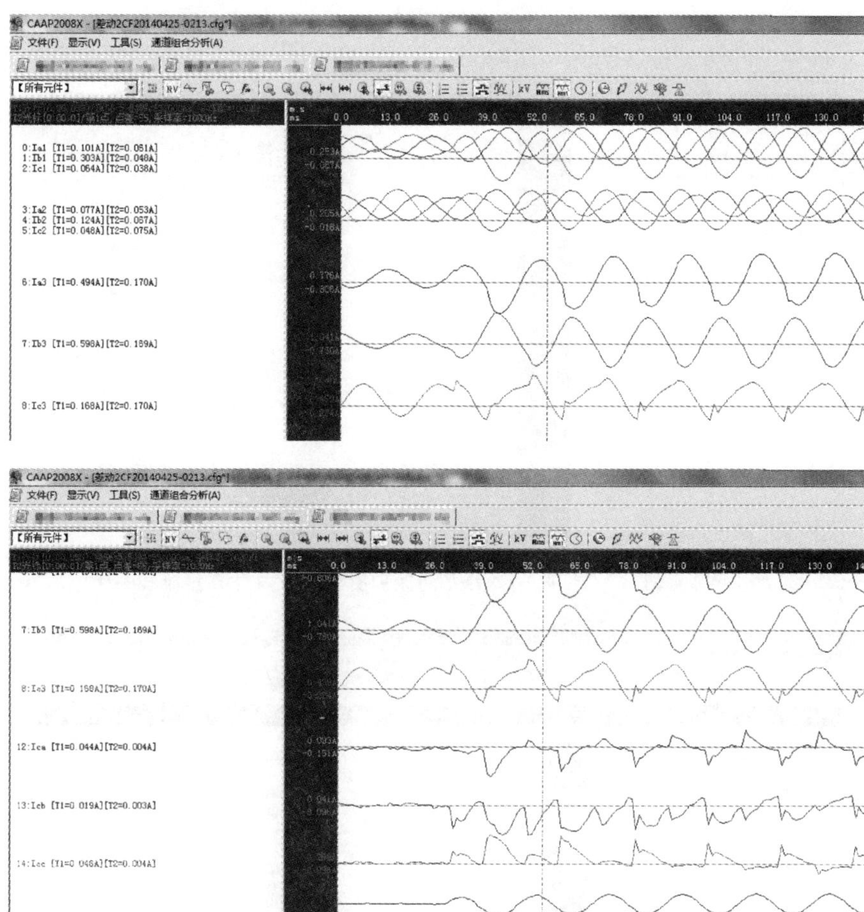

图 6-62 20××年××月××日 02：13 分差动保护启动录波及计算差流和零序电流

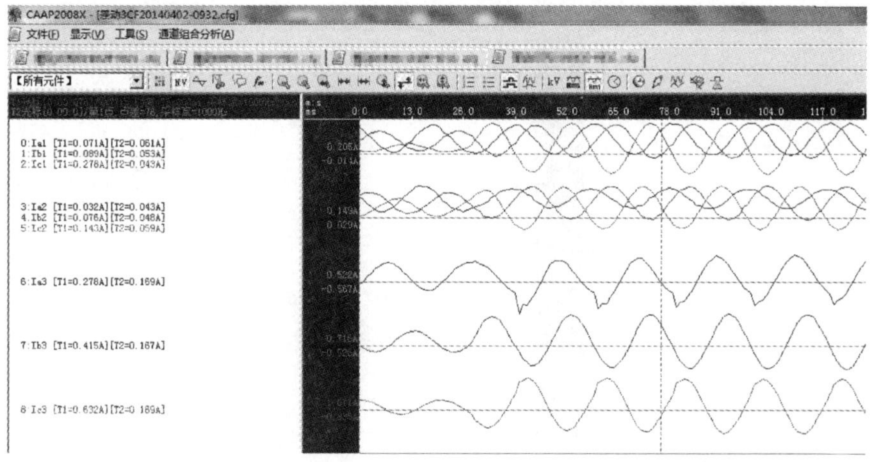

图 6-63 20××年××月××日 09：32 分差动保护启动录波及计算差流和零序电流（一）

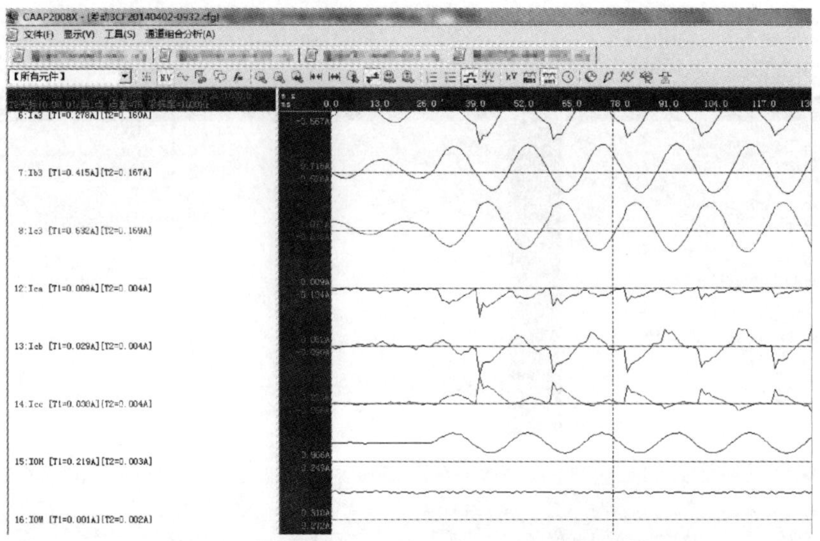

图 6-63　20××年××月××日 09：32 分差动保护启动录波及计算差流和零序电流（二）

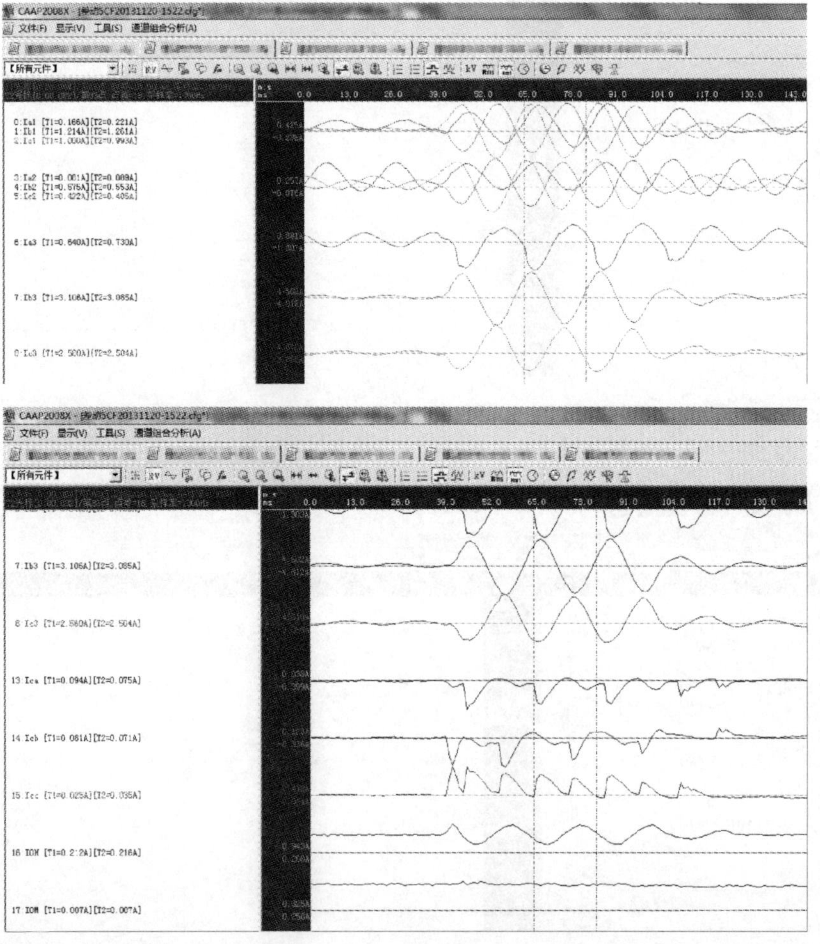

图 6-64　20××年××月××日 15：22 分差动保护启动录波及计算差流和零序电流

6.13 电压互感器二次回路误接线造成线路保护拒动、误动案例

6.13.1 事故概况

××××年4月21日，SH（110kV）变电站110kV散03线路零序Ⅰ段保护动作使散03断路器跳闸，原因是SH变电站附近农民开山炸石引起10kV线路断线，断线飞起缠绕到交叉跨越的110kV散04线路的C相；断线的另一端接地，造成散04线路C相单相接地故障，但故障点对散03线路保护装置来讲是保护的反方向，不应该动作，而应该动作的散04线路保护装置却未动作。

6.13.2 故障检修

（1）散03、散04线路保护装置都为PXH-112X“四统一”整流型。

（2）故障时天气情况：多云。

（3）潮流方向：由SBL（220kV）变电站的110kV母线经110kV板散线和散03断路器送电至SH变电站110kV母线，再由散04断路器经110kV散浠线向XS变电站供电，如图6-65所示。

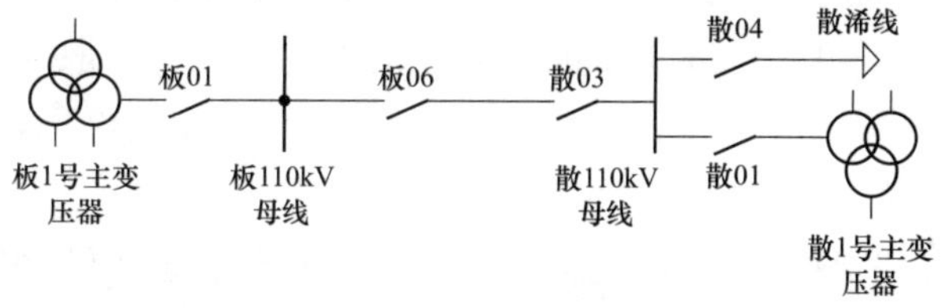

图6-65 故障时110kV系统一次接线

（4）继电保护人员到达SH变电站后，首先查阅××××年3月11日的散03线路保护工作记录及试验报告。因前几天发生SBL变电站220kV主变压器烧坏事故时（当时运行方式是鄂东地区长江南、北两电网正环网供电，见图6-66），110kV散03线路保护装置零序保护未动作，越级由上一级XS变电站110kV浠02线路零序III段保护动作使浠02断路器跳闸，当时怀疑散03线路保护装置有缺陷，上级要求对散03线路保护装置进行全面检查。检查中见保护及二次接线正确，继续检查发现110kV电压互感器二次辅助绕组接线有错误，于是向主管部门反映并申请将110kV电压互感器停电，对其二次回路接线予以更正。110kV电压互感器工作完毕后又进行了一系列的试验。

1）测试110kV电压互感器端子箱中端子排处各二次回路之间电压：

A630Ⅰ～N600＝57.7V	A630Ⅰ～Sa601＝157.8V
B630Ⅰ～N600＝57.9V	B630Ⅰ～Sa601＝87V
C630Ⅰ～N600＝57.7V	C630Ⅰ～Sa601＝87V
L601Ⅰ～N600＝0.2V	A630Ⅰ～L630Ⅰ＝57.7V

Sa601～N600＝100V　　B630Ⅰ～L630Ⅰ＝57.9V

A630Ⅰ～B630L＝100.4V　　C630Ⅰ～L630Ⅰ＝57.7V

B630Ⅰ～C630L＝99.9V　　Sa601～L601Ⅰ＝100V

C630Ⅰ～A630L＝100V

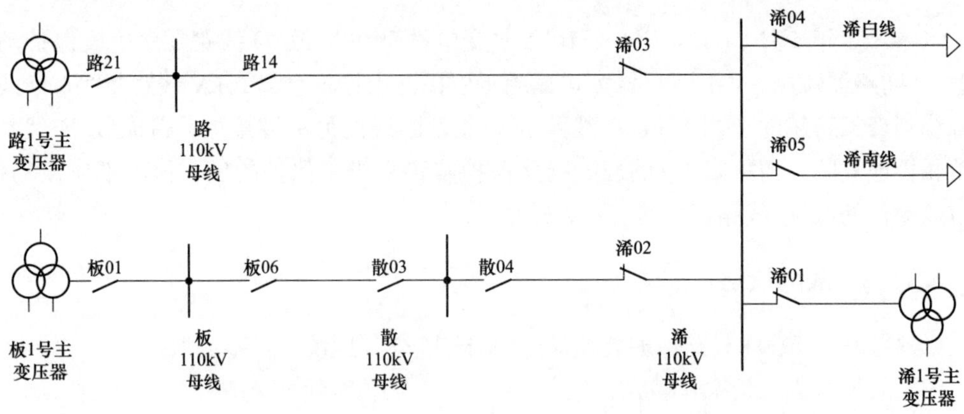

图 6-66　鄂东地区江南、江北 110kV 系统一次接线

根据测试数据分析，判断：110kV 电压互感器二次回路接线正确。

2）散 03、散 04 线路距离保护带负荷二次电流、电压相位六角图试验。试验时的潮流方向也是由 SBL 变电站经散 03 断路器向散花站供电，再经散 04 断路器向 XS 变电站送电。试验取 110kV 电压互感器二次电压“A630I”接相位电压表电压极性输入端，“N600”接相位电压表电压非极性输入端。

① 测试散 03 线路保护用电流互感器二次电流及电流超前$+U_a$相位：

A431＝1.82A　　B431＝1.82A　　C431＝1.83A　　N431＝0A

A431 超前U_a＝142°　　B431 超前U_a＝22°　　C431 超前U_a＝263°

当时散 03 控制屏上测量表计指示为受有功功率 $P=-17.5$MW、无功功率 $Q=-10$Mvar。

测试数据分析：A431 超前$+U_a$为 142°，相位六角图中 A431 在第三象限，散 03 断路器受有功功率、无功功率，与实际运行情况相符；A431、B431、C431 为正相序并互差 120°左右，相序正确；三相电流基本平衡，无零序电流。判断：散 03 线路保护用电流互感器的极性及二次接线正确，距离保护方向由 SH 变电站 110kV 母线指向板散线线路，方向正确（见图 6-67）。

② 测试散 04 线路保护用电流互感器二次电流及电流超前＋Ua 相位：

A431＝2.4A　　B431＝2.4A　　C431＝2.39A　　N431＝0A

A431 超前U_a＝325°　　B431 超前U_a＝205°　　C431 超前U_a＝86°

当时散 04 控制屏上测量表计指示为送有功功率 $P=15$MW、无功功率 $Q=9$Mvar。

测试数据分析：A431 超前$+U_a$为 325°，相位六角图中 A431 在第一象限，散 04 断路器向散浠线送有功功率、无功功率，与实际运行情况相符；A431、B431、C431 为正相序并互差 120°左右，相序正确；三相电流基本平衡，无零序电流。判断：散 04 线路保护用电流互感器的极性及二次接线正确，距离保护方向由 SH 变电站 110kV 母线指向散浠线线路，方向正确（见图 6-68）。

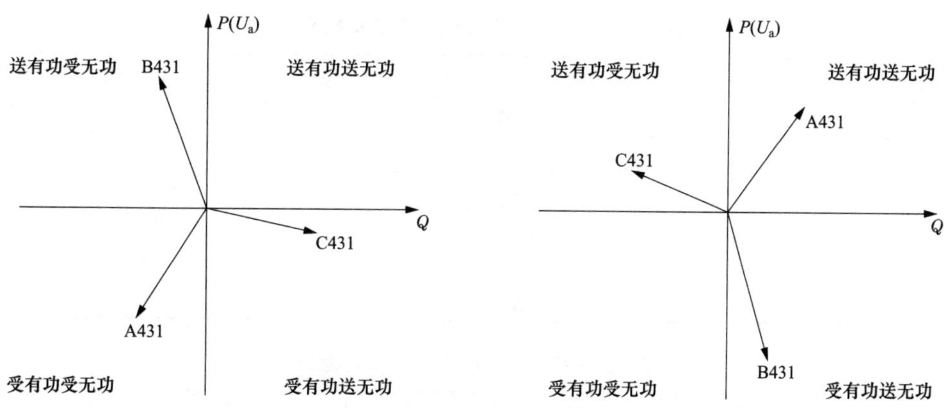

图 6-67 散 03 线路距离保护相位六角图　　图 6-68 散 04 线路距离保护相位六角图

3）散 03、散 04 线路零序电流方向保护带负荷模拟各相单相接地故障时的方向性检查试验。(将零序保护出口压板全部停用，以防止试验时引起断路器误跳闸)

① 110kV 电压互感器开口三角形绕组接线方式：A 相 da 引出“N601”并在主控制室中央信号继电器屏端子排处接地；A 相 dn 与 B 相 da 连接，并由 A 相 dn 引出抽取电压“Sa601”；B 相 dn 与 C 相 da 连接；C 相 dn 引出“L630I”（依照本地区大电流接地系统电压互感器开口三角形绕组统一接线方式，经较多套整流型线路保护装置零序电流方向保护带负荷模拟方向性试验后，形成了一套行之有效的检验程序，并经过线路接地故障考核，零序电流方向保护动作正确率很高）。

② 分别在散 03、散 04 线路保护屏零序电流方向保护部分的端子排处，将 2D1 端子的回路编号“L630I”二次接线解列开，再由中央信号继电器屏端子排处引出“Sa601”二次线临时接入 2D1 端子；2D4 端子处的回路编号“N600”二次接线不动，即用“Sa601”代替“L630I”进入零序功率方向元件的电压绕组，Sa601＝$-U_a$（见图 6-69）。

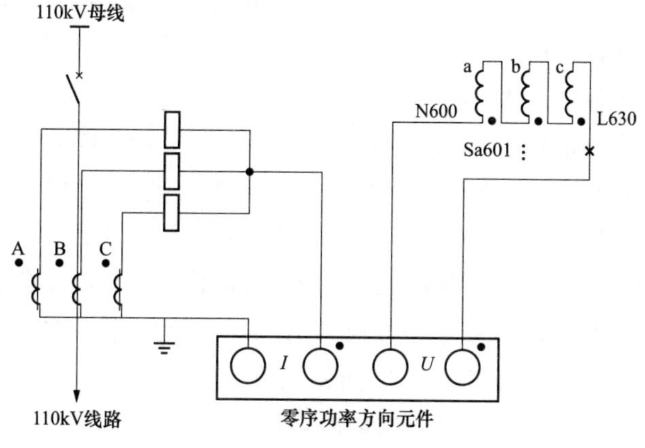

图 6-69 零序功率方向元件带负荷试验二次接线

③ 由 2D6、2D7、2D8、2D9 端子排处依次分别向零序功率方向元件通入 I_a、I_b、I_c 电流，以模拟各相单相接地故障，并观察零序功率方向元件动作与否（见表 6-7 和表 6-8）。

表 6-7　　散 03 线路保护屏零序保护带负荷检查

零序功率方向元件通入相电流	零序功率方向信号继电器	零序功率方向元件
I_a	动作	动作
I_b	不动作	不动作
I_c	不动作	不动作
$-I_a$	不动作	不动作
$-I_b$	不动作	不动作
$-I_c$	动作	动作

表 6-8　　散 04 线路保护屏零序保护带负荷检查

零序功率方向元件通入相电流	零序功率方向信号继电器	零序功率方向元件
I_a	不动作	不动作
I_b	不动作	不动作
I_c	动作	动作
$-I_a$	动作	动作
$-I_b$	动作	动作
$-I_c$	不动作	不动作

根据以上试验方法和试验结果，判断：散 03、散 04 线路保护装置零序功率方向元件及其二次接线正确。

（5）因 SH 变电站是鄂东地区长江南、北 110kV 电网联网的关键站，为确保 SH 变电站 110kV 线路保护的可靠性，时隔一天，主管部门又安排 3 月 13 日至 3 月 1 日对散 03、散 04 线路保护装置进行定期校验。校验期间还要求对 110kV 电压互感器二次回路进行反措工作，反措内容是增加敷设一根 110kV 电压互感器端子箱至中央信号继电器屏电缆，将 110kV 电压互感器二次绕组的四根开关场引入线和开口三角绕组的两根开关场引入线分开使用。反措工作完毕后，施工人员考虑到前两天才进行过散 03、散 04 线路保护装置定期校验合格后，未再进行带负荷试验而恢复散 03、散 04 线路保护装置、110kV 电压互感器的正常运行。

（6）4 月 21 日出现故障后，现场再次对散 03、散 04 线路保护装置进行带负荷检查，见相间距离保护相位六角图合格，判断保护装置用电流互感器二次回路接线正确。而零序保护带负荷检查，却发现散 03、散 04 零序保护方向错误。

因零序电流方向保护的零序功率方向元件正确动作性，既要求保护用电流互感器二次回路接线正确，还要求 110kV 电压互感器开口三角形绕组二次接线正确。因上次反措工作时改动过 110kV 电压互感器二次回路接线，怀疑此项工作时有差错，于是决定对 110kV 电压互感器停电，进行其二次回路接线正确性检查。

（7）联系电力调度，110kV 电压互感器经操作停电，做好安全措施，再对其二次接线进行核线检查。发现110kV电压互感器端子箱端子排至主控制室中央信号继电器屏端子排之间开口三角形回路电缆芯线有错误。端子箱内回路编号为“L630I”的电缆芯线，在中央信号继电器屏的另一端编号却为“N601”；端子箱内回路编号为“N601”的电缆芯线，在中央信号继电器屏的另一端编号却为“L630I”；这两根电缆芯线两端编号刚好互为相反，是反措工作中施工人员电缆芯线对线时所犯的低级错误所致。

分析认为：虽然在端子箱内110kV电压互感器开口三角形绕组二次接线正确，到中央信号继电器屏处却因电缆芯线编号错误而引起接线错误，从而使110kV线路保护零序电压接线产生极性错误，并导致110kV线路发生接地故障时，110kV线路保护零序功率方向元件产生方向判别错误，造成散03线路零序保护反方向误动作，散04线路零序保护正方向拒动作。

（8）在中央信号继电器屏处，对“L630I”和“N601”电缆芯线端子头编号及接线进行了更正。110kV电压互感器恢复运行后，在其端子箱内端子排处测试各回路之间电压和在中央信号继电器屏端子排处测试各回路之间电压，测试数据相同，判断110kV电压互感器二次回路接线正确。

（9）再一次对散03、散04线路保护带负荷二次电流，电压相位测试及零序电流方向保护带负荷模拟单相接地故障时的方向性测试，其结果与3月11日基本相同，判断零序功率方向元件动作正确后，确定故障处理完毕。

（10）此次故障处理后，散03、散04线路也曾发生过单相接地或相间故障，但散03、散04线路保护装置都正确动作，再未出现拒动作或误动作现象。

6.13.3 故障结论

SH变电站110kV母线电压互感器二次回路反措时，由于其端子箱至中央信号继电器屏的开口三角形回路“L630I”和“N601”电缆芯线两端，在对线和接线时发生端子头回路编号互为相反的错误，引起110kV线路保护零序电压接线的极性错误。当散04线路保护区内发生接地故障时，使散03、散04线路保护零序功率方向元件产生方向误判别，导致散04线路零序保护正方向拒动作，散03线路保护零序灵敏Ⅰ段保护反方向误动作。

6.13.4 防范措施

大电流接地系统中的单相接地故障占线路全部故障的80%以上，因此大电流接地系统中反映接地故障的保护装置正确动作率相当重要，应高度重视大电流接地系统的零序保护动作的正确性。因零序保护的电流互感器、电压互感器的二次接线的正确与否，关系到零序保护的方向及其保护动作的正确性，故必须特别注意。

（1）吸取本次线路零序保护拒动、误动作教训，决定利用各变电站综合性大修的机会，对我们所管辖的大电流接地系统零序方向保护，从保护整定值到二次接线，从电流互感器、电压互感器的极性到电流、电压的相量分析，从保护装置带断路器联动整组到带负荷模拟零序保护动作正确性等，进行一次全面、系统、细致的检测。提高大电流接地系统的相间保护和接地保护动作的正确率，以保证电网安全、稳定的运行。

（2）此次教训尤其深刻。要求继电保护人员，在今后的保护装置及二次回路安装、改造、检修、试验等工作中，应做到细致、认真和一丝不苟，要具有高度的责任感和安全警惕性。对貌似简单的工作要严肃认真对待，不得掉以轻心，宁烦万分、不抢一秒。严防继电保护“三误”事故，严防类似的对线核线错误的重复发生。

（3）今后凡是工作中触动过电流互感器、电压互感器二次回路后，必须由工作负责人进行细致检查，必要时还应进行保护带负荷等项目的试验，以保护保护装置的正确性和可靠性。

6.14 电压互感器二次回路漏接线造成线路保护拒动案例

6.14.1 事故概况

××××年1月10日17时41分，HL（110kV）变电站110kV龙04线路发生单相接地故障，龙04线路保护拒动，越级使上一级LK（220kV）变电站110kV路12线路“零序Ⅲ段”“接地距离Ⅲ段”保护动作，路12断路器跳闸，重合闸动作，路12断路器重合后又加速跳闸，而HL变电站无任何保护装置动作，也无断路器跳闸。

6.14.2 故障检修

（1）龙04线路保护装置为PXH-112“四统一”整流型。

（2）故障时天气情况：多云。

（3）潮流方向：由LK变电站110kV母线经路12断路器、路龙线、龙03断路器向HL变电站供电，再由HL变电站110kV母线分别经龙04断路器向龙畈线、龙05断路器向龙浠线供电（见图6-70）。

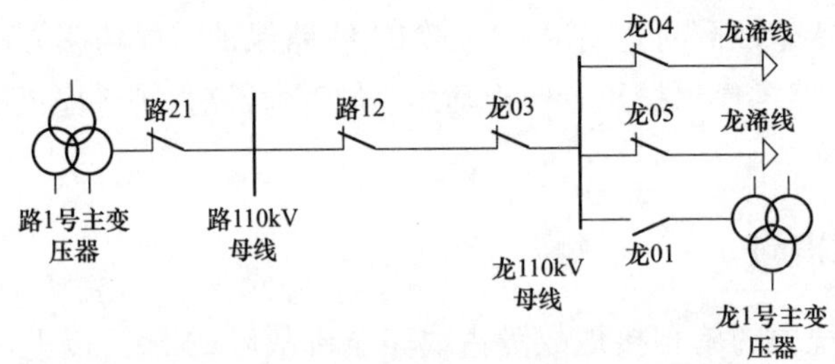

图6-70 龙04线路故障时110kV系统一次接线

（4）故障发生后，继电保护人员首先到LK变电站查看路12故障录波图（有效值）：

U_a=58.0V　U_b=58.3V　U_c=50.4V　$3U_0$=6.93V

I_a=1.40A　I_b=0.84A　I_c=10.58A　$3I_0$=10.59A

（5）录波图数据分析：LK变电站110kV母线A、B两相电压正常，C相电压降低，并有零序电压产生。路12线路A、B两相电流较小，C相电流较大，零序电流也较大。零序电流大于路12零序Ⅲ段主保护整定值3.7A/2s，零序短路阻抗值小于接地距离Ⅲ段保护整定值3.5Ω/2s。判断路12线路零序Ⅲ段保护、接地距离Ⅲ段保护动作正确。因路12线路零序Ⅲ段保护、接地距离Ⅲ段保护为其相邻线路远后备保护，并且零序电流也较大，分析故障点应在HL变电站的相邻线路近区，HL变电站110kV馈线保护有拒动嫌疑。

(6) 在检查HL变电站龙04、龙05线路保护时，传来110kV线路故障信息：110kV龙畈线的78～79杆塔处，因农民盗砍线路附近树木时，未采取应有措施，使砍断的一直径约为70cm、高为20m的树木倒向线路，并将线路C相打断，断线又接地(事故现场查看到的情况)，造成龙畈线C相接地的永久性故障。事故原因查明后，需要检查的是龙04线路保护为何拒动作。

(7) 模拟线路故障进行龙04线路保护带断路器联动整组试验，距离保护Ⅰ、Ⅱ、Ⅲ段、零序保护Ⅰ、Ⅱ、Ⅲ段动作都正确，各保护整定值正确，龙04断路器可靠跳闸，各保护信号也可靠动作，未发现保护装置、断路器机构、跳合闸回路有任何异常。

(8) 仔细查看HL变电站龙04线路故障时的故障录波图(HL变电站为光线式故障录波装置，有两套录波器，其中龙04线路所在录波器因胶卷质量问题录波不成功，所查看的是另一套非故障线路录波器录波图)，见录波图中110kV母线电压互感器开口三角形的零序电压3U0波形为一无波形变化的直线，即无波形反映。而在龙04线路发生C相接地故障时，110kV母线电压互感器应产生较高的零序电压，所以判断110kV母线电压互感器开口三角形二次回路有问题。

(9) 检查HL变电站110kV母线电压互感器端子箱内二次接线，发现开口三角形的“N600”在端子箱端子排处空置，没有用电缆芯线引入主控制室(见图6-71)。分析认为：由于110kV母线电压互感器开口三角形的“N600”二次接线的空置，110kV零序电压回路也就无法进入110kV线路保护零序功率方向元件。当龙04线路发生C相接地故障时，龙04线路零序保护中的零序功率方向元件因无零序电压判据反映而不动作，将零序保护闭锁，所以龙04线路保护拒动作，断路器不跳闸。接地故障持续至上一级断路器的路12线路后备保护动作而跳闸，才将故障线路切除，从而扩大了停电范围。

(10) 询问有关人员：该站在不久前进行110kV母线电压互感器二次回路反事故措施改造工作中，因必须将电压互感器二次绕组的四根开关场引入线和开口三角形绕组的两个开关场引入线分开使用，但原有的电压互感器端子箱至主控制室二次回路电缆芯线数量不够，需要再敷设一根电缆。施工人员将电压互感器开口三角形的“N600”与二次主绕组“N600”连接线解列开后，开口三角形的“N600”在端子箱的端子排处处于空置，等候敷设新的电缆。随后由于其他站设备紧急抢修，具体负责施工人员变更时未进行详细交待，加上新接手施工人员对工作情况不够了解，待其他人员工作完毕后，也未作细致检查和试验就结束该项工作，以致遗留下此次事故隐患。

(11) 现场敷设110kV电压互感器端子箱至主控制室的开口三角形二次回路专用电缆，并完善开口三角形二次回路接线，经110kV电压互感器二次回路加电压试验合格。110kV电压互感器投运后，测试其二次回路各相电压、线电压、电压相位、各相对开口三角形接线电压都正确。龙 04 线路保护带负荷二次电流、电压相位测试及零序电流方向保护带负荷模拟单相接地故障时的方向性测试正确。判断故障处理工作结束。

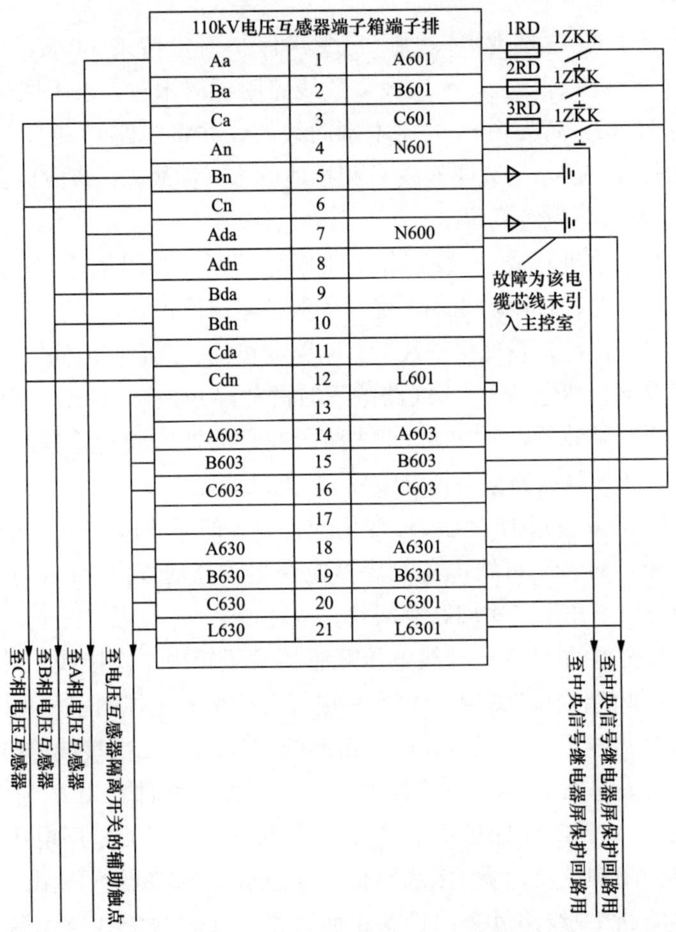

图 6-71　HL 变电站 110kV 母线电压互感器端子箱内二次接线

6.14.3 故障结论

由于 HL 变电站 110kV 母线电压互感器端子箱引入主控制室的开口三角形二次回路的“N600”漏接线，使 110kV 零序电压回路不能进入到 110kV 线路保护零序功率方向元件。当龙 04 线路发生 C 相永久性接地故障时，龙 04 线路零序保护中的零序功率方向元件不能动作，龙 04 线路零序保护拒动作，越级使路 12 线路“零序Ⅲ段”、“接地距离Ⅲ段”保护动作，路 12 断路器跳闸才将故障切除。路 12 线路保护动作正确。

6.14.4 防范措施

这次事故教训极其深刻，要认真反思，改进工作方法，杜绝类似故障的重复发生。

(1) 工作中遇到一时难以处理的缺陷时，工作人员应将缺陷情况及时向现场工作负责人或主管部门汇报。工作班成员中途因故变更时，原工作人员应向新接手工作人员详细交待工作任务，完成情况、存留缺陷等，使该项工作得以继续进行并顺利完工，不留隐患。现场工作负责人应随时了解工作进展，缺陷处理等情况，工作完工后应进行全面、细致检查和交接验收。

（2）严格执行二次回路工作保安票制度，严防二次回路工作中漏接线或错接线等继电保护“三误事故”的发生，保证工作中的高安全和高质量。

（3）电压互感器、电流互感器的二次回路工作后，必须进行加电压或一次升流试验，检查二次回路接线必须正确，投运后还必须进行带负荷各项目试验，确保电气设备的健康、安全运行。

6.15 110kV 线路断路器合闸线圈多次烧坏故障案例

6.15.1 事故概况

LT（110kV）变电站 110kV 线路罗 04 断路器自 2005 年 7 月 16 日至 8 月 24 日，运行仅一个多月，进行过 6 次停、送电操作，却发生 3 次合闸操作时合闸线圈被烧坏故障，对该地区供电产生较大负面影响及直接、间接经济损失。

6.15.2 故障检修

（1）罗 04 线路保护装置为 WXH-811 微机型。断路器为 LW36-126 型，配置弹簧储能机构的 SF_6 断路器。

（2）故障时天气情况：多云。

（3）罗 04 线路断路器于 2005 年 7 月 16 日新安装投入运行，至 8 月 3 日进行过 4 次停、送电操作，其中两次合闸操作都烧坏合闸线圈，8 月 6 日开关厂家人员到现场，对罗 04 断路器进行停电检查和调整，更换了断路器机构的合闸脱扣器（新脱扣器为改进型），检修后对罗 04 断路器 3 次跳、合闸操作试验，见情况良好；断路器机构低电压跳、合闸也测试合格，于是重新投入运行。

8 月 24 日罗 04 线路断路器再次停、送电操作，合闸操作时合闸线圈又一次烧坏。更换合闸线圈后，在罗 04 断路器合闸操作中，观察到合闸脱扣器顶杆力度似乎不足，经一定延时断路器才能合闸成功。

9 月 16 日，LT 县电力公司邀请上级地市供电公司检修人员对罗 04 断路器再进行停电检修，同时到达现场的还有保护装置厂家人员。

（4）根据 LT 变电站运行人员反映的情况，首先我们分析罗 04 断路器合闸线圈出现多次烧坏可能有三种原因：

1）断路器控制回路中的合闸回路辅助开关 DL 动断触点合闸后不能可靠断开，合闸操作指令一经发出，保护装置操作箱内手合继电器动作并自保持，使合闸线圈长期带电烧坏。

2）从反映情况中的“合理脱扣器顶杆力度似乎不足，滞后合闸操作指令延时才能使断路器合闸成功”这种现象分析，可能是合闸回路有元器件故障、二次回路接线错误、二次回路接线接触不良、二次回路直流接地等因素，引起合闸回路电阻较大或合闸操作中合闸回路分压、分流，使合闸操作过程中合闸线圈产生的能量不足，断路器机构不能进行合闸机械传动。断路器不能合闸，辅助开关 DL，动断触点不能断开，合闸操作指令发出后，手合继电器动作并自保持，使合闸线圈长期带电烧坏。

3）也可能是断路器机构机械性故障、机械调整时元器件相互配合不当等因素，使机构合闸传动时所需要的力矩与合闸操作时合闸线圈产生的电动力矩刚好相近。受直流电源电压波动影响，以至在合闸操作中，出现有时经一定延时断路器才能合闸成功、有时断路器却不能合闸并使合闸线圈长期带电烧坏的不稳定现象。

（5）根据分析对罗 04 断路器再进行停电检查：

1）二次回路绝缘摇测试验。各回路对地或各回路之间绝缘电阻都大于 50MΩ，合格，无二次回路直流接地故障。

2）保护屏、控制屏、断路器机构箱、端子箱处二次接线检查。二次接线正确、可靠，无接触不良现象，无寄生回路。

3）会同厂家人员对合闸操作回来各元器件进行检查。各元器件质量良好，动态试验无异常现象，动作逻辑正确，无回路元器件故障及元器件参数匹配不当情况。

4）断路器机构机械性检查。见手动断路器合闸脱扣器操作需要较大力量，与其他断路器手动合闸脱扣器操作相比有较大异常。打开断路器机构箱左侧箱壁，观察到断路器处于“跳闸后”位置时，弹簧储能机构储能后，合闸半轴和储能保持掣子的吻合部位偏多（按常规要求为 1～1.5mm，而该断路器机构为 2～2.5mm）。合闸操作时合闸线圈产生的电动力难以使合闸半轴逆时针转动一个角度，储能保持掣子难以脱扣使机构进行合闸传动。

（6）现场对机构合闸半轴和储能保持掣子的吻合度进行调整，将其吻合度减小为 1～1.5mm，使手动断路器合闸操作需要的力度也适度减小，经机构箱处手动合、跳闸操作试验，断路器能可靠合闸和跳闸，观察到机构合闸过程不再有“经一定延时断路器才能合闸成功”的现象。

（7）检测断路器辅助开关 DL 动断触点和动合触点，断路器合、跳闸时切换情况良好。

（8）随后对罗 04 断路器进行控制开关操作跳、合闸试验；远方遥控操作跳、合闸试验；保护装置及重合闸与断路器联动整组试验。断路器都能可靠合闸和跳闸，各信号反映正确，合闸线圈无过热现象。判断合闸线圈多次烧坏故障处理完毕。

（9）罗 04 线路断路器再次投运后，也有多次停、送电操作，也再未出现烧坏合闸线圈现象。

6.15.3 故障结论

由于断路器处于“跳闸后”位置时，弹簧储能机构储能后，合闸半轴和储能保持掣子的吻合部位偏多，使合闸操作时合闸线圈产生的电动力为机构合闸半轴与储能保持挚脱扣所需起动力度的临界值，有时难以经合闸脱扣器使储能保持挚子脱扣进行合闸传动，断路器合闸操作回路中的辅助开关 DL 动断触点也不能切换。当合闸操作指令一经发出，保护装置操作箱内手合继电器动作并自保持，使合闸线圈长期带电而烧坏。经机构机械调整，减小机构合闸传动所需力度后，操作断路器能可靠合闸和跳闸。

6.15.4 防范措施

（1）严格按设备使用说明书及有关工艺导则对设备进行调试，各调整及试验数据必须全部合格及早发现问题，提前纠正错误之处，以保证设备安装和检修质量。

（2）对新安装的设备要进行细致，全面的试验工作，不能缺项漏项，发现故障，及时处理，确保设备投入运行的安全性和可靠性。

6.16 二次绕组短路引起 110kV 电压互感器爆炸案例

6.16.1 事故概况

××××年 10 月 9 日，HA（110kV）变电站的 110kV 母线 A 相电压互感器更换二次接线板后，投入运行时出现瓷套管爆炸事故。

6.16.2 故障检修

（1）HA 变电站 110kV 电压互感器是由户外 3 只单相两个二次绕组电压互感器组合而成，型号为 JCC2-110。

（2）故障时天气情况：多云。

（3）××××年 9 月，对 HA 变电站 110kV 母线电压互感器进行高压预防性试验时，虽然将电压互感器至其端子箱的二次回路电缆接线解列开，但是对 A、B、C 三相电压互感器介质损耗角试验还是不合格。经检查发现电压互感器二次接线板受潮，该接线板材料为酚醛树脂板，受潮后绝缘降低较多，于是决定用环氧树脂板替换酚醛树脂接线板。

（4）10 月 9 日上午，由检修人员先将 A、B、C 三相电压互感器二次接线板上的电压互感器二次各绕组引出线、接线柱、引出线小瓷套管、酚醛树脂接线板都拆卸出，用环氧树脂板按原酚醛树脂接线板的孔眼、尺寸进行加工，再用新的环氧树脂接线板恢复电压互感器二次绕组的接线。更换接线板后，高压试验人员进行介质损耗角等项目试验，试验数据全部合格。于是由检修人员恢复接线板至端子箱的二次回路电缆接线，并经继电保护人员对电缆接线正确性进行检查，合格。于当天下午 15 时 35 分，将 110kV 母线电压互感器投入运行。

（5）投运 15min 左右，现场人员突然听到一声闷响，见 110kV A 相电压互感器瓷套管爆裂，随即上一级 XZH 220kV 变电站的 110kV 新红线线路零序 II 段保护动作，新红线断路器跳闸，HA 变电站全站停电。

（6）经操作并做好安全措施后，检修人员立即对 A 相电压互感器进行检查。打开 A 相电压互感器底座二次接线板正面窗孔及其侧面的接线板背面各二次绕组接线专用窗孔，发现接线板背面二次主绕组的引出线“a”和“x”在接线柱处碰触在一起，引起二次主绕组短路，造成电压互感器次套管爆炸（见图 6-72）。

（7）迅速调来备用的 110kV 电压互感器，将损坏的 A 相电压互感器更换掉，经高压试验合格，再恢复各二次回路接线，检查电压互感器接线全部正确，将 110kV 电压互感器投入运行。测试 110kV 电压互感器二次回路各相电压、线电压、电压相位正确，并运行监视 24h，见无异常后，判断故障处理完毕。

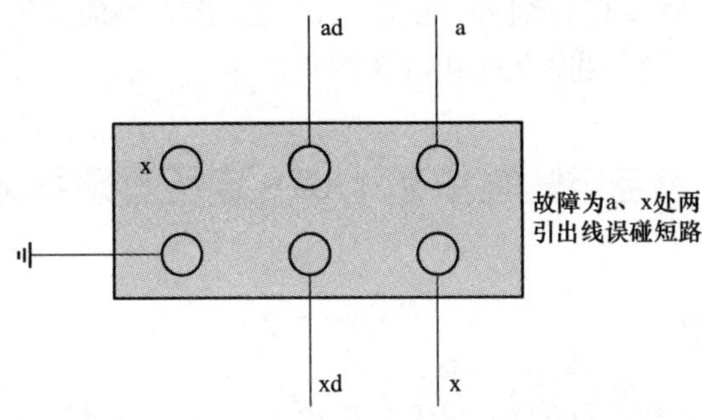

图 6-72　110kV 电压互感器二次接线板背面接线

6.16.3 故障结论

由于 110kVA 相电压互感器二次接线板更换的工作人员失职，新接线板上的接线柱固定螺栓未拧紧，在恢复接线板正面至端子箱的二次回路电缆接线时，使未固定紧的接线柱转动，并带动接线板背面的二次主绕组的引出线转动，最后导致二次主绕组的引出线“a”和“x”碰触在一起而短路。又因为 110kV 电压互感器无一次侧保护措施，二次主绕组短路，最终造成电压互感器内部严重发热，绝缘油分解、膨胀，瓷套管爆炸事故。

6.16.4 防范措施

电压互感器是一个内阻极小的电压源，正常运行时因其负荷阻抗很大，二次侧只有很小的负荷电流。一旦发生二次侧短路，负荷阻抗为零，将产生很大的短路电流，使电压互感器烧坏。特别是 110kV 及以上电压等级的电压互感器，其一次侧无熔断器等保护，若在二次回路熔断器之前的回路段发生二次侧短路，后果不堪设想。HA 变电站 110kVA 相电压互感器爆炸事故给我们的教训尤为深刻，要在以后的工作中时刻提高警惕，不要因小失大。

（1）因电压互感器二次绕组电阻值很小，无法再投入运行前测试和判断出电压互感器二次回路是否有短路存在，所以新安装或检修电压互感器工作中，触动二次接线板接线时要特别慎重。投入运行前必须由技术级别较高的继电保护人员对电压互感器二次回路进行重点核线检查，对 110kV 及以上电压等级的非电容式电压互感器，规定必须打开底座绕组接线专用窗孔对二次接线板背面的二次各绕组引出线进行检查，以确定其二次接线的正确性。

(2) 其次是投入运行前，必须对电压互感器二次回路熔断器后的负荷回路进行加电压试验，以确定其负荷回路二次接线的正确性。

(3) 新安装或检修电压互感器时触动二次接线板接线后，投入运行时，严密监视有关电压测量仪表指示是否正确，发现问题，迅速处理。投入运行后，还要对电压互感器二次回路各相电压、线电压、电压相位进行测试，以确定投入运行后其各项性能和二次回路良好。

6.17 智能站因对时源异常导致保护误动案例

6.17.1 事故概况

××××年××月××日××时××分××秒 110kV 智能站 1 号主变差动保护动作，跳开主变各侧断路器。现场检查未发现一次系统故障。

6.17.2 原因分析及检查

从图 6-73 主变压器 A 套保护录波图中看到动作时刻高压侧进线电流 A、B、C 电流角度分别为 251.51°、126.91°、12.27°和高压侧桥线电流 A、B、C 电流角度分别 110.79°、341.78°、230.76°，高压侧进线电流 A、B、C 电流角度与高压侧桥线电流 A、B、C 电流角度相差 251.51－110.79＝140.72°，由于进线电流和桥线电流对主变差动保护是穿越性电流，正常时电流相差角度为 180°，此时角度差为 180－140.72＝39.28°。进线电流和桥电流角度差引起保护达到差动计算定值，差动保护动作。

查看网分数据，110kV 分段 110 合并单元 A 套网分在××××年××月××日 19：05：07：080325 时刻采样序号为 316（见图 6-74），110kV 进线乌关 1 回 102 合并单元 A 套网分在××××年××月××日 19：05：07：080087 时刻采样序号为 324（见图 6-75）。可以看到，同一时刻采样序号相差 324-316 为 8 帧，合并单元为每秒发送 4000 帧，每帧帧间隔为 250μs。8 帧为 2000μs。采样时刻也有 325-087 为 238μs 时间差，共相差为 2238μs，一个周波为 20000μs、角度 360°，2238μs 折算角度为 40.2°。和保护录波计算的角度差基本相同。

经过数据分析测算，报文的对时理论时间为整秒时刻＋采样计数器×帧时间间隔＋合并单元固有延时，以此公式计算分段 110 开关 A 套合并单元对时时间＝7000000μs＋316×250μs＋1308μs＝780308μs＝07：080308 与网分显示的 07：080325 数值相近。进线 102 开关 A 套合并单元对时时间＝7000000μs＋324×250μs＋1308μs＝07：082308 与网分显示的 07：080087 相差大约 2ms。故理论分析得出 110 分段合并单元对时正确，103 开关合并单元对时不准。

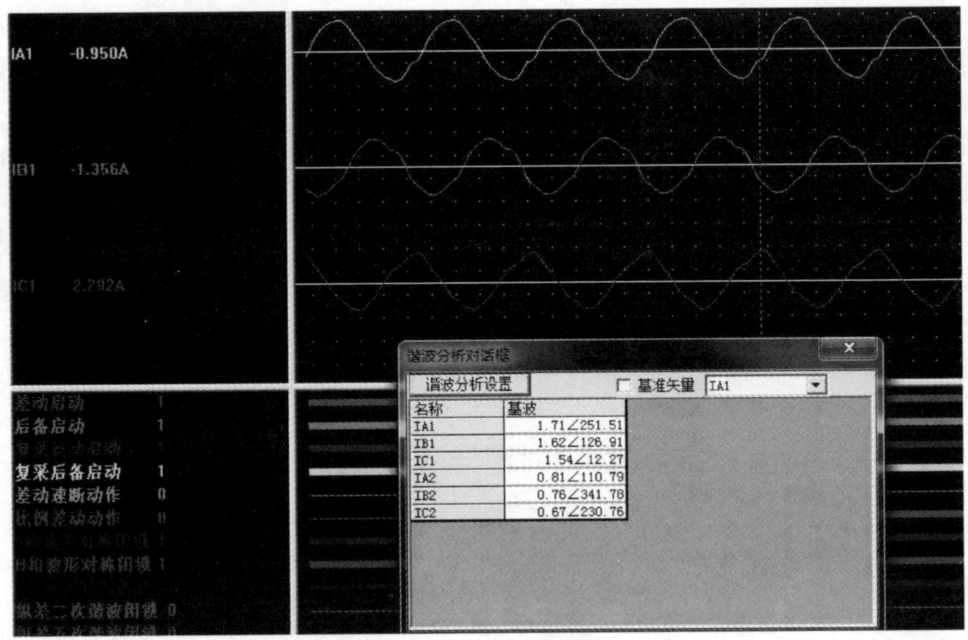

图 6-73　主变压器 A 套保护录波

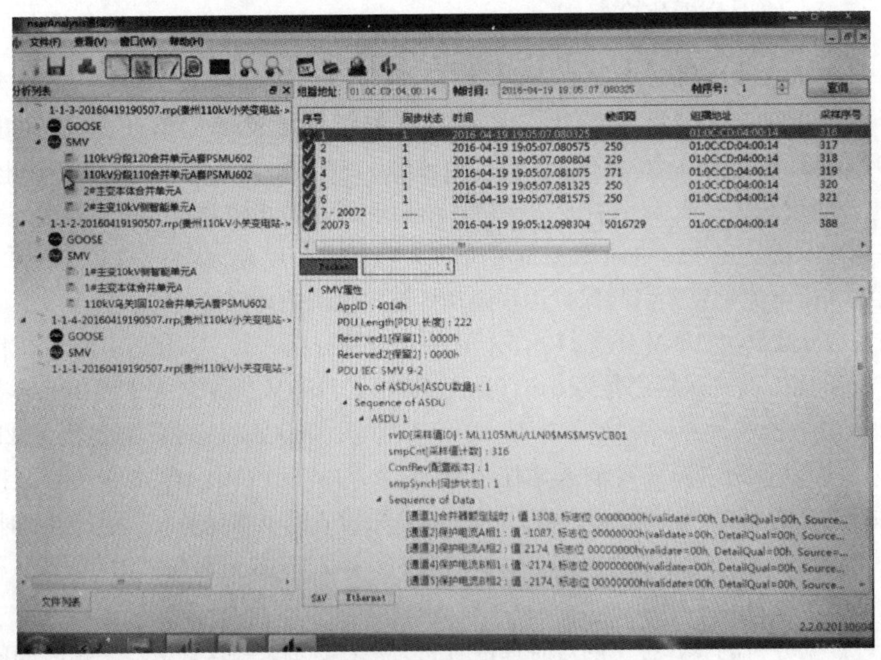

图 6-74　110kV 分段 110 合并单元 A 套网分数据

后现场核实 110 分段 A 套合并单元与 110 开关 A 套合并单元分别接在对时源的上机和下机，上机采用 GPS 对时，下机采用北斗对时。且现场北斗对时一直未找到卫星。经过网分的数据统计，103 开关与 120 分段 A 套合并单元现象与之完全一致。理论分析与实际现象相符合。

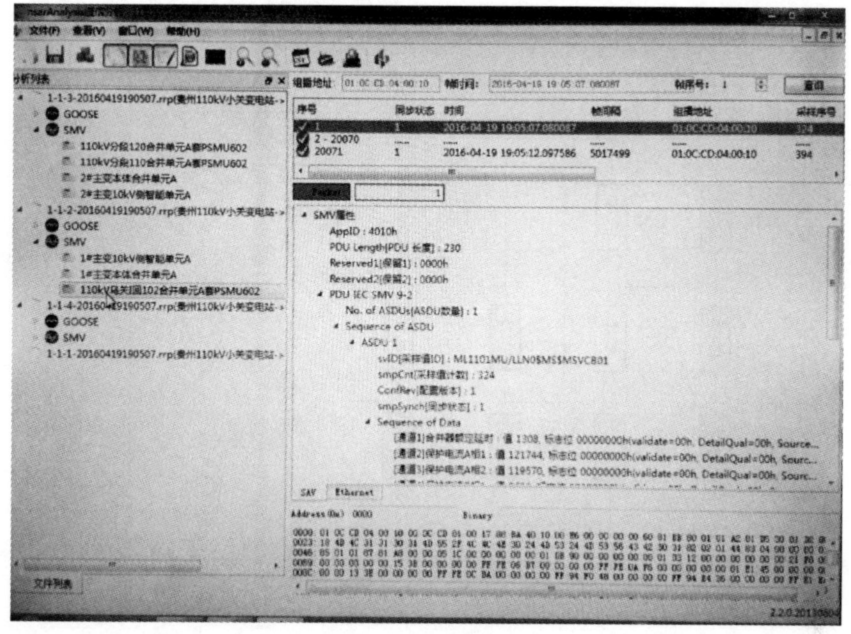

图 6-75　110kV 乌关 1 回 102 合并单元 A 套网分数据

6.17.3 故障结论

综上所述，此次 1 号变压器差动保护动作，是由于对时源异常引起采样角度差所致。

6.18 合并单元与保护检修不一致导致保护拒动案例

6.18.1 事故概况

××××年××月××日××时××分××秒，某 330kV 变电站 330kV 永武Ⅰ线路发生 A 相接地故障，对侧接地距离Ⅰ段保护动作断路器跳闸，经 694ms 边断路器重合，又经 83ms 重合后加速保护动作，跳开本断路器；本侧永武Ⅰ线保护未动作，1 号、3 号主变压器高压侧零序后备保护动作，跳开三侧断路器，对侧永武 II 线后备保护动作切除对侧断路器，本站发生全停。

6.18.2 现场检查及原因分析

该变电站 2 号主变压器及三侧设备智能化改造，3320、3322 断路器及 2 号主变压器处于检修状态，第 1、3、4 串合环运行，330kV 永武Ⅰ线、永武Ⅱ线及 1 号、3 号主变压器运行。330kV 系统接线如图 6-76 所示。

3320 断路器合并单元“装置检修”压板投入，线路双套保护装置检修压板未投入，变电站内 1 号、3 号主变压器高压侧后备保护检修压板未投入，保护动作跳开三侧断路器。

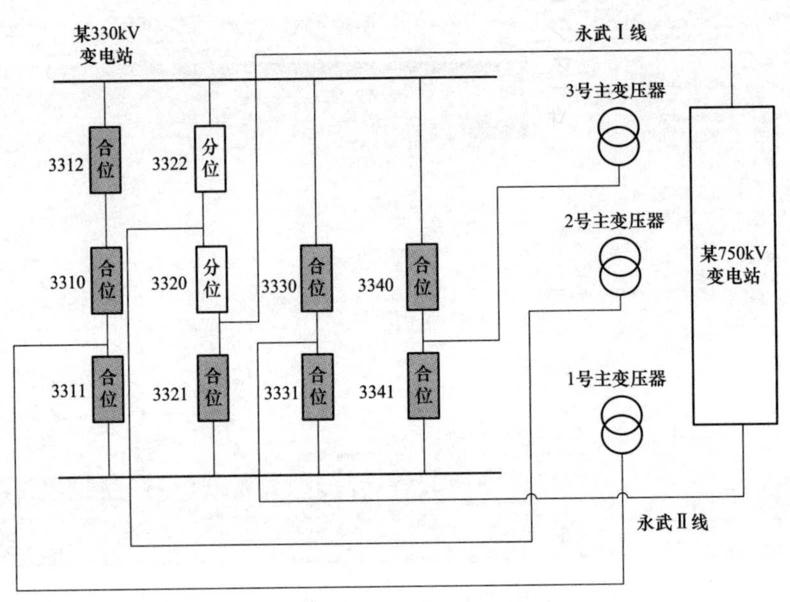

图 6-76　某变电站 330kV 系统接线图

事件直接原因：330kV 永武Ⅰ线发生 A 相异物短路接地。事件扩大原因：3320 合并单元“装置检修”压板投入，未将永武Ⅰ线两套保护装置中“断路器 SV 接收”软压板退出，造成永武Ⅰ线两套装置保护闭锁，造成故障扩大。

保护装置拒动原因：保护装置告警信息为“SV 检修投入报警”，其含义为“链路在软压板投入情况下，收到检修报文”，处理方法为“检查检修压板退出是否正确”；WXH-803B 保护装置告警信息为“CT 检修不一致”，其含义为“MU 和装置不一致”，处理方法为“检查 MU 和装置状态投入是否一致”。保护装置设计原理图如图 6-77 所示。

当 3320 合并单元装置检修压板投入时，3320 合并单元采样数据为检修状态，保护电流采样无效，闭锁相关电流保护。检修状态下电流保护闭锁逻辑为：在边断路器电流“SV 接收”软压板投入的前提下，保护装置或合并单元有且仅有一个为检修状态时，闭锁所有电流相关保护，当保护装置和合并单元都为检修状态或不为检修状态时，不闭锁相关电流保护，中断路器同理。根据上述电流保护闭锁逻辑，只有将保护装置“SV 接收”软压板退出，才能解除保护闭锁，检修状态下电流保护相关逻辑图如图 6-78 所示。

6.18.3 故障处理

(1) 先退出保护装置的 SV 接收软压板；

(2) 再投入合并单元的检修硬压板；

(3) 检查保护装置无检修不一致告警报文。

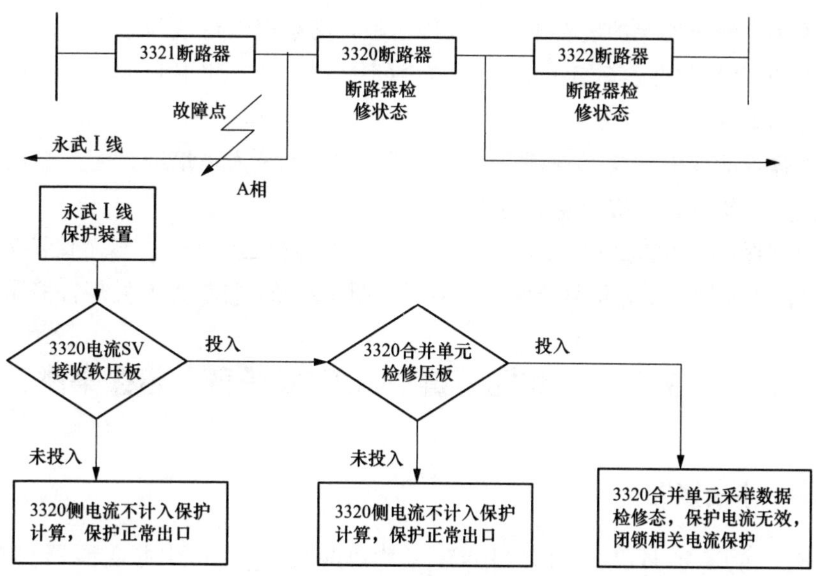

图 6-77　永武Ⅰ线保护装置设计原理图

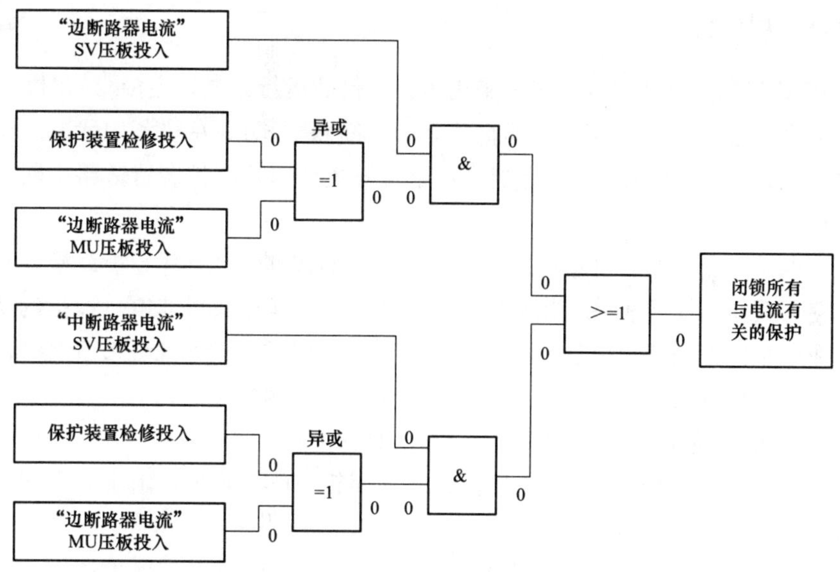

图 6-78　检修状态下电流保护相关逻辑图

6.18.4 预防措施及建议

(1) 设备正常运行状态下，严禁投入各装置的检修压板。防止保护装置拒动事件的发生。智能变电站中装置的检修压板不能随便投退，当相应的装置和一次设备需要检修时才投入检修压板，而且应在全部操作完毕后再统一投退压板，否则易出现闭锁遥控操作的现象。

(2) 智能变电站二次设备发生异常需检修，尤其是一次设备不停电情况下对合并单元进行检修时，如果主变压器保护和母线保护装置的电流采样数据来自该合并单元，切记母线保护和主变压器保护装置不能投检修压板，必须退出母线与主变压器保护对应的该合并单元的“SV 接收”软压板。否则将会闭锁母线保护和主变压器保护装置，发生保护装置拒动事件。

(3) 加强智能变电站技术管理、运行管理，加强运维人员培训力度，重视保护装置异常告警信息分析处理，提高隐患意识。

(4) 建立保护装置告警信息标准化管理，制定行业标准，统一、规范保护装置告警信息，特别是保护闭锁等重要信号要清晰、明了，便于判断，能够及时发现告警异常信号。

6.19 主变压器测控装置“GOOSE 断链”告警案例

6.19.1 事故概况

××××年××月××日，110kV××智能变电站 1 号主变压器测控装置报“GOOSE 断链”告警。

6.19.2 现场检查

该 110kV 智能变电站正常情况下采用桥备自投的运行方式，主接线如图 6-79 所示。现场两个进线断路器 QF1、QF2 在运行状态，桥断路器 QF3 在热备用状态。经检查后台链路表发现，1 号主变压器本体智能终端至 1 号主变压器测控装置链路中断，需要进行检查处理。

智能变电站主变压器非电量保护以独立插件的形式整合至本体智能终端，并在电源与出口回路层面与本体智能终端相互独立，本体智能终端不具备非电量保护的功能，只负责转发非电量保护的动作信息与相关闭锁信号；同时，负责采集主变压器 110kV 侧、中性点一次设备位置信息，并将其发送至 1 号主变压器测控装置。

如图 6-80 信息流图中反应的闭锁及出口信息如下：

(1) 1 号主变压器非电量保护动作信息作为闭锁 GOOSE 量，由 1 号主变压器本体智能终端转发至 110kV 备自投。

(2) 110kV 备自投在接收到手跳 KKJ 或 1 号主变压器电气量保护动作信息或 1 号主变压器非电量保护动作信息后，备自投放电，不具备动作条件。

(3) 110kV 备自投通过发送跳闸 GOOSE 信息至 110kV 线路 1 智能终端、合闸信息至 110kV 分段智能终端，再分别通过各自智能终端出口硬压板至断路器机构，实现“桥备自投”的方式出口。

6.19.3 原因分析

GOOSE 断链发生的主要原因有装置失电、装置 GOOSE 板件损坏、光纤断开、装置 GOOSE 端口松动、交换机端口故障、交换机失电等原因，经过现场排查断链原因为主变压器测控装置 GOOSE 端口松动。

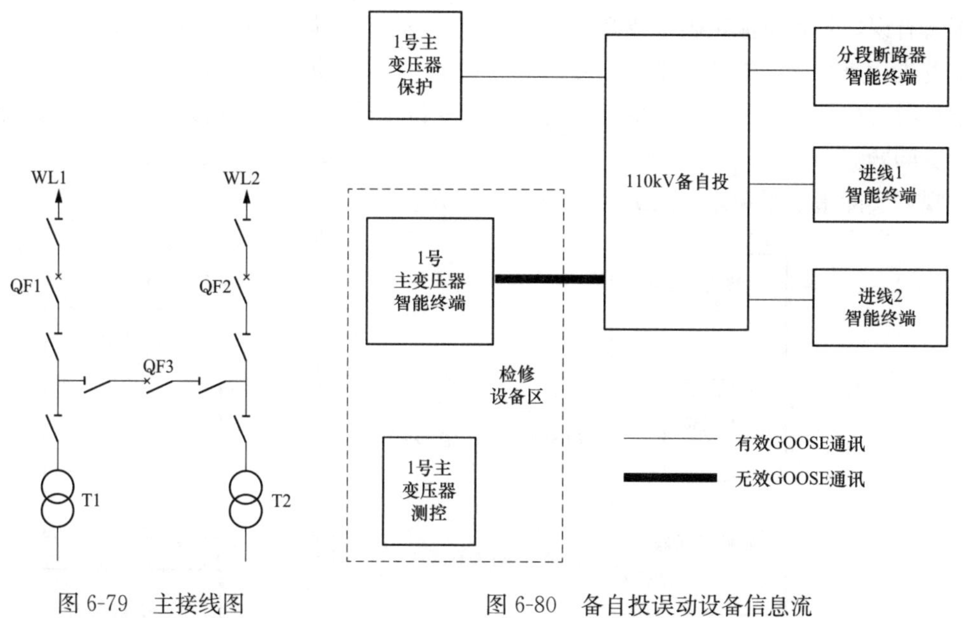

图 6-79　主接线图　　　图 6-80　备自投误动设备信息流

此次 GOOSE 断链发生在主变压器智能终端与主变压器测控装置之间，应注意此类与保护功能无关的链路中断，不应投入本体智能终端的检修压板，应考虑实施其他安措(如取下相关遥控出口硬压板)，原因如下：

由于 1 号主变压器本体智能终端与 1 号主变压器测控装置检修压板都在投入状态，以上两个装置形成了独立的通信区域，而 1 号主变压器本体智能终端向备自投装置传递的闭锁备自投 GOOSE 信息成为无效信息，因此若在主变压器智能终端检修压板投入期间非电量保护动作无法有效闭锁备自投动作，可能导致备自投误动致使主变压器受到二次冲击。

6.19.4 处理措施

(1) 装置断电，对光接口进行更换；
(2) 装置重新上电，验证链路恢复情况。

6.20 智能变电站低气压闭锁重合闸虚端子错误案例

6.20.1 事故概况

××××年××月××时××分××秒，检修人员在进行××变 220kV××线路间隔定检时发现，在第一套智能终端端子排上模拟开关低气压闭锁重合闸开入时，线路第一套保护开入无变位。

6.20.2 原因分析

判断可能是端子排上硬开入未能正确开入到智能终端，或者是保护装置订阅智能终端报文有误，导致不能正确接收智能终端的变位信号，或者同时存在以上两个情况。

首先检查智能终端端子排上短接该节点和正电源，模拟硬开入，用手持式数字式校验仪接收智能终端发出的报文变位情况，发现变位正确，故排除硬接线错误，应是虚端子配置问题。

现场实际虚端子和硬开入关系如图 6-81 所示。

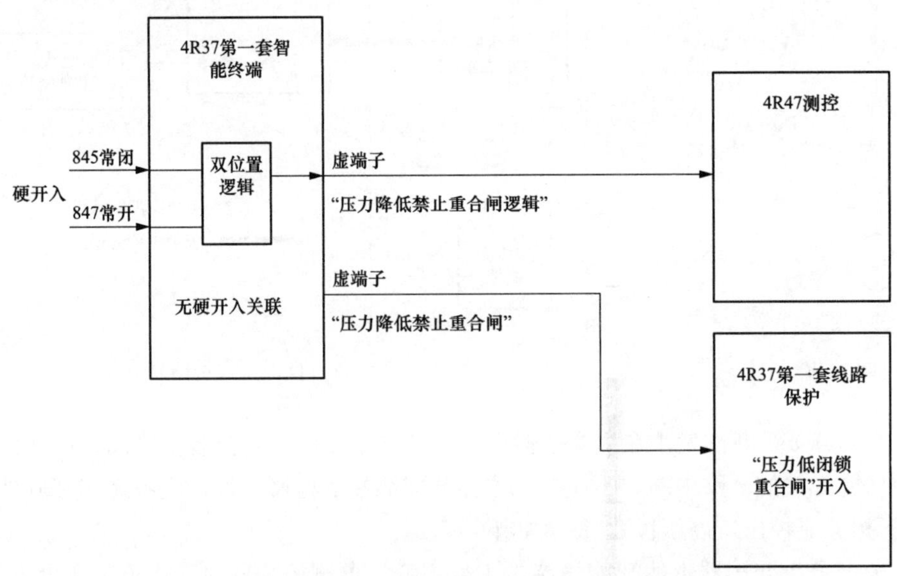

图 6-81　虚端子和硬开入关系图

现场实际虚端子，线路保护"压力低闭锁重合闸"开入订阅的是"压力降低禁止重合闸"信号，而该信号无硬开入关联，因此线路保护"压力降低禁止重合闸"始终无法正确开入。SCD 中虚端子联系如图 6-82 所示。

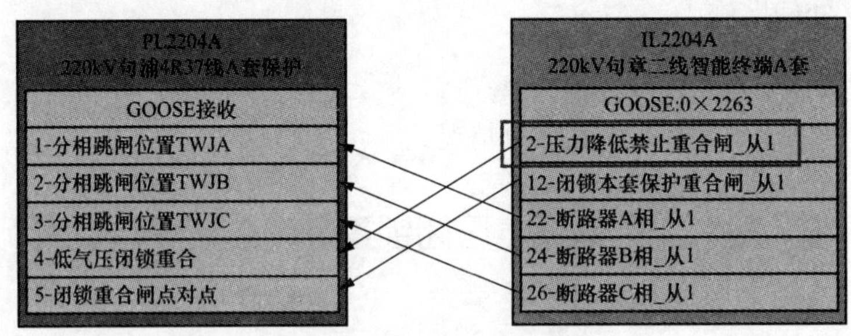

图 6-82　SCD 中虚端子联系

正确虚端子关系应如图 6-83 所示。

SCD 修改后虚端子连线如图 6-84 所示。

6.20.3 处理措施

(1) 修改线路保护装置的 GOOSE 数据订阅，将保护装置"压力低闭锁重合闸"开入从原先的订阅“压力降低禁止重合闸 _ 从 1”，改为订阅“压力降低禁止重合闸逻辑 _ 从 1”。

（2）做相关开入变位试验，智能终端能够接收压力低闭锁重合闸信号。

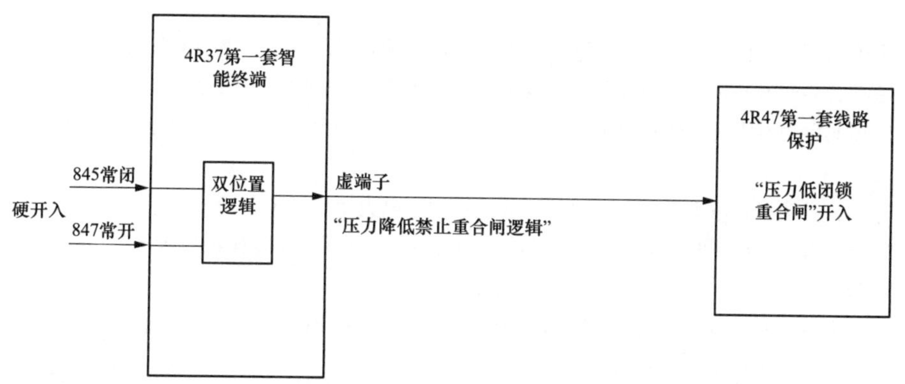

图 6-83　正确虚端子关系图

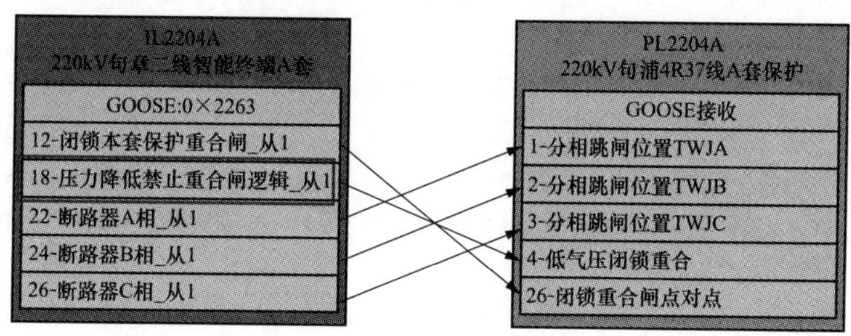

图 6-84　SCD 修改后虚端子连线图

参 考 文 献

[1] 国家电力调度通信中心. 国家电网公司继电保护培训教材. 北京：中国电力出版社，2009.

[2] 林冶. 智能变电站二次系统原理与现场实用技术. 北京：中国电力出版社，2016.

[3] 国网冀北电力有限公司管理培训中心. 继电保护及二次回路实用技术. 北京：中国电力出版社，2015.

[4] 张保会，尹项根，电力系统继电保护. 北京：中国电力出版社，2005.

[5] 国网浙江省电力公司与国家电力调度控制中心. 智能变电站继电保护技术问答. 北京：中国电力出版社，2014.

[6] 中国南方电网有限责任公司.《南方电网电力系统继电保护反事故措施汇编（2014 年）》释义. 北京：中国电力出版社，2016.

[7] 李九虎，等. 电子式互感器在数字化变电站的应用. 电力系统自动化，2007. 31（07）：94-98.

[8] 许扬，等. 光纤电流互感器对保护精度和可靠性的影响分析. 电力系统自动化，2013. 37（16）：119-124.

[9] 高磊，等. 基于二次回路比对的智能变电站调试及安全措施. 电力系统自动化，2015. 39（20）：130-134.

[10] 江苏省电力公司. 电网继电保护原理与实用技术. 北京：中国电力出版社，2006.

[11] 国家电力调度通信中心. 电力系统继电保护实用技术问答（第二版）. 北京：中国电力出版社，2000.

[12] 袁季修，盛和乐，吴聚业. 保护用电流互感器应用指南. 北京：中国电力出版社，2004.

[13] 金建源. 新标准二次电路图识图. 北京：中国水利水电出版社，2004.

[14] 本书编写组. 二次回路识图及故障查找与处理. 北京：中国水利水电出版社，2011.

[15] 曹团结，黄国方. 智能变电站继电保护技术与应用. 北京：中国电力出版社，2013.

[16] 国家电力调度控制中心. 电力系统继电保护规定汇编（第三版）. 北京：中国电力出版社，2014.

[17] 蔡步奖，陈隆. 变电站二次回路干扰源及电缆屏蔽措施分析. 电工技术，2009（7）：82-84.

[18] 赵晓东，等. 智能变电站虚拟二次回路在线监测设计及应用. 电工技术，2019. 0（3）：122-124.

[19] 徐功平，等. 基于智能变电站的继电保护二次回路故障诊断研究. 电工技术，2019. 0（4）：41-42.

[20] 宋传盼，高柳明. 继电保护重要二次回路缺陷分析与对策. 电工技术，2015. 0（6）：64-65.

[21] 张凡，吕晓杰，李伟. 智能变电站失灵保护二次回路研究. 电工技术，2016. 0（4）：77-79.

[22] 冯黎兵. 综自变电站继电保护二次回路的检测设计. 电工技术，2016. 0（11）：50-51.

[23] 张富刚，等. 变电站二次回路常见问题及对策. 南方电网技术，2011. 5（5）：94-97.

[24] 梁雨林，黄霞，陈长材. 电压互感器二次回路异常的原因及对策. 电力自动化设备，2001（11）：73-74.

[25] 赵武智，高昌培，林虎. 电压互感器二次回路一点接地检查及查找多个接地点方法. 电力自动化设备，2010. 30（06）：148-150.

[26] 杨明泽. 断路器二次回路的几点问题及改进. 电力自动化设备，2006（12）：104-106.

[27] 薛峰. 电网继电保护事故处理及案例分析. 北京：中国电力出版社，2012.